COURS

D'AGRICULTURE PRATIQUE

Divisions du *Cours d'Agriculture pratique*.

I.   — Les terrains, les climats et les régions agricoles.
II.   — Les matières fertilisantes.
III.   — La pratique de l'agriculture.
IV.   — Les pâturages et les prairies naturelles.
V.   — Les plantes fourragères.
VI.   — Les plantes alimentaires.
VII.   — Les plantes industrielles.
VIII. — Les assolements et les systèmes de culture.
IX.   — Les arbres et les arbustes fruitiers de grande culture

Ch. Lahure et Cⁱᵉ, imprimeurs du Sénat et de la Cour de Cassation,
rues de Fleurus, 9, et de l'Ouest, 24.

LIN à fleur blanche ... LIN à fleur bleue.

LES PLANTES

INDUSTRIELLES

PAR

GUSTAVE HEUZÉ

Professeur d'agriculture à l'École impériale de Grignon
ancien Fermier et Sous-Directeur de l'Institut de Grand-Jouan
Membre de la Société d'Agriculture de Seine-et-Oise
Correspondant des Sociétés d'Agriculture de Paris, Clermont, Turin, etc.

SECONDE PARTIE

**PLANTES TEXTILES, NARCOTIQUES, A SUCRE ET A ALCOOL
AROMATIQUES ET MÉDICINALES**

avec 40 vignettes sur bois et 10 planches gravées en taille-douce et coloriées

---

PARIS

LIBRAIRIE DE L. HACHETTE ET Cie
RUE PIERRE-SARRAZIN, N° 14

1860

PLANCHES

CONTENUES DANS LA SECONDE PARTIE DES PLANTES INDUSTRIELLES.

XI.   Lin ordinaire et à fleur blanche...................... Frontispice.
XII.   Chanvre mâle.. Page 59
XIII. —   femelle   60
XIV.   Cotonnier en arbre.....................................   97
XV.   Tabac à larges feuilles................................   142
XVI.   Tabac à larges feuilles et à feuilles rondes...........   150
XVII. Canne à sucre..   214
XVIII. Houblon..   265
XIX.   Jasmin d'Espagne.......................................   371
XX.   Cassie...   376

TABLE

DES FIGURES DE LA SECONDE PARTIE.

Figures.   Pages.

Fig.		Page
1.	Meule de lin abritée par des paillassons	26
2.	Ouvriers procédant à l'égrenage du lin	27
3.	Routoir à eau stagnante	37
4.	— — courante	39
5.	Ouvrier écanguant le lin	44
6.	Écangue	44
7.	Teilleuse Bourdon-Quesnay	45
8.	Espadon	46
9.	Séchage du chanvre	77
10.	Brisoir mécanique	86
11.	Brole ou braie	87
12.	Coton herbacé	100
12bis.	Phormier tenace	117
13.	Ortie dioïque	121
14.	— blanche	123
15.	Asclépiade de Syrie	137
16.	Lignes de tabac buttées	170
17.	Guirlande de feuilles de tabac	185
18.	Feuilles soutenues à l'aide d'une baguette	185
19.	Pieds de tabac mis à la pente	186
21.	Tête de pavot blanc incisée	208
22.	Sorgho sucré	231
23.	Plantation de houblon en carrés	284
24.	— — en triangles	285
25.	Houblons soutenus par des fils de fer	294
26.	Ouvriers arrachant une perche chargée de houblon	304
27.	— abaissant — — —	305
28.	Tenaille pour arracher les perches	306
29.	Ouvrier arrachant une perche de houblon	307
30.	Anis	332
31.	Coriandre	340
32.	Angélique	344
33.	Rose simple de Damas	364
34.	Géranium rosat	383
35.	Pavot blanc	409
36.	Tête de pavot blanc	410
37.	Réglisse	412
38.	Absinthe	418
39.	Iris de Florence	422
40.	Rhubarbe ondulée	427
41.	Camomille romaine	435

AVERTISSEMENT.

Cette seconde partie complète *les Plantes industrielles*.
Elle contient :

> 1° Les plantes textiles ;
> 2° Les plantes narcotiques ;
> 3° Les plantes à sucre et à alcool ;
> 4° Les plantes aromatiques ;
> 5° Les plantes médicinales ;

et comprend la culture de 52 plantes.

Les plantes décrites dans la première partie sont au nombre de 31.

J'ai étudié dans tous leurs détails la culture du *lin*, du *chanvre*, du *tabac* et du *houblon*, plantes qui me semblent appelées désormais à occuper chaque année en France une surface plus grande que celle qu'on leur a accordée jusqu'à ce jour.

Dans le but de bien connaître le mode de dessiccation du houblon, adopté par les agriculteurs anglais, j'ai visité, à l'automne dernier, les comtés de Kent et de Cantorbery.

J'ai profité de cette excursion pour étudier, dans les comtés de Surrey et d'Essex, la culture de la *menthe poivrée*, de la *lavande* et de la *coriandre*.

J'ai jugé utile de donner quelques détails sur la culture de l'*ortie blanche* (URTICA NIVEA), que les Anglais désignent sous le nom de *china-grass*, parce que je suis convaincu que cette plante mérite d'être expérimentée de nouveau dans la région méridionale et en Algérie. On m'a montré à Londres des mouchoirs faits avec des fils provenant de cette plante filamenteuse : ils rappelaient en tous points les foulards de soie blanche. M. Hawitt les vendait 2 fr. 20 c. la pièce.

Enfin, j'ai pensé terminer utilement mon ouvrage en donnant quelques renseignements sur la végétation, la récolte et les propriétés thérapeutiques des plantes médicinales indigènes les plus communes.

Le volume consacré aux *Plantes alimentaires*, et qui forme le tome VI du *Cours d'agriculture pratique*, contiendra les céréales et les légumineuses à cosses. Il sera orné de 110 dessins coloriés dont l'exécution est confiée à l'habileté bien connue de M. Rouyer. Cet ouvrage complétera, avec les *Plantes fourragères*, les végétaux herbacés vivaces et annuels appartenant à l'agriculture.

Le premier volume ayant pour titre : *Les terrains, les climats et les régions agricoles*, sera de nouveau réimprimé cette année.

Versailles, le 10 mars 1860.

LES
PLANTES INDUSTRIELLES.

DEUXIÈME PARTIE.

PLANTES TEXTILES, NARCOTIQUES, SACCHARINES, AROMATIQUES ET MÉDICINALES.

La deuxième partie des *plantes industrielles* comprend les dernières classes du tableau inséré en tête du premier volume :

9. Plantes textiles.	12. Plantes aromatiques.
10. Plantes narcotiques.	13. Plantes médicinales.
11. Plantes à sucre et à alcool.	

J'ai compris la canne à sucre, parce qu'elle est cultivée dans les parties méridionales de l'Europe et en Afrique.

J'ai rangé les *plantes à parfums* dans le livre XII ayant pour titre : *Plantes aromatiques*. Je n'ai pas jugé nécessaire de les séparer du houblon, de l'angélique, etc., bien qu'elles ne soient pas utilisées dans l'alimentation.

Les plantes médicinales cultivées en Europe sont les seules dont j'ai décrit la culture.

LIVRE IX.

PLANTES TEXTILES.

———

Les plantes que l'on a appelées *plantes textiles* ou *plantes filamenteuses* fournissent des fibres avec lesquelles on fabrique des tissus, des cordages et des ficelles.

Voici la liste des principales plantes textiles :

A. *Plantes annuelles.*

1ᵉ Lin.
2° Chanvre.
3° Cotonnier.

B. *Plantes vivaces.*

1° Phormium.
2° Ortie dioïque.
3° — cotonneuse.
4ᵉ — utile.
5° Sparte jonciforme.
6° Stipe très-tenace.
7ᵉ Corète utile.
8ᵉ Mélilot blanc.
9° Asclépias de Syrie.

Les plantes textiles annuelles sont les seules qu'on cultive en grand en Europe et en Algérie.

Je n'ai pas décrit la culture de *l'agave* et de *l'aloès*, parce que ces plantes croissent naturellement en Espagne, en Sicile et en Afrique.

C'est par erreur qu'on a rangé le *lupin blanc* au nombre des plantes textiles. Cette légumineuse appartient à la classe qui comprend les plantes qu'on cultive comme engrais vert.

———

CHAPITRE PREMIER.

PLANTES ANNUELLES.

SECTION I.

Lin.

(De Λίνον, mot employé par les Grecs pour désigner toute espèce de fil.)

LINUM USITATISSIMUM L.

Plante dicotylédone de la famille des Linées.

Anglais. — Flax.
Allemand. — Flachs.
Hollandais. — Flasch.
Suédois. — Lin.
Danois. — Hör.

Russe. — Len.
Italien. — Lino.
Espagnol. — Lino.
Portugais. — Linhaco.

Historique. — Mode de végétation. — Localités. — Variétés. — Composition — Terrain : nature, préparation. — Quantité d'engrais nécessaire. — Semis : époque, quantité de graines, qualité des graines, poids de l'hectolitre. — Exécution des semis. — Enfouissement des graines. — Travaux complémentaires des semis. — Paillage, ramure. — Germination. — Soins d'entretien : sarclage, irrigation. — Maladie. — Plante parasite. — Animaux nuisibles. — Insectes nuisibles. — Agents atmosphériques nuisibles. — Récolte : époque, opération, mise en bottes, emmeulage des bottes. — Récolte des graines. — Égrenage, battage des capsules. — Conservation des graines. — Renouvellement des graines de Riga. — — Rouissage : à la rosée, à eau dormante, à eau courante, à la vapeur, à l'eau de mer, chimique. — Halage. — Blanchiment du lin. — Torréfaction. — Maillage. — Broyage. — Teillage. — Écangage. — Espadage. — Sérancage. — Brossage. — Mise en paquets. — Filage du lin à la main. — Tissage. — Produit : lin brut, filasse, graines. — Rapport des tiges aux graines semées. — Rapport des tiges aux graines récoltées. — Rapport de la filasse aux tiges. — Rapport de l'étoupe à la filasse. — Perte que les tiges éprouvent par le rouissage, etc. — Valeur commerciale : lin sur pied, en bois, filasse, étoupes, graines. — Dépenses par hectare. — Produits fournis par la graine : huile, tourteau. — Couleur des filasses. — Commerce des filasses. — Bibliographie.

Historique. — L'origine du lin remonte à la plus haute antiquité. La Bible fait connaître, dans l'Exode xxxix, qu'on fit à Aaron et ses fils des vêtements de fin lin. C'est dans des bandelettes de toile de lin que les anciens Égyptiens enveloppaient leurs momies.

Au temps de Virgile, de Columelle, de Pline, etc., les Gaulois, les Romains, les peuples de la Germanie, etc. cultivaient le lin, et ces derniers excellaient déjà dans l'art de filer et de tisser ses filaments. A cette époque, les lins les plus estimés étaient récoltés à Sétubis en Espagne, et à Rétorium et à Faventia, dans la Gaule cisalpine.

On sait que Charlemagne défendit, en 789, de filer le dimanche et qu'il ordonna, en 813, aux femmes de sa cour de filer le lin pour en faire des vêtements.

La culture du lin est fort ancienne en Belgique. Pendant plusieurs siècles, elle alimenta seule le commerce et les fabriques des Pays-Bas. Depuis le 14 septembre 1591 jusqu'à la fin du XVIII⁰ siècle, on fit défense d'exporter le lin soit en fil, soit en filasse, sous peine d'une amende de 100 à 500 florins et de la confiscation des marchandises. Cette interdiction eut l'avantage d'imprimer à la culture du lin et à la fabrication des toiles flamandes un développement considérable qui s'est accru d'une manière sensible il y a quinze ans, lorsque l'Angleterre, s'emparant du tissage des fils de lin à la mécanique, accepta les fils écrus filés en Belgique.

La culture du lin reçut en France au XIII⁰ siècle, époque où la Flandre était déjà renommée par la belle qualité de ses lins, une vive impulsion. Béatrix de Gaure fit venir de Bruges à Laval des ouvriers tisserands qui rendirent cette ville célèbre par la belle qualité des toiles qui y furent fabriquées depuis. Au XVIII⁰ siècle, l'industrie linière avait fait de si grands progrès dans l'ancienne province de Bretagne, que, dans la seule paroisse de Melesse, on comptait de 30 à 40 tisserands la plupart laboureurs. Cette prospérité était telle qu'on importait annuellement de Lubeck, ou de Libau, à Roscoff, de 16 à 20 millions de kilog. de graines de lin.

La filature mécanique que nous devons à Philippe de Girard a été fatale à la culture du lin en France, et aussi à la vieille industrie du filage à la main, parce qu'elle emploie des lins de toute provenance.

On s'occupe activement depuis quelques années de perfectionner la culture et la préparation du lin dans toutes les parties de l'Europe. Espérons que la France sera bientôt, sur ce rapport, une rivale des industries belges et anglaises.

Mode de végétation. — Le lin est une plante annuelle qui accomplit toutes ses phases d'existence en trois ou quatre mois. Sa tige est dressée et plus ou moins rameuse ; ses feuilles sont planes, sessiles, opposées, linéaires et entières. Ses fleurs sont terminales ou axillaires ; elles se composent d'un calice à 5 sépales et d'une corolle à 5 pétales arrondis et crénelés au sommet et 3 fois plus longs que le calice. Le fruit est une capsule à 3 ou 5 loges et terminée en pointe ; chaque loge ou carpelle contient deux graines à enveloppe coriace et luisante, à amande mucilagineuse.

Le lin demande beaucoup d'air et de soleil ; il se développe très-difficilement sur les terrains ombragés. Sa floraison dure une quinzaine de jours ; elle a lieu, suivant les localités, du 15 de juin à la mi-juillet. Quand les fleurs sont bien épanouies, le champ présente une nappe de verdure ondoyante, émaillée d'azur, qui se marie très-agréablement à la teinte jaunâtre du colza et à la couleur vert foncé des céréales.

Cette plante mûrit sa graine 15 à 20 jours après l'épanouissement des fleurs et, selon M. de Gasparin, avec une somme de 1450° de chaleur totale.

Dans les circonstances ordinaires, sa tige a de $0^m,50$ à $0^m,70$ de hauteur. Elle dépasse rarement $1^m,30$ sur les terres les plus favorables.

Localités. — Le lin est cultivé en grand dans la Flandre, l'Artois, la Bretagne, le Maine et l'Anjou.

On le cultive aussi sur de grandes surfaces en Belgique, en Irlande, dans la Lombardie, la Courlande, la Zélande, la Lithuanie, la Westphalie et la Silésie. La Westphalie a été regardée à juste titre comme la *terre classique du lin*. Les plus beaux lins viennent d'Ostrow, de Poschow, de Nowarschew. On a vu à Glogau 200 hectares de lin sur une même ferme.

Le lin est aussi cultivé en Italie, dans les environs de Naples, de Salerne, de Palerme, de Lodi, et de Crémone. On l'a aussi introduit en Algérie.

Nonobstant, il est principalement cultivé dans les localités septentrionales, où l'atmosphère et le sol sont toujours un peu humides.

Variétés. — Les lins cultivés forment deux classes distinctes : La première, comprend le lin d'hiver et les lins de printemps ; la seconde, le lin vivace.

A. Lin d'hiver. — Le lin d'hiver est cultivé dans la Bretagne, l'Anjou, la Vendée, la Gascogne, le Béarn, le Languedoc et la Provence. On le croit originaire d'Espagne. Il est moins difficile sur la nature et la fertilité du sol que les lins de printemps. Ses tiges sont plus fortes, plus élevées et plus ramifiées ; en outre, ses fleurs, quoique moins ouvertes le jour, sont plus grandes et produisent des capsules plus volumineuses. Il est plus productif que le lin de mars, mais la filasse qu'il fournit est plus rude et plus grossière.

Cette variété n'est pas assez rustique pour être cultivée dans les départements des régions du nord et de l'est. Quelquefois même elle souffre beaucoup dans les régions de l'ouest et du sud-ouest lorsqu'il survient pendant l'hiver de fortes gelées à glace ou des vents très-froids.

B. LINS DE PRINTEMPS. — Le lin de printemps présente quatre variétés :

I. 1° *Lin commun*, *lin de mars* ou *lin d'été*. — Cette variété est très-répandue en France, on la nomme *lin moyen*; ses fleurs sont bleues, et la filasse qu'elle produit est fine, soyeuse et de bonne qualité.

2° *Lin de Riga*. — Ce lin a des tiges plus élevées et des fleurs plus grandes. Il donne une filasse plus abondante, plus forte et plus longue, mais il dégénère plus facilement. Cette variété qu'on appelle *grand lin*, *lin froid*, produit chaque année les lins du commerce suivants :

A. *Lin après tonne*. — On donne le nom de *lin après tonne* au lin qui provient d'un semis fait avec des graines produites en France par du lin importé de Riga et qu'on appelle *graines de rose* en Belgique, et *revelear* en Hollande. La filasse qu'il fournit est plus fine, plus soyeuse que celle du lin de Riga.

Ainsi, le lin après tonne, que l'on désigne souvent sous le nom de *lin de gros*, provient du *lin de Riga cultivé une seule fois*.

B. *Lin de mai* ou *lin ramé*. — On obtient ce lin, qui est le plus fin et le plus recherché pour la fabrication des belles dentelles, en semant de la graine fournie par le lin de Riga après tonne et en ramant les plantes qui proviennent de ce semis.

Ainsi, le lin ramé qu'on appelle aussi *lin de fin*, a pour origine le *lin de Riga cultivé deux fois*.

C. Lin de Zélande. — Cette variété est moins productive que le lin de Riga, mais elle fournit une filasse aussi soyeuse et aussi souple.

D. Lin de Pskoff. — M. Vilmorin a reçu l'an dernier une nouvelle race qui me paraît ne pas dégénérer. Cette magnifique variété est originaire de Pskoff (Russie).

II. *Lin à fleurs blanches.* — Sa filasse est plus blanche, plus nerveuse et plus pesante, mais elle est moins longue que celle du lin de Riga. Cette variété est robuste et dégénère difficilement, et produit davantage ; sa tige est ferme, dressée et peu ramifiée, et donne 6 à 8 pour 100 de plus de filasse que les autres variétés ; sa graine est rougeâtre. Cette variété est déjà ancienne : elle a été découverte près d'Urbano dans l'État de l'Ohio (Amérique septentrionale) ; elle se répand d'année en année dans les départements du nord.

III. *Lin royal.* — Cette variété se rapproche beaucoup du lin de Riga. M. Vilmorin a constaté qu'elle conserve la souplesse de ses fibres jusqu'à la maturité des graines. Ses fleurs sont blanches.

La variété connue sous le nom de *Lin d'Amérique à fleurs blanches* paraît identique au lin royal.

IV. *Lin à graines jaunes.* — M. Vilmorin a reçu cette variété d'Amérique ; ses graines rappellent par leur couleur vert jaunâtre les graines de l'alpiste. On la cultive avec succès en Irlande. Elle fournit une filasse de qualité supérieure. L'huile que produisent ses semences est pâle comme l'huile de lin blanchie à l'air.

C. LIN VIVACE. — Cette espèce est très-rustique et originaire de Sibérie. Elle est cultivée en Suède et dans le Hanovre. On l'a abandonnée en France, quoiqu'elle soit productive, parce que la filasse qu'elle fournit est plus grossière que la filasse des variétés précédentes.

Composition. — Le lin sec a été analysé par Robert Kane. Ce chimiste, après l'avoir desséché à 100°, a trouvé qu'il contenait :

	Azote.	Cendres pures.
Lin commun..........................	0,98 pour 100	4,247 pour 100
Lin de belle qualité.................	0,75 —	5,434 —
Lin de qualité supérieure...........	0,87 —	3,670 —
Lin très-commun.....................	0,90 —	4,543 —
Lin hollandais.......................	1,00 —	5,151 —
Moyennes...........	0,90 pour 100	4,807 pour 100

Les cendres renfermaient :

Potasse et soude......................	26,883 à 36,419 pour 100
Chaux................................	15,379 à 19,098 —
Magnésie.............................	3,023 à 3,933 —
Oxyde de fer.........................	1,100 à 4,501 —
Acide phosphorique...................	8,811 à 11,802 —
— sulfurique....................	6,174 à 12,091 —
— carbonique....................	9,895 à 25,235 —
Chlorure de sodium...................	4,585 à 12,751 —
Silice...............................	0,030 à 3,409 —

Enfin on a constaté que le lin sec contenait :

Parties ligneuses....................	70 à 73 pour 100
Écorce	27 à 30 —

Les parties ligneuses sont composées de

Lignine..............................	69
Matières solubles dans l'eau..........	12
— insolubles dans l'eau...........	19
	100

L'écorce renferme :

Matières fibreuses pures..............	58
— solubles dans l'eau..............	25
— insolubles dans l'eau............	17
	100

La graine de lin, d'après les recherches de M. Boussingault, est formée des éléments suivants :

Sels minéraux....................................	6,00
Ligneux et cellulose.............................	3,20
Matières grasses.................................	39,00
Amidon, sucre, etc..............................	19,00
Albumine, caséine, etc..........................	20,50
Eau...	12,30
	100,00

Elle contient 3,28 par 100 d'azote.

On voit, d'après ces diverses analyses, que le lin puise dans le sol une forte proportion de sels alcalins à base de soude, de potasse et de chaux.

M. Meurin a analysé des graines de diverses provenances. Voici les résultats qu'il a obtenus :

Provenances.	Dimensions (millimèt.).		Caractères.	Eau. p. 100	Huile. p. 100.	Nature de l'huile.
Italie........	6 sur 3		Grasse, brune, terne.	9,0	33,0	Jaune, un peu âcre.
Béthune.....	5,5	2,5	Luisante, roux clair.	10,0	33,8	— —
Calcutta.....	5,5	2,7	Roussâtre.	7,5	37,0	Presque incolore, âcre.
Roumélie....	5	2,2	Petite, roux pâle.	7,5	33,0	Jaune claire, peu sapide.
Espagne.....	5	3	Grasse, terne.	10,0	33,8	Jaune, un peu âcre
Bombay.....	4,7	2,7	Roussâtre.	7,5	38,0	Jaune claire, âcre.
Anatolie.....	4,0	2,2	Luisante, roux clair.	11,0	35,0	Presq. incol., peu sapide.

Il a trouvé que la graine contenait en moyenne :

Épiderme.........	21,00	» qui renferme	1,00 d'huile.
Endosperme......	23,00	» —	12,00 —
Amande..........	56,00	» —	30,00 —
	100,00 »		43,00 d'huile.

M. Boussingault a donné l'analyse suivante du tourteau de lin :

Sels minéraux....................................	8,30
Ligneux et cellulose.............................	5,10
Matières grasses.................................	6,00
Amidon et sucre, etc............................	33,20
Albumine et caséine, etc........................	33,70
Eau...	13,70
	100,00

Ce tourteau contient 5,25 par 100 d'azote.

Terrain. A. NATURE.—Le lin demande des terres franches, douces, plutôt sablonneuses que compactes, des terrains profonds à sous-sols perméables, des terres fraîches, riches ou substantielles ou des alluvions douces ou sablonneuses.

R. Kane a analysé des terres essentiellement propres à la culture du lin. Voici les quantités de sable, d'argile et de matières organiques qu'elles contenaient :

	Sable.	Argile.	Humus.	Alcali.
Terre de Heestert (Courtray)...	75,08	14,92	3,12	0,82 pour 100
— d'Escamaffles (Courtray).	84,06	9,28	2,36	0,52 —
— d'Hamme-Zog (Anvers)..	86,79	5,76	4,20	0,72 —
— de la Hollande............	60,94	17,08	5.84	3,95 —
— de Crowle (Lincolshire)..	80,70	» »	5,32	6,20 —

Ainsi, tous ces terrains sont, sans cohésion apparente, perméables et riches en matières organiques.

Le lin redoute les terres trop sèches et trop humides, les terrains compactes et froids, les sols ombragés et montagneux.

Il est utile que les terres qu'on destine à la culture du lin soient situées dans une vallée aérée ou dans une plaine abritée des grands vents. Le sol qu'on consacre en Livonie à la culture du lin, est silico-argileux, riche, frais et situé à la base des coteaux.

Le lin qui végète sur des sols où l'humidité est en excès, ou sur des terres trop compactes, fournit une filasse grossière et rude au toucher.

B. PRÉPARATION. — Le lin exige une terre bien préparée, ameublie et propre.

Lorsqu'on cultive une variété de printemps, on laboure les terres avant l'hiver. En février ou mars on termine leur préparation en exécutant un second et souvent un troisième labour.

En Flandre, on complète quelquefois la préparation des terres par le pelleversage. Cette opération de défoncement élève les dépenses de 18 à 20 fr. par hectare.

Les terres légères et perméables doivent être labourées à plat; les sols argileux doivent être divisés en petites planches légèrement convexes, afin que les terres retiennent le moins d'eau possible à l'époque des semailles.

On termine la préparation des champs en exécutant plusieurs hersages, afin que la surface de la terre soit bien plane et surtout très-divisée.

La petite culture laboure presque toujours à la bêche ou hoyau les terres qu'elle destine à la culture du lin.

Dans les régions de l'ouest et du sud-ouest, les terres sur lesquelles on cultive le lin d'hiver sont souvent labourées en billons de quatre bandes de terre.

Quantité d'engrais nécessaire. — Le lin est épuisant et réclame le concours d'engrais très-fertilisants. Ici, on fume les terres avec des fumiers d'étable et de bergerie ou des goëmons; ailleurs, les champs sont fertilisés avec des déjections de pigeons ou de volailles; plus loin, on remplace ces engrais par des vidanges, de la poudrette, du guano ou des tourteaux délayés dans du purin; enfin, dans beaucoup de localités, on complète la fumure en répandant avant la semaille des cendres de tourbe ou de bois, ou des cendres pyriteuses.

Dans les environs de Lille, on applique avant l'hiver 40 000 kilogrammes de fumier, et on répand au printemps 110 à 120 hectolitres de purin, ou 550 à 1500 kilogrammes de tourteaux de chanvre ou d'œillette.

A Lockeren, on fertilise les champs avec 300 hectolitres de matières fécales, à Ath et à Courtray avec 1500 à 2000 kilogrammes de tourteaux délayés dans du purin.

Dans la basse Bretagne, on applique 300 à 350 kilogrammes de guano mêlés à 900 ou 1200 kilogrammes de charrées.

En Irlande, on complète la fumure en appliquant par hectare le mélange suivant :

Os pulvérisé.....................	25 kilogr.
Chlorure de potassium............	13 —
Sel marin.......................	22 —
Sulfate de magnésie.............	25 —
Plâtre en poudre................	15 —
	100 kilogr.

Quand on emploie du guano ou du tourteau, il faut éviter de les employer au moment même de la semaille, pour qu'ils ne nuisent pas à la faculté germinative des graines. On doit les répandre la veille ou quelques jours avant le semis.

En général, on doit employer des engrais qui agissent promptement et qui contiennent une notable proportion de matières organiques et de parties alcalines.

M. de Gasparin dit qu'il faut appliquer 2100 kilogrammes de fumier dosant 0,40 par 100 d'azote par chaque 100 kilogrammes de tiges sèches. Ainsi, une terre qui produirait 4000 kilogrammes de lin brut devrait être fertilisée avec 84 000 kilogrammes de fumier. Cette base est évidemment trop élevée, et ne justifie pas la quantité de matière fécale ou de purin qu'on emploie par hectare dans le pays de Waës, aux environs de Courtray, etc.

Semis. A. Époque. — On sème le *lin d'hiver* en septembre ou en octobre, suivant les localités. A Vic, dans les Hautes-Pyrénées, on opère les semis en août. On ne doit pas semer après le premier novembre, parce que le lin manquerait de force pour résister aux froids de l'hiver.

En Algérie les semis se font en novembre, ou au plus tard dans les premiers jours de décembre.

On sème *le lin de printemps* depuis le mois de mars jusqu'au commencement de mai, lorsque la température a atteint $+ 8^{\circ}$ ou $+ 10^{\circ}$.

En général, on sème plus tôt dans les terres légères et plus tard dans les terres argileuses.

Quand on sème tardivement, on répand toujours un peu plus de graines.

Dans le nord, le lin qu'on sème depuis le 20 mars jusqu'au 10 avril est désigné sous le nom de *vieux lin, lin de première saison, lin hâtif*; celui qu'on sème depuis le 15 avril jusqu'à la fin de mai est appelé *lin de seconde saison, jeune lin, lin tardif.*

Ce dernier lin est exposé à souffrir des grandes chaleurs; c'est pourquoi il ne donne jamais une filasse aussi belle que celle que produisent les lins semés à la fin de mars.

Les *lins ramés* se sèment toujours dans la deuxième quinzaine de mars ou au plus tard dans la première quinzaine d'avril; on les appelle *lins de mars.*

Le lin qu'on sème en mai et qu'on nomme *lin de mai* fournit le *lin de gros.*

En Lombardie, on exécute les semis dans la première quinzaine d'avril, et dans la Livonie on ne les fait que du 20 mai au 7 juin.

B. QANTITÉ DE GRAINES. — La quantité de graines à répandre par hectare varie suivant la variété qu'on cultive et le but qu'on se propose. Quand on sème clair, les plantes se développent davantage, elles se ramifient, et la filasse qu'elles fournissent est plus grossière. Si on sème trop dru, les tiges s'étiolent et la filasse est mauvaise, parce qu'elle manque de force.

Le semis a été bien exécuté quand les tiges du lin à l'époque de l'arrachage ne sont pas ramifiées, et lorsqu'elles ne portent que deux capsules au plus.

Le *lin de fin* se sème toujours dans une plus forte proportion que le *lin de gros*. Le lin qui doit donner et de la filasse et des graines, se sème moins dru que le lin auquel on ne demande que des filaments.

Lorsqu'on veut avoir de la filasse d'une grande finesse, on sème par hectare de :

300 à 500 litres, ou 210 à 350 kilogr.

Dans les circonstances ordinaires on répand de :

250 à 300 litres, ou 175 à 210 kilogr.

Le lin de Riga se sème à raison de :

250 à 275 litres, ou 175 à 200 kilogr.

En Silésie on répand 300 litres de semences par hectare, mais en Livonie où l'on produit beaucoup de graines, on n'en sème que 100 à 150 litres.

Le *lin à fleur blanche* doit être semé un peu moins dru que le lin à fleur bleue, parce qu'il est plus branchu et qu'il produit davantage.

C. QUALITÉ DES GRAINES. — Il est utile de ne semer que des graines de bonne qualité.

On doit choisir les semences les plus grosses, les plus allongées et les plus bombées. Une graine de lin est réputée belle quand sa couleur est uniforme, brun clair et brun olivâtre, lorsqu'elle est brillante, large, renflée, et quand son extrémité ou sa pointe est un peu *cambrée* ou légèrement recourbée en crochet.

Les graines de lin vieilles ou nouvelles surnagent, petillent et s'enflamment quand on les projette sur des charbons ardents.

La *graine de lin de Riga* arrive en France dans des tonnes ou barils garnis intérieurement d'une toile blanche. C'est pourquoi on la nomme *graine de tonne, graine de tonne enrobée*. On la désigne aussi sous le nom de *semence de mer*.

On connaît à Riga trois sortes de graines : 1° Le *Puick-Zaad* qui est la plus belle et qui fournit le plus beau lin ; 2° L'*ordinaire* ; 3° La *commune*. Ces graines sont inspectées par la police de Riga. Les tonnes qui contiennent le *Puick-Zaad* sont les seules qui portent l'estampille des *deux clefs de la ville de Riga* ; on les nomme *Brack*. La graine réputée mauvaise est désignée sous le nom de *Drueana-Zaad*.

La belle graine de Riga est plus grosse et plus rude que que celle qu'on récolte en France. Celle qui vient des parties septentrionales de la Russie est brun verdâtre ; celles qu'on expédie des contrées méridionales est plus foncée en couleur. On recherche de préférence, avec raison, les graines qui viennent de Liébau, de Windaw et de Riga.

Ces graines et celles que nous expédient la Livonie et la Courlande contiennent beaucoup de semences des plantes indigènes. Avant de les semer il faut les vanner, tararer, ou les nettoyer avec un crible muni d'une toile métallique présentant 12 fils par 25 millimètres.

Les graines de Riga nous arrivent dans des barils de 125 litres pesant brut 100 kilog. et net 90 à 92 kil. Le nettoyage leur fait perdre 10 à 12 litres par baril.

On fraude assez fréquemment les graines de Riga ; en outre, comme on les fait sécher artificiellement, elles sont souvent ternes et légères. En Belgique, la plupart des cultivateurs n'en achètent que payables après la germination. Si les graines lèvent très-mal, le cultivateur ne les paye pas.

On reconnaît facilement si la graine achetée aux négociants comme semence de Riga, provient véritablement de la Livonie ou de la Courlande. Quand elle a une origine vraie, elle remplit plus que la tonne quand on vide celle-ci dans une autre de même contenance. Les graines qui ont servi à remplir en France d'anciens barils, ne foisonnent pas d'une manière apparente, quand on les transvase.

Les graines qu'on expédie de la Zélande et qui sont moins recherchées que les semences de Riga, de Windaw, etc.; arrivent dans des sacs pesant 85 à 90 kilog.

Doit-on employer des semences de deux années de préférence aux graines nouvelles ?

Beaucoup de cultivateurs du nord de la France et de la Belgique, sèment principalement des graines de deux ans, qu'on nomme alors *semences surannées*. Ils ont reconnu que la semence vieille et bien conservée donne toujours de meilleurs résultats. C'est pour le même motif que les Flamands laissent vieillir la *graine après la tonne*. Cette manière d'agir n'est pas le résultat d'un préjugé. Dans le département des Côtes-du-Nord, on emploie peu de graines nouvelles parce qu'elles sont, dit-on, sujettes à dégénérer, et la Livonie et la Lithuanie expédient toujours des graines qu'elles ont conservées pendant une année.

La pratique permet de dire que les graines, en général, qu'on *remue tous les trois mois* et qu'on *conserve* dans des *barils fermés* donnent naissance à des tiges qui fournissent une filasse plus abondante et de qualité supérieure. Aussi est-ce à tort qu'on a soutenu, sans donner aucune explication, que les graines surannées peuvent seules produire des tiges fortes et élevées.

La graine de lin ne perd sa faculté germinative à la troisième année que quand elle a été mal récoltée, lorsqu'elle est de mauvaise qualité ou qu'elle a été conservée à l'air.

D. Poids de l'hectolitre. — La graine de lin est plus ou moins pesante suivant les années et les variétés. Le poids de l'hectolitre varie ainsi qu'il suit :

Lin commun......................	68 à 70 kilogr.
— de Riga......................	64 à 66 —
— à fleur blanche................	70 à 72 —
— à graine jaune.................	70 à 72 —
— vivace de Sibérie..............	59 à 61 —

La graine de lin de Riga pèse moins que les graines des autres variétés parce qu'elle est plus grosse, plus renflée.

Chaque litre contient de 105 000 à 115 000 graines.

E. Exécution des semis. — On sème la graine de lin à la volée. Dans certaines localités on répand toute la semence en une seule fois; dans d'autres, on sème le matin la moitié de la quantité qu'on doit répandre, et l'après-midi, on projette l'autre. Ailleurs, on sème le soir, on abandonne la graine pendant la nuit pour que le serein et la rosée l'humectent, et on l'enterre le lendemain matin. Ce dernier procédé mérite d'être recommandé.

Cette semaille est difficile. Elle réclame des ouvriers bien exercés, des semeurs qui sachent régler le pas et le bras. Elle n'est parfaite que lorsque la graine a été disséminée très-uniformément. On doit l'exécuter à jets croisés, et opérer impérieusement par une belle journée.

Enfouissement des graines. — Quand la graine a été projetée, on la recouvre au moyen de deux hersages croisés. La petite culture l'enterre au râteau en égalisant la surface de la terre.

Un ou deux jours après cette opération et quand le soleil a hâlé la terre, on roule avec un rouleau uni et léger. La petite culture remplace le roulage par un plombage qu'on appelle *piétinage* ou *cocquetage*. Les ouvriers chargés d'exécuter ce plombage portent sous leurs pieds des planchettes de 0^m,20 de largeur sur 0^m,30 de longueur.

Dans le Nord, on fait souvent suivre le roulage par un nouveau hersage exécuté avec une herse linière, appelée *herse à drues dents*.

Il est essentiel d'enterrer la semence bien uniformément, afin que la levée soit régulière.

Travaux complémentaires des semis. A. Paillage. — Quand la petite culture redoute après les semis des pluies continues ou des hâles persistants, elle répand sur toute la surface qu'elle a ensemencée de la *balle* ou *menue paille* ou de la *paille hachée*. Cette couverture empêche la terre de se durcir et de se prendre en croûte, et elle rend la levée des graines plus certaine et plus régulière.

B. Ramure ou ramage. — Dans les localités où l'atmosphère est abondamment chargée d'humidité, où les terres sont très-riches, où les pluies ou le vent peuvent coucher ou renverser les tiges, dans celles enfin où l'on veut obtenir du *lin de fin*, on rame le lin quand la semaille est terminée ou après le premier sarclage.

Le ramage du lin s'effectue de diverses manières : ici, on soutient les tiges avec les fils de fer ou des cordes goudronnées ; ailleurs, on emploie des branches provenant de l'émondage des têtards ; plus loin, on empêche les tiges de se coucher en plaçant horizontalement de longues perches soutenues par des fourches ayant 0^m,40 à 0^m,50 de hauteur.

Les deux derniers moyens sont les seuls qu'on puisse recommander.

Quand on rame le lin avec des branchages, on pose ces ramures sur la terre en ayant soin de ne pas la tasser inutilement. Ces ramées sont placées horizontalement et parallèlement. On peut aussi ne les coucher que quand le lin a de 0^m,05 à 0^m,10 de hauteur; mais ce mode de ramer le lin laisse souvent à désirer, ainsi que j'ai été à même de l'observer en Bretagne.

Lorsqu'on emploie des perches, on implante de petites fourches à la distance d'un mètre environ les unes des autres, sur des lignes distantes de 6 à 7 mètres. Ces fourches supportent des *sommiers* ou *mousquets*, c'est-à-dire des perches de 6 à 9 mètres de long, sur lesquelles on place transversalement des *scions* ou *croisures*, portant des branches et ayant 2 mètres environ de longueur; ces ramées sont espacées les unes des autres de 0^m,45 à 0^m,50, et elles reposent sur trois sommiers.

Un hectare, d'après M. Gomart, exige 880 bottes de perches et de ramées coupées dans des taillis de douze ans. Chaque botte de croisures a 1^m,15 environ de circonférence, et 5 perches comptent pour une botte. Le prix moyen de celle-ci est de 0 fr. 75. La pose de cette ramure nécessite douze journées d'ouvriers.

Après l'arrachage du lin, on convertit toutes ces ramures en fagots. On en obtient environ 800 qui coûtent 12 fr. de façon et qui se vendent 15 fr. le cent.

Il résulte de ces chiffres que le ramage du lin occasionne d'une part une dépense de 677 fr. et de l'autre une recette de 120 fr., et qu'elle laisse au compte du lin, dans le département de l'Aisne, une dépense définitive de 557 fr. par hectare.

La ramure avec des branchages d'émondes, posés directement sur la terre, n'impose pas par hectare des frais aussi considérables.

Germination. — La graine semée en mars ou en avril,

lève au bout de 12 à 15 jours ; celle qu'on a confiée à la terre pendant le mois de mai germe du sixième au dixième jour, selon la fraîcheur de la couche arable.

Soins d'entretien. — A. SARCLAGE. — On sarcle le lin quand il a de 0ᵐ,05 à 0ᵐ,10 de hauteur. On agit, autant que possible, après une pluie pour que les mauvaises herbes soient plus facilement arrachées.

Cette opération est ordinairement confiée à des sarcleuses qui s'agenouillent, ou qui se traînent ou rampent sur leurs genoux. Ces femmes ne doivent pas avoir de sabots ou de chaussures ferrées. Dans le nord, où elles portent des chaussettes de toile, elles ne nuisent nullement à l'avenir du lin.

Il est nécessaire que les travailleurs agissent contre le vent, afin que ce dernier aide les plantes affaissées à se relever, et qu'ils évitent d'aller et de venir sans motifs.

Les herbes, à mesure que les ouvriers avancent, sont mises en tas sur le champ ; le soir on les enlève pour les déposer en dehors de la pièce.

On répète quelquefois cette opération une ou deux fois. Ordinairement un seul sarclage suffit pour enlever toutes les plantes adventices.

Le premier sarclage d'un hectare de lin coûte de 30 à 40 fr., et exige de 30 à 40 journées de femmes. Le deuxième sarclage coûte de 15 à 20 fr., et n'exige que 18 à 20 journées d'ouvrières. A Lockeren, Courtray, etc., le premier sarclage est payé 50, 60 et même 80 fr.

B. IRRIGATIONS. — Dans les contrées méridionales, à Palerme par exemple, on arrose les cultures de lin quand les circonstances le permettent. Les arrosements se font alors par infiltration, mais on les cesse plusieurs jours avant la floraison, afin de ne pas ramollir les tiges et de nuire à la formation des graines.

Maladie. — Le lin est sujet à une altération que l'on a appelé *charbon* et *froid feu*. Quand cette affection apparaît, on dit vulgairement que le lin se *chauffourne* ; alors il prend une teinte jaunâtre, il se dessèche prématurément et successivement de la base au sommet ; en outre, sa tige noircit inférieurement, devient fragile et se brise facilement ; ses feuilles brunissent, ses fleurs se flétrissent et ses graines avortent. M. Loiset, qui a signalé pour la première fois cette altération, a observé que cet état pathologique était toujours accompagné d'un cryptogame, appelé *phoma exiguum*. Il en a tiré cette conclusion, que le lin avait éprouvé un abâtardissement.

On a reconnu que le lin de Riga et le lin à fleurs blanches sont moins exposés à cette altération que les autres variétés.

Plante parasite. — La cuscute (CUSCUTA EUROPEA, L.), que l'on a appelée *teigne* ou *goutte de lin*, cause quelquefois de grands ravages dans les cultures de lin, parce qu'elle frappe de mort toutes les tiges qu'elle enlace et sur lesquelles elle se développe. On doit s'empresser d'arracher toutes les parties qu'elle a envahies ou d'incinérer les places sur lesquelles elle s'est développée. (Voir *Luzerne*, PLANTES FOURRAGÈRES.)

Animaux nuisibles. — La *taupe* nuit aussi au lin, par les galeries qu'elle creuse et les taupinières qu'elle forme. On doit la détruire avec soin entre le semis et la germination.

Insectes nuisibles. — Les *altises* ou *puces de terre* vivent aussi aux dépens du lin lorsqu'il est jeune. On a proposé de répandre sur les plantes, lorsqu'elles sont encore couvertes de rosée, de la poussière de chaux ou des cendres du foyer. Ces moyens sont favorables, ils obligent les altises à s'éloigner, mais ils ne sont praticables que lorsque le lin est cultivé sur de petites superficies.

Le moyen proposé par M. du Trieu est plus pratique et aussi efficace. Il consiste à rouler les champs de lin avec un rouleau en bois; alors on écrase les mottes qui servent d'abri aux altises, et on détruit en même temps un grand nombre de ces insectes.

Les *vers blancs* sont aussi très-redoutables.

Agents atmosphériques nuisibles. — Le lin souffre beaucoup dans les années où il survient des *sécheresses prolongées* et des *pluies excessives et continues;* en outre, les *vents du nord* suspendent sa végétation, ou le rendent fourchu ou *théon*, suivant l'expression des Flamands. Un lin qui se bifurque se ramifiera très-certainement l'année suivante. Celui qui se ramifie ordinairement est désigné dans le Nord sous les noms de *lin chaud, lin têtard*.

Quant à la *grêle*, elle coupe, brise et détruit parfois en une heure les espérances qu'on avait conçues légitimement pendant plusieurs mois. Les désastres qu'elle cause chaque année doivent engager tous les cultivateurs à faire assurer les cultures de lin qu'ils ont entreprises.

Récolte. A. Époque. — On doit arracher le lin destiné à fournir principalement de la filasse, avant la formation des graines, c'est-à-dire lorsque celles-ci sont encore laiteuses. Quand on lui demande et de la filasse et de la graine, on ne peut enlever les tiges que lorsque les semences sont arrivées à parfaite maturité.

En général en France on arrache le lin trop tardivement. En Belgique et en Allemagne, on le récolte aussitôt après la floraison. Lorsqu'on arrache trop tôt, la filasse est molle et peu nerveuse ; si on récolte trop tard, on obtient plus de filasse, mais celle-ci est grossière ; quand on arrache à *l'époque de la floraison*, la filasse est douce, soyeuse et d'une plus grande finesse.

Le *lin d'hiver* se récolte pendant la seconde quinzaine de mai ou au commencement de juin dans les provinces de l'Ouest et du Sud-Ouest.

En Algérie on le récolte aussi vers la fin de mai.

Le *lin de printemps* est arraché soit en juillet, soit en août, selon qu'on opère la récolte à la floraison ou à la maturité des graines.

En Irlande, on récolte le lin du 20 août au 5 septembre.

Quand le lin doit produire de la graine, on commence l'arrachage quand la semence passe du vert au jaune brun pâle ; alors les tiges sont jaunes jusqu'au deux tiers de leur hauteur et les capsules commencent à jaunir.

B. Opération. — L'arrachage du lin se fait avec la main. Quand les plantes ont un mètre environ de hauteur, les ouvriers arrachent à deux mains : la main gauche saisit la poignée de lin à sa partie supérieure, l'autre glisse le long de cette poignée jusqu'à sa base et tire les tiges un peu obliquement ; quand la poignée est arrachée, on en sépare les mauvaises herbes, on secoue la terre des racines et on étend les tiges sur la terre, ou on les lie avec deux ou trois tiges de lin.

Quand on ne lie pas immédiatement les tiges en bottes ou en poignées, on les met quelquefois en croix sur le champ et on les laisse ainsi pendant vingt-quatre heures pour qu'elles se sèchent et qu'on puisse plus tard les dresser plus aisément. Lorsqu'on lie les poignées au fur et à mesure qu'on les arrache, on les jette à terre dès qu'elles sont faites ; alors un enfant les prend, les dresse en ligne ou en *chaîne*, tête contre tête, ou les réunit en tas après avoir écarté leur base.

On ne doit jamais mêler les pieds avec les têtes.

Le *lin ramé* est plus difficile à récolter, parce qu'il exige neaucoup de soin; c'est pourquoi on le fait souvent arracher par des journaliers.

Le plus ordinairement les ouvriers séparent avec précaution, aussitôt après l'arrachage, les tiges les plus belles et les plus fines. Ces pieds sont ensuite réunis en bottes et rouis avec soin. Ce sont ces tiges qui fournissent la filasse avec laquelle on fait le fil de mulquinerie si remarquable par sa grande finesse.

C. MISE EN CHAÎNE. — La *mise en chaîne* des poignées exige 10 à 12 journées de femmes et d'enfants.

On compte qu'il faut 20 à 25 journées d'hommes pour récolter un hectare de lin ordinaire; la même superficie en lin ramé exige 40 à 50 journées de femmes et coûte de 35 à 50 francs.

Un bon ouvrier peut arracher en une journée 350 poignées à deux mains.

L'arrachage des *lins non ramés* se fait souvent à la tâche; dans le Nord, il revient de 20 à 30 francs l'hectare.

Le lin ramé ou *lin de fin*, est ordinairement déposé après l'arrachage sur les ramures ou les croisures, pour qu'il ne reste pas en contact avec le sol pendant sa première dessiccation qui dure un jour ou deux.

D. MISE EN BOTTES. — Quand le lin est resté pendant plusieurs jours sur le sol, exposé à l'action de l'air et du soleil, on le met en bottes de 3, 4, 5, 7 ou 10 kilog., en employant des liens de paille. Chaque botte porte un ou deux liens, suivant la longueur des tiges.

On compte par hectare de 1300 à 1500 bottes de 4 à 5 kilog.

E. EMMEULAGE DES BOTTES. — Quand les poignées ont été mises en bottes, on rentre celles-ci sous des hangars ou on les entasse dans une grange. Dans le Hainaut, la province de Namur, la Saxe prussienne, etc., où les locaux font défaut, on en forme dans les champs ou près des habitations des meules oblongues ou carrées (*fig.* 1) soutenues par quatre ou six pieux et recouvertes de paillassons. Cette mise en tas a pour but de soustraire les tiges de lin aux fâcheuses influences des brouillards et de la pluie. On place les bottes soit horizontalement, soit verticalement. Dans ce dernier cas, la dernière rangée de bottes repose sur d'autres placées dans le sens de la longueur de la meule, et elle est inclinée d'avant en

Fig. 1. Meule de lin abritée par des paillassons.

arrière, afin que les eaux pluviales puissent facilement glisser sur les paillassons.

Un hectare de lin permet de faire de 9 à 10 meules de 150 bottes en moyenne chacune; chaque botte pèse alors de 4 à 5 kilog.

Dans quelques contrées, on donne à ces meules une forme circulaire et conique et on les couvre avec une botte de paille de seigle comme s'il s'agissait de terminer une moyette de céréale.

Récolte des graines. — A. Égrenage. — Avant de procéder

au rouissage des tiges, on détache les capsules dans lesquelles sont renfermées les graines.

Cette opération se fait à l'aide d'un *séran* appelé aussi
drége ou *égrugeoir*. Cet appareil se place sur une grande
toile ou sur une bâche; il se compose d'un peigne à dents de
fer longues de 0^m,10 à 0^m,20 et espacées de 0^m,015 à 0^m,025,
fixé sur le milieu d'un banc de 0^m,30 de large et 2^m à 2^m,50

Fig. 2. Ouvriers procédant à l'égrenage du lin.

de long, aux extrémités duquel deux drégeurs se mettent à
cheval (*fig.* 2).

Chaque ouvrier chargé d'égrener le lin avec un tel appareil, saisit une poignée de lin, écarte son sommet en
éventail, la projette à moitié dans le peigne et la tire à lui
pour que les capsules se détachent et tombent sur la toile.
Alors, il retourne la poignée sur elle-même à l'aide d'un

demi-tour de main et l'engage une seconde et souvent une troisième fois entre les dents du peigne. Quand toutes les capsules ont été ainsi détachées, l'ouvrier dépose la poignée à terre et prend une nouvelle botte pour l'égrener de la même manière. Il a soin pendant ce travail de croiser diagonalement les poignées égrenées les unes au-dessus des autres pour éviter que les tiges s'entre-croisent.

La drége permet d'opérer l'égrenage dans les champs à côté des meules ou des *monts* de lin.

Quand dans le Nord on rouit seulement au printemps, on égrène en février ou en mars.

La mise en bottes et l'égrenage d'un hectare de lin coûtent de 15 à 20 francs.

L'égrenage seul exige de 12 à 15 journées.

B. BATTAGE DES CAPSULES. — Quand les têtes ont été séparées des tiges, on les bat sur une toile à l'aide d'un fléau léger.

Dans plusieurs localités on n'égrène pas le lin avant d'opérer le battage.

Ici, on écrase les capsules sur un billot à l'aide d'un maillet à main ou d'un battoir de blanchisseur.

Ailleurs, on étend la poignée sur une aire de grange, on la maintient avec le pied et on *mailloche* les capsules avec une batte en bois de 0^m,25 de longueur sur 0^m,12 de largeur et munie d'un manche courbe de 0^m,80 à 0,^m90 de longueur.

En Irlande, on opère l'égrenage à l'aide d'un appareil qui se compose de deux rouleaux creux tournant sur eux-mêmes en sens inverse, ayant 0^m,33 de diamètre et 0^m,45 de longueur. M. Payen dit que cet appareil doit être desservi par sept femmes, et qu'il égrène, en dix heures de travail, environ 4000 kilog. de lin en bois.

Quand les capsules ont été brisées, on procède au vannage ou au criblage des graines.

S'il survenait de la pluie ou si les graines n'étaient pas parfaitement sèches, il faudrait les déposer en tas dans une grange et les remuer souvent pour qu'elles ne germassent pas. On doit se garder de les dessécher dans un four. Quand les circonstances obligent à les faire sécher dans une étuve comme on le fait souvent dans la Livonie, il faut s'arranger pour que la température ne dépasse pas $+ 18°$ à $+ 20°$.

Conservation des graines. — La graine de lin doit être conservée dans un local sain, à l'abri des rats et des souris.

On doit la mettre dans des barils placés dans un lieu sec et la remuer de temps en temps avec un bâton. Quand elle doit être conservée deux années, on ferme ces barils aussi hermétiquement que possible.

Dans le Wurtemberg, on asperge les graines de lin avec une dissolution de carbonate de potasse, afin que les mites ne les attaquent pas, et on les met ensuite dans des barils. Cette préparation ne nuit pas à la valeur de la graine : en Angleterre et aux États-Unis, on répand du sel marin en même temps que la semence, dans le but de hâter sa germination.

En Flandre, on mêle quelquefois la graine de lin à de la menue paille bien nettoyée, et on la met ensuite dans des paniers couverts, ayant la forme d'une ruche. Au mois de janvier suivant, on la retire, on la vanne, on la mêle de nouveau à de la menue paille et on la conserve dans cet état jusqu'au printemps suivant.

Dans quelques localités, on conserve la graine de lin dans les capsules. On prétend qu'en agissant ainsi, la graine est de meilleure qualité.

Nonobstant, tous les procédés en usage consistent à priver la graine de l'action de l'air et de la lumière.

Renouvellement des graines de Riga. — Nous avons dit précédemment que le lin de Riga dégénérait facilement en France. Cet amoindrissement de qualité oblige les cultivateurs à acheter tous les deux ou trois ans des graines venant de la Livonie.

Peut-on récolter en Flandre, en Bretagne, etc., des graines de Riga, égales en qualités à celles que nous expédient les ports de la Baltique? Les faits ne permettent pas de résoudre affirmativement cette question.

Le lin qui alimentait, il y a un siècle, les nombreux métiers à tisser qui étaient alors dans l'ancienne province de Bretagne, provenait en grande partie de graines importées des rives de la Baltique ; ces graines venaient principalement à Roscoff, seul port où elles étaient reçues de Lubeck ou de Liebau. L'évêché de St-Malo était la seule partie de la province dans laquelle on employait les graines qui venaient de la Zélande.

La quantité de semence que l'on importait annuellement à Roscoff, permettait d'ensemencer de 50 000 à 60 000 hectares. Ces graines se vendaient de 30 à 37 fr. 50 les 1000 kilog. et occasionnaient à l'agriculture bretonne une dépense annuelle de 540 000 à 675 000 fr. Ces chiffres démontrent à quel degré de prospérité l'industrie linière était parvenue dans la région de l'Ouest vers le milieu du siècle dernier.

On se demanda à cette époque si les graines tirées de la Livonie ne pouvaient pas reprendre en Bretagne, par une culture spéciale, leur vigueur et leur énergie première. Alors on fit de nombreuses expériences, en semant la graine dans une faible proportion et sur des terres qui n'avaient pas encore porté de culture de lin, et en sacrifiant complétement la filasse, mais elles n'eurent aucun résultat.

A Riga, le climat, qui est plus froid, oblige-t-il les plantes à pousser plus vite et à bien mûrir leurs graines? Le sol par sa nature, son degré de richesse a-t-il plus d'influence sur la qualité des graines que les semences elles-mêmes? Jusqu'à ce jour ces questions n'ont pas été résolues. On sait seulement que dans la Livonie on regarde la filasse comme un produit secondaire et la graine comme un produit principal. On sait encore que les graines y sont semées dans une faible proportion, que le lin y donne une filasse dure, des semences bien mûres, bien nourries, et ayant toutes les qualités désirables, que la récolte des graines n'a lieu que lorsqu'elles sont arrivées à leur complète maturité. Ainsi à Liebau, à Lubeck, comme dans les autres pays liniers de la Baltique, on fait de la graine de lin en sacrifiant la beauté de la filasse.

En France, le produit en graine a une très-faible importance. Aussi arrache-t-on le lin quand on juge qu'on pourra obtenir une filasse de bonne qualité.

C'est donc avec raison que M. Breulin, de Stuttgart, dit qu'on doit opter entre le produit d'une graine de bonne qualité ou une filasse longue, fine et pesante.

On avait cru qu'on pouvait régénérer la graine du lin commun et lui donner les qualités qui distinguent celle du lin de Riga en la desséchant dans un four à 58°. M. Ockel a expérimenté ce moyen sans résultat. Voici les faits qu'il a observés :

	Hauteur des tiges.	Poids des tiges.	Après broyage.	Après espadage.	Après sérançage.	Pertes.	Etoupes.
1° Lin de Riga..........	0m,82	114k	26k,080	13k,090	5k,170	108k,83	12k,690
2° Lin commun non séché.	0 75	100	20 680	22 320	4 700	93 30	11 280
3° Lin commun séché....	0 78	105	22 320	15 510	4 350	100 05	10 810

Ainsi, les graines séchées ont donné des tiges moins élevées et moins pesantes que les tiges qui provenaient de graines importées de Riga.

Chaque variété occupait 284 mètres carrés. Les semis eurent lieu le 12 mai avec 13 litres 60 sur chaque partie. Les graines n°s 1 et 2 levèrent le 18; celles du n° 3, le 25. Toutes les plantes fleurirent à la même époque. La récolte fut faite le 4 août et toutes les tiges furent rouies à la rosée, du 15 août au 2 octobre.

Toutes choses égales d'ailleurs, les plantes qui proviennent de la graine de lin Riga nouvellement importée, sont plus vigoureuses et produisent plus de filasse que les graines après tonne; par contre, celles-ci donnent des tiges moins fortes et de la filasse plus fine et plus belle. On s'arrête au troisième ensemencement, parce que le lin se ramifie, et on achète des graines nouvellement importées.

Rouissage. — On rouit le lin de six manières différentes. Ordinairement on l'exécute après la récolte.

A Courtray, Namur, etc., on ne l'opère que l'année suivante et quelquefois trois ou quatre années après l'arrachage. On s'accorde à dire que plus le lin en tige est vieux, plus la filasse qu'il fournit a de qualités.

Le lin se rouit à *l'état vert* et à *l'état sec*. On prétend, en Belgique, que le rouissage en vert permet au lin de donner une filasse plus souple, plus soyeuse et plus douce. Cette opinion n'est pas admise par tous les liniers. Dans le Nord on ne rouit à l'état vert que le lin destiné à la mulquinerie. Nonobstant, l'expérience a démontré que le rouissage du lin à l'état vert ne peut être fait qu'à la rosée ou dans une eau stagnante, parce qu'il résiste mal à l'action d'une eau ruisselante.

Le lin vert destiné à la dentelle est roui après avoir séché.

On ne pratique pas toujours un seul rouissage à l'eau

dormante ou à l'eau courante. Dans les environs de Courtray, les lins de qualité supérieure sont rouis deux fois, mais chaque rouissage n'est pas aussi prolongé que la durée moyenne des rouissages qu'on ne pratique qu'une seule fois.

Enfin, le lin roui à l'eau stagnante est en général plus gris, plus doux que celui qu'on met à fermenter dans une eau courante; ce dernier est ordinairement blond ou jaune.

Les lins de Courtray sont rouis dans la rivière la Lys; les lins de l'arrondissement de Malines sont rouis dans l'eau stagnante; ceux des provinces de Namur, du Hainaut, sont rouis à la rosée.

A. ROUISSAGE A LA ROSÉE. — Le rouissage à la rosée qu'on appelle *rosage, rorage* ou *rouissage à l'air*, consiste à exposer le lin pendant un certain temps à l'action simultanée de la rosée, du soleil et de l'air.

Ce mode de rouissage est en usage en Normandie, dans l'Anjou, le Maine, le Languedoc, etc. On le pratique aussi dans la Bohême, la Moravie, la Souabe supérieure, la Russie et dans le Wurtemberg où le rouissage à l'eau est interdit par mesure de police.

Le lin qu'on rouit à l'air donne une filasse plus fine, plus douce et plus moelleuse, mais un peu moins forte.

On le pratique ordinairement en août, septembre et octobre. En Belgique on l'exécute souvent en février ou mars.

On choisit de préférence une prairie couverte d'une herbe unie, serrée et courte, ou un sol herbu, afin que la terre ne s'attache pas aux tiges et ne nuise pas à la qualité de la filasse. Les tiges doivent être étendues peu serrées et bien parallèlement. De temps à autre, soit tous les jours, soit tous les deux ou trois jours, selon l'état de l'atmosphère, on les

VII*	3

retourne avec deux baguettes de 2 mètres environ de longueur; l'une est placée sous le lin, l'autre est posée à sa surface, et c'est en les soulevant qu'on le renverse sans le mêler. On déplace ainsi les tiges pour que toute leur surface subisse l'action des agents atmosphériques et qu'elles donnent une filasse ayant une nuance uniforme.

Quand les tiges se brisent nettement et que la chènevotte se détache bien, on les enlève pour les dresser en faisceaux et les réunir en bottes aussitôt qu'elles sont sèches.

La durée du rosage est variable. Ordinairement cette opération est complète au bout de trente à quarante jours.

Le lin qu'on rouit à l'air, rend de 17 à 18 pour 100 de filasse ; celle-ci est grise ou gris argenté et très-douce.

Le rouissage à la rosée occasionne par hectare de lin cultivé dans le Brabant-Wallon, une dépense de 50 à 60 fr.; à Courtray on évalue les dépenses qu'il nécessite à 15 fr. par chaque 1000 kilog. de lin en tige.

B. Rouissage a eau dormante. — Le rouissage à eau dormante ou à *eau stagnante* a lieu dans des trous remplis d'eau ou dans des mares. On doit rechercher les eaux les plus limpides ou celles qui reposent sur des vases bleues. Il faut éviter d'effectuer ce rouissage dans les eaux chargées de parties calcaires ou de matières ferrugineuses. Dans le pays de Waës on a reconnu que les parties terreuses de l'argile jaune des routoirs ne permettaient pas au lin de blanchir facilement après le rouissage.

Il est utile aussi de ne pas l'opérer dans les eaux dans lesquelles le vent a chassé des feuilles de chêne, de peuplier ou de châtaigner, car le tanin que contiennent ces feuilles laissent des traces ineffaçables sur la filasse.

Les feuilles d'aune ne sont pas nuisibles. Dans quelques parties de la Belgique et de l'Allemagne on en jette dans les routoirs 8 à 15 jours avant le rouissage, dans le but de donner à la filasse une belle teinte bleu argenté. On peut remplacer les feuilles d'aune par des fleurs de pavot.

Quand on est forcé de rouir dans une eau de source, on doit, si cela est possible, concentrer cette eau dans un réservoir pendant plusieurs jours, pour qu'elle s'échauffe et soit moins crue ou qu'elle soit adoucie par l'air et le soleil.

Ce rouissage est pratiqué en Bretagne, dans la Somme, l'Oise, la Hollande, etc.

On l'opère ordinairement en août, en septembre et en octobre. Dans le Nord on ne rouit le lin ramé qu'au printemps de l'année suivante.

On ne rouit pas de novembre à mars.

On couche les bottes de lin horizontalement, en ayant soin de ne pas les presser très-fortement les unes contre les autres, et on les charge ensuite de pierres ou de bois pour qu'elles soient complétement submergées.

On a proposé de mettre les bottes debout. Ce moyen n'a pas toujours donné de bons résultats. Il devait surtout en en être ainsi dans les routoirs alimentés par des sources. Dans cette circonstance la base des bottes placées verticalement est plongée dans une eau plus fraîche que celle qui enveloppe le sommet des tiges de lin; on comprend dès lors que la fermentation étant plus rapide vers les têtes des bottes et moins prompte à la partie inférieure, le rouissage doit être inégal et la chènevotte de la base des tiges doit se détacher plus difficilement que celle de la partie supérieure. La position horizontale est la meilleure, parce qu'elle se prête mieux au lavage des tiges.

Dans les environs de Lockeren, les bottes de lin sont placées dans les routoirs dans le sens de leur longueur. On met d'abord deux rangées de bottes dans la même direction ;

puis une autre rangée, en ayant soin que les bottes qui forment le troisième lit soient placées en sens inverse et que leurs liens posent sur le sommet des bottes inférieures. Lorsque les trois rangées de bottes ont été ainsi disposées, on les couvre d'une couche de boue de 0^m,06 à 0^m,08, de manière que cette masse terreuse, qui est destinée à empêcher le lin de devenir noir, soit au niveau de la surface de l'eau, et on continue à remplir le routoir en alternant deux ou trois couches de bottes de lin avec un lit de boue.

En Hollande on rouit le lin dans la boue, ou on le laisse flotter dans les routoirs. Dans ce dernier cas, on le retourne tous les jours.

La durée du rouissage à eau stagnante varie suivant la température de l'eau et celle de l'atmosphère; elle dure 6 à 8 jours en août; 10 à 12 jours en septembre; 12 à 15 jours en octobre. En Italie, le lin ne séjourne dans les routoirs que 3 à 5 jours.

Lorsqu'on suit les progrès d'un rouissage, on observe qu'il se dégage des bulles d'air du 2e au 3e jour, de l'acide carbonique du 3e au 5e et de l'hydrogène carboné du 5e au 7e. Alors l'eau se trouble, devient fétide et perd de son acidité. Il résulte de ces remarques que le rouissage est la conséquence de trois fermentations successives: 1° fermentation insensible, 2° fermentation acéteuse; 3° fermentation alcaline ou putride.

Quand la chènevotte se détache facilement, on retire le lin du routoir botte à botte, on le lave à eau courante, si cela est possible, et on le place debout sur un terrain gazonné pour qu'il s'égoutte. Quand il est sec, on le rapporte à la ferme et on l'emmagasine dans un lieu sec.

On construit dans la Saxe prussienne des routoirs à eau

dormante qui permettent d'obtenir des filasses très-belles. On creuse non loin d'un cours d'eau, une fosse ayant quatre compartiments (*fig.* 3) qui communiquent à une rigole alimentaire. Chaque compartiment reçoit l'eau nécessaire au moyen d'une éclusette. Cette disposition rend le lavage du lin très-facile, et elle permet de maintenir l'eau dans les compartiments à une hauteur constante.

Le lin ramé doit être roui dans une eau froide.

C. ROUISSAGE A EAU COURANTE. — Le rouissage à eau courante ou à *eau ruisselante* est souvent pratiqué en Irlande et

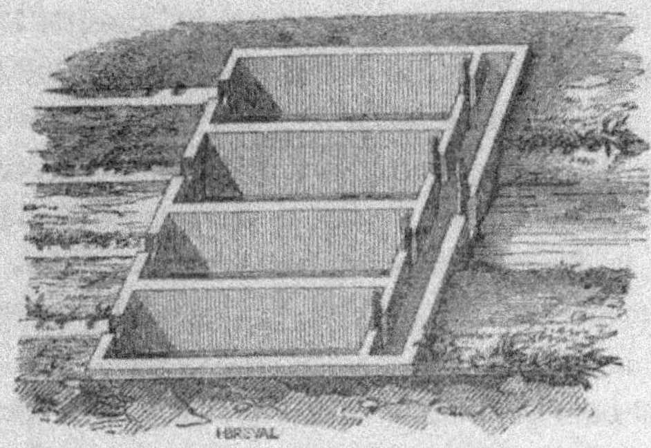

Fig. 3. Rouïoir à eau stagnante.

en Belgique. Ce n'est qu'accidentellement qu'on l'adopte en France de préférence au rouissage à eau dormante.

A Courtray, à Lockeren, etc., on l'exécute en mai; les bottes de lin sont entièrement submergées à plat ou debout et tenues à l'aide de perches; il dure de 8 à 15 jours.

Quelquefois, on dépose le lin dans des caisses à claire-voie qu'on appelle *ballons*. Ces caisses ont de 3 à 4 mètres carrées et leur hauteur varie entre $1^m,20$ à $1^m,40$; elles contiennent chacune environ 120 bottes de lin brut de $0^m,30$ de diamètre et donnant au teillage, en moyenne, 1 kil. 500 de filasse. Quand les caisses sont remplies de bottes placées debout, on les couvre de paille sur laquelle on met des planches ou des pierres, on les descend dans le cours d'eau et on les attache à l'aide de cordes à des poteaux ou des pieux enfoncés sur la berge. Ces caisses sont d'abord, pour ainsi dire, flottantes, mais au bout de quelques jours, lorsque le lin a été détrempé par l'eau, elles ne tardent pas à toucher le fond de la rivière.

Quand le rouissage est terminé, on attire les caisses près du rivage, on enlève les bottes de lin qu'on délie ensuite pour dresser les tiges en petits tas coniques.

Ce rouissage coûte de 20 à 30 fr. l'hectare. On s'accorde à dire qu'il ne vaut pas l'ancien système qui consiste à mettre les bottes horizontalement et sans les serrer dans les endroits où le courant est faible.

On doit préférer les eaux les plus limpides et celles qui ont un courant modéré. Une eau très-ruisselante détruit la souplesse du lin et nuit aussi à sa beauté de couleur.

En Irlande, le lin est placé par couches superposées et légèrement inclinées ; on le couvre ensuite d'un lit de jonc sur lequel on met une rangée de gazon, afin de le priver de l'action de l'air et de la lumière ; il reste ainsi dans l'eau pendant 8 à 15 jours. L'inclinaison des bottes part de la base des tiges à leur sommet.

En Flandre, c'est principalement le lin ramé qu'on rouit à eau courante. A l'aide de 2 liens, on réunit toutes les bottes, qui sont formées de 17 à 18 botillons de 2 poignées, en une seule appelée *roue* ; on entoure de paille cette grosse botte pour que les tiges ne touchent pas la terre, on la suspend dans l'eau les racines en haut au moyen de perches, et on la retourne tous les jours pendant les 12 à 15 jours que dure le rouissage.

Dans la Saxe prussienne les routoirs à eau courante

(*fig.* 4) se composent de trois compartiments munis chacun d'une petite écluse et communiquant à volonté les uns avec les autres de manière que l'eau y soit sans cesse renouvelée. On les alimente à l'aide d'un courant d'eau A.

Les parois de ces routoirs, ainsi que les séparations, sont en briques ou en maçonnerie.

Si le rouissage exécuté dans de semblables routoirs est plus long que celui qu'on pratique dans une eau dormante, il a l'avantage de donner une filasse moins foncée en couleur et aussi facile à blanchir.

Fig. 4. Routoir à eau courante.

En Livonie, les routoirs comprennent 5 à 6 fosses disposées en étages; leur fond est sablonneux ou revêtu d'un pavage. Ces routoirs sont alimentés par une eau de source.

Il est essentiel que l'eau qui alimente les routoirs à eau courante, arrivent par le haut de la fosse. Quand elle vient par le bas, le rouissage est toujours irrégulier.

Toutes choses égales d'ailleurs, on retire le lin des cours d'eau ou des routoirs quand, en brisant les tiges en deux endroits, on peut aisément séparer la partie ligneuse et les fibres.

En Hollande, le rouissage du lin récolté sur un hectare

coûte de 18 à 20 francs : 9 à 10 fr. pour mettre le lin à l'eau et 8 à 9 fr. pour l'en retirer.

Dans le Brabant-Wallon, on évalue les dépenses à 15 ou 16 fr., parce que 14 journées d'ouvriers sont nécessaires pour l'exécuter.

D. Rouissage a la vapeur. — Le rouissage à la vapeur imaginé par l'Américain Schenck, a été désigné sous le nom *rouissage américain*.

Pour l'opérer, on entasse dans un lieu clos, le lin debout dans des bacs ou cuves et on le couvre d'un grillage en bois pour qu'il ne puisse se soulever. Alors, on remplit la cuve d'eau de manière que l'immersion du lin soit complète, et on ouvre le robinet, qui permet à la vapeur d'arriver sous le double fond percé de trous. Au bout de 18 à 20 minutes, lorsque l'eau a atteint une température de 28° à 33°, on ferme le robinet. C'est alors que la fermentation commence pour se continuer pendant 60 heures, si on maintient l'eau à la température précitée. Après ce temps, on retire le lin, on l'introduit successivement dans une turbine à air ou hydro-extracteur qui lui enlève en 2 ou 3 minutes, sous l'action de la force centrifuge qu'elle possède, toute l'eau qu'il contient. On le met ensuite dans une étuve ou au soleil afin qu'il se sèche complétement.

Les cuves, dit M. Payen, sont elliptiques ; elles ont 4^m,55 de grand diamètre, 3^m,25 de petit diamètre, et 1^m,30 de hauteur, et contiennent environ 1500 kilogrammes de lin en tige. Quand on fait usage d'eau séléniteuse, le rouissage n'arrive à son terme qu'au bout de 90 heures.

Ce *rouissage manufacturier* a donné des résultats remarquables, surtout lorsque le lin a été arraché quelques jours après la formation de la graine. Il est en usage à Lille, dans l'établissement de MM. Scrive frères, en Amérique et en Angleterre.

Après la fermentation acidule qui se manifeste au début de l'opération, il se dégage de l'acide carbonique et plus tard un peu d'hydrogène sulfuré.

En Angleterre, le lin, au sortir des bacs, est soumis à l'action d'un appareil à quatre rouleaux imaginé par l'Irlandais Bride, en même temps qu'il reçoit l'action d'un jet d'eau. Après le laminage et le lavage, les tiges sont exposées à l'action d'un courant d'air et placées ensuite dans une étuve pendant 12 heures.

M. Casier a renoncé, en Belgique, au lavage, et ne cylindre les tiges du lin que lorsqu'elles sont sèches. Il dit pour raison que les fibres du lin qu'on a cylindré à l'état humide sont caractérisées par une grande faiblesse.

E. Rouissage a l'eau de mer. — En Hollande, on rouit souvent le lin à l'eau de mer. La filasse qu'on obtient par ce procédé est bonne, nerveuse, mais elle manque de douceur.

Ce mode de rouissage oblige à laver le lin à sa sortie du routoir.

F. Rouissages chimiques. — On a proposé de remplacer le rouissage à l'eau pure par un rouissage basé sur l'emploi des solutions alcalines et acides. Les expériences faites jusqu'à ce jour ne sont pas assez concluantes pour que nous exposions les détails des procédés de M. Terwangne, M. Claussen, etc.

Hàlage. — Le lin qu'on a roui à l'eau courante ou dormante reste pendant plusieurs jours, après cette opération, exposé à l'action de l'air. On le place debout dans un endroit aéré, et de préférence sur un terrain gazonné. Quand il est sec, on le rentre par un beau temps, et on le conserve dans un local sain à l'abri des souris et des rats.

Blanchiment du lin. — Le blanchiment du lin se fait naturellement ou artificiellement.

Dans le premier cas, on l'étend sur un gazon, comme cela a lieu en Flandre, du 15 février au 15 de mai, pendant 20 à 35 jours. S'il survient de la pluie, on le rentre à la ferme ou on le met en meule pour l'étendre de nouveau. On le retourne de temps à autre au moyen de perches.

Sous l'action de la rosée et du soleil, le lin gris, brun ou jaune, prend une belle couleur blanchâtre et acquiert plus de souplesse.

Dans le second cas, on immerge le lin dans une dissolution de sous-chlorate de magnésie.

Ces procédés évitent le blanchiment de la toile sur les prairies, opération qui dure de 80 à 90 jours et qui lui fait perdre au moins 20 pour 100 de son poids.

Aux environs de Lockeren, un hectare de prairie naturelle se loue de 25 à 30 francs pour toute la durée du blanchiment.

Torréfaction. — Le lin, avant d'être broyé, est mis dans un four pendant 12 heures, après la cuisson du pain, pour le débarrasser complétement de son humidité et rendre par là le broyage plus facile.

Maillage. — Dans quelques contrées on fait précéder le broyage par une opération que l'on nomme *maillage*, *mactage*, et qui consiste à maillocher les poignées de lin sur un billot à l'aide d'un maillet ou d'un battoir de blanchisseur. Quelquefois on l'exécute avec un maillet cannelé. Alors on pose une botte de lin sur une aire dure et unie, on l'écarte, on la maintient dans cette position avec l'un des pieds et on la bat avec le maillet jusqu'à ce que les tiges soient brisées. Le mactage rend le broyage plus facile et plus prompt.

Broyage. — Le broyage se fait avec l'appareil que l'on nomme *broie* (voy. *Broyage*; CHANVRE).

On opère le broyage du lin quand il est encore chaud. Un enfant retire les poignées du four et les présente aux broyeurs. Ces derniers agissent comme s'ils devaient préparer du chanvre. On termine quelquefois la préparation du lin en soumettant les poignées de filasse à l'action d'une petite broie en fer ou en bois, afin de les affiner en faisant bien flotter leurs mèches entre les languettes du levier et les mortaises du chevalet.

Ordinairement on opère le broyage du lin ou du chanvre de très-bonne heure le matin.

Les ouvriers doivent se placer de manière que l'air entraîne en dehors du bâtiment ou du hangar sous lequel ils agissent, la poussière très-irritante qui se dégage des tiges. C'est cette poussière qui a fait dire que le broyage du lin était une opération malsaine.

Un ouvrier peut broyer par jour de 40 à 50 kilogrammes de lin en bois.

A Lockeren, le broyage est payé de 3 à 4 centimes le kilogramme.

Teillage. — On ne teille guère que le lin de fin. L'ouvrier prend une petite poignée de lin, l'entortille autour de l'index de sa main gauche et la pose sur le tablier de cuir qu'il a devant lui ; alors il pose sur la poignée de lin un couteau très-large et carré du bout, tire la filasse de la main gauche, soulève le couteau, replace le lin qu'il tire une seconde fois, et ainsi de suite, jusqu'à ce que la chèvenotte soit détachée.

La filasse ainsi préparée est réunie en bottes et livrée ou vendue ensuite aux peigneurs.

Un bon ouvrier teille, par jour, de 3 kilog. à 3 kilog. 500 de filasse fine.

Dans le nord, le teillage du lin roui à l'eau stagnante se paye 0 fr. 25 c. le kilogr. ; celui du lin roui à l'eau courante est payé 30 c.

Les filasses fines se payent quelquefois 50 c.

Écanguage. — Cette opération se fait à l'aide d'un appareil (*fig.* 5) qui se compose d'une planche haute de 1^m,20

Fig. 5. Ouvrier écanguant du lin.

et large de 0^m,33, munie aux trois quarts de sa hauteur d'une entaille de 0^m,20 de profondeur sur 0^m,07 de hauteur.

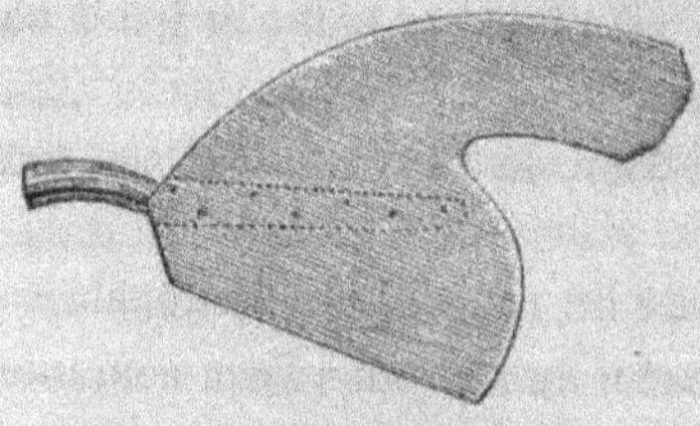

Fig. 6. Écangue.

L'ouvrier qui écangue tient une poignée de lin dans sa main gauche et la passe dans l'échancrure de la planche, puis avec un couteau en bois poli appelé *écangue* (*fig.* 6) qu'il tient de la main droite, il frappe verticalement sur

le lin pour en détacher la chènevotte en ayant soin de rouler
la poignée sur elle-même. L'écangue a 0^m,16 de largeur et
0^m,33 de hauteur.

Cette opération exige seulement de l'adresse et de l'ha-

Fig. 7. Teilleuse Bourdon-Quesnay.

bitude; elle permet d'obtenir une filasse plus longue et plus
affinée que lorsque les tiges ont été préparées avec la broie.

Un ouvrier peut écanguer par jour 8 à 10 kilog. de filasse
longue, et 6 à 7 kilog. de filasse ordinaire.

En Flandre, on paye de 25 à 30 fr. par 100 kil. de filasse.

M. Bourdon-Quesnay, de Gueure (Seine-Inférieure) a imaginé un appareil (*fig.* 7) destiné à remplacer l'écangue. Il se

compose d'un moulin à 14 ailes en bois, mis en mouvement par une manivelle ou une courroie. La mobilité de la *paisselle*, planche sur laquelle l'ouvrier appuie la poignée de lin qu'il veut préparer, rend cet appareil supérieur à tous ceux du même genre qui l'ont précédé, en ce qu'elle ne permet pas aux ailes de briser les parties filamenteuses du lin comme cela a lieu lorsqu'on fait uniquement usage de la broie. Cette machine ne teille que le lin qui a été préalablement broyé.

Pour s'en servir, il faut présenter à l'action des *écouches* ou *battes du moulin*, une poignée de lin et la changer plusieurs fois de position. Le lin reçoit par minute de 1000 à 1200 coups d'écouches, car le volant sur lequel elles sont fixées fait 80 à 100 tours par minute.

La filasse préparée à l'aide de cet appareil est belle, longue, et donne très-peu d'étoupes. Deux ouvriers peuvent préparer de 20 à 25 kilog. de filasse par jour.

Espadage. — Dans quelques contrées on remplace ou on fait suivre l'écanguage par *l'espadage*. Cette opération, qu'on nomme souvent *raclage*, a pour but de détacher la chènevotte qui reste après le broyage et l'écanguage et d'adoucir ou d'affiner la filasse. L'*espadon* (*fig.* 8) se compose d'une plan-

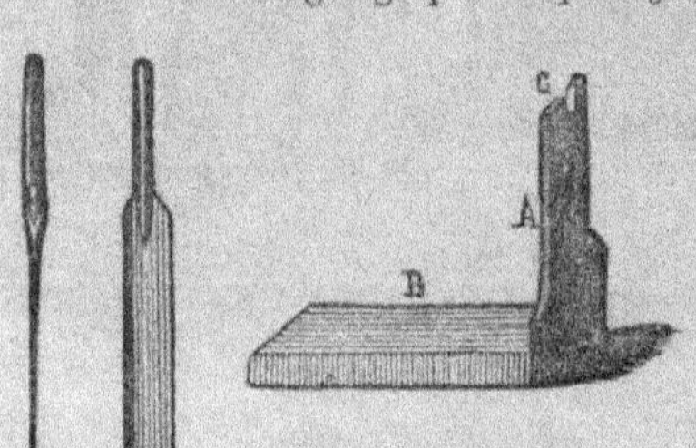

FIG. 8. Espadon.

che verticale A fixée à l'extrémité d'un madrier B placé horizontalement sur le sol. La planche verticale a de 1ᵐ à 1ᵐ,30 de hauteur sur 0ᵐ,30 environ de largeur; elle présente supérieurement une entaille C demi-circulaire à bords abattus et polis.

L'espadeur prend une poignée de lin broyé, la pose sur le milieu de l'échancrure et frappe la partie qui flotte le long de la planche avec un long couteau de bois appelé *espadon* en évitant de rompre les fibres. Il enlève ensuite la poignée, la secoue, la retourne et continue son travail. Quand cette poignée a été bien espadée, il la remplace par une autre.

Un ouvrier habile prépare par jour de 4 à 6 kilog. de filasse. Il reçoit de 30 à 50 centimes par kilog.

L'espadage fait perdre à la filasse 5 à 8 par 100 de son poids. Quelquefois l'espadeur opère d'une manière différente. Ainsi il prend une poignée de lin par les deux extrémités avec les deux mains et la frotte plus ou moins sur le tranchant mousse que présente la planche verticale.

En agissant ainsi, il remplace l'écanguage et peut préparer par jour 25 kilog. de filasse. Il faut qu'il soit très-exercé pour qu'il détache toute la chènevotte et adoucisse la filasse sans rompre ses fils.

Sérançage. — On termine la préparation de la filasse en la soumettant à l'action d'un *séran* ou *peigne*. Cette opération est connue en France sous les noms de *peignage, sérançage, ferrage, bressage* et *habillage*; elle a pour but de séparer, de diviser sans les rompre, les fibres en fils très-déliés et de les débarrasser de l'étoupe.

Les peignes sont en fer ou en cuivre. M. Agladis emploie des sérans à dents en acier trempé. Ces dents sont carrées à leur base et terminées par une pointe effilée et polie avec soin. Les arêtes inférieures sont bien amorties.

Chaque appareil ou *jeu* se compose de 4 sérans espacés les uns des autres et présentant ensemble 2466 dents. Le *premier* comprend 490 dents ou 19 rangées de 49 dents, ayant 0^m,090 à 0^m,093 de longueur; il a 0^m,33 de longueur sur 0^m,10 de largeur.

Le *deuxième* a 13 rangées de 50 dents ou 650. Il a 0^m,15 de largeur sur 0^m,55 de longueur. Chaque dent a 0^m,047 de longueur.

Le *troisième* a 13 rangées de 51 dents ou 663. Il a 0^m,42 de longueur sur 0^m,12 de largeur. Chaque dent a 0^m,05 de longueur.

Le *quatrième* a aussi 663 dents. Il a 0^m,35 de longueur sur 0^m,10 de largeur. Chaque dent a 0^m,047 de longueur.

Les dents du premier séran sont inclinées à 9° sur la perpendiculaire au plan de base; celles des autres sérans sont perpendiculaires.

Ordinairement, chaque peigneur n'a devant lui que trois sérans à dimensions graduées : un pour le *démêlage*; un pour *diviser les filaments*; un pour *affiner la filasse*.

Le séran le plus grossier est placé à la gauche de l'ouvrier et le plus fin à sa droite.

Le peigneur engage d'abord la poignée qu'il veut préparer dans le peigne le plus gros; quand il l'a démêlée, il opère avec le n° 2, puis ensuite avec le n° 3. En d'autres termes, il passe la poignée de sérans en sérans, en évitant de faire beaucoup d'étoupe. De temps à autre, il peigne une maille de chanvre légèrement imprégnée d'huile pour que la résistance qu'il doit vaincre à chaque poignée soit moins considérable.

Pour agir facilement, il entortille une des extrémités de la poignée qu'il veut peigner autour de sa main droite; alors il l'élève, l'abaisse, en l'engageant à moitié de sa longueur dans le séran, la retire en agitant vigoureusement son avant-bras, l'engage de nouveau, la retire et l'engage encore. De temps en temps, il l'ouvre, la secoue et la divise, et enlève l'étoupe qui reste adhérente aux dents des sérans. Il doit éviter d'agir à petits coups répétés. Quand il opère lentement il fait beaucoup d'étoupe.

Un homme peut peigner 8 à 10 kilog. de filasse par jour.

Le sérançage est payé de 20 à 22 cent. le kilog. de filasse.

Brossage. — Dans le nord de la France et en Belgique on fait suivre le peignage par un brossage. Cette opération augmente l'éclat et la beauté du lin de fin.

Mise en paquet. — Le lin est ensuite disposé en écheveau pour que les fibres ne se mêlent pas.

Ces écheveaux sont réunies en paquets carrés contenant 4, 8 ou 12 écheveaux, pesant en moyenne 0 kilog. 500.

Les paquets sont liés avec deux liens de cordes.

Filage du lin. — Le filage du lin se fait à la main, au fuseau ou au rouet et à la mécanique.

Une bonne fileuse peut filer par jour avec un rouet à grande roue, 0 kilog. 500 gr. ou 3500 mèt. de fil n° 12.

En général, une femme file par jour de 250 gr. à 750 de fil selon la finesse ; en moyenne et en filant du fil de bonne qualité elle a fait 500 gr. par jour.

Une fileuse filant du n° 40 emploie cinq jours pour faire 1 kilog. ou 24 000 mètres.

1 kilog. de filasse produit environ 800 à 900 gr. de fil.

Il existe des fileuses en France et en Belgique qui filent du fil n° 1000 ; on en a vu même qui filaient du n° 1600. La filature à la mécanique ne produit point au delà du n° 300.

1000 mètres de fil du n° 1 pèsent 1 kilog. 666 ; n° 3, 555 gr. ; n° 33, 50 gr. ; n° 50, 33 gr. ; n° 100, 16 gr. et demi ; n° 200, 8 gr. et demi.

Le fil n° 45 se vend 5 fr. le kilog. ; le n° 90, 9 fr. le kilog. ; le n° 300, 55 fr.

Le fil écru perd 40 sur 100 de son poids au blanchiment.

Tissage. — 1 kilog. de fil ordinaire écru permet de faire 4 mèt. carrés de toile d'un mètre de largeur avec une chaîne de 1000 fils.

1 Kilog. de fil écru d'une bonne finesse sert à fabriquer 3^m,50 carrés de toile d'un mètre de largeur avec une chaîne formée de 2000 fils.

Dans le premier cas un tisserand fait par jour 4^m,70 carrés de toile ; dans le second, il en fabrique près de 7^m,80.

Produits. A. LIN BRUT. — Le lin est plus ou moins productif, selon la nature et la fertilité des terres où il est cultivé et la variété à laquelle il appartient. Voici d'après les résultats acquis à la pratique, les produits qu'on peut espérer obtenir par hectare :

```
Produit minimum....................  2000 à 3000  kilog.
  —      moyen.......................  4000 à 5000   —
  —      maximum...................  6000 à 8000   —
```

Le plus grand produit obtenu par M. André a atteint 8265 kilog.

B. FILASSE. — Le produit en filasse est proportionnel au produit en tiges ; mais il est en raison inverse de la quantité de graines qu'on récolte. Voici les rendements qu'on doit prendre comme bases :

```
Produit minimum....................  200 à 300  kilog.
  —      moyen.......................  500 à 600   —
  —      maximum...................  800 à 900   —
```

On a pas obtenu jusqu'à ce jour au delà de 976 kilog. de filasse par hectare.

C. GRAINES. —La quantité de graines est toujours en raison inverse de la quantité de filasse qu'on obtient par hectare. Voici les chiffres qui caractérisent ce produit :

```
Produit minimum...................  200 à 280  kilog.
  —      moyen.......................  300 à 400   —
  —      maximum...................  500 à 600   —
```

Le lin cultivé exclusivement par ses graines peut donner jusqu'à 1500 kilog. de semences.

Rapport des tiges aux graines semées. — Dans les circonstances ordinaires le lin en bois est à la graine confiée à la terre :: 1 : 20. Ainsi, si on sème par hectare 200 kilog. de graines, on pourra compter, si le lin réussit, sur 4000 kilog. de lin en bois.

Rapport des tiges aux graines récoltées. — 100 kilog. de tiges, capsules et graines, donnent de 8 à 9 kilog. de semences. Les tiges non égrenées sont donc aux semences :: 100 : 8.

Rapport de la filasse aux tiges. — La quantité de filasse que fournit une quantité donnée de tiges, varie suivant le rouissage adopté et surtout selon la manière dont la filasse a été préparée. En général,

Le lin en bois est à la filasse broyée........   :: 100 : 16 ou 18.
Le lin en bois est à la filasse espadée ......   :: 100 : 10 ou 12.
Le lin en bois est à la filasse peignée......   :: 100 : 5 ou 6.

Ainsi, 4000 kilog. de lin brut doivent fournir :

1er rapport................   600 à 700   kilog. de filasse ordinaire.
2e   —   ....   400 à 500   —   —   apprêtée.
3e   —   ....   200 à 250   —   →   fine.

La filasse broyée ou espadée perd au sérançage et au brossage environ 50 pour 100 de son poids.

On obtient souvent 25 kilog. de filasse de 100 kilog. de lin brut ayant été roui, mais la filasse alors contient 7 à 8 kilog. de filaments courts ou étoupes fines.

Rapport de l'étoupe à la filasse. — Les déchets qu'on appelle *étoupes* sont plus ou moins abondants selon les sérans qu'on a employés.

Dans les circonstances ordinaires,

La filasse est aux étoupes :: 100 : 20 ou 25

Ainsi, 100 kilog. de filasse sérancés doivent laisser de 20 à 25 kilog. d'étoupes.

Les étoupes fines sont aux étoupes grossières :: 33 : 100.

Perte que les tiges éprouvent par les apprêts auxquels elles sont soumises. — Le déchet que le lin éprouve pendant sa conversion en filasse est considérable. Ainsi, 100 kilog. de tiges sèches éprouvent les modifications suivantes :

Après le *rouissage*, ils se réduisent en moyenne à.....................	80 kilog.	et perdent	20 kilog.
Après le *blanchiment*..............	70 —	—	10 —
Après le *teillage*....................	18 —	—	52 —
Après le *peignage*...................	9 —	—	9 —

Ainsi, 100 kilog. de lin brut donnent en moyenne 9 kilog. de filasse pure et perdent 91 pour 100.

Il reste environ 7 kilog. d'étoupe.

A la filature, la filasse perd de 5 à 7 pour 100.

100 kilog. de lin brut préparé par la méthode flamande donnent les résultats suivants :

Lin premier brin..........................	16 kilog.
Étoupe provenant du teillage...............	8 —
— — du peignage.............	13 —
Déchets sans valeur.......................	2 —

L'étoupe du sérançage est la plus longue ; celle du teillage constitue ce qu'on appelle les *peignures*, déchets qu'on abandonnent aux ouvriers.

Le peignage seul fournit les résultats suivants :

Filasse pure........................	48 kilog.
Étoupe première....................	28 —
— deuxième....................	22 —
Déchets............................	2 —
	100 kilog.

Dans le peignage ordinaire on sérance les étoupes premières et on les ajoute à la filasse ou on les vend comme filasse de seconde qualité.

Valeur commerciale. A. LIN SUR PIED OU LIN VERT. — Le lin sur pied a une valeur très-variable, selon sa beauté et sa destination. Voici les prix auxquels on le vend en Flandre et en Belgique :

```
Lin ordinaire.........................    600 à  700 fr. l'hectare.
  — de 1re qualité....................   1100 à 1300      —
  — de 2e qualité.....................    800 à 1000      —
  — de mars..........................   1000 à 1100      —
  — ramé ordinaire...................   2500 à 5000      —
  —  — 1er choix.....................   5000 à 7000      —
```

M. Fouquier d'Hérouel a vendu ses lins sur pied pendant quatorze années, de 1826 à 1839 ; le prix a varié entre 720 et 1350 francs et la moyenne a été de 820 francs.

Ainsi, sauf les lins ramés qui ont une valeur exceptionnelle quand ils sont fins, très-hauts, bien fleuris et jaune clair, les lins ordinaires bien réussis se vendent en moyenne de 800 à 1000 fr. l'hectare.

On vend les lins sur pied en juin, à l'époque de la floraison, aux liniers exploitants, et à leurs risques et périls. Toutefois, le vendeur s'engage à transporter le lin quand il est sec et qu'il a été mis en bottes au domicile de l'acquéreur.

Le lin vert se vend quelquefois au poids à raison de 10 centimes le kilog.

B. LIN EN BOIS. — Le lin ordinaire en bois se vend suivant sa qualité de 20 à 30 fr. les 100 kilog.

En Algérie les prix varient entre 13 et 25 fr.

Les lins ramés se vendent de 35 à 50 fr.

On ne doit pas vendre le lin aussitôt après le rouissage, car deux mois après cette opération, les tiges, ayant soutiré de l'humidité à l'air, pèsent environ 6 pour 100 de plus.

On connaît dans les environs de Courtray trois sortes de lin brut :

1° Le *lin vert* qui a été roui et séché.

2° Le *lin à la minute* qu'on a roui et qu'on a laissé pendant 4 à 5 jours sur un gazon.

3° Le *lin blanc* qui a séjourné après le rouissage durant 25 à 35 jours sur un pré.

C. FILASSE. — La *filasse ordinaire* ou le *lin teillé* vaut de 1 fr. à 1 fr. 50 le kilog. La *filasse fine* ou *préparée* se vend de 2 à 4 fr. La filasse destinée à faire du fil de mulquinerie se vend jusqu'à 12 et même 15 fr. le kilog.

D. ÉTOUPE. — Les étoupes se vendent de 0 fr. 10 à 0 fr. 50 le kilog., selon leur finesse, leur longueur et leur propreté. Les étoupes longues sont celles qui ont le plus de valeur.

E. GRAINE. — La graine de lin ordinaire vaut communément de 18 à 25 fr. par hectolitre.

La graine de lin ramé se vend de	40 à 50 fr. l'hectolitre.
— de mai	60 à 70 —
— de Riga	50 à 60 —
— après tonne	26 à 35 —
— de Zélande	35 à 45 —

En Algérie la graine vaut de 30 à 35 fr. les 100 kilog.

Dépenses par hectare. — La culture du lin engage par hectare un capital assez considérable. Voici les chiffres qu'on a indiqués :

Gomart (Artois)	741 fr.
Mareau (Irlande)	700
Dorey (Normandie)	745
Mareau (Belgique)	727
Lecat-Butin (Flandre)	917
Rogé (Flandre)	1200[1]

1. Ce chiffre concerne la culture du lin ramé. La ramure, qui coûte 240 fr., a été déduite.

M. Lefebvre porte à 685 fr. les frais de culture du lin jusqu'au moment où il est vendu sur pied, à l'état vert. M. Gomort a divisé, comme il suit, le chiffre qu'il a indiqué : frais de culture, 491 fr. ; frais de préparation après l'arrachage, 250 fr.

Produits fournis par la graine. — A. HUILE. — La graine fournit l'huile qu'on a appelée *huile de lin*. Cette huile est très-siccative et ne se congèle qu'à 20° au-dessous de zéro : sa densité est de 0,939 à + 12°. Elle est employée dans la peinture, l'imprimerie, la médecine, la pharmacie et la fabrication des vernis.

100 kilog. de graines donnent de 25 à 30 kilog. d'huile.

La graine provenant du *lin après tonne* est rendue aux huiliers.

B. TOURTEAU. — 100 kilog. de graines laissent 50 à 55 kilogrammes de tourteau.

Ce résidu est employé dans l'alimentation des animaux domestiques, ou dans la fertilisation des terres arables.

Valeur commerciale et de l'huile du Tourteau. — *L'huile de lin* se vend suivant les années de 85 à 120 fr. les 100 kilog.

Le prix du *tourteau de lin* varie entre 15 et 25 fr. les 100 k.

Coloration des filasses. — La filasse de lin présente des nuances très-diverses. Ainsi, elle est presque blonde, rose, jaune, rousse, gris clair, gris perle, gris foncé et presque noir.

Le lin qu'on a roui dans les eaux courantes et limpides a une couleur unique blanche, blonde ou jaunâtre.

Celui qu'on prépare à la vapeur est presque blanc.

Celui qui a été immergé dans une eau stagnante est jaune, grisâtre, gris, gris bleu ou brun.

Enfin, le lin qui a été étendu sur terre est d'un gris argenté ou argenté bleu, si le rouissage a été favorisé par un beau temps et des rosées abondantes. Si cette opération a été contrariée par des pluies, le lin aura pris une teinte bleue. Il restera jaune si, au contraire, le temps est resté sec pendant toute la durée du rouissage.

On augmente à volonté, ainsi que nous l'avons dit en parlant du rouissage à eau dormante, la teinte grise des filasses en jetant des feuilles d'aune dans les routoirs.

Les matières ferrugineuses contenues dans les eaux stagnantes ou courantes exercent aussi une influence sur la coloration des filásses. Les eaux de la Lys, rivière si renommée pour ses propriétés rouissantes, contient une telle qualité de fer, que Kane les a appelées des *eaux Chalibées*. Suivant les remarques de M. Chevreul, la réaction de l'oxyde de fer des eaux sur l'acide gallique ou tannique des tiges de lin, produit une couleur bleue qui passe au gris ou au brun roux, si la combinaison est mêlée de quelques matières de couleur rousse ou orange.

Le lin bleu se conserve assez bien en magasin. Le lin jaune perd de sa nuance avec le temps.

Commerce des lins.—Le commerce divise les lins en deux classes :

1° Les lins bruts; 2° les lins peignés.

Le *lin brut* est livré en botte de 1 kilog. 500 à 3 kilog.

Une balle de lin brut se compose de 50 à 60 bottes.

Le commerce distingue le *lin roui à la rosée* du *lin roui à l'eau stagnante ou courante*.

Le *lin peigné* est vendu en paquet de 2 kilog. 500 à 5 kilog. comprenant de 6 à 12 cordons ou écheveaux, ou en balles de 50 ou 100 kilog.

Variétés de filasse. — Le commerce divise les filasses, quant à leur finesse, en trois catégories :

1° Le *lin de gros* ou *bâtard*, qui sert à faire de grosses toiles de ménage.

2° Le *lin moyen*, qu'on emploie dans la fabrication des belles toiles et du fil à coudre.

3° Le *lin de fin* qui sert à faire les dentelles et les batistes les plus fines et les plus belles. On le récolte dans l'arrondissement de Douai, de Valenciennes, et en Belgique, à Lockeren, Courtray, etc.

Quant à leur coloration, le commerce divise aussi les filasses en trois classes :

1° Le *lin blanc*, qui est souple, doux, nerveux, et dont la couleur varie du blanc blond au jaune; on en récolte à Douai, Tournay, Valenciennes, Courtray, etc.

2° Le *lin gris*, qui est plus fin, plus doux, plus soyeux que le précédent, et dont la coloration varie du gris argentin au gris noir. La Bretagne, la Picardie, etc., en fournissent de très-bons; mais ceux de Malines et d'Anvers sont d'une extrême finesse. Les noirs de Furne et de Bruges sont très-fins.

3° Le *lin roux noir*, qui est dur, sec et peu estimé. On le réserve pour la corderie, la fabrication des toiles à matelas. On en récolte à Fécamp, Dieppe, et sur plusieurs points de la Picardie.

Voici les caractères des lins du commerce :

Le *lin d'Anjou* est court et un peu dur.

Le *lin de Normandie*, est de belle qualité ;

Le *lin de Bretagne*, est fin et souple ;

Le *lin de Picardie*, n'a pas de nerf et n'est pas estimé; il est noir roux ;

Le *lin de Flandre*, est blond, doux, souple et nerveux ;

Le *lin de Brabant*, est gris argenté, très-fin, très-soyeux et excellent.

La *filasse du lin d'hiver* est toujours plus nerveuse que la *filasse du lin de mars*. Celle que fournit le *in de Riga* est ordinairement la plus longue.

La *filasse du lin à fleur blanche* est quelquefois vendue séparément.

Le n° 1 du commerce est la plus basse qualité ; le n° 12 indique la plus belle sous tous les rapports.

En général, les lins de France, n'ont ni la finesse ni la qualité des lins de Courtray. Par exception, les lins cultivés pour la mulquinerie sont très-fins et exempts d'étoupe.

BIBLIOGRAPHIE.

De Rheinvillers. — Mém. sur la cult. du lin en Picardie, Abbeville, 1762.
Buchoz. — Dissertation sur le lin de Sibérie, in-fol., 1789.
Salviat. — Traité sur la culture, la récolte du lin, in-8, 1799.
Tessier. — Annales de l'agriculture française, in-8, an VI, t. IV, p. 203.
Christian. — Inst. sur la prépar. du lin sans rouissage, in-4, 1818.
M. Vétillart. — Mémoire sur la culture du lin, 1830, in-8.
Rogé. — Essai sur la culture du lin, 1830, in-8.
André. — Mémoire sur la culture et le travail du lin, 1831, Paris, in-8.
Rogé. — Revue agricole, 1840, in-8, t. II, p. 421.
Rendu. — Agriculture du Nord, 1843, in-8, p. 253.
Rendu. — Agriculture des Hautes-Pyrénées, 1843, in-8, p. 284.
De Sainte-Marie. — Agriculture des Côtes-du-Nord, 1844, in-8, p. 216
Chérot. — Études sur la culture du lin, 1845, in-8.
Leclerc-Thouin. — Agriculture de l'Ouest, 1845, in-8, p. 316.
De Gasparin. — Cours d'agriculture, 1848, in-8, t. IV, p. 337.
Hamon. — Culture du lin en Bretagne, 1851, in-8.
Moreau. — Rapport sur la culture perfectionnée du lin, 1851, in-8.
Payen. — Rapport sur le rouissage du lin en Irlande, 1852, in-8.
Doré. — Notice sur la culture du lin, 1852, in-8.
Jomart. — Moyen de développer la culture du lin, 1852, in-8.
Fouquier-d'Hérouel. — Bulletin des séances de la Soc. d'agric., 1852, in-8, t. VII, p. 309.
Bourel-Roncière. — Étude sur le rouiss. et le teillage du lin, 1854, in-8.
Demoor. — Lin, culture et rouissage, 1857, in-12.

CHANVRE MÂLE

SECTION II.

Chanvre.

(De *canab*, nom celtique du chanvre.)

CANABIS SATIVA, L.

Plante dicotylédone de la famille des Cannabinées.

Anglais. — Hemp.
Allemand. — Hanf.
Russe. — Konapli.
Polonais. — Konop.

Italien. — Canape.
Espagnol. — Canamo.
Grec. — Kanna.
Suédois. — Hampa.

Historique. — Pays de production. — Mode de végétation. — Variétés et espèces. — Composition. — Terrain : nature, préparation. — Quantité d'engrais nécessaire. — Semailles : époque, qualité des semences, quantité de graines à répandre, exécution. — Recouvrement des graines. — Travaux qui suivent la semaille : paillage, épouvantails, râtelage. — Germination des graines. — Soins d'entretien : sarclage, binage, éclaircissage, arrosage. — Plantes nuisibles. — Animaux nuisibles. — Insectes nuisibles. — Agents atmosphériques nuisibles. — Maturité : caractères, époque. — Arrachage des pieds mâles. — Arrachage des pieds femelles. — Égrenage des pieds femelles. — Mise en botte des tiges. — Étendue qu'un ouvrier arrache en un jour. — Récolte des graines. — Égrenage des pieds femelles. — Nettoiement et conservation des semences. — Poids de l'hectolitre. — Opérations qui suivent l'arrachage des tiges : séchage, assortiment des tiges, division des grandes tiges, enlèvement des racines. — Rouissage ordinaire ; à l'eau dormante et courante. — Pratique du rouissage à l'eau. — Caractères des chanvres rouis, durée du rouissage à l'eau, législation concernant le rouissage à l'eau. — Opérations complémentaires du rouissage : lavage, séchage. — Rouissage chimique. — Rouissage à la rosée. — Torréfaction. — Macquage. — Broyage. — Espadage. — Teillage. — Sérançage. — Apprêt des filasses. — Produit : chanvre brut, filasse, graine. — Rapports de la filasse aux tiges sèches, de la filasse pure à la filasse brute, de l'étoupe à la filasse brute. — Usages des tiges, filasse, graine, chènevotte. — Nature et usages de l'huile et du tourteau. — Rapports de l'huile à la graine et du tourteau à la semence. — Valeur commerciale de l'huile et du tourteau. — Prix de revient. — Qualités des filasses. — Emballage. — Valeur commerciale des filasses. — Bibliographie.

Historique. — Le chanvre est originaire d'Orient et connu depuis les temps les plus anciens. Dioscoride, Hérodote, Théophylacte, etc., l'ont mentionné comme plante textile. Les

Romains en faisaient des voiles, des cordes, des sangles qui servaient à atteler les bœufs au joug. Les chanvres de la Gaule étaient alors en grande réputation. A cette époque, il existait à Vienne, l'ancienne capitale des Allobroges, un intendant du linifice. Les chanvres de la vallée du Grésivaudan sont encore renommés pour leur qualité. A la fin du xviie siècle, la vallée de la Limagne produisait chaque année d'immenses quantités de chanvre.

Pays de production. — La culture du chanvre est très-répandue en France. On ne connaît que trois départements : les Hautes et Basses-Alpes et la Lozère, dans lesquels elle est inconnue. Elle occupe chaque année des surfaces importantes dans l'Anjou, la Touraine, la Picardie, l'Alsace, le Dauphiné, la Bourgogne, la Champagne, la Guyenne, le Berry, la Bretagne et la Normandie.

On le cultive aussi très en grand dans le Piémont, l'Ukraine, la Livonie, le Pays de Waës (Belgique), et le Grand-Duché de Bade.

La culture du chanvre occupe chaque année en France 200 000 hectares, sur lesquels on récolte 100 millions de kilog. de filasse ayant une valeur de 80 millions.

Mode de végétation. — Le chanvre est une plante dioïque. Sa racine est longue, pivotante, peu fibreuse et blanchâtre. Sa tige est droite, simple ou ramifiée, garnie de poils roides, et s'élève de 1 à 4 et quelquefois 5 mètres ; elle est munie de feuilles pétiolées à 5 ou 7 folioles étroites, lancéolées, dentées en scie, vert foncé à leur page supérieure, et vert pâle en dessous. Les fleurs mâles sont disposées en petites grappes ; elles présentent un calice à cinq folioles et à cinq étamines, et elles se développent au sommet de la tige, dans les aisselles des feuilles. Les fleurs femelles sont aussi axillaires et presque sessiles ; elles offrent une bractée et un calice formé

CHANVRE FEMELLE

d'un seul sépale disposé en cornet. Le fruit est une sorte de capsule à deux valves unies, recouvertes par le calice et indéhiscentes ; il contient une grain esans albumen, blanc grisâtre, luisante et huileuse.

Toutes les parties du chanvre ont une odeur forte et un goût âcre.

Cette plante accomplit toutes ses phases d'existence en quatre ou cinq mois. Elle est sensible aux froids, mais elle supporte bien, dans le Nord comme dans le Midi, les chaleurs ordinaires des mois de juillet et août. Il est vrai qu'elle se fane le jour, pendant l'été, mais la fraîcheur de la nuit ranime sa végétation et permet aux feuilles de persister dressées jusqu'à 9, 10 ou 11 heures du matin.

Variétés et espèces. — L'agriculture européenne cultive trois sortes de chanvre : 1° le chanvre ordinaire ; 2° le chanvre de Piémont ; 3° le chanvre de Chine.

1° *Chanvre ordinaire ou commun.* — Cette espèce est celle que l'on cultive ordinairement.

2° *Chanvre de Piémont.* — On cultive dans le Piémont une variété de chanvre qui se distingue du chanvre commun par la grande élévation de sa tige. On croit qu'elle a été rapportée d'Orient par les croisades. On la cultive en France dans les départements de l'Isère, de Maine-et-Loire et des Côtes-du-Nord. A Bréhémont (Anjou), elle atteint communément 3 à 4 mètres de hauteur. Elle est aussi cultivée très en grand sur la rive droite du Pô et aux environs de Naples et d'Ancône.

Le chanvre de Piémont qu'on appelle quelquefois *chanvre de Bologne* ou *chanvre d'Ancône,* doit son grand développement à la fertilité et à la fraîcheur des terres où il est cultivé. Il fleurit 15 à 20 jours après le chanvre commun, mais il mûrit presque en même temps. S'il donne plus de graines, il fournit moins de filasse. Celle-ci, à volume égal, pèse un quart de plus que la filasse du chanvre ordinaire.

Cette variété dégénère facilement. On doit, quand on a intérêt à la cultiver, renouveler ses semences tous les deux ans.

C'est à tort que M. Rey, de Grenoble, l'a nommée *chanvre gigantesque* (CANNABIS GIGANTEA); elle n'a aucun des caractères qu'elle doit présenter pour être regardée comme une espèce.

3° *Chanvre de Chine.* — Ce chanvre a été désigné sous les noms scientifiques de CANNABIS GIGANTEA, Del, CANNABIS INDICA, L. Il a été introduit de nouveau en Europe, en 1846, par M. Hebert. D'après M. Vilmorin, il diffère très-sensiblement par son port du chanvre commun. Ses branches, quand il a été semé clair, ajoute-t-il, sont plus larges, plus diffuses, et retombent un peu des extrémités; ses feuilles très-longues, ont des folioles beaucoup plus souples qui donnent à l'ensemble de la plante un aspect pleureur. Cette espèce ne mûrit ses graines que dans la région méridionale. A Toulon et en Algérie, elle atteint souvent de 5 à 7 mètres de longueur. Ses fibres sont remarquables par leur grande ténacité, leur finesse et leur aspect soyeux.

Le *chanvre vert de Chine* que M. J. Bertrand, missionnaire en Chine, a fait connaître, en 1849, est une plante vivace ayant des feuilles cordiformes, blanches et duveteuses en dessous et vertes en dessus. (VOIR ORTIE BLANCHE.)

On cultive en Algérie une espèce ou variété de chanvre que les Arabes ont appelé *takrouri* ou *kif*. Ce chanvre est très-peu élevé; ses extrémités et ses feuilles fournissent le *hachich* si connu des peuples orientaux, par ses propriétés enivrantes qui produisent une ivresse particulière, sorte d'extase analogue à celle que procure l'opium lorsqu'on le fume.

Composition. — La tige et surtout la graine du chanvre

contiennent une notable quantité de calcaire. La tige renferme, d'après Kane, les principes suivants :

Carbone	39,94
Hydrogène	5,04
Oxygène	48,72
Azote	1,74
Acide carbonique	1,43
— sulfurique	0,08
— phosphorique	0,15
Chlore	0,07
Chaux	1,90
Magnésie	0,22
Potasse	0,34
Soude	0,03
Silice	0,30
Fer et alumine	0,04
	100,00

Selon Gueymard, les semences desséchées sont ainsi composées :

Acide phosphorique	34,96
Chaux	26,63
Potasse	21,67
Silice	14,04
Magnésie	1,00
Peroxyde de fer	0,77
Soude	0,66
Sulfate de chaux	0,18
Chlorure de sodium	0,9
	100,00

M. Boussingault a constaté que les graines contenaient 2,60 pour 100 d'azote.

Terrain. A. NATURE. — Le chanvre doit être cultivé sur des terres argilo-calcaires, argilo-siliceuses, riches, profondes, fraîches et faciles à diviser. Il réussit très-bien sur les alluvions fertiles plutôt siliceuses ou légères qu'argileuses ou compactes. Le plus ordinairement on le cultive dans les vallées recouvertes d'alluvions sablonneuses et riches, sur les étangs desséchés, les marais égouttés, les terrains situés le long des rivières ou des fleuves, et après défrichement de prairies naturelles ou artificielles.

Les sols argileux, les terrains froids et humides, les terres pauvres et celles que les pluies battent facilement sont peu favorables à cette plante textile.

En général, le chanvre qui a végété sur des terres compactes ou argileuses produit des fibres plus longues, plus fortes et plus larges. Les terres franches des vallées, les alluvions qui ont peu de consistance fournissent des tiges qui ont des fibres moins longues, moins fortes, mais plus fines et plus belles en qualité.

Les terres propres à la culture du chanvre, ou aux *chanvrières* ou aux *chènevières*, ont une très-grande valeur. Dans le Tarn, on les vend de 6000 à 7000 fr. l'hectare. Dans l'Anjou, elles se louent jusqu'à 400 et même 450 fr. l'hectare.

B. Préparation. — Le chanvre demande un sol propre et bien préparé.

Quand la chènevière n'a pas une grande étendue, on la prépare à l'aide de la *bêche*, ou de la *houe pleine*, ou de la *houe fourchue*. Alors on donne à la terre un ou deux labours, suivant sa nature et sa propreté.

La grande culture prépare les terres qu'elle consacre à la culture du chanvre au moyen de la charrue et de la herse. Ici, elle donne trois labours : le premier en novembre ou décembre, le second en février ou mars, et le troisième à la fin d'avril ou au commencement de mai. Ailleurs, comme dans le Dauphiné et l'Alsace, elle en exécute cinq, et quelquefois six. Plus loin, elle fait exécuter un *pelversage* en hiver et termine la préparation du sol en mars ou avril par un labour suivi de hersages et quelquefois aussi de roulages. Quoi qu'il en soit, dans toutes les localités où la culture du chanvre est pratiquée en grand chaque année, on prépare très-bien les terres, afin qu'elles soient très-meubles au moment de la semaille. Le plus ordinairement, on termine leur préparation par des hersages ou râtelages qu'on répète jusqu'à deux et même trois fois sur le même champ.

Généralement on laboure les terres à plat, et on les divise en planches de 2 à 4 mètres de largeur, séparées les unes des autres par un sentier. C'est par exception qu'on les laboure en billons de 2 ou de 4 raies ou bandes de terre. Dans la vallée de l'Authion, les terres sont disposées en billons, mais avant de les ensemencer on les roule, ce qui leur donne l'aspect qu'elles présenteraient si elles eussent été labourées à plat.

Quantité d'engrais nécessaire. — Le chanvre est épuisant et ne donne de bons produits que lorsqu'il végète sur des sols riches ou bien fumés. En effet, sous toutes les latitudes, la vigueur de sa végétation est toujours en raison directe de la fertilité de la couche arable.

La promptitude avec laquelle il accomplit ses phases d'existence rend nécessaire l'emploi des engrais qui agissent promptement, comme la colombine, la poudrette, le sang desséché, le purin ou les vidanges. On peut, à défaut de ces engrais si remarquables par leur grande solubilité, appliquer des fumiers consommés ou à demi-décomposés. On doit éviter d'employer des fumiers pailleux, des cornes, etc., parce que ces engrais se décomposent trop lentement. Le goëmon remplace très-avantageusement le fumier.

Quand on est forcé de fertiliser les chènevières avec des fumiers frais et pailleux, il faut conduire ces engrais le plus tôt possible sur le premier labour et les enfouir pendant le mois de février.

Le chanvre, suivant M. de Gasparin, n'est pas plus épuisant que le lin. D'après les chiffres qu'il a indiqués on doit appliquer 12 650 kilogr. de fumier normal par chaque 100 kilogr. de filasse qu'on espère récolter. Ainsi, une chènevière d'un hectare d'étendue, qui produirait 1000 kilogr. de filasse, devrait être fumée avec 126 000 kilogr. de fumier.

La pratique applique les fumures suivantes :

Alsace......	48000 kilogr. de fumier,	soit	6000	par 100 kilogr. de filasse.
Flandre.....	40000 —	—	6000	—	—
Dauphiné...	70000 —	—	7000	—	—
Anjou......	48000 —	—	6000	—	—

La quantité de fumier à répandre par hectare et par 100 kilogr. de filasse varie donc entre 6000 et 7000 kilogr. Ces chiffres sont plus vrais que les 1500 kilogr. de fumier que le chanvre absorberait, suivant Crud, par chaque 100 kil. de filasse.

Dans le département des Côtes-du-Nord, où les terres contiennent très-peu de calcaire, on répand 10 hectolitres de cendres par hectare avant la semaille. Dans le pays de Waës et en Suisse, on remplace ces cendres par un arrosage de purin ou de vidanges.

Semaille. A. ÉPOQUE. — Il est difficile d'indiquer d'une manière précise l'époque à laquelle on doit exécuter les semis. Cette époque varie suivant la nature des terres et surtout selon les latitudes ou les climats.

Ordinairement, en Europe, on sème le chanvre depuis le mois d'avril jusqu'à la fin de juin. C'est en mai qu'on opère les semis dans le centre, l'ouest et le nord de la France, lorsque la température a atteint 12 degrés en moyenne, c'est-à-dire lorsque le soleil a échauffé la couche arable.

Dans les parties méridionales, on les exécute pendant la première ou la seconde quinzaine d'avril. En Italie et en Algérie, on les fait en mars.

En général, les semis sont plus hâtifs dans les terres légères et les vallées, et plus tardifs sur les terres froides et sur les lieux élevés.

B. QUALITÉ DES SEMENCES. — Les bonnes graines de chanvre sont grises, rayées de noirâtre, lourdes, lisses et brillantes. Les semences brunes ou blanchâtres, légères et sans marbrures prononcées germent difficilement.

Un hectolitre contient 4 500 000 graines.

Les graines doivent être de la dernière récolte, ou n'avoir pas plus de deux années d'existence.

C. QUANTITÉ DE GRAINES A RÉPANDRE. — La quantité de semences qu'il faut projeter par hectare varie suivant la qualité de la filasse qu'on veut obtenir.

Les chènevières destinées à produire du chanvre auquel on demande une filasse longue, fine, douce, exigent plus de graines que celles qui doivent produire des tiges destinées à fournir une filasse résistante, mais plus grossière.

Plus les semis sont clairs, plus le chanvre se développe et se ramifie; plus ils sont épais, plus les tiges qu'on récolte sont minces et allongées.

Le chanvre dans les sols secs et légers fournit moins de filasse, mais davantage de graines; dans les terres fraîches et fertiles, il produit moins de semences, mais une plus forte proportion de filasse.

En général, les sols fertiles exigent moins de graines que les sols pauvres.

Voici les quantités moyennes qu'on répand habituellement par hectare :

Anjou, vallée de l'Authion	90 à 100 litres.
Isère, dans le Graisivaudan	100 à 120 —
Flandre, dans le Wallon	220 à 230 —
Haute-Garonne	250 à 300 —
Tarn	400 à 500 —

En moyenne on répand, en France, de 200 à 250 litres par hectare.

Les chènevières destinées à fournir une filasse fine et soyeuse, doivent présenter de 260 à 300 pieds de chanvre par mètre carré. Les chènevières auxquelles on demande une filasse abondante et grossière n'en offrent sur la même étendue que 100 à 200. Dans le premier cas, les plantes sont éloignées les unes des autres de $0^m,06$ à $0^m,07$; dans le second, elles sont espacées de $0^m,07$ à $0^m,10$. Dans la vallée de l'Authion (Anjou), on récolte de 100 à 140 pieds de chanvre par mètre carré.

D. Exécution. — On répand les graines de chanvre avec la main et à la volée. Cette opération présente des difficultés à cause de la légèreté de la semence. On doit en confier l'exécution à un ouvrier habile, afin que la semence soit uniformément répartie sur toute l'étendue de la chènevière.

Il est utile de choisir un temps couvert, afin de rendre aussi prompte que possible la germination des graines. Quelquefois on profite des pluies chaudes qui tombent pendant les mois de mai et de juin. Enfin, il est essentiel d'opérer quand l'air est calme, pour que la graine ne soit pas entraînée çà et là par le vent.

Recouvrement des graines. — La graine doit être enterrée avec soin. On opère tantôt avec le râteau, tantôt au moyen de la herse. Dans ce dernier cas, on herse le champ deux fois : en long et en travers. Dans quelques cantons du Dauphiné, on exécute cette opération à l'aide de la charrue.

Ordinairement, on couvre les semences de $0^m,02$ à $0^m,03$ de terre. Il faut éviter de les placer à une plus grande profondeur dans les sols argileux, car elles y sont sujettes à pourrir quand la température se refroidit après l'exécution de la semaille.

Il faut quinze à seize journées de femmes pour couvrir la graine de chanvre avec le râteau sur une surface d'un hectare.

Travaux qui suivent la semaille. — A. Paillage. — Les agriculteurs qui cultivent le chanvre sur une faible étendue et sur des terres légères et faciles à se dessécher, font répandre des débris de paille ou de fumier sur toute la surface de leurs chènevières. Cette couverture protége le sol des rayons du soleil, de la pluie et des oiseaux , et elle y conserve une fraîcheur qui hâte la germination des graines.

B. Épouvantails. — Les pigeons, les tourterelles, les grives, les poules, etc., sont avides des graines de chanvre. Quand les chènevières sont abandonnées après les semailles , ces oiseaux y causent souvent de très-grands dégâts. C'est pour éviter ces dommages qu'on place çà et là, sur les champs ensemencés en chanvre, des épouvantails : moulins, bonshommes de paille , morceaux d'étoffes blanches et rouges, fixés à des ficelles soutenues à l'aide de baguettes implantées dans des directions diverses.

Quelquefois on renonce aux épouvantails, et on fait surveiller les chènevières par des enfants ou des femmes qui agitent des grelots, des clochettes ou des crécelles, depuis le lever jusqu'au coucher du soleil. On cesse cette surveillance lorsque les graines sont presque toutes levées.

C. Râtelage. — Dans les contrées où les terres consacrées à la culture du chanvre se prennent en croûte après les semailles, où il survient après celles-ci des pluies battantes et ensuite des vents desséchants, on facilite la germination des graines en brisant cette croûte au moyen du râteau. Ce râtelage constitue une opération difficile. Il faut agir avec précaution pour ne pas détruire les germes qui sont délicats et fragiles.

Germination des graines. — La graine du chanvre germe ordinairement du sixième au huitième jour, quand il survient après la semaille un temps à la fois chaud et humide.

En germant, elle donne naissance à des cotylédons ovales, entiers, ayant une belle couleur verte.

Soins d'entretien. — A. SARCLAGE. — Le chanvre, par sa vigueur et la rapidité avec laquelle il végète, se défend bien dans les circonstances ordinaires de l'envahissement des mauvaises herbes. Toutefois, dans les sols peu fertiles et les printemps secs, et sur les terres qui laissent à désirer quant à leur préparation et à leur propreté, on est souvent forcé de lui donner un ou deux sarclages. Ces opérations se font à la main et elles ont pour but l'enlèvement de la *ravenelle* ou *russe* (CAPHANUS RAPHANISTRUM, L.), de la *moutarde sauvage* (SINAPIS ARVENSIS, L.), de la *prêle des champs* ou *queue de rat* (EQUISETUM ARVENSE, L.), de la *romberge* ou *mercuriale annuelle* (MERCURIALIS ANNUA, L.). On commence le premier sarclage lorsque les plantes ont de 3 à 4 feuilles. Le second s'exécute, s'il est nécessaire, avant que le chanvre ait atteint 0^m,30 à 0^m,40 de hauteur.

B. BINAGE. — Dans quelques contrées, on remplace le deuxième sarclage par un binage exécuté à l'aide d'une espèce de serfouette ou au moyen de houes pleines à lame très-étroite.

E. ÉCLAIRCISSAGE. — Lorsque les semis sont trop épais, on les éclaircit en arrachant à la main les plantes superflues ou en les détruisant avec une petite binette. Cet éclaircissage se fait plus ou moins sévèrement, suivant la nature et la fertilité du terrain et la qualité de la filasse qu'on veut obtenir. (Voir p. 68.)

D. Arrosage. — Dans les sols secs et dans les contrées méridionales de l'Europe, on arrose les chènevières toutes les fois qu'on peut disposer d'un filet d'eau. Cet arrosement se fait par infiltration. On l'opère tous les huit ou quinze jours au moyen des sentiers que l'on a creusés à 0ᵐ,15 ou 0ᵐ,20 aussitôt après la semaille. On doit cesser tout arrosage quinze à vingt jours avant l'épanouissement des fleurs mâles et des fleurs femelles, afin de ne pas amoindrir la force des fibres.

Plantes nuisibles. — Deux plantes indigènes parasites nuisent au développement du chanvre : la *cuscute* ou *teigne* (Cuscuta Europea, L.) et l'*orobanche rameuse* (Orobanche ramosa).

La première se fixe sur l'écorce au moyen de petits suçoirs et se développe aux dépens de la tige. On doit l'arracher avec soin avant l'épanouissement de ses fleurs et la brûler. Cette parasite se développe rapidement et cause souvent de grands dommages dans les chènevières.

La seconde, que les botanistes ont aussi appelée Phelipea ramosa, produit des fleurs bleues ou bleu pourpré disposées en épis et vit sur la racine du chanvre. Les graines qu'elle fournit conservent longtemps en terre leur faculté germinative. On doit l'arracher avant la maturité des graines. Les dégâts qu'elle cause dans les cultures de chanvre sont parfois considérables.

Animaux nuisibles. — Les *rats*, les *mulots* et les *campagnoles* sont avides des semences de chanvre. Aussi est-il utile de surveiller les chènevières après les semailles et de prendre toutes les mesures possibles pour les détruire ou les obliger à fuir.

Les *limaces* ou *loches* détruisent beaucoup de jeunes plantes, quand elles sont nombreuses dans les chènevières, après la levée des graines, et lorsqu'une température à la fois chaude et humide les favorise. On prévient en partie les dégâts qu'elles causent en projetant sur les jeunes plantes, le matin à la rosée, de la poudre de chaux vive.

Insectes nuisibles. — Roberjot a décrit pour la première fois, en 1796, un insecte, la *pyrale du chanvre*, qu'il avait observée sur des chènevières dans les environs de Mâcon. Cette pyrale a été signalée de nouveau par P. Ré, en 1805 et 1806. A cette époque, cet insecte fit de grands ravages en Italie. Jusqu'à ce jour on n'a point encore fait connaître comment on peut le détruire; il s'introduit à l'intérieur de la tige du chanvre.

Agents atmosphériques nuisibles. — Le chanvre redoute les fortes chaleurs et les *grandes sécheresses*, parce qu'elles suspendent sa végétation et le font périr. Il craint aussi les *vents violents* qui brisent ses tiges et ses ramifications. C'est pourquoi dans la Franche-Comté on le cultive de préférence à l'abri des haies. Les *vents du sud-est* dessèchent presque toujours ses extrémités. Enfin, les *pluies d'orage* et la *grêle* le couchent ou lui font perdre une grande partie de sa valeur commerciale lorsqu'elles agissent sur les chènevières à une époque tardive.

Observons encore que le chanvre peu développé résiste mal aux inondations. La plupart des chanvres semés au mois de mai, en 1856, ont été détruits par les débordements qui ont causé tant de désastres, dans les premiers jours de juin, dans la vallée de la Loire, depuis Blois jusqu'à Angers.

Maturité. A. CARACTÈRES. — On arrache le chanvre aussitôt que les fleurs mâles ou femelles sont fanées. Alors la cime des plantes commence à jaunir et leur base prend une teinte blanchâtre.

Lorsqu'on arrache les pieds avant leur maturité, la filasse est plus blonde et plus douce.

Quand le chanvre mâle ou femelle est trop mur, la filasse a moins de qualité, parce que les fibres ont moins de résistance.

Enfin, les pieds trop avancés en maturité prennent une teinte noire; ceux au contraire qui ont été arrachés en temps opportun présentent, après leur dessiccation, une coloration qui rappelle la couleur de la paille de seigle.

B. Époque. — On arrache ordinairement le chanvre 12 ou 14 semaines après la semaille.

Le *chanvre mâle* qui mûrit partout le premier se récolte vers la fin de juillet ou pendant la première quinzaine d'août.

L'arrachage du *chanvre femelle* a lieu 15, 20 ou 25 jours après l'enlèvement du chanvre mâle, c'est-à-dire vers la fin d'août ou pendant la première quinzaine de septembre.

On a proposé d'imiter les agriculteurs de plusieurs contrées de l'est et d'arracher à la fois et le chanvre mâle et le chanvre femelle. Ce procédé rend la récolte des tiges plus facile, mais elle ne permet pas d'obtenir une filasse uniforme.

Arrachage des pieds mâles. — Lorsque le pollen tombe en abondance, on s'occupe de la récolte des pieds mâles.

Cette opération se fait de plusieurs manières :

1° Quelquefois les femmes parcourent les sentiers qui séparent les planches et arrachent les pieds brin à brin en ayant soin d'agir avec précaution pour ne pas endommager les pieds femelles. De temps à autre, elles frappent les tiges contre leurs sabots pour détacher la terre qui adhère aux racines.

2° Lorsque le chanvre est vigoureux, sa grande fixité dans le sol, oblige, si on opère par un temps sec et sur une terre un peu argileuse, de le couper rez terre à l'aide d'une faucille ou d'une petite serpe. Cette manière d'opérer force le cultivateur à n'employer que des ouvriers intelligents et habitués à manier la serpe.

Arrachage des pieds femelles. — On procède à l'enlèvement des pieds femelles lorsque les graines des premières fleurs ont pris une teinte gris brun, ou quand les feuilles commencent à jaunir et à tomber.

Cette seconde récolte est plus facile à exécuter parce que l'arrachage ou la coupe se fait en plein.

Lorsqu'on arrache, on saisit une poignée de 8 à 20 tiges, selon la fraîcheur ou la dureté du sol ou la force du chanvre, et on la déracine sans secousse, afin de ne pas faciliter la chute des graines mûres.

Ordinairement les pieds femelles sont toujours moins nombreux que les pieds mâles.

Mise en bottes des tiges. — Au fur et à mesure que l'on opère la récolte des tiges mâles ou femelles, on réunit les poignées en petites bottes, qu'on dresse sur le sol après les avoir écartées du pied. Ces bottes sont liées avec un lien de paille de seigle; elles ont de 0^m,30 à 0^m,50 de diamètre ou de 1 mètre à 1^m,50 de circonférence.

Dans quelques contrées, on laisse les tiges en javelles étendues sur le champ pendant un jour ou deux; après quoi on les réunit en bottes qu'on dresse en faisceaux. Le javelage du chanvre n'est utile que lorsque l'arrachage a été pratiqué très-prématurément.

Étendue qu'un ouvrier arrache en un jour. — Un ouvrier habile arrache par jour, dans la vallée de la Loire, de 6 à 7 ares de chanvre mâle.

En général, il faut de 25 à 30 journées d'hommes ou de femmes, pour arracher complétement un hectare de chanvre.

Récolte des graines. — Le chanvre a une tendance continuelle à dégénérer, à s'abâtardir; le cultivateur doit donc
ne récolter des graines que sur des pieds vigoureux qui
ont pu mûrir complétement et isolés les uns des autres.
On obtient ordinairement de bonnes graines dans l'Anjou;
aussi est-ce de cette ancienne province que le Dauphiné
fait venir une partie des semences qu'il emploie chaque
année.

Lorsqu'on demande au chanvre femelle et de la filasse
et de la graine, on dispose quelquefois les tiges, après
l'arrachage, d'une manière particulière. Ainsi, on creuse
çà et là sur la chènevière des fosses profondes de 0^m,33,
dans lesquelles on réunit les poignées en plaçant les tiges
la tête en bas, pour que les graines achèvent de mûrir et
qu'elles ne soient pas dévastées par les oiseaux. On a soin
de bien presser les poignées les unes contre les autres, de
relever ensuite la terre autour des faisceaux pour que les
extrémités des tiges soient privées d'air, et de réunir toutes
les poignées avec un lien de paille. On laisse ainsi le chanvre
pendant un certain temps. Dans le Languedoc, on l'abandonne dans cet état pendant 5 à 6 jours; en Flandre, où
le sol et l'atmosphère sont plus humides, où l'on a à
craindre que les graines s'échauffent ou pourrissent, on
le retire au bout de 48 heures, lorsque les feuilles sont en
partie tombées.

Égrenage des pieds femelles. — Quand les pieds femelles
sont secs et les graines mûres, on sépare celles-ci des tiges.
Cet égrenage se fait suivant divers procédés, selon les
localités :

1° Dans quelques contrées, on bat les tiges en les frap-
pant légèrement sur un *tonneau*, une *échelle* ou une *truie*.

2° Ailleurs, on les bat sur un drap ou une bâche, avec

un *fléau* ayant une batte légère ou à l'aide d'une *gaule* flexible, afin de ne pas écraser les graines.

3° Dans d'autres localités, on engage les tiges dans un fort *séran* ou *égrugeoir*; ce peignage n'est pas aussi expéditif que le battage.

4° Enfin, parfois on saisit deux poignées, une dans chaque main, et on frappe leurs extrémités l'une contre l'autre.

Nettoiement des graines. — Lorsque l'égrenage est terminé, on expose les graines au soleil sur des draps ou sur des bâches, pour qu'elles sèchent promptement. Quand elles sont sèches, on les crible, on les vanne et on les rentre dans un grenier, dans lequel les rats et les souris n'ont pas accès.

Conservation des graines. — Les semences de chanvre doivent être déposées dans un local sain et aéré, afin qu'elles ne moisissent pas et pour qu'elles conservent leur aspect brillant.

Pendant les premières semaines qui suivent la récolte, on les remue de temps à autre pour éviter qu'elles s'échauffent.

Le cultivateur a intérêt à vendre ces graines le plus tôt possible, parce qu'elles subissent de mois en mois un déchet assez considérable.

Poids de l'hectolitre. — Un hectolitre de graines de chanvre de bonne qualité pèse de 52 à 53 kilogrammes.

Opérations qui suivent l'arrachage des tiges. — A. Séchage. — Ordinairement, après l'arrachage, on laisse les pieds mâles ou femelles en bottes et en faisceaux dressés sur le sol pour qu'ils puissent bien sécher. Mais cette dessiccation est-elle utile? Duhamel lui refuse l'avantage qu'on lui attribue, celui de rendre le rouissage plus facile et plus prompt, et il recommande de rouir les tiges aussitôt après qu'elles ont été arrachées. Ce conseil n'a été accepté que par les agriculteurs de l'ouest. En Flandre, on laisse le chanvre en tas ou *monts* de 10 à 12 bottes recouverts de chapeaux de paille pendant 3 à 4 semaines; les poignées ne restent que 3 à 5 jours exposées à l'action de l'air et de la chaleur.

Cet abandon du chanvre à lui-même, pendant plusieurs jours ou plusieurs semaines, a pour but principal le séchage des tiges; et il est indispensable de l'adopter si le chanvre doit être emmagasiné dans une grange, le rouissage ne devant être pratiqué qu'au printemps suivant.

Dans quelques localités on fait sécher le chanvre en l'appuyant contre une perche soutenue par deux pieux, à une hauteur de 0^m,75 à 1^m au-dessus du sol (*fig.* 9). Ce procédé a l'avantage de hâter la dessiccation du chanvre, en permettant à l'air d'agir sur tous les brins.

Fig. 9. Séchage du chanvre.

B. Assortiment des tiges. — Dès que les tiges sont sèches, on procède à leur assortiment, opération encore peu répandue mais fort utile, puisqu'elle permet d'obtenir des filasses plus régulières. Ainsi, on réunit ensemble toutes les tiges fortes, toutes les tiges de moyenne grosseur et toutes les tiges fines. On a alors trois qualités de chanvre. Pendant ce triage on sépare les pieds morts, altérés ou noircis.

Cet assortiment se fait aisément : on appuie une poignée de chanvre contre un mur ou une haie ou on l'étend sur le sol; alors on enlève d'abord les grandes tiges et ensuite les tiges moyennes. Les tiges qui restent sur la terre sont les tiges courtes; on les met en bottes à part, à l'aide de liens de paille.

C. Division des grandes tiges. — Lorsque les pieds de chanvre ont 3, 4 ou 5 mètres de longueur, on les divise avec une serpe en deux ou trois parties. Cette opération rend le rouissage plus facile et elle permet de réunir toutes les parties inférieures, les parties médianes et les extrémités des tiges.

D. Enlèvement des racines. — Aussitôt que le triage des tiges est terminé, on procède à l'enlèvement des racines que présentent les pieds qui ont été arrachés. On exécute cette importante opération au moyen d'une serpe et d'un billot.

Les racines, une fois séparées des tiges, sont rapportées à la ferme et déposées sous un hangar. On les emploie comme combustible.

Rouissage ordinaire. — Le rouissage a pour but de faire dissoudre, sous l'influence de la fermentation, le principe gommeux azoté qui enveloppe ou agglutine les fibres, et de rendre la chènevotte cassante, afin de pouvoir aisément la séparer de la filasse.

Cette opération se pratique de diverses manières : à l'eau, à la rosée et à l'eau chaude.

A. Rouissage a l'eau. — Le rouissage à l'eau se fait soit à eau dormante, soit à eau courante.

Le *rouissage à eau dormante* ou *stagnante* est très-connu en France. On le considère comme inférieur au rouissage à eau vive. En effet, tous les chanvres que l'on rouit dans une eau dormante ne fournissent que des filasses jaune verdâtre, ayant par conséquent une couleur peu favorable ; en outre, ils rouissent plus irrégulièrement et donnent plus de déchet.

Le *rouissage à eau courante* est principalement pratiqué dans la vallée de la Loire, sur les bords du Rhin et de l'Ill et les rives de l'Isère. Le chanvre que l'on rouit ainsi donne toujours une filasse plus blonde, plus blanche et plus nerveuse, et ses déchets sont bien moins considérables. Les chanvres de l'Anjou et de la Sarthe doivent leurs belles qualités et surtout leurs couleurs si agréables aux eaux courantes dans lesquelles on les fait rouir.

La *qualité des eaux courantes* a autant d'importance que leur renouvellement. Ainsi, il ne suffit pas que l'eau soit belle, limpide comme l'eau de la Loire, du Rhin, etc., il faut aussi qu'elle soit douce et qu'elle puisse dissoudre le savon. Enfin, il est nécessaire que leur température ne soit pas au-dessous de la température de l'air ambiant.

Malheureusement, on n'est pas toujours à même de choisir les lieux où l'on peut opérer le rouissage. Dans bien des cas, on l'exécute où l'on peut, à 100 mètres, 1000 mètres et quelquefois même à 2 et à 3 kilomètres de l'exploitation.

Les *routoirs à eau dormante* ne sont autres, le plus ordinairement, qu'un trou rempli d'eau ou une mare ayant 1 ou 2 mètres de profondeur. De là, ces émanations infectes ou insalubres, qui ont fait de tout temps regarder ce mode de rouissage comme nuisible à l'existence humaine.

B. Pratique du rouissage a l'eau. — Lorsqu'on rouit le chanvre à *eau stagnante*, un ouvrier se met dans l'eau, reçoit d'un aide les poignées ou les bottes et les place horizontalement les unes à côté des autres, par lits successifs. Quand le routoir est plein ou lorsque tout le chanvre a été ainsi placé, il charge les bottes de madriers ou de planches sur lesquelles il met des pierres. Ce chargement est nécessaire pour que les poignées soient bien au-dessous de l'eau. On abandonne ensuite le chanvre.

Le *rouissage à eau courante* est moins simple, parce qu'il est utile de garantir les bottes par des travaux particuliers de l'action des courants ou des crues subites.

On doit choisir de préférence les rives d'un accès facile, les plus sablonneuses ou graveleuses, et celles qui sont les moins exposées aux courants, afin que l'eau soit toujours limpide et qu'elle ait une température plus constante, plus régulière.

Quand le lieu a été choisi, on forme à l'aide de pieux et de fascines ou d'un clayonnage, une enceinte destinée à protéger le chanvre contre les courants. Voici, d'après Leclerc Thouin, comment on dispose le chanvre dans les routoirs artificiels qu'on établit chaque année sur les rives de la Loire : au fond du fleuve, à 3, 4 ou 5 mètres de distance l'un de l'autre, on enfonce d'abord deux pieux solidement; le long de ces pieux, on attache horizontalement une perche qui occupe tout l'intervalle existant entre eux et qui est disposée de manière à pouvoir s'enfoncer à mesure qu'on la chargera davantage; elle flotte d'abord à la surface de l'eau. Outre les deux cordes qui la fixent aux pieux par ses deux extrémités, mais qui sont enroulées de manière qu'on peut les lâcher successivement à mesure que cette perche est poussée plus profondément dans l'eau, il en existe une troisième ayant une destination spéciale. Quand les pieux et les cordes ont été ainsi disposés, on pose les poignées de chanvre les unes à côté des autres sur la perche, en ayant soin de les placer en travers de sa direction; on en superpose successivement plusieurs couches entre les deux pieux et lorsqu'on a ainsi formé un tas de 100 à 120, on place au-dessus une seconde perche parallèle à la première; on l'appuie fortement sur le chanvre et on la fixe dans cette position au moyen de trois cordes attachées par leur autre bout, les deux premières aux deux extrémités et la dernière au centre de la perche inférieure; toutes les poignées forment dès lors une masse compacte que l'on recouvre de paille arrêtée entre les deux pieux, en l'y attachant et en la surchargeant de sable.

C. Caractères des chanvres rouis a l'eau. — Le rouissage est terminé lorsque la matière gommo-résineuse a été dissoute par l'eau, lorsque la partie verte des tiges a disparu. Alors, si le rouissage a eu lieu dans un routoir à eau stagnante, celle-ci est noirâtre et fétide, et le chanvre a une teinte foncée. Si on l'a exécuté dans une eau courante, les tiges présentent une belle couleur blond jaunâtre. Dans les deux cas, les fibres n'ont pas été altérées et la chènevotte se détache facilement des tiges, si l'on froisse celles-ci entre les mains.

Tout rouisseur doit s'assurer tous les jours, à partir du cinquième jour, de l'état de la macération ou des progrès du rouissage.

D. Durée du rouissage a l'eau. — La durée du rouissage à l'eau est très-variable.

Le chanvre mâle rouit plus tôt que le chanvre femelle : le premier reste dans le routoir de 5 à 10 jours, le second de 8 à 15 jours, selon la température de l'eau. En général, le rouissage dure moins longtemps dans la région méridionale que dans les localités de l'ouest et du nord de la France; il s'effectue aussi plus promptement dans une eau chaude que dans une eau froide.

L'expérience a aussi permis de constater que le chanvre

vert rouit plus tôt que le chanvre jaunâtre, la partie inférieure des tiges plus promptement que la partie supérieure,
le chanvre nouvellement récolté moins lentement que le
chanvre de la récolte précédente, et les grosses tiges moins
facilement que le chanvre fin.

Il est bien important de retirer les tiges des routoirs en
temps opportun. Le chanvre qui a roui trop longtemps est plus
difficile à travailler ; le chanvre qui n'a pas fermenté suffisamment donne moins de filasse, et les fibres qu'il fournit
sont moins nerveuses, moins résistantes.

Législation concernant le rouissage à l'eau. — Les maires, en vertu de l'art. 3 de la loi du 24 août 1790, ont le
droit d'interdire le rouissage dans les rivières, les étangs
et les mares qui avoisinent les habitations, dans l'intérêt
de la salubrité publique.

Le décret du 15 octobre 1810 et l'ordonnance du 14 janvier 1816 rangent les routoirs dans la première classe des
établissements insalubres.

Opération complémentaire du rouissage à l'eau. A. Lavage. — Lorsque le rouissage est complet on enlève les pierres et le bois qui maintenaient le chanvre à 0^m,15 ou 0^m,25
au-dessous du niveau de l'eau, et on le retire en évitant de
briser les tiges.

Si le rouissage a eu lieu à eau stagnante, on le lave avec
soin dans un cours d'eau, ou, à défaut d'eau vive, dans le
routoir même.

Le rouissage à eau courante n'oblige pas à faire cette opétion, à moins que l'eau soit trouble ou boueuse au moment
de l'enlèvement du chanvre.

B. Séchage ou hâlage. — Quand le chanvre a été lavé
ou aussitôt qu'il a été retiré du routoir, on dresse les poignées ou les bottes sur un terrain uni ou gazonné pour

qu'elles s'égouttent. Quelques heures suffisent ordinairement pour qu'elles soient presque sèches.

Alors on délie les bottes et on étend les tiges bien parallèlement sur une terre ayant porté une céréale ou sur une prairie qu'on a fauchée depuis peu de temps. Le lendemain, ou deux jours après, on les retourne ; on répète cette opération le troisième et le cinquième jour. Pour retourner les tiges promptement sans les briser, on se sert d'une petite gaule qu'on passe sous le sommet des tiges.

On peut aussi adosser les tiges en les inclinant légèrement le long d'un mur, d'une habitation, d'une haie ou d'une berge de fossé ; quelquefois on les dresse sur une prairie en écartant la base des bottes.

Lorsque le temps est sec et l'air chaud, 3 à 4 quatre jours d'exposition suffisent pour que le chanvre soit bien sec, si on a soin de retourner les tiges une ou deux fois, ou de déplacer le lien des bottes ou des faisceaux. Les pluies, les temps brumeux obligent quelquefois de le laisser étendu ou dressé pendant 6 ou 8 jours. Dans les contrées du Midi, on ne l'expose à l'action de l'air et du vent que pendant une nuit, et on le met en tas qu'on couvre de paille aussitôt après le lever du soleil.

Dans quelques localités on abandonne le chanvre étendu sur un gazon pendant quinze jours ou trois semaines, mais on le retourne tous les jours. La filasse qu'on obtient, en agissant ainsi, est plus grise, mais elle est plus fine et plus soyeuse. Ce procédé ne peut être suivi que lorsque le temps est beau, car s'il survient des pluies continues, les tiges brunissent et donnent une filasse moins recherchée par le commerce et l'industrie.

Quand les tiges sont bien sèches, on les lie en bottes qu'on rapporte à la ferme pour les déposer dans un endroit sec et à l'abri des rats et des souris.

Rouissage chimique. — On a proposé, il y a un demi-siècle, de remplacer le rouisssage à l'eau ordinaire par le rouissage à l'eau chaude et alcaline, parce que l'emploi des alcalis rend la filasse plus blanche, plus fine et plus soyeuse. Ce procédé a été imaginé par Bralle, et voici comment on le met en pratique : on verse dans un large cuvier environ 600 litres d'eau chauffée à 72 ou 75 degrés, et on y fait dissoudre 1 kilog. de savon vert ; on y plonge complétement pendant 2 heures 50 kilog. de chanvre. Au bout de ce temps, on retire les tiges, on les met en tas que l'on couvre au moyen d'un paillasson. Le lendemain on les étend sur une aire planchéiée et on les roule avec un rouleau pour les aplatir. Après cette opération on les étend sur un gazon et on les laisse ainsi exposées à l'action de l'air, du soleil et des pluies ou des rosées pendant 5 à 7 jours. Au bout de ce temps on les dresse, et, lorsqu'elles sont sèches, on les rentre dans un magasin.

D'après les expériences faites l'an XIII au Conservatoire des Arts et Métiers, par Molard, Tessier, Monge et Berthollet, 100 kilog. de chanvre préparés suivant le procédé de Bralle donneraient 25 kilog. de filasse, c'est-à-dire 10 pour 100 de plus que le chanvre roui à l'eau stagnante ou dormante.

Home a expérimenté ce mode de rouissage. Il l'a reconnu supérieur au rouissage ordinaire.

Le prince de Saint-Séver a proposé de remplacer la méthode de Bralle par le rouissage exécuté dans une lessive de soude rendue caustique par la chaux. Il dit que les chanvres que l'on rouit ainsi donnent une filasse aussi belle et aussi fine que la filasse qu'on obtient en Perse.

Rouissage à la rosée. — Le rouissage à l'air libre, qu'on désigne souvent sous les noms de *rosage* et *rorage*, consiste à étendre le chanvre, dès qu'il a été arraché et égrené, sur un terrain engazonné ou sur un chaume de céréales. On le pratique çà et là dans la plupart des régions de la France. Ce rouissage est le seul qu'on puisse adopter quand la rareté de l'eau ne permet pas de rouir le chanvre dans les cours d'eau ou les mares. Il a l'avantage de ne développer aucune odeur désagréable.

On doit disposer les tiges de manière qu'elles soient bien parallèles et qu'elles forment une couche mince sur le sol. Dans les contrées où les terres sont labourées en billons, on les place en travers des sillons. Quand on étend le chanvre sur des prairies naturelles, il faut préalablement faucher l'herbe si elle est élevée.

Le chanvre que l'on rouit ainsi prend une teinte foncée, et fournit une filasse grise avec laquelle on fait du fil très-fin qui devient très-blanc au blanchiment, mais que l'on regarde avec raison comme moins durable.

Ce rouissage est plus long que le rouissage à l'eau.

Torréfaction ou hâlage artificiel. — Avant de broyer ou teiller le chanvre, on le dessèche complétement dans un four ou *hâloir* après la cuisson du pain. Ainsi, une heure ou une heure et demie après avoir retiré le pain, on remplit le four de poignées de chanvre, on le bouche, on le laisse ainsi pendant environ 24 heures. Cette dessiccation doit être faite la veille du jour où l'on procédera au broyage, afin d'exécuter cette opération quand le chanvre est encore chaud ou tiède.

Dans diverses localités on exécute la torréfaction dans des trous creusés dans le sol revêtus de maçonnerie et munis d'une porte. Ces hâloirs ont de 2 mètres à 3^m,50 de longueur, 2 mètres à 3^m,50 de profondeur et 2 mètres de largeur.

Maquage ou maillochage. — Quand les tiges du chanvre

ont été hâlées, on les écrase sur un billot à l'aide d'un maillet en bois de frêne pesant de 2 à 3 kilog., afin de rendre le broyage plus facile. Cette opération est pénible et se fait lentement.

Un ouvrier mailloche environ 5 douzaines de poignées par jour.

Fig. 10. Brisoir mécanique.

On opère quelquefois le maillage au moyen d'une meule en pierre verticale. C'est pour ce motif qu'on désigne cette opération sous le nom de *pilage*.

On a imaginé, en Bohême, un appareil (*fig.* 10) destiné à remplacer le maillochage, et qui se compose d'une table courbe cannelée et d'un rouleau mobile présentant aussi des cannelures. Deux ouvriers sont nécessaires pour servir ce *brisoir*. L'un met en mouvement le rouleau et lui imprime un mouvement de va-et-vient continuel ; l'autre tient le chanvre ou le lin, le retourne et le secoue plusieurs fois, afin de faire tomber la chènevotte.

Broyage ou échinage. — Le broyage a pour but de séparer la chènevotte des parties textiles. On l'exécute au moyen de la broie (*fig.* 11).

La broie ou braie, appareil très-répandu, se compose d'un madrier en frêne ayant deux ou ou trois mortaises séparées par des parois à biseau aigu et supporté par quatre pieds ; elle a de 0^m,12 à 0^m,15 au carré, et sa longueur varie entre 1^m,50 à 2 mètres. Le madrier est muni à l'une de ses extrémités d'un levier à poignée présentant deux ou trois lames en bois ou couteaux qui s'enga-

FIG. 11. Broie ou braie.

gent dans les mortaises. Le levier est réuni au madrier par une charnière ou à l'aide d'une cheville.

Voici comment on opère le broyage :

L'aide qui accompagne deux ou trois ouvriers retire du four une poignée de chanvre et la donne au chanvreur qui la saisit par la main gauche ; alors ce dernier prend l'extrémité du levier, l'élève, engage la poignée entre cette pièce et le madrier, abaisse le levier, le relève et l'abaisse de nouveau, et ainsi jusqu'à ce que la chènevotte soit entièrement séparée. Lorsque la moitié de la poignée a été ainsi préparée, il saisit la filasse, engage sous le levier la partie qu'il tenait précédemment dans la main et opère comme dans le premier cas. Pendant ces opérations la chènevotte tombe sous la broie à travers les mortaises.

Le chanvreur termine le broyage de chaque poignée en affinant la filasse à l'aide de petits coups répétés de la mâchoire. Pendant cette opération, il doit éviter de brouiller les fibres.

Le broyage est une opération assez pénible, parce que la poussière qui se dégage des tiges de chanvre et qui forme une sorte de nuage dans le local où l'on opère, est irritante et détermine parfois des maladies de poitrine. Aussi est-ce avec raison qu'on a recommandé aux ouvriers broyeurs de se couvrir la figure d'un masque de mousseline ou d'agir sous un hangar ou dans un bâtiment muni de deux ouvertures opposées, afin que le vent puisse entraîner la poussière au dehors.

Une femme peut broyer par jour de 25 à 30 poignées de tiges et préparer de 10 à 15 kilog. de filasse.

MM. Renaud et Lotz de Nantes, ont imaginé un appareil destiné à remplacer le broyage à la main.

Cette machine, du prix de 600 fr., prépare de 8 à 10 kilog. de chanvre ou de lin à l'heure. Elle est plus simple que l'appareil proposé en 1818 par Christian, peut être mise en mouvement par un manége à un cheval et elle dispense du chauffage au four.

Elle est déjà répandue dans la vallée de la Loire entre Saumur et Nantes.

Espadage ou spatulage. — Dans diverses localités, on complète le broyage par une opération particulière à laquelle on a donné les noms d'*espadage*, *râpage* ou *ribage*.

Les ouvriers chargés de l'exécuter sont assis et ont devant eux un tablier de cuir; ils étalent sur leurs genoux le chanvre broyé, et, avec un couteau en bois qu'ils tiennent dans la main droite, ils enlèvent la chènevotte qui reste après le broyage et détachent les fibres brisées qui constituent alors ce qu'on appelle les *peignures*.

Une femme peut râper par jour la filasse provenant de 50 à 60 poignées de chanvre.

Teillage ou tillage. — Dans la basse Bretagne, l'Alsace, la Bourgogne, la Champagne, etc., quand on cultive le chanvre sur une faible étendue, on remplace le maquage et le broyage par le *teillage*, opération qui consiste à séparer à la main les fibres de la chènevotte. En Flandre, on ne teille que le chanvre femelle.

Le teillage est simple et facile, mais il a l'inconvénient d'être long. On en confie souvent l'exécution à des enfants et des vieillards, et, comme au temps de Pline, on l'opère souvent dans les veillées. La filasse que l'on obtient par le teillage est plus nerveuse, plus forte, mais elle n'a pas toute la longueur des tiges, et elle est plus difficile à peigner.

Les gros brins sont ceux qu'on teille le plus aisément.

Voici comment on opère :

Le teilleur prend une tige, brise son extrémité inférieure, saisit la filasse et la détache en l'enroulant sur un de ses doigts. Alors il prend une nouvelle tige et opère de la même manière. Lorsque le doigt est bien garni de fibres, on enlève celles-ci sans les dérouler et on les accroche à une cheville. A la fin de la veillée, on déroule les fibres pour les réunir et les tordre afin qu'elles ne se mêlent pas.

En Anjou, les teilleuses reçoivent 10 centimes environ par chaque kilogramme de filasse qu'elles ont préparée.

Sérançage ou peignage. — La filasse, séparée de la chènevotte au moyen de la broie ou par le teillage, est ensuite sérancée ou peignée à l'aide de peignes en fer ou en acier, fixés sur un chevalet ou sur une table.

Le peignage a pour but de désunir les fibres et de refendre les brins. Les chanvres qui ont été bien sérancés sont longs, brillants, soyeux et exempts d'étoupes et de chènevottes.

Un séranceur habile peut peigner, par jour, de 25 à 35 kilogrammes de filasse.

Le prix du sérançage est en moyenne de 0,10 centimes par kilogramme.

Apprêts des filasses. — Après le peignage, le filassier plie en deux les poignées en les tordant grossièrement mais avec soin. Toutes les poignées ainsi apprêtées doivent avoir la même longueur et être réunies par paquets de 10, 16, 20 ou 24 écheveaux, pesant ensemble 2 ou 6 kilogrammes.

Produits. — A. Chanvre cru ou chanvre brut. — Un hectare de chanvre, cultivé sur un terrain de bonne qualité, fournit les produits suivants :

De Sainte-Marie (Côtes-du-Nord).... 2000 kilog. de tiges sèches
Gallesio (Italie)..................... 2000 à 2400 kilog.

On désigne souvent le chanvre brut sous le nom de *chanvre en bois* ou *chanvre en masse*.

Dans le Nord on le vend souvent dans cet état. Dans le pays de Waës, un hectare de chanvre sur pied, produisant environ 1000 kilogrammes de filasse, se vend de 800 à 850 francs.

B. Filasse. — Le produit en filasse est très-variable. Voici les données qu'on a recueillies :

Chanvre des plaines.

Rendu (Tarn).................. 400 à 500 kilog.
Rendu (Haute-Garonne)........ 500 à 600 —
Rendu (Nord)................. 400 » —
Burger....................... 500 à 700 —

Moyenne.............. 450 à 600 kilog.

Chanvre des vallées.

Rendu (Isère)................	1200 à 1500 kilog.
Schwertz (Alsace)...........	900 à 1100 —
Penautier (Limagne).........	1000 à 1500 —
Gasparin (Rhône)............	» 1300 —
Leclerc-Thouin (Anjou)......	780 » —
Moyenne..............	970 à 1350 kilog.

Ainsi, les moyennes de ces divers produits sont :

Chanvre des plaines................	500 kilog.
— des vallées................	1100 —

Ces résultats concordent avec les chiffres de la statistique agricole publiée en 1859.

C. GRAINE. — Le produit en graine est aussi très-variable. Les faits constatés permettent de dire qu'on récolte par hectare, suivant les circonstances, de 6 à 15 hectolitres de graines. Le rendement moyen varie entre 9 et 12 hectolitres.

Rapport de la filasse aux tiges sèches. — Ordinairement on obtient de 25 à 30 kilogrammes de filasse ordinaire de 100 kilogrammes de chanvre brut.

Rapport de la filasse pure à la filasse brute. — On a constaté que 100 kilogrammes de filasse brute fournissent de 60 à 70 kilogrammes de filasse peignée.

Rapport de l'étoupe à la filasse brute. — La filasse sérancée abandonne de 30 à 33 pour 100 d'étoupes.

Usages. — A. TIGES. — Dans quelques départements, les tiges de chanvre servent, après le rouissage, à fabriquer d'excellentes allumettes au soufre. On coupe les plus belles en portion de 0^m,10 environ.

B. FILASSE. — La filasse sert à faire du fil, de la toile, des cordes et des ficelles. C'est avec du fil de laine et du fil de chanvre qu'on fabrique l'étoffe connue sous les noms de *berlinge* ou *bélinge*.

C. **Graine**. — La graine du chanvre est employée dans la nourriture des volailles, ou on en extrait l'huile qu'elle contient.

D. **Chènevotte**. — La chènevotte sert à chauffer les fours.

Nature et usages de l'huile. — L'huile qu'on extrait de la graine de chènevis est très-siccative et résiste à plus de 25° au-dessous de zéro. On l'emploie dans l'éclairage et la fabrication du savon; elle sert aussi dans la peinture.

Nature et usages du tourteau. — Le tourteau que fournit la graine de chanvre n'est pas employé dans l'alimentation des animaux domestiques. Il sert à fertiliser les terres, ou on l'utilise comme appât dans les pêcheries.

Rapport de l'huile à la graine. — La graine de chanvre donne de 25 à 30 pour 100 d'huile.

Rapport du tourteau à la graine. — Un hectolitre de graine fournit de 15 à 20 kilogrammes de tourteau.

Valeur commerciale de l'huile. — L'huile de chanvre se vend un peu plus cher que l'huile de lin; son prix varie entre 75 et 85 fr. les 100 kilogrammes.

Valeur commerciale du tourteau. — Le tourteau de chènevis se vend ordinairement de 10 à 12 francs les 100 kilog.

Prix de revient. — La culture du chanvre engage un capital assez élevé, et le bénéfice qu'elle fournit est toujours en raison directe du produit brut qu'on obtient par hectare. Voici quelques chiffres comme exemples :

	Filasse brute. (Penautier, 1842, Limagne.)	*Filasse pure.* (Leclerc-Thouin, 1843, Anjou.)
Dépenses.....................	600 fr. »	658 fr. 80 c.
Bénéfice.....................	768 »	62 40
Prix de revient des 100 kilogr..	33 » [1]	83 » [1]

1. La valeur de la graine a été déduite des dépenses à raison de 15 fr. l'hectolitre.

Crud porte le bénéfice net d'une culture de chanvre à 77 fr. 50 par hectare.

Qualités des filasses. — Les filasses varient entre elles, suivant leur longueur, leur coloration et leur finesse.

1° *Chanvre d'Anjou*. — Les filasses de l'Anjou ont une belle couleur blonde, parce qu'elles proviennent de chanvre roui dans la Loire. Leur longueur varie entre 1^m,30 et 2 mètres. Les plus belles viennent des environs d'Angers, des Ponts-de-Cé, de Chalonnes et de Briolay ; les plus grossières proviennent du chanvre qu'on récolte à Corné et Daguenières ; elles sont verdâtres.

Les unes et les autres servent à faire des voiles ou des cordages de marine.

2° *Chanvre de Touraine*. — Les filasses de la Touraine, que l'on appelle aussi *chanvre de Loire*, sont longues, grossières et blondes. Les chanvres qui les fournissent sont cultivés à Tours, Chinon, Saumur et Bourgueil. Leurs points rougeâtres permettent de les distinguer des filasses de l'Anjou.

3° *Chanvre de Picardie*. — Les filasses de Picardie ont été divisées en deux classes : 1° Les filasses de La Fère, Chauny, Abbeville, qui sont longues, à reflet doré, blondes, douces, soyeuses et très-fines ; on leur reproche de manquer de force. 2° Les filasses des autres localités qui sont vert cendré, cotonneuses et très-chargées d'étoupes.

Les premières servent à faire de très-belles toiles ; on emploie les secondes dans la fabrication des ficelles ou des toiles d'emballage.

4° *Chanvre de l'Alsace*. — Les filasses d'Alsace manquent de douceur, ont une couleur jaune ou grise et une très-grande force. Celle qu'on a obtenue par le broyage contient toujours beaucoup de chènevottes. Leur longueur varie entre 1^m,30 et 2^m,50.

On les emploie pour fabriquer d'excellents filets de pêche.

5° *Chanvre de Champagne.* — Les filasses de la Champagne sont belles : leurs fibres sont nerveuses, égales et d'une bonne longueur. On les divise en cinq catégories : le chanvre fin femelle; le chanvre demi-fin; le chanvre 1er moyen; le chanvre 2e moyen; le chanvre marin. Les trois premières filasses sont blondes ou fines; les autres sont vertes ou brunes.

On emploie les filasses blondes pour faire des ficelles très-fines; les autres servent à fabriquer des ficelles grossières.

6° *Chanvre de Bourgogne.* — Les filasses de la Bourgogne sont fortes et grossières ; leur couleur est très-variable. On les récolte dans les environs de Semur, d'Époisse et de Vitteaux. Les filasses de seconde qualité sont plus grossières encore ; elles sont brun verdâtre et ont jusqu'à 3 mètres de longueur. Elles proviennent des chanvres qu'on cultive dans les environs de Chalons-sur-Saône.

Les unes et les autres servent à fabriquer des cordages ou des câbles d'excellente qualité.

7° *Chanvres étrangers.* — Les beaux chanvres de Russie viennent de l'Ukraine et de la Lithuanie : ils sont remarquables par leur longueur, leur souplesse et leur élasticité. Avant de les livrer au commerce, on les fait classer par l'expert du gouvernement.

Ces chanvres sont souvent livrés au commerce sous le nom de *chanvre du Nord.*

Les chanvres d'Italie sont très-blancs et très-longs.

Le *chanvre de Bologne* est recherché des tisserands; on le divise en deux catégories : 1° le *Hondrina*, qui sert à fabriquer des toiles; 2° le *Gornene*, qu'on emploie dans la fabrication des ficelles et des cordes. En général, les chanvres d'Italie manquent de ténacité.

Les chanvres du duché de Bade sont jaunâtres et presque toujours un peu humides. Leur longueur varie entre 2ᵐ et 2ᵐ 50.

Les chanvres d'Allemagne ont été divisés en deux classes : le chanvre blanc dit *chanvre de cordonnier;* le chanvre blond dit *chanvre à filer.* Ces chanvres se récoltent dans divers états de la Confédération germanique.

Emballage. — Voici comment on emballe les filasses de chanvre avant de les livrer au commerce.

Les *chanvres d'Anjou et de Touraine* sont expédiés en ballots de 55 kilogrammes sans enveloppe. Ces chanvres n'ont pas été sérancés.

Les *chanvres de Picardie* étaient autrefois disposés en paquets de 2 kilog., 2 kilog. 500 ou 3 kilog. 500. De là, les poids de 4, 5 ou 7 livres en usage alors dans le commerce.

Les *chanvres de l'Alsace* sont expédiés de deux manières. Lorsqu'ils sont bruts, on en forme des balles de 90 à 120 kilog.; quand ils ont été peignés, on les expédie dans des tonneaux de 400 à 500 kilog.

Les *chanvres de Champagne* qui ont été classés sont livrés en balles de 50 à 100 kilog. Les chanvres non classés sont expédiés en paquets de 15 à 30 kilog.

Les *chanvres de Bourgogne* sont livrés en balles de 120 à 130 kilog.

Les *chanvres de Russie* sont expédiés en balle de 1000 à 1105 kilog. Les balles de chanvre de 1ʳᵉ qualité portent 10 liens sur le travers et 2 clefs croisées, avec un R sur le côté; celles de chanvre de 2ᵉ qualité n'ont que 8 liens, et elles portent 2 clefs avec un A d'un côté et un S de l'autre.

Valeur commerciale des filasses. — Le prix des filasses est très-variable. Il est plus ou moins élevé, selon leur qualité et la manière dont elles ont été préparées. Les filasses que fournissent le chanvre femelle, ou le chanvre teillé, ont moins de valeur que les filasses qui proviennent du chanvre broyé. Les filasses brutes ou non sérancées ont aussi moins de valeur que les filasses peignées.

Les belles filasses sérancées se vendent de 0 fr. 90 à 1 fr. le kilog.

Les filasses brutes sont vendues de 0 fr. 70 à 0 fr. 80 le kilog.

Fils de chanvre. — Les fils de filasse ou d'étoupe de chanvre sont plus ou moins fins selon leurs numéros. Chaque numéro correspond à 1000 mètres. Le n° 3 donne 3000 mètres au kilog.; le n° 6, 6000 mètres; le n° 12, 12 000 mètres.

BIBLIOGRAPHIE.

Marcandier. — Traité du chanvre, Paris, in-18, 1795.
Bralle. — Analyse pratique sur la culture du chanvre, Amiens, in-8, 1790.
Rozier. — Recueil de mém. sur la cult. du chanvre, Lyon, in-8, 1784.
De la Bergerie. — Mémoire sur la culture du chanvre, 1800, in-8.
Molard. — Annales de l'agriculture française, an XIII, t. XXI, p. 241.
La Rochefoucauld-Liancourt. — Annales de l'agriculture française, an XIII, t. XXII, p. 289.
Nicolas. — Annales de l'agriculture française, an XI, t. XIV, p. 185.
Laforest. — Manuel du cultiv. des chanvres et des lins, Paris, in-8, 1826.
Schwertz. — Assolement de l'Alsace, 1839, in-8, p. 246.
Rey. — Traité sur le chanvre du Piémont, Grenoble, 1840, in-12.
Rendu. — Agriculture de l'Isère, in-8, 1843, p. 239.
Rendu. — Agriculture du Nord, in-8, 1843, p. 268.
Leclerc-Thouin. — Agriculture de l'Ouest, 1843, grand in-8, p. 296.
Schwertz. — Culture des plantes économiques, 1847, in-8, p. 78.
Jusserand. — Moniteur des Comices, 1858, grand in-8, t. III, p. 5
Guéranger. —   Id.   id.   1858, grand in-8, t. IV, p. 342.

COTONNIER EN ARBRE

SECTION III.

Cotonnier.

(De *goz*, mot arabe signifiant matière soyeuse.)

GOSSYPIUM HERBACEUM, L.

Plante dicotylédone de la famille des Malvacées.

Anglais. — Cotton.   *Italien.* — Cotone.
Allemand. — Baumwolle.   *Espagnol.* — Algodon.
Hollandais. — Boomwol.   *Portugais.* — Algodao.
Danois. — Bomuld.   *Égyptien.* — Koutn.

Historique. — Localités. — Mode de végétation. — Variétés. — Climat. — Terrain : nature, préparation. — Quantité d'engrais nécessaire. — Semaille : époque, qualité des graines, préparation des semences, exécution, espacement des lignes et des plants, quantité de graines, poids de l'hectolitre, profondeur à laquelle les graines doivent être placées. — Germination. — Soins d'entretien : premier et deuxième binage, éclaircissage, troisième et quatrième binage. — Arrosage. — Taille. — Pincement. — Enlèvement des fleurs inutiles. — Plantes nuisibles. — Agents atmosphériques nuisibles. — Insectes nuisibles. — Récolte : époque, exécution. — Séchage de la soie. — Égrenage. — Nettoyage du coton. — Frais généraux. — Rapport de la graine à la soie. — Conservation des graines. — Produit en soie. — Prix du coton en Algérie. — Emballage. — Usage des graines. — Usage du coton. — Bibliographie.

Historique. — Le cotonnier a une origine très-ancienne. Les Égyptiens le connaissent depuis la plus haute antiquité; mais leurs prêtres avaient seuls autrefois le droit de se couvrir de tissus fabriqués avec du coton. Hérodote rapporte que les Indiens portaient des vêtements de coton, et Strabon fait connaître que le cotonnier était cultivé à l'entrée du golfe Persique.

Cet arbrisseau a été introduit au IXᵉ siècle, en Europe, par les Arabes. Au XIIIᵉ siècle, il y avait à Maroc et à Fez des manufactures très-florissantes de tissus de coton. En 1668, le *Levant* importa à Marseille 700 000 kilogr. de fil de coton.

C'est en 1786, que le coton Géorgie longue soie (*sea Island*) fut introduit en Amérique. Quiqueran, dans son ouvrage intitulé *De laudibus provinciæ*, et imprimé en 1539, dit qu'on a cultivé autrefois le cotonnier en Provence. Nonobstant, on l'a expérimenté avec succès, il y a un demi-siècle, dans diverses parties de la région méridionale. M. Mourgues l'a cultivé en 1790, aux environs d'Arles, M. L. Dupoy en 1806, près de Dax, et M. Perrot en 1807, aux environs de Toulon. Les remarquables résultats obtenus par M. Dupoy engagèrent à expérimenter sa culture dans les départements des Basses-Pyrénées, des Pyrénées-Orientales, de l'Hérault, du Gard, de l'Ariége, de l'Aude, des Bouches-du-Rhône et de la Corse. A cette époque, le gouvernement accordait une prime de 1 fr. par chaque kilogr. de coton récolté en France, nettoyé et prêt à être filé, et de De Candolle indiquait comme propre au cotonnier le sud des Cévennes, le Roussillon et la Gascogne. En 1807, la principauté de Piombino en récolta 7500 kilogr., et, l'année suivante, le royaume de Naples en obtint 90 000 kilogr.

Depuis bientôt dix années, on a introduit la culture du cotonnier en Algérie.

Localités. — Le cotonnier est cultivé dans la basse Égypte, la Grèce, la Syrie, la Perse, l'Asie Mineure, les îles de Malte et de Goze, la Toscane, l'Espagne, au Brésil, dans les Indes, en Amérique, etc.

L'Algérie paraît appelée à conserver cette culture industrielle. La surface que le cotonnier a occupée en 1856 a atteint 1925 hectares, divisés ainsi qu'il suit :

	C. longue soie.	*C. courte soie.*
Province d'Oran...............	1094 hect.,88	22 hect.,75
— de Constantine......	350 63	358 61
— d'Alger...............	51 49	46 98
	1497 hect.,00	428 hect.,34

Le coton vendu au Havre, en 1855, se répartit de la manière suivante :

	Longue soie.		Courte soie.		Nankin.	
	balles.	kilogr.	balles.	kilogr.	balles.	kilogr.
Province d'Oran............	450	46 708	28	2610	2	230
— de Constantine...	69	10 055	39	4567	3	318
— d'Alger	51	4443	23	2300	2	176
Totaux...........	570	61 206	90	9477	7	724

Ainsi, la quantité totale livrée au commerce a été de 667 balles ou 71 400 kilogrammes, ayant une valeur de 206 238 fr.

Le gouvernement accorde chaque année des prix, dans le but d'encourager la culture du cotonnier en Algérie. Les agriculteurs de chacune des provinces précitées peuvent concourir pour 10 prix de 100 à 5000 fr., s'ils cultivent le cotonnier annuel, et 2 de 200 et 1000 fr., quand ils cultivent le cotonnier ligneux. Pour prétendre aux primes de 1000, 3000 et 5000 fr., il faut avoir une étendue de 1, 3 ou 5 hectares occupés par le cotonnier herbacé. Indépendamment de ces encouragements, l'Empereur décerne, sur le rapport d'un jury spécial, un prix de 20 000 fr. Ce prix a été accordé en 1855, à MM. Masquelier fils et Du Pré de Saint-Maur, et en 1856, à la Compagnie méridionale.

Le prix d'honneur de 1858 a été décerné au colonel Laure.

Quelques écrivains ont avancé que la lenteur avec laquelle la culture du cotonnier se propageait en Algérie, ne permettait pas de croire qu'elle y serait conservée. Ces auteurs ont oublié que soixante-dix années ont été nécessaires à l'Amérique pour propager cette culture, et que, si cet état a pu, en 1851, exporter 2 355 257 balles de coton, il n'en exportait, en 1785, que 14 seulement.

Le défaut de main-d'œuvre, ou son prix trop élevé, peut

seul arrêter l'essor de cette culture industrielle en Algérie. Espérons que le gouvernement prendra les mesures nécessaires pour que les colons ne manquent pas d'ouvriers.

Mode de végétation. — Le cotonnier (*fig.* 12) a une tige rameuse avec une racine fibreuse et pivotante; il s'élève rarement au delà de 2 mètres. Ses rameaux, qui sont pyramidaux, portent des feuilles longuement pétiolées et divisées en 3, 5 ou 7 lobes plus ou moins arrondis. Ses fleurs naissent à l'aisselle des feuilles, et sont portées par de longs pédoncules; elles se composent d'un petit calice à cinq dents obtuses, et d'une corolle composée de cinq pétales. Le fruit

FIG. 12. *Cotonnier herbacé.*

est une capsule ovoïde, à 3 ou 5 loges, contenant de 7 à 11 graines ovales, grosses et pointues, enveloppées dans des filaments cotonneux.

La durée de la végétation du cotonnier annuel est de 6 à 7 mois, selon les années. Suivant M. Hardy, cet arbrisseau exige pour fleurir et mûrir ses graines de 45 à 48 degrés de chaleur.

En Algérie, on le sème en mai et juin, et on opère la récolte du coton ordinairement en octobre.

On a constaté qu'il s'écoulait entre les *sémis* et la *floraison* :

    Cotonnier Louisiane.............   80 à 90 jours.
        —   Nankin................   90 à 100 —
        —   d'Ivice ....   100 à 110 —

Entre la *germination* et la *maturité* :

    Cotonnier Louisiane.... ....   150 à 170 jours.
        —   Nankin.................   170 à 190 —
        —   d'Ivice ....   180 à 190 —

La température moyenne et journalière doit varier :

    Depuis la germination jusqu'à la floraison, entre....   16 et 20°.
    Depuis la floraison jusqu'à la maturité, entre........   20 et 25°.

Le coton mûrit mal, si la température minima ne se maintient pas, pendant le mois d'octobre, à 16 ou 17°.

A la maturité, le poids des capsules, qui s'élèvent parfois jusqu'à 300 et même 500 sur un seul pied, et qui pèsent chacune en moyenne 30 grammes, fait incliner les rameaux vers le sol, ce qui donne aux cotonniers un aspect tout différent de celui qu'ils présentent jusqu'à la floraison.

Variétés.— Les cotonniers se divisent en deux classes :

1° *Les cotonniers herbacés, annuels ou arbrisseaux.*

2° *Les cotonniers ligneux, vivaces ou en arbres.*

Les premiers sont ceux qui réussissent le mieux en Algérie. Les seconds sont très-répandus au Brésil, à Fernambouc, en Syrie, à Malte, à l'île de Santorin, etc. En général, les cotonniers sont annuels dans les climats septentrionaux, et vivaces dans les contrées équatoriales.

1° *Cotonnier Géorgie longue soie.* — Graines noires, lisses et nues; filaments très-longs, élastiques, brillants, très-soyeux, d'une extrême finesse et d'une blancheur éciatante.

Cette variété est un peu délicate; ses rameaux et ses

tiges sont glabres et ne se développent pas autant que ceux des autres cotonniers herbacés.

2° *Cotonnier Jumel.* — Graines noires, lisses et nues; filaments d'une bonne longueur et assez fins.

Cette variété, originaire de la Floride, est répandue en Égypte; elle est un peu tardive. Ses rameaux et ses feuilles sont glabres et plus élevés que ceux des autres variétés.

3° *Cotonnier Louisiane.* — Graines vertes et feutrées; filaments très-courts, mais très-fins, très-soyeux et très-blancs; capsule grosse et ovale.

4° *Cotonnier nankin* ou *de Siam.* — Graines rousses et feutrées; filaments courts, roux et adhérents à la graine.

5° *Cotonnier d'Ivice* ou *du Pérou* ou *de Malte.* — Graines brunes et feutrées; filaments moins longs et moins fins que ceux du cotonnier Louisiane.

Cette variété est celle qui a le mieux réussi, en 1808, dans le département du Gard. Elle est très-répandue aux îles Baléares.

Les fleurs du n° 1 sont grandes et d'un beau jaune, passant au rouge violet.

Les fleurs du n° 2 sont grandes, avec des taches pourpres.

Les fleurs du n° 3 sont grandes et d'un jaune sale, avec un onglet pourpre à la base des pétales.

Les fleurs du n° 4 et du n° 5 sont grandes et d'un jaune pâle, avec un onglet des pétales marron.

On croit que le coton Géorgie longue soie est sorti du cotonnier Jumel, espèce importée, en 1805, des Indes orientales, et que les botanistes ont nommé *cotonnier à feuilles de vigne.* (GOSSYPIUM VITIFOLIUM, Lam.)

Les cotonniers à longue soie fournissent les filaments les plus fins; les filaments des cotonniers à courte soie sont plus abondants, mais ils ont moins de finesse.

Climat. — Le cotonnier demande un climat chaud et une contrée maritime. En Algérie, à Malte, à la Guyane, à la Caroline du sud, à la Géorgie, etc., on le cultive principalement dans les plaines situées dans le voisinage de la mer.

Il végète très-bien depuis Toulon jusqu'à Antibes, dans les lieux abrités des vents du nord, mais il n'y mûrit pas toujours ses fruits. Si sa culture est étendue au cap de Bonne-Espérance, ou dans l'état de l'Ohio, dans l'Amérique du Nord, contrées assez analogues à notre climat méridional, c'est qu'on n'y redoute pas en automne des froids semblables à ceux qu'on observe intempestivement en septembre, surtout en octobre et novembre, dans la Provence, et qui dessèchent les fleurs du cotonnier, ou nuisent à la parfaite maturité de ses fruits. Ceci explique pourquoi on a dû renoncer à sa culture dans les contrées, en France, où il avait réussi pendant les premières années de ce siècle.

L'Algérie, les îles de Malte, la Toscane, sont incontestablement les seules contrées les plus septentrionales dans lesquelles la culture du cotonnier est possible, exécutée en grand.

Terrain. A. NATURE. — Les terres profondes, de moyenne consistance, ni trop sèches, ni trop humides, et d'une bonne fertilité, sont celles qui conviennent le mieux au cotonnier, si elles sont exposées au sud ou à l'est et abritées au nord par des élévations ou des hautes plantations forestières.

Les sols argilo-calcaires, calcaire-siliceux, calcaire-argileux, contenant quelques pierres et reposant sur un sous-sol perméable, lui permettent d'atteindre 1 mètre à 1^m,50 d'élévation.

Les terrains très-argileux et sablonneux ne lui sont pas

favorables; les uns sont trop compacts en été et trop humides et froids en automne; les autres sont trop secs pendant l'été.

Ajoutons que le cotonnier redoute les plantes nuisibles, à racines vivaces et traçantes.

B. Préparation. — Les terres qu'on consacre à la culture du cotonnier doivent être préparées à l'aide de trois ou quatre labours. Dans l'île de Malte, on les laboure cinq ou six fois. Le premier labour doit être pratiqué à la fin d'automne.

On laboure les terres à plat ou en billons éloignés de 0^m,80 à 1^m,20 de milieu en milieu. La disposition du sol en ados est indispensable, si le sol doit être irrigué pendant la végétation du cotonnier.

En Algérie, on divise souvent les champs en petites planches de 1^m,20 à 1^m,70 de largeur. Les dérayures qui séparent ces planches servent de rigoles d'arrosement quand les irrigations sont possibles.

On rend la préparation plus parfaite quand on peut faire suivre la charrue ordinaire au premier ou au second labour par une *charrue fouilleuse*.

On termine l'appropriation du sol, en divisant et en aplanissant sa surface avec la herse et le rouleau.

Dans les petites cultures, on prépare les terres à bras, soit avec la bêche, soit à l'aide de la houe fourchue.

Quantité d'engrais nécessaire. — Le cotonnier est une plante à la fois exigeante et épuisante. Il convient d'appliquer par hectare 20 000 kilogr. de fumier de ferme, ou 2000 kilogrammes de tourteau de coton. On peut remplacer cette fumure par 1500 kilogr. de tourteau de sésame ou 1400 kilogr. de tourteau d'arachide.

Les terres pauvres et non susceptibles d'être irriguées réclament impérieusement des engrais.

Les substances calcaires, appliquées sur des terres qui ne contiennent pas de carbonate de chaux, exercent une heureuse influence sur le développement des cotonniers qui renferment une notable quantité de sels calcaires. Les vases de mer sont aussi très-bonnes, parce que le cotonnier est très-avide de sels de potasse; ses cendres, d'après le docteur Ure, en contiennent 64 pour 100.

Semaille. A. Époque. — Les semis se font en Algérie du mois de mai au mois de juin. Dans la province d'Oran, par exception, on les exécute quelquefois dans la première quinzaine d'avril.

A Malte on les fait en avril et en mai ; en Égypte au mois de mars.

On ne doit les exécuter que lorsque la température moyenne s'est élevée à $+$ 15° et $+$ 16°, c'est-à-dire quand on ne redoute plus aucune gelée.

B. Qualité des graines. — On ne doit confier à la terre que des graines d'excellente qualité et récoltées sur des pieds choisis.

La graine de bonne qualité a un embryon blanc pointillé de noir; celle qui ne germe plus a un embryon jaunâtre.

La semence du cotonnier conserve en Europe sa faculté germinative pendant 2 ou 3 ans; dans les Indes Orientales, elle la perd après une année.

C. Préparation des semences. — On sème souvent les graines du cotonnier sans leur faire subir préalablement aucune préparation ; mais quelquefois on les débarrasse de leur duvet lorsqu'elles ne sont pas lisses, afin qu'elles glissent mieux entre les mains du semeur.

En Égypte, on les fait tremper pendant 2 ou 3 jours dans une bouillie faite avec des excréments d'animaux et de l'eau.

Le trempage n'est utile que lorsque la semaille est faite

par un temps sec et lorsqu'on confie les graines à des terres désséchées par le soleil. Cette opération fait presque toujours pourrir les graines quand la terre est fraîche ou lorsqu'il survient des pluies continuelles après la semaille.

D. Exécution. — On sème les graines de cotonnier en *poquets*, en *lignes*, ou à la *volée*. Quand on opère avec le plantoir on rayonne le terrain et on met dans chaque trou de 3 à 8 graines. Si on sème par poquets, on se sert de la pioche ou de la binette. Les semis en lignes se font dans des rayons ; on recouvre les graines avec un râteau.

Lorsqu'on opère sur des terres compactes, on recouvre les graines avec du sable pur ou du terreau.

La semaille à la volée n'est en usage que dans la basse Égypte.

E. Espacement des lignes et des plants. — La distance qui doit exister entre les lignes et les plants varie suivant la fertilité et la fraîcheur du sol et selon la variété qu'on cultive.

En Algérie le plus ordinairement on espace les plants qui atteignent 1 mètre de hauteur de 1 mètre en tous sens. Les limites extrêmes varient ainsi : $0^m,50$ sur $0^m,80$; $0^m,80$ sur 1^m ; 1^m sur $1^m,50$.

Les cotonniers doivent végéter isolément, parce qu'ils demandent beaucoup d'air pour bien mûrir leurs gousses.

F. Quantité de graines. — L'espacement des graines à 1 mètre de distance exige de 20 à 30 litres ou 8 à 10 kilogr. de graines par hectare.

G. Poids de l'hectolitre. — Un hectolitre de graine de cotonnier pèse de 38 à 42 kilogr.

H. Profondeur a laquelle les graines doivent être placées. — Les graines ne doivent pas être enterrées trop profondément. Dans les sols légers et les printemps secs on peut les enfouir à 0^m,05 ou 0^m,08 de profondeur; dans les années ordinaires on les enterre seulement à 0^m,03 ou 0^m,04.

Germination. — Les graines germent 8 à 10 jours après la semaille si la température se maintient $+ 15°$. Les semences du C. d'Avice sont celles qui germent le plus promptement.

Quand la terre est fraîche et que la température s'élève à $+ 17°$ la germination se fait en sept jours; elle n'a lieu que vers le dix-septième jour si elle s'abaisse à $+ 12°$ ou $+ 13°$.

Soins d'entretiens. A. PREMIER BINAGE. — On donne un premier binage 8 à 12 jours après la germination, soit à la fin de mai ou dans le courant de juin.

B. DEUXIÈME BINAGE. — On répète le binage quand les cotonniers ont 3 à 5 feuilles ou plutôt si la terre s'est durcie superficiellement.

C. ÉCLAIRCISSAGE. — Si toutes les graines ont levé, ou si les jeunes plants sont trop nombreux, on les éclaircit en laissant les pieds les plus vigoureux et en agissant de manière qu'ils soient espacés de 0^m,60 au minimun.

D. TROISIÈME BINAGE. — On donne un troisième binage avant la formation des boutons. On peut facilement l'exécuter avec la houe à cheval.

E. QUATRIÈME BINAGE. — Dans diverses cultures on donne un quatrième et dernier binage. Cette dernière culture d'entretien a lieu avant l'épanouissement des fleurs; si on l'opérait pendant la floraison, on nuirait à la fécondation ou on occasionnerait la chute d'un certain nombre de corolles. Ce dernier binage peut être aussi exécuté avec une houe à cheval.

Arrosage. — Les irrigations ont une grande influence sur le développement du cotonnier. On les commence en juin, c'est-à-dire après le développement des premières feuilles et on les continue, si cela est possible, jusqu'à l'apparition des filaments. Toutefois, il est nécessaire à partir de la floraison de les rendre moins copieux et moins fréquents. A Malte on les cesse quand la coque commence à se former.

En Algérie, suivant les circonstances, on les répète 3, 4 ou 6 fois, depuis le mois de juin jusqu'au mois d'août.

Chaque arrosage pratiqué sur une étendue d'un hectare exige environ 800 à 1000 mètres cubes d'eau.

Les arrosements trop copieux et trop répétés ont de graves inconvénients, ainsi que l'ont démontré en 1856 les cultures de M. Perès à l'Habra.

Le cotonnier d'Ivice exige moins d'eau que les autres variétés

Taille.— On opère deux sortes de taille dans la culture du cotonnier : 1° celle qu'on pratique sur les cotonniers en arbre; 2° celle qu'on exécute sur les cotonniers herbacés.

Dans le premier cas, on enlève les branches mortes, et on rabat tous les rameaux sur le vieux bois. A l'île de Santorin, on coupe rez-terre en automne avant l'arrivée des froids tous les cotonniers ligneux, on les butte comme s'il était question de câpriers cultivés dans le midi de la France et on les découvre au commencement du printemps suivant.

Dans le second, on rabat les cotonniers à $0^m,40$ au-dessus du sol, afin d'obtenir des plantes plus basses et plus ramifiées et conséquemment plus de fleurs et des capsules plus développées. Ce mode de culture a été pratiqué en 1854, en Algérie par M. Sibour. Les cotonniers soumis à cette taille ont fleuri en août et ont mûri leurs graines 20 jours avant tous les autres. Ils formaient des touffes chargées de branches vigoureuses.

Pincement. — On a proposé d'étêter les cotonniers en septembre, au moment où ils commencent à fleurir, afin de les empêcher de monter et pour les forcer à développer des jets latéraux. L'utilité de cette opération a été contestée par M. du Rohr. Constatons que les colons ne l'exécutent pas d'une manière satisfaisante.

Enlévement des fleurs inutiles. — On recommande aussi de ne laisser sur chaque cotonnier que les douze plus belles capsules et de retrancher toutes les autres. Cette opération a été pratiquée avec succès en Algérie par Si-Ali-Ben-Mohamed, caïd de Guelma, sur des cotonniers Géorgie longue soie et Louisiane.

Plantes nuisibles.—Le *Liseron* (CONVOLVULUS ARVENSIS, L.) et le *chiendent du pays* (CYNODON DACTYLON, L.) sont des plantes très-nuisibles parce qu'elles sont vivaces et très-envahissantes.

Agents atmosphériques nuisibles. — Les cotonniers souffrent en Algérie du *vent brûlant du désert* qu'on nomme *Simoun*, du *vent d'ouest* parce qu'il est glacial, des *longues sécheresses* qui compromettent souvent l'avenir des cultures, lorsqu'on ne peut exécuter des arrosages, et des *pluies d'automne* parce qu'elles font souvent pourrir les filaments.

Insectes nuisibles — Les insectes qui attaquent les cotonniers sont très-nombreux. Les plus redoutables sont :

1° La *sauterelle voyageuse* (ACRIDIUM MIGRATORIUM); elle mange toutes les parties herbacées.

2° La *punaise noire* (CYMEX SATURALIS, Fab.).

3° La *courtillière* (GRYLLUS TALPA); cet insecte a fait de très-grands ravages en Algérie en 1856 et 1857.

4° La *larve de l'apate moine* (APATA MONACHUS); cette larve s'introduit à l'intérieur de la tige et vit au détriment de la moelle.

5° L'*érodie bossue* (ERODIUS GIBBOSUS); cet insecte attaque les jeunes cotonniers; on le ramasse le matin.

6° La *noctuelle* (NOCTUA GOSSYPII); cet insecte fait des ravages considérables à la Caroline et à la Géorgie. Il n'est pas rare d'en voir 800 à 1000 sur un seul cotonnier. On les fait enlever par les nègres. Au Brésil le commandeur qui surveille les esclaves chargés de les détruire est armé d'un fouet et punit les négligences ; on a reconnu que l'huile ou la chaux appliquée sur l'abdomen des chenilles les fait périr.

On peut encore signaler le *papillon à ailes noires*, la *chenille tarentelle*, la *mygale aviculaire*, le *hanneton à foulon*, le *perce-oreille noir*, la *punaise de bois*, l'*eumolpe de la vigne*.

Récolte. A. Époque. — La cueillette commence vers la fin de septembre et se continue jusqu'à la fin d'octobre.

On l'opère quand les gousses ont pris une teinte jaunâtre et qu'on peut facilement enlever le duvet de la capsule en le pinçant avec les doigts.

On doit éviter d'agir quand les capsules sont humides ou encore mouillées par une rosée abondante.

B. Exécution. — Les ouvriers, hommes, femmes et enfants, ont devant eux un sac ayant plusieurs compartiments et se placent sur une seule ligne ou deux ceuilleurs suivent la même rangée en se tenant à droite et à gauche. Alors chaque ouvrier coupe une capsule avec des ciseaux, détache les sépales formant le calice, la prend dans la main gauche et saisit avec les doigts de la main droite tous les filaments, enlève ces derniers avec les graines et les dépose dans une des poches que présente le sac qu'il porte. Quand la coque n'est pas suffisamment ouverte, il la presse avec le pouce de la main gauche, alors elle s'entr'ouvre et laisse apercevoir la soie.

Chaque ouvrier doit éviter de mêler les diverses qualités. Le plus ordinairement on en fait trois : la première comprend les filaments les plus longs et les plus fins ; la seconde, les filaments plus gros et moins longs ; la troisième les filaments qui présentent des altérations.

On n'exécute pas la cueillette des capsules en un seul jour; on l'opère en plusieurs fois, au fur et à mesure de la maturité des graines et des filaments.

A Oran on paye de 0 fr. 20 c. à 0 fr. 25 c. par kilogr. bien récolté.

Séchage de la soie. — Le coton, après avoir été séparé des capsules, doit être étendu au soleil, sur des claies, pendant 4 à 6 heures. On ne doit le mettre en tas que lorsque les graines sont entièrement sèches. Si on le rentrait aussitôt après la récolte, il s'altérerait et prendrait une teinte jaunâtre ou roussâtre; en outre, il perdrait de son éclat et de sa force. A l'île de Chypre, on l'étend au soleil sur des terrasses.

Égrenage ou émondage. — Quand le coton est sec et qu'on n'a point à craindre que, réuni en masse, il fermente, on procède à la séparation des graines. Cette opération se fait de deux manières : 1° à la main; 2° à l'aide d'une machine.

1° L'*égrenage à la main* est parfait, mais il est très-long et très-coûteux. On a constaté qu'une femme égrenait à la main de 200 à 500 grammes de coton par jour et obtenait de 70 à 160 grammes nets de soie.

2° L'*égrenage à la mécanique* se fait avec une machine qui se compose de deux cylindres horizontaux en bois ou en fer et polis ou cannelés. On emploie de préférence les cylindres en fer quand le coton est adhérent aux graines. Les deux rouleaux sont très-rapprochés et tournent l'un et l'autre en sens contraire. Un ouvrier met l'appareil en mouvement à l'aide d'une manivelle et un second distribue le coton entre les cylindres; ceux-ci, en ne laissant pas passer les graines, les séparent de la soie.

Au Brésil, deux nègres, avec un appareil à deux cylindres

de 0^m,33 de long sur 0^m,02 de diamètre, égrènent par jour environ 30 kilogr. de filaments et obtiennent de 6 à 7 kilogr. de soie.

Les graines tombent devant l'appareil.

On possède en Amérique des machines construites sur le même principe, qui sont mues par des chevaux ou par la vapeur. La plus complète est celle qu'a imaginée Élie Whitney, en 1793, et que les Américains ont appelée *saw-gin*. Elle est de la force d'un cheval-vapeur et peut préparer en un jour de 120 à 150 kilogr. de coton; elle est desservie par neuf personnes. On ne l'emploie que pour égrener le *coton courte soie*. Le prix de revient du coton qu'elle prépare varie entre 13 et 15 centimes le kilogr.

Les Américains égrènent le coton longue soie :

1° Au moyen du fléau. Chaque ouvrier bat 2 kilogr. 250 gr. de coton pour 3 kilogr. 400 gr. de blé. Ce procédé rend le nettoyage difficile.

2° Avec un appareil appelé *roller-gin*, mu par le pied, armé d'un volant en fonte et ayant aussi deux cylindres en bois, un ouvrier égrène par jour de 3 à 3 kilogr. 500 gr. nets de coton. M. Hardy a jugé utile de remplacer les deux cylindres en bois par deux cylindres en fer revêtus de courroies en cuir. Ainsi disposée, cette machine, mise en mouvement à l'aide d'une machine à vapeur et servie par un enfant, produirait en moyenne de 6 à 7 kilogr. de coton net par journée de travail de 10 heures

Nettoyage du coton. — Lorsque le coton a été égrené, on le bat avec des baguettes après l'avoir étendu sur une toile, et on enlève ensuite les ordures, les débris de coques ou de graines. Ce battage lui donne du lustre et le rend propre à être filé. Quelquefois on remplace le battage par un peignage fait avec des cardes en acier.

Frais généraux. — On compte, en Amérique, que 150 kil. de coton, provenant de 750 kilogr. de coton brut, coûtent 135 fr., après avoir été préparés et emballés. Voici les détails des dépenses de préparation : 1 journée de sécheur, 1 journée d'un batteur et de son aide, 30 journées d'assortisseurs, 25 journées de cylindreurs, 6 journées de trieurs, 1 journée d'emballeur, 1 journée d'inspecteur; total : 54 journées à 2 fr. 50 c.

Les assortisseurs séparent les diverses qualités dans des boîtes; chaque ouvrier prépare ainsi par jour 25 kilogr. de coton.

Rapport de la graine à la soie. — Le rapport de la graine à la soie varie suivant les variétés. En général, on estime que la graine est trois fois plus pesante que le coton. 100 kilogr. de coton brut doivent donc fournir en moyenne 33 à 35 kil. net de soie. Le rapport le plus faible et qui concerne des cotons courte soie est celui-ci : la graine est à la soie : : 100 : 20.

Conservation des graines. — Il est utile de conserver les graines du cotonnier dans un local à l'abri des rats.

Produit en soie. — Voici les produits constatés en Algérie par M. Hardy.

	Coton brut.	Coton net.
Géorgie, longue soie............	1460 kilogr.	292 kilogr.
Jumel......................	1676 —	375 —
Louisiane....................	2260 —	678 —
Ivice.......................	1725 —	517 —
Nankin.....................	2230 —	669 —
Moyenne...........	1870 kilogr.	506 kilogr.

M. Sibour a obtenu, au Sig, 1000 kilogr. de coton brut à l'hectare.

En Amérique, le produit est en moyenne de 1000 kilogr. de coton brut et 333 kilogr. de coton net.

Prix du coton en Algérie. — L'administration de l'Algérie achète les cotons, les centralise et les livre au commerce. Voici les prix auxquels elle a fait les achats en 1857 :

		Coton brut.		*Coton net.*
Longue soie, 1re qualité........	2 fr. 00 c. le kilogr.		11 fr. 00 c. le kilogr.	
— 2e —	1	75 —	9	75 —
— 3e —	1	35 —	7	76 —
Courte soie, 1re qualité........	0	90 —	2	90 —
— 2e —	0	70 —	2	30 — [1]

Emballage. — Le *coton longue soie* est emballé dans des sacs de toile de chanvre, de lin ou de coton.

Le sac, plus ou moins long, est suspendu à quatre cordes ; un ouvrier y descend et foule le coton avec ses pieds et ses mains aussi fortement que possible. De temps à autre on mouille la toile en dehors afin qu'elle prête plus facilement.

En Amérique, un inspecteur préside toujours à l'emballage des cotons, afin de s'assurer de leur propreté et de la qualité qu'on met en balle.

Les balles sont ordinairement cylindriques et contiennent de 100 à 150 kilogr. de coton.

Le *coton courte soie* s'emballe à l'aide d'une presse dans une toile de chanvre. On en forme des balles cubiques de 100 à 200 kilogr. entourées de quatre ou six cordes.

Usage des graines. — Les graines de coton bien dépouillées servent, en Égypte, à la nourriture des bêtes bovines et des bêtes à laine.

On en extrait, en Amérique et en Europe, une huile épaisse très-noire qui a beaucoup de rapport physiquement avec le goudron liquide. Jusqu'à ce jour on n'a pu parvenir à la décolorer.

1. En 1849, elle a payé les *cotons égrénés* aux prix suivants :

		Longue soie.		*Courte soie.*
Surchoix..................	le kil. 9 fr. 52		2 fr. 48	
1re qualité..................	— 8	80	2	32
2e qualité..................	— 7	80	1	84

Usage du coton. — Le coton sert à faire du fil, des toiles diverses, de la mousseline et des dentelles.

Le *coton longue soie* est employé dans la fabrication des tulles, de la mousseline, des belles percales, etc[1].

Le *coton courte soie* sert à faire des étoffes de moyenne finesse et grossières : de la toile madapolam, de la toile écrue, etc.

Le coton de la Caroline du Sud, filé à Manchester, fournit par kilogramme de 850 à 1000 écheveaux ayant ensemble près de 800 000 mètres de longueur. Le fil qui sert à fabriquer la mousseline donne 500 écheveaux au kilogr. ayant ensemble environ 400 000 mètres de longueur.

Le fil de première qualité se vend 416 à 800 fr. le kilogr. Les fils avec lesquels on fabrique les dentelles de prix se vendent jusqu'à 5000 fr. le kilogr.

BIBLIOGRAPHIE.

Choiseul-Gouffier. — Mémoire de la Société d'agriculture de Paris, 1789, trimestre d'automne.
Du Tour. — Dictionnaire d'histoire naturelle, 1803, in-8, t. VI, p. 293.
Tessier. — Annales de l'agriculture française, 1807, in-8, t. XXX, p. 208.
De Rohr. — Observations sur la culture du coton, 1807, in-8, Paris.
Cupputi. — Mémoire sur la culture du cotonnier, 1807, in-8, Paris.
Flanc-Martin. — Instructions sur la culture du coton dans le Var, 1808. Toulon, in-8.
Saint-Laurent. — Annales de l'agriculture française, 1808, t. XXXIX, in-8, p. 44.
Pâris. — Mémoire sur la culture des divers cotonniers, 1810, in-8.
Pascal. — Mémoire sur l'origine des cotonniers, Marseille, in-8.
De Lasteyrie. — Du cotonnier et de sa culture, Paris, 1808, in-8.
Vassali. — Annales de l'agriculture française, 1813, in-8, t. LIII, p. 312.
Hardy. — Manuel du cultivateur du coton en Algérie, 1855, grand in-8.

1. Les cotons bruts étrangers ont été vendus au Havre en 1850 aux prix suivants :

Louisiane....................	2 fr. 04 à 2 fr. 64 le kilogr.
Géorgie.....................	2 04 à 2 40 —
Fernambouc..................	2 20 à 2 70 —

CHAPITRE II.

PLANTES VIVACES.

SECTION PREMIÈRE.

Phormier tenace.

(De φορμός, tissu ; allusion aux filaments textiles des feuilles.

PHORMIUM TENAX, Forst.

Plante monocotylédone de la famille des Liliacées.

Historique. — Mode de végétation. — Climat. — Terrain. — Multiplication. — Récolte des feuilles. — Extraction des fibres. — Nature de la filasse. — Avenir du Phormier tenace.

Historique. — Le phormier tenace ou *lin de la Nouvelle-Zélande*, a été signalé, pour la première fois, par le célèbre voyageur Cook ; il a été introduit en Europe, à la fin du siècle dernier, par Labillardière. Il est aujourd'hui répandu comme plante d'ornement dans un grand nombre de jardins. Les habitants des îles des mers du Sud, situées entre le 34 et 47° de latitude, s'en servent en place de chanvre et de lin. En Europe, on emploie ses fibres pour faire d'excellents cordages.

On cherche de nouveau à propager la culture du phormier tenace dans les pays méridionaux de l'Europe, et en Algérie, entre le 30 et le 45° de latitude.

Mode de végétation. — Cette plante (*fig.* 12) a une racine tubéreuse et charnue ; ses feuilles sont radicales, nombreuses, ployées en deux dans leur partie inférieure, glauques, rubanées, lancéolées, disposées en éventail et longues de 1 mètre à 2^m,50. Ses fleurs sont portées par une hampe élevée et rameuse ; elles ont de 0^m,05 à 0^m,06 de longueur.

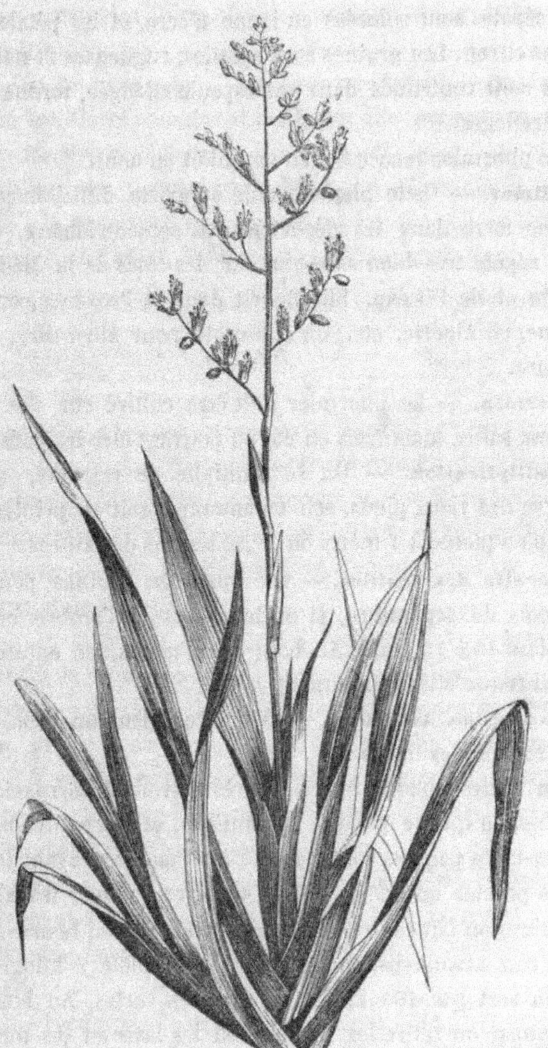

Fig. 12. Phormier tenace.

Les sépales sont colorées en jaune d'ocre, et les pétales en jaune citron. Les graines sont aplaties, rugueuses et noires ; elles sont contenues dans une capsule allongée, tordue et à quatre loges.

Le phormier tenace fleurit en juillet ou août.

Climat. — Cette plante textile supporte difficilement la pleine terre dans les départements septentrionaux, mais elle végète très-bien sans abri sur les côtes de la Méditerranée et de l'Océan. Elle fleurit dans la Provence, en Espagne, en Algérie, etc., où elle croît, pour ainsi dire, sans culture.

Terrain. — Le phormier doit être cultivé sur des sols légers, sains, mais frais en été ou pouvant être irrigués.

Multiplication. — On le multiplie de rejetons, qu'on enlève des vieux pieds, soit en automne, soit au printemps, et qu'on plante à 1 mètre ou 1^m,50 les uns des autres.

Récolte des feuilles. — On coupe les feuilles pendant le mois de septembre, et on les dépose à l'ombre en tas pendant 10 à 15 jours. Au bout de ce temps, on en extrait les fibres qu'elles contiennent.

Extraction des fibres. — Voici comment on procède à l'extraction des fibres :

On divise chaque feuille, après l'avoir débarrassée de sa côte, en quatre parties ou lanières, et on réunit ensuite celles-ci en paquets contenant 40 à 50 lanières, ayant toutes leurs pointes du même côté. Quand ce premier travail est terminé, on fait rouir les paquets pendant cinq heures dans une eau savonneuse bouillante. On emploie 7 kilogr. de savon vert par 100 kilogr. de lanières vertes. Au bout de ce temps, on retire les feuilles, on les lave en les tordant dans une eau courante, pour les débarrasser de la partie mucilagineuse qui se détache alors facilement. On a soin de ne pas mêler les fibres. On fait ensuite sécher celles-ci à l'abri du soleil.

Nature de la filasse. — La filasse que fournit le phormier tenace est blanc jaunâtre et brillante; elle est remarquable par sa force et sa ténacité.

Labillardière a comparé la force des filamants de cette plante à la résistance que présentent les filasses du lin, du chanvre et de l'aloès. Voici les faits qu'il a constatés :

```
La force des fibres de l'aloès étant égale à ..........   7,00
Celle du lin est représentée par....................  11,75
Celle du chanvre....................................  16,33
Celle du phormier...................................  23,45
```

Avenir du phormier tenace. — Jusqu'à ce jour, cette plante n'a pas justifié les espérances que son introduction en Europe avait permis de concevoir. M. Vincent et d'autres expérimentateurs reprochent à ses fibres de se désagréger en peu de temps sur l'influence combinée et prolongée de la chaleur et de l'humidité.

Mais le phormier tenace est-il réellement la plante qui fournit à la Nouvelle-Zélande cette filasse si brillante et si estimée des Anglais? On ne le croit pas. On pense que cette filasse provient du *phormier de Cook* (PHORMIUM COOKIANUM Le Jol.), espèce moins vigoureuse, à fleurs rouge foncé, mentionnée, comme la précédente, par Cook, dans la relation de son premier voyage autour du monde.

Usages. — La filasse du phormier tenace sert à fabriquer des toiles et des cordages; on l'emploie aussi pour remplacer l'osier et le jonc dans le palissage des arbres fruitiers et de la vigne.

M. le baron de Thierry a exposé, en 1855, une charpie fournie par cette plante et destinée à la fabrication du papier.

SECTION II.

Ortie dioïque.

(De *urere*, brûler, allusion aux poils brûlants qu'elle porte.)

URTICA DIOICA, L.

Plante dicotylédone de la famille des Urticées.

Cette plante, qu'on appelle vulgairement *grande ortie*, était autrefois cultivée en Égypte comme plante textile. Olivier de Serres a vu faire, en France, au XVIe siècle, « de belles et desliées toiles avec l'esquise matière de l'ortie. » D'après les expériences faites à Tours et au Mans, au milieu du XVIIIe siècle, la toile d'ortie prendrait mieux le blanc et plus promptement que la toile de chanvre. Les essais faits depuis cette époque n'ont pas permis de considérer cette plante comme supérieure aux plantes textiles. Nonobstant, on fait, avec la filasse qu'elle fournit, du fil excellent et de très-bonnes toiles.

L'ortie dioïque (*fig.* 13) a des tiges annuelles; on la rencontre partout, mais c'est sur les sols frais qu'elle végète plus facilement. Ses tiges ont de 1 à 2 mètres de hauteur; elles sont carrées et munies de rameaux opposés, et de feuilles cordiformes et dentelées; elles présentent, comme les tiges et les rameaux, des poils roides qui produisent sur la peau des ampoules et une vive sensation. Ses fleurs sont dioïques et apparaissent en été et en automne: les fleurs femelles deviennent pendantes à l'époque de la maturité des fruits.

Cette plante se propage par éclats de pieds ou par graines.

On opère les semis au printemps sur un terrain bien ameubli.

Un hectolitre de graine pèse 20 kilogr.

La récolte des tiges a lieu en août ou septembre, lorsque les feuilles se penchent, se flétrissent, et quand les tiges commencent à jaunir et les graines à tomber sur le sol.

La coupe des tiges se fait avec une faucille ; on doit se munir de gants de peau pour éviter l'action du suc acre et caustique, que contiennent les vésicules qu'on observe à la base des poils. Après le faucillage, on expose les tiges sur une prairie, à l'action des agents atmosphériques, pour qu'elles se sèchent, perdent leurs feuilles et ne piquent plus. Alors on les fait rouir

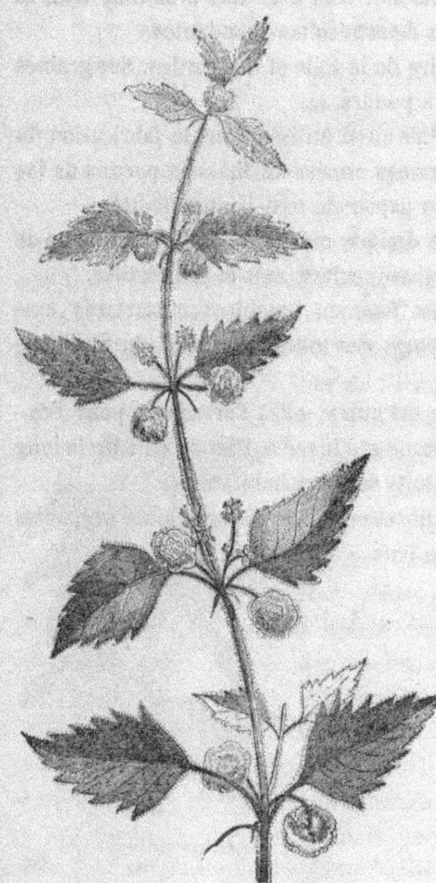

Fig. 13. Ortie dioïque.

pendant sept ou huit jours dans une eau claire et courante. Après le rouissage, on les fait sécher de nouveau et on les rentre dans un local sec. On les prépare ensuite comme les tiges de chanvre.

L'ortie, qui croît sur des sols à la fois profonds, frais et riches, donne par an deux récoltes abondantes.

Sa filasse sert à faire de la toile et des cordes. Ses graines excitent les volailles à pondre.

Cette plante peut être aussi utilisée dans la fabrication du papier. Pendant plusieurs années sa filasse a permis de fabriquer à Leipsick du papier de très-bonne qualité.

En résumé, l'ortie dioïque mérite qu'on l'expérimente de nouveau sur les terrains incultes, secs et peu fertiles.

J'ajouterai que les femmes baschires et tartares emploient depuis longtemps des toiles faites avec du fil d'ortie dioïque.

Quand cette plante est mûre, elles l'arrachent pour l'exposer pendant l'automne et l'hiver à l'action de l'air le long des haies ou sur les toits de leurs habitations.

Elles séparent les fibres en pilant les tiges ainsi préparées dans des mortiers en bois.

SECTION III.

Ortie blanche.

URTICA NIVEA, Lin, BOHŒMERIA NIVEA, Gaud.

Plante dicotylédone de la famille des Urticées.

Anglais. — China-grass.   *Chinois.* — Ma.
Japonais. — Tsjo.

Cette ortie est indigène en Chine. La filasse qu'elle fournit sert à fabriquer la toile d'été, appelée *a-poo* ou *hia-pou*. On la cultive aussi dans l'Inde, en Corée et au Japon. Elle a été introduite en Europe en 1809, époque à laquelle Bartolini de Sienne fit connaître aux Toscans les avantages quelle possédait comme plante textile.

Cette plante (*fig.* 14) a des racines pivotantes et des tiges ligneuses, fortes, droites, rougeâtres, velues et hautes de $01^m,5$ à 4 mètres. Ses feuilles sont grandes, ovales, crénelées, très-blanches en dessous et vert sombre en dessus. Ses fleurs sont en grappes cylindriques et situées aux aisselles des feuilles dans toute la partie supérieure de la plante ; dans le midi de la France, elles s'épanouissent facilement en septembre et octobre. Cette ortie ne produit pas de graines dans le centre et le nord de la France.

FIG. 14. Ortie blanche.

L'ortie blanche résiste aux hivers de notre climat, mais

ses tiges y gèlent chaque année. Elle commence à végéter en avril ou mai.

On la multiplie par graines, par éclats de pieds, ou à l'aide de boutures de racines.

Les semis se font au mois de mars, sur des terres riches et bien préparées : les graines doivent être peu enterrées. On transplante les jeunes pieds en mai ou en juin de la seconde année.

C'est aussi en mars qu'on sépare les anciens pieds.

Le bouturage des racines se fait en avril ou mai, après avoir divisé les racines en tronçons de $0^m,10$ à $0^m,15$ de longueur.

La mise en place des plantes provenant des semis se fait à la pioche ou à la bêche, sur des terres fraîches qu'on a préalablement labourées.

On espace les pieds de $0^m,50$ à $0^m,70$ en tous sens.

Pendant la végétation, on donne les binages nécessaires.

En Chine, on coupe les tiges trois fois par an ; la dernière coupe se fait en octobre ou novembre, lorsque les feuilles ont été flétries par les froids.

En Espagne et en Algérie, on peut faire deux récoltes : l'une en août et l'autre en novembre, à l'époque de l'apparition des jets.

On coupe les tiges à $0^m,03$ ou $0^m,04$ au-dessus du collet, et on les fait sécher à l'air et au soleil. On les rouit à la rosée aussitôt qu'elles ont acquis une teinte blanche ou à l'eau courante, pendant les mois de mars ou avril.

On prépare ensuite les tiges comme s'il était question d'extraire la filasse des tiges du chanvre.

En Chine, les femmes teillent l'ortie blanche, en enroulant les fibres, qui sont blanc verdâtre et très-douces, sur des bambous, et en les disposant ensuite en pelotons.

La filasse que fournit cette urticée sert à fabriquer des étoffes très-solides, des cordes et des cordages. Les toiles qu'on en obtient ont l'apparence et l'éclat des étoffes de soie. En Angleterre, la filasse, après avoir été peignée, blanchie et filée, sert à confectionner les étoffes appelées *grass-cloth*; on la teint facilement de différentes couleurs.

La filasse que fournissent les tiges de la première récolte est dure et résistante; celle qui provient de la deuxième et troisième coupe est plus ténue et elle sert à la fabrication des tissus fins et légers.

On connaît, en Chine, trois sortes de filasse : 1re qualité, celle qui provient de l'écorce; 2e qualité, celle que fournit la seconde couche; 3e qualité, celle qu'on extrait de la couche fibreuse.

Les filaments bruts se vendent à l'écheveau. Le n° 1, qui se compose de 500 brins de 1m,38 de longueur, vaut 1 fr. 97 ; le n° 2 comprend 2000 brins de 1m,17 de longueur, et se vend 1 fr. 13.

La filasse de l'ortie blanche a un peu de rapport avec des fils de laine un peu roussâtre réunis en écheveaux.

SECTION IV.

Ortie utile ou ramie.

Urtica utilis, Bl., Urtica tenacissima, Rox.

Plante dicotylédone de la famille des Urticées.

Cette plante, que les Malais appellent *caloee* ou *ramieh* et les Chinois *tchou-ma*, est originaire des Indes Orientales. On la cultive en Chine, dans l'Inde et au Japon, comme plante textile. Elle fournit une filasse excellente et de très-belle qualité. On a admiré, à l'Exposition universelle de 1855, de la batiste tissée avec de la filasse d'ortie utile que M. Léclanger avait recueillie, en 1844, à 120 kilomètres de l'embouchure du Yan-tse-Kiang en descendant le Nanking.

Cette ortie a des tiges hautes de 1 à 2 mètres, très-rameuses, à branches étalées; ses feuilles sont alternes, longuement pétiolées, cordiformes, dentelées et couvertes en dessous de poils nombreux et grisâtres; ses fleurs sont petites et réunies en têtes globuleuses.

La ramie est cultivée en Chine sur des terrains un peu frais, voisins des rivières et ombragés. On la multiplie de rejetons. A Calcutta, elle fournit 4 à 5 récoltes par an.

On coupe les tiges quand elles ont atteint tout leur développement, c'est-à-dire lorsqu'elles commencent à fleurir. On les dépouille de leurs feuilles et on les fait rouir à eau dormante pendant quelques jours seulement. Alors on les débarrasse de leur écorce par un grattage fait sur une planche avec un couteau, et on les fait rouir de nouveau. Les lanières fibreuses qu'on obtient au moyen de ces trois opérations sont mises à sécher sur des bambous.

On termine la préparation, en sérançant la filasse.

La filasse de la ramie est blanc nacré, très-douce au toucher et très-nerveuse. On la file au rouet.

A Java, les naturels l'emploient pour fabriquer des étoffes d'un extrême finesse; à Sumatra, elle sert à faire une étoffe d'une très-longue durée.

M. Blume, président de la commission chargée par le gouvernement hollandais d'expérimenter la qualité de la filasse de l'ortie utile, est parvenu à faire fabriquer 1^m,50 de toile avec 12 poignées de ramie. La ténacité des fibres lui a permis, en outre, d'en faire filer sur une longueur de 55 mètres sans pelotonner. Enfin, un fil ténu de 9300 mètres a été fourni par 500 grammes de filasse.

M. Blume a aussi constaté que le fil de ramie, lorsqu'il est sec, égale en ténacité le meilleur fil de chanvre et le surpasse quand il est mouillé, et que sa puissance d'extension dépasse 50 pour 100 celle du lin.

On pense que la ramie peut être introduite avec succès comme plante textile dans plusieurs provinces de l'Algérie, et en particulier aux environs de la Calle.

BIBLIOGRAPHIE.

Decaisne. — Journal d'agriculture pratique, 1845, gr. in-8, p. 467.
D'Hervey de Saint-Germain. — Recherches sur l'agriculture des Chinois, in-8 1850, p. 172.

SECTION V.

Sparte jonciforme.

(Σπάρτον, corde ; allusion aux rameaux employés autrefois comme cordages.)

Spartium junceum, L., Genista odorata, Mœ.

Plante dicotylédone de la famille des Légumineuses.

Cet arbrisseau est connu sous le nom de *genêt d'Espagne.* Il croît naturellement sur les terres argilo-calcaires pierreuses et sèches, dans les parties méridionales de l'Europe. Ses pousses fournissent, comme au temps des Carthaginois, une filasse avec laquelle on fait des toiles grossières, mais serrées et solides. Ces toiles que la pluie pénètre très-difficilement servent, dans le midi de la France, à faire des vêtements pour les pâtres ou les bergers.

Le genêt d'Espagne se multiplie de graines qu'on sème en poquets pendant les mois de février ou de mars. Les poquets doivent être espacés de 1 mètre à 1^m,30. A la fin du second hiver, on rabat les plantes à 0^m,30 de terre pour les forcer à former des touffes et pour que la récolte des pousses soit plus facile.

Voici comment on récolte et prépare les pousses :

En août et septembre, ou bien au mois de février, on coupe les pousses avec une faucille ou une serpette. Ces pousses, qui ont de 0^m,60 à 0^m,80 de longueur, sont exposées ensuite, en couches de 0^m,12 d'épaisseur, pendant 8 à 12 jours, à l'action du soleil. Au bout de ce temps, on les bat à l'aide d'un maillet de bois, dans le but de détacher une partie de l'écorce et de mettre à nu la partie textile. Aussitôt que cette opération est terminée, on place les tiges debout et bien serrées dans une fosse carrée pouvant être alimentée par une eau courante. Quand le routoir est rempli, on charge la masse des tiges de grosses pierres plates et on l'arrose 2 à 3 fois par jour pendant 8 à 10 jours.

Lorsque le rouissage a eu lieu, on retire les tiges de la fosse, on les lave, on les frappe de nouveau avec un battoir et on les fait ensuite sécher à mi soleil.

Quand les tiges sont sèches, on les conserve dans un local aéré. C'est pendant les soirées d'hiver qu'on procède au teillage en ayant soin de détacher les fibres de la base au sommet des pousses.

La filasse est ensuite peignée ou sérancée. Quand elle a été bien adoucie ou rendue soyeuse, les femmes la filent au fuseau.

Les toiles qu'on fabrique dans les environs de Lodève et dans les garrigues des parties inférieures de la Montagne Noire, avec la filasse commune que fournit le genêt d'Espagne, sont de bonne qualité et remplacent très-avantageusement les toiles ordinaires de chanvre.

Les toiles les plus grossières servent aux emballages.

M. Creusé de Lesser dit, dans sa *Statistique de l'Hérault*, que ce genêt est utilisé avec succès comme plante textile dans le village de Cambrières.

SECTION VI.

Stipe très-tenace.

(De στύπη, filasse; allusion aux filaments des feuilles.)

STIPA TENACISSIMA, L., MACROCHLOA TENACISSIMA, Kun.

Plante monocotylédone de la famille des Graminées.

Cette plante est connue depuis les temps les plus anciens. Au temps de Pline, Clusius, etc., les Grecs, les Romains en faisaient un très-grand usage. Elle est commune dans les lieux secs et incultes de l'Andalousie, de Valence en Espagne, et du Sahara, du Tel en Afrique. On la désigne ordinairement sous le nom de *sparte*. M. Vialars expérimente en ce moment sa culture dans les environs de Montpellier. Il pense que cette graminée végétera facilement dans les garrigues du Languedoc.

La culture de cette plante a été introduite en 1827, dans le département des Bouches-du-Rhône, par M. le comte de Villeneuve.

Le stipe très-tenace forme des touffes ayant 1 mètre environ de hauteur. Les tiges sont dressées et garnies de feuilles très-tenaces qui s'enroulent sur elles-mêmes en mûrissant. Ses fleurs apparaissent en mai et forment des épis allongés et jaunâtres.

Cette plante se propage par graines qui mûrissent en juin et juillet, ou par éclats de pieds qu'on met en place à l'automne ou en février.

Les Espagnols coupent les tiges en août lorsqu'elles sont encore un peu vertes et les réunissent en bottes de $0^m,10$ à $0^m,15$ de diamètre. Ils dressent ensuite ces bottes sur le sol en écartant leur base pour que l'air et le soleil les dessèchent.

Quand les tiges sont sèches, on les fait rouir pendant un mois environ dans une eau douce et stagnante. Après cette opération, on les expose de nouveau à l'air. Lorsqu'elles ont perdu la plus grande partie de leur humidité et qu'elles ont pris une teinte blanchâtre, on les bat sur une pierre avec un maillet. La filasse qu'on obtient sert à fabriquer des cordages qui ont beaucoup de force.

On emploie aussi les feuilles après les avoir ramollies seulement dans l'eau de mer, pour faire des paniers, des corbeilles, des nattes, des tresses avec lesquelles on fait les semelles des *espadrilles*, des tapis, etc.

Les cordes fabriquées avec le stipe très-tenace sont excellentes et n'ont pas l'inconvénient de tacher le linge. Les nattes ne donnent aucune crainte d'incendie, car elles cessent de brûler quand elles ne sont plus en contact avec un objet embrasé ou allumé.

La marine espagnole fait un grand usage de cordes de stipe très-tenace ayant divers diamètres.

Les feuilles de la *ligée sparte* (LIGEUM SPARTUM, L.) servent aux mêmes usages.

SECTION VII.

Corètes textiles.

CORCHORUS TEXTILIS, ?, et CORCHORUS CAPSULARIS, L.

Plantes dicotylédones de la famille des Tilliacées.

Les Chinois utilisent aussi deux corètes comme plantes filamenteuses. Ces espèces, qu'ils nomment *tsing-ma*, existent à l'état sauvage dans les montagnes de la Chine et dans l'Inde; elles fournissent trois récoltes par an. On les multiplie par éclats de pieds ou par graines.

M. Hardy a cultivé la *corète textile* (CORCHORUS TEXTILIS) avec succès à la pépinière centrale à Alger. Semées le 15 mai, les plantes atteignirent en novembre 1^m,25 à 1^m,50 de hauteur. Les tiges, après 10 jours de rouissage, donnèrent 2000 kilog. de filasse à l'hectare.

En Chine, selon M. Itier, on prépare les tiges des corètes en les plaçant verticalement au-dessus d'une chaudière peu profonde et remplie d'eau en ébullition. Au bout de quelques heures, on les retire pour les faire sécher au soleil. Quand elles sont sèches, on les trempe dans l'eau froide et on détache l'écorce, qu'on divise ensuite à l'aide de peignes. Le fil se fait sans torsion en réunissant les fibres bout à bout.

La filasse des corètes manque de ténuité, mais on peut l'utiliser dans la confection des tapis et de la passementerie. M. Hargraeve en a obtenu, en 1845, des résultats satisfaisants.

Les Anglais en reçoivent annuellement des quantités considérables de l'Inde. Ils l'appellent *jute* et la mêlent avec le chanvre et le lin dans la confection des étoffes. Au Bengale, d'après le docteur O'Rorke, elle sert à faire des vêtements ou des toiles d'emballage. Le sucre, le riz sont importés de l'Inde en Europe dans des sacs de jute.

J'ai inscrit en tête de cette section la *corète textile* signalée pour la première fois par M. Hardy ; cette espèce n'est peut-être que la *corète capsulaire*. Nonobstant, le genre CORCHORUS renferme plusieurs espèces filamenteuses qui servent en Chine et dans la Cochinchine à faire des toiles et des cordes.

La corète capsulaire atteint, en Chine, de 2 à 3 mètres de hauteur. Elle a été introduite en Europe en 1725.

On croit qu'on parviendra à la naturaliser dans les parties méridionales de l'Europe.

SECTION VIII.

Mélilot blanc.

(Μέλι, miel; Λωτός, lotier; lotier recherché par les abeilles.)

MELILOTUS ALBA, Lam., MELILOTUS VULGARIS, Willd.

Plante dicotylédone de la famille des Légumineuses.

M. Bailly, de Château-Renard (Loiret), a proposé, il y a quelques années, de cultiver le mélilot blanc comme plante textile. Il a présenté, au concours général d'Orléans de 1853 et à l'Exposition universelle de 1855, de la filasse, du fil et de la toile qui paraissait, quoique un peu grossière, de très-bonne qualité. L'an dernier j'ai admiré, au concours régional de Cahors, des filasses fort belles exposées par M. Montely, à Saint-George de Lunençais (Aveyron). Le temps et l'expérience peuvent seuls faire connaître quel sera l'avenir de cette nouvelle plante textile.

Le mélilot blanc est originaire de la Sibérie, c'est pourquoi on le désigne souvent sous le nom de *mélilot de Sibérie*; il est bisannuel et sa racine est pivotante; ses tiges sont dressées et hautes de 1 mètre à 1^m,50; les feuilles sont pennées à 3 paires de folioles, oblongues et dentées, ses fleurs sont blanches et disposées en grappes plus longues que les feuilles; ses graines sont renfermées dans des gousses glabres.

Cette plante se sème au printemps sur une terre emblavée en avoine ou en orge de mars. On répand de 15 à 20 kilogr. de graines à l'hectare.

Au mois de juillet de l'année suivante, on la coupe à la faux, on met les tiges à sécher pour opérer ensuite leur rouissage. Après cette opération, on procède au teillage et au sérançage.

Un hectare a donné, à M. Bailly, de 7 à 8000 kilogr. de tiges sèches.

La filasse du mélilot blanc est grise, avec un reflet légèrement argenté, un peu rude au toucher et d'une moyenne finesse.

D'après les observations de M. Bailly, 1000 kilogr. de tiges sèches reviendraient à 10 fr.

La rusticité du mélilot de Sibérie, la facilité avec laquelle il végète sur les terres calcaires de médiocre qualité, doivent engager à l'expérimenter comme plante textile.

On peut aussi cultiver, à titre d'essai, la variété que l'on a désignée sous le nom de *trèfle de Bokhara*. Elle est plus hâtive que le mélilot de Sibérie; ses tiges sont un peu moins développées, quoiqu'elles atteignent souvent 2 mètres de hauteur.

Les folioles de cette variété ont une légère teinte bleuâtre.

SECTION IX.

Asclépiade de Syrie.

(Ἀσκληπιός, Esculape, dieu de la médecine.)

ASCLEPIAS SYRIACA, L., ASCLEPIAS CORNUTI, Decai.

Plante dicotylédone de la famille des Asclépiadées.

Cette plante, que l'on a appelée *herbe à la ouate*, *apocin à la ouate*, est originaire de la Syrie et de l'Arabie ; elle a été introduite en Europe en 1629. Le roi Stanislas chercha le premier à en répandre la culture. Au commencement de ce siècle, on la cultivait en grand à Brumat (Bas-Rhin). A peu près à la même époque, Schulbertz, le bailli de Liegnitz, avait établi dans son bailliage une plantation de 20 000 pieds, qui permirent de fabriquer des bas et des gants excellents. Le professeur Cook, désirant vérifier ce résultat, fit filer de la ouate, qui fut ensuite tissée avec un poids supérieur en coton, mais les tissus qu'il obtint ne furent pas aussi satisfaisants que les tissus de Liegnitz : ils avaient un aspect terne et manquaient de solidité. M. Dolfus, qui avait fait filer les soies récoltées par Cook, attribua ce mauvais résultat à la fragilité des filaments qui composent la ouate de l'asclépias et à la résistance que présentent les filaments du coton.

La même remarque avait été faite, il y a un demi-siècle, par Gelot, à Dijon.

Cet insuccès oblige à ne pas l'expérimenter de nouveau comme plante filamenteuse. Il faut, comme l'a dit Bosc, se résoudre à employer la ouate d'une autre manière.

L'asclépiade de Syrie (*fig.* 15) a des tiges herbacées annuelles, hautes de 1 mètre à 1ᵐ,60, garnies de rameaux

dressés ; ses feuilles sont opposées, ovales, obtuses, cotonneuses en dessous et globues en dessus ; ses fleurs sont
rosées, disposées en ombelle, et s'épanouissent en juillet
et août. Les fruits sont des follicules ovales, épineuses, ren-
flées ; les graines sont surmontées d'aigrettes à filaments
soyeux, très-fins, d'un beau blanc et très-brillants ; ces
filaments ont de 0^m,020 à 0^m,025 de longueur et forment la

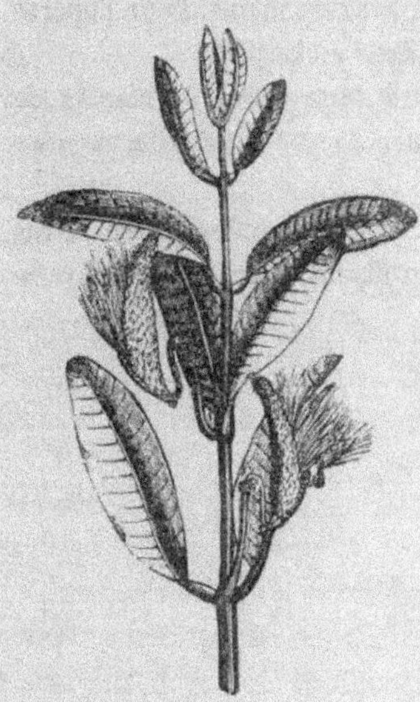

Fig. 15. Asclépiade de Syrie.

soie qu'on appelle *ouate*. Cette faible longueur augmente les difficultés que présente son emploi dans la filature et le tissage des étoffes.

Cette plante n'est pas délicate, mais elle mûrit assez difficilement ses graines en France.

Elle peut être cultivée sur des sols maigres, peu profonds et pierreux.

Elle redoute les sols trèstenaces, peu profonds et à sous-sol imperméable.

Les terres calcaires perméables lui sont favorables.

On la multiplie de graines et de racines. On répand les
semences dans des rayons espacés de 0^m,60 à 0^m,70, et on
éclaircit les plantes sur les lignes à 0^m,33 de distance. On
plante les racines en automne, ou en mars ou avril, à une
profondeur de 0^m,15 à 0^m,20. A la seconde année, les plantes
présentent un grand nombre de rameaux.

Les pieds venus de graines ne fleurissent qu'à la troisième

année. Les plantes qui proviennent de racines produisent des fleurs dès la première année.

On fait la récolte quand les grousses sont mûres et les aigrettes très-apparentes. Au fur et à mesure qu'on coupe les fruits, on les met dans des paniers ou des sacs. Après la récolte, on les expose au soleil pour qu'ils sèchent. On procède, après cette opération, à la séparation du duvet et des graines. Ce triage se fait avec les mains. Pour l'opérer aisément, on met les gousses dans un baquet.

On a constaté qu'un hectare bien garni de plantes de deux à trois ans, pouvait donner de 450 à 500 kilogrammes de duvet.

La ouate de l'asclépiade de Syrie est employée avec succès comme charpie. Les Turcs l'utilisent pour ouater les vêtements et d'autres objets.

SECTION X.

Plantes indigènes de l'Europe méridionale.

A. Agave d'Amérique (AGAVE AMERICANA, L.).—Cette plante est commune à Malte, en Espagne, en Algérie, dans les lieux arides, sur les parties abruptes et les sables brûlants. Ses feuilles vertes, roides, charnues et terminées par une pointe aiguë, renferment une filasse avec laquelle on fait d'excellentes cordes, des câbles très-résistants, des filets, des tapis, etc. La filasse est blanche, brillante, très-nerveuse et se teint facilement en bleu, rouge, vert et jaune; elle pèse 25 pour 100 de moins que la filasse de chanvre. Les Anglais la nomment *pite* ou *pita*.

B. Yucca à feuilles d'aloès (YUCCA ALOIFOLIA, L.). — Cette liliacée est commune en Algérie. Ses feuilles, longues de $0^m,50$ à $0^m,75$, fournissent une filasse blanche, lustrée et très-résistante, qu'on peut amener, par le sérançage, à la finesse la plus grande.

C. Palmier nain (CHÆMEROPS HUMILIS, L.). — Cet arbuste est commun, en Algérie, sur les terres incultes. La filasse qu'on extrait de ses feuilles et de leurs pétioles, sert à fabriquer des nattes, des corbeilles, des paniers, des étoffes avec lesquelles on fait les tentes.

On en obtient aussi une sorte d'étoupe qu'on a nommée *crin végétal, crin d'Afrique,* qu'on emploie dans la corderie et la fabrication du papier.

SECTION XI.

Plantes textiles non encore acceptées.

Mauve en arbre (Lavatera arborea, L.). — Cette malvacée est vivace, et croît naturellement en Italie, en Corse et dans le Piémont. C'est l'écorce de ses tiges qui contient des filaments textiles.

Guimauve à feuilles de chanvre (Althæa cannabina, L.). — Cette malvacée est aussi vivace. Elle est connue en Europe depuis 1597. Ses tiges contiennent une filasse qu'on dit être très-forte.

Guimauve de Narbonne (Althæa narbonensis, Pour.). — Cette plante est vivace, et appartient à la famille des malvacées. Les Espagnols en tirent une filasse, avec laquelle ils font de la toile de bonne qualité.

Mauve frisée (Malva crispa, L.). — Cette malvacée a été importée de Syrie, en 1573; elle est annuelle et sa tige s'élève souvent jusqu'à 2 mètres de hauteur. L'écorce de ses tiges est fibreuse.

Ortie à feuilles de chanvre (Urtica cannabina, L.). — Cette ortie a été introduite en France, en 1749; elle est originaire de la Sibérie, où elle donne une filasse avec laquelle on fait du fil, des cordes, etc.

Apocyn chanvrin (Apocynum cannabinum, L.). — Cette plante appartient à la famille des apocynées; elle est vivace et originaire de Caroline. On la connaît en Europe depuis 1699. Les Indiens font avec ses fibres des vêtements pour leur usage.

LIVRE X.

PLANTES NARCOTIQUES.

Les plantes qui appartiennent à cette classe sont au nombre de deux seulement :

1° Tabac.
2° Pavot à opium.

Je réunis le tabac au pavot à opium, parce que l'un et l'autre ont les mêmes propriétés générales : on sait qu'ils contiennent chacun de la nicotine.

Je ne décrirai pas la culture du tabac en Belgique, en Hollande et dans le Palatinat ; je me bornerai à faire connaître les travaux relatifs à sa culture dans les départements où elle a été autorisée.

La fabrication du tabac appartenant en France à l'administration des contributions indirectes, je n'ai pas jugé utile de la décrire dans cet ouvrage.

La culture du pavot à opium n'a pas été jusqu'à ce jour pratiquée en grand, soit en France, soit en Algérie ; mais les résultats obtenus dans ces dernières années permettent d'espérer qu'elle s'y développera avantageusement.

CHAPITRE PREMIER.

TABAC OU NICOTIANE.

(Dédié à Nicot, ambassadeur de France à Lisbonne.)

Nicotiana tabacum, L.

Plante dicotylédone de la famille des Solanées.

Anglais. — Tobacco.   *Italien.* — Tabacco.
Allemand. — Tabak.   *Espagnol.* — Tabaco.
Russe. — Tiotion.   *Arabe.* — Tüttün.

Historique. — Localité où il est cultivé. — Législation française. — Département ments où la culture est autorisée. — Étendue des cultures. — Mode de végétation. — Composition. — Espèces et variétés. — Terrain : nature, configuration. — Permis de culture. — Refus et retrait de permis. — Semis : époque, conditions réglementaires, préparation du terrain, étendue des semis, exécution des semis, soins à donner aux semis. — Graines nécessaires par mètre carré. — Germination des graines. — Transplantation : époque, nombre de plants à repiquer par hectare. — Préparation du sol. — Engrais nécessaire. — Arrachage des plants. — Exécution de la plantation. — Conditions imposées aux planteurs. — Dépenses occasionnées par la plantation. — Valeur commerciale des plants. — Remplacement des pieds morts. — Destruction des pépinières. — Destruction des plants intercalaires. — Plantation des porte-graines. — Soins d'entretien : binages, labours, buttages. — Premier inventaire. — Écimage. — Nombre de feuilles à conserver par pied. — Epamprement. — Deuxième inventaire. — Ébourgeonnement. — Agents atmosphériques nuisibles. — Animaux et insectes nuisibles. — Plante parasite. — Altérations et maladies. — Destruction des plantes avariées. — Récolte des graines. — Qualité des graines. — Poids d'un litre de semences. — Récolte des feuilles : époque, indices de la maturité des feuilles, conditions imposées aux plantes, cueillette des feuilles, coupe des tiges, nombre de journées nécessaire. — Transport du tabac au séchoir. — Seconde récolte ou regain. — Arrachage des souches et tiges. — Dessiccation du tabac. — Locaux ou abris, conditions réglementaires, mise à la pente, dépenses, conditions de réussite, durée de la mise à la pente. — Effeuillaison des tiges. — Mise en tas. — Triage des feuilles. — Mise en manoques. — Mise en masse des manoques. — Emballage des tabacs. — Livraison. — Dénombrement des feuilles au magasin. — Pesée des tabacs. — Classement. — Payement des tabacs acceptés. — Balance des comptes des planteurs. — Retenue d'un centime par kilogramme. — Culture du tabac pour l'exportation. — Visite au domicile des planteurs. — Vol de tabac. — Motifs d'interdiction de culture. — Produit par hectare. — Prix des tabacs. — Prix de revient. — Qualité des tabacs. — Bibliographie.

Historique. — Le tabac est originaire de l'Amérique méridionale. C'est Christophe Colomb qui fit connaître pour la

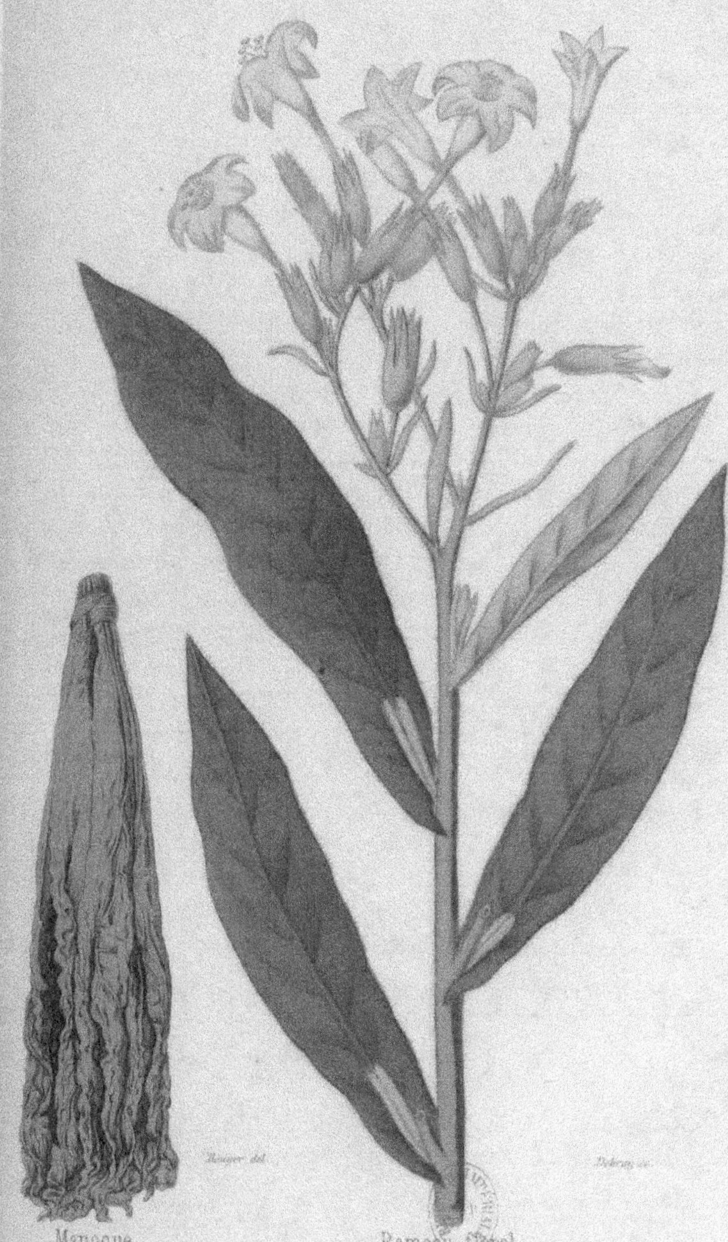

Manoque   Rameau floral

TABAC À LARGES FEUILLES

première fois aux Européens, à la fin du XVe siècle, que les
Indiens aspiraient la fumée d'une herbe qu'ils brûlaient
dans un appareil à deux branches appelé *tabacco*, et ce fut
François Hermandez, de Tolède, qui envoya cette plante en
Espagne et en Portugal. C'est le cardinal de Sainte-Croix qui
l'introduisit en Italie. L'Angleterre l'a connu par les soins
de François Drake.

Est-ce à Nicot que revient l'honneur d'avoir introduit le tabac
en France ? L'opinion générale basée sur la tradition résout
affirmativement cette question. L'histoire ne permet pas
d'adopter une telle opinion. C'est le cordelier André Thevet,
né à Angoulême, qui, le premier, le fit connaître, ainsi que
le constate l'ouvrage qu'il a publié en 1558, c'est-à-dire deux
ans avant l'envoi fait par Nicot et deux ans après l'avoir importé du Brésil et désigné sous le nom d'*herbe angoulmoisine*[1].

Si l'on doit à Thevet les premières graines de tabac, c'est
à Nicot que revient l'honneur d'avoir rendu populaire cette
herbe estrange, en la propageant sous le nom d'*herbe à l'ambassadeur*, de *nicotiane*, noms auxquels on substitua plus tard
les dénominations suivantes : *herbe à la reine, catherinaire,
médicée*.

Malgré les bulles, les décisions synodales, les ordonnances
qui en défendirent l'usage pendant les XVIe et XVIIe siècles,
le tabac est aujourd'hui connu dans toutes les parties du
monde et partout on le fume et on le prise avec plaisir.

Localités où il est cultivé. — Le tabac est cultivé en
France, en Belgique, en Hollande, dans toute l'Allemagne,
en Russie, en Turquie, en Égypte, en Amérique, à la Havane, à Porto-Rico, à Cuba, etc., etc.

1. Au Brésil, on nomme le tabac *petum*; les Bretons l'appellent *betun*.
Cette similitude de nom permet de dire que Thevet a dû en envoyer sous le
premier nom dans l'ancienne province de Bretagne.

La culture et la vente du tabac sont libres en Hollande, en Belgique, en Suisse, en Hongrie, etc.

Elle est restreinte ou limitée en France, en Autriche, dans les États Romains, en Prusse, etc.

Elle est complétement interdite en Angleterre, en Espagne, en Toscane, dans les États Sardes, le duché de Parme, etc.

Législation française. — C'est sous le règne de Louis XIII, en 1621, qu'on songea pour la première fois à frapper le tabac d'une taxe. Jusqu'en 1697, la perception de cet impôt fut dans les attributions de la Ferme générale. Voici ce que rapportait alors la Ferme des tabacs :

1680	500 000 livres.
1690	1 500 000 —
1710	1 700 000 —
1718	2 200 000 —
1720	4 200 000 —

A dater de 1723 jusqu'en 1747, la ferme des tabacs fut régie par la Compagnie des Indes. Depuis cette dernière époque jusqu'en 1791, la Ferme des tabacs fut réunie aux autres droits[1].

La culture de cette plante devint libre de 1791 à 1793. A partir de cette époque jusqu'en 1810, on imposa une licence à tous les marchands de tabac. C'est le 29 décembre 1810 que parurent les décrets qui ordonnèrent que la fabrication et la vente des tabacs seraient faites à l'avenir par le gouvernement. L'État, depuis cette époque, a conservé le monopole exclusif de l'achat, de la fabrication et de la vente.

---

1. La Franche-Comté, l'Alsace, l'Artois, le Hainaut, le Cambrésis et la Flandre, par exception, n'étaient pas soumises au privilége de la Ferme générale.

Voici quelques chiffres indiquant l'importance de la vente des tabacs et les bénéfices réalisés annuellement par la régie :

Années.	Recettes.	Dépenses.	Bénéfices.
1815.........	53 872 857 fr.	13 427 014 fr.	32 123 303 fr.
1825.........	67 332 718	22 306 810	44 030 453
1835.........	74 433 720	22 003 524	51 700 181
1845.........	111 899 920	32 096 811	82 534 494
1855.........	153 197 415	53 746 326	113 816 211
1856.........	164 218 310	38 268 869	120 975 140

Ainsi, en quarante ans, les bénéfices de la régie ont presque quadruplé. Il est très-probable qu'ils continueront de s'accroître[1].

Voici les quantités de feuilles que les planteurs français ont livrées à l'administration des contributions indirectes :

Années.	Kilogrammes.	Valeur.	Prix moyens des 100 kilogr.
1815.......	3 810 840	3 017 813 fr.	79 fr.
1825.......	8 552 428	5 631 689	66
1835.......	11 226 301	8 199 884	73
1845.......	11 976 114	8 858 048	74
1855.......	15 318 915	11 684 000	70
1856.......	15 816 282	12 147 784	76

On compte en France 10 manufactures de tabac, savoir :

Paris.	Bordeaux.
Strasbourg.	Tonneins.
Lille.	Toulouse.
Le Havre.	Marseille.
Morlaix.	Lyon.

À Lyon et à Marseille on ne fabrique que des cigares.

Étendue des cultures. — Le tabac n'occupe pas sur chaque exploitation une grande étendue. On peut dire qu'il appar-

---

1. Le chiffre de la consommation annuelle du tabac en France s'élève, par chaque individu, à 520 grammes : 200 grammes de tabac à priser et 320 grammes de tabac à fumer. La consommation individuelle en Belgique est quatre fois plus forte.

tient principalement à la petite culture. On en jugera par les chiffres suivants recueillis en 1851 :

Départements.	Nombre de planteurs.	Surface cultivée par chaque planteur.	Quantité récoltée par chaque planteur.
Lot	5180	28 ares.	417 kilogr.
Bas-Rhin	4654	51 —	1069 —
Nord...	2110	51 —	1550 —
Pas-de-Calais.....	1050	53 —	1333 —
Lot-et-Garonne...	4397	61 —	235 —
Ille-et-Vilaine....	958	63 —	885 —

Suivant M. Mourgues, l'étendue des cultures a très-peu varié dans le département du Lot depuis 1846. La moyenne de chaque culture était alors de 27 ares.

Départements où la culture est autorisée. — D'après la loi sur la culture et la vente des tabacs en date du 28 avril 1816, loi qui n'a pas été abrogée, la culture du tabac n'est autorisée en France que dans six départements :

Nord...........	Arrondissements	de Lille et d'Hazebrouck.
Pas-de-Calais...	—	de Saint-Pol, Béthune et Montreuil.
Bas-Rhin.......	—	de Colmar, Mulhouse et Belfort.
Lot.............	—	de Cahors, Figeac et Gourdon.
Lot-et-Garonne..	—	d'Agen, Marmande, Nérac et Villeneuve.
Ille-et-Vilaine...	—	de Saint-Malo et Dol.

L'augmentation de la consommation des tabacs à fumer a conduit le gouvernement, en 1852 et en 1854, à autoriser la culture du tabac à titre d'essai dans six départements :

Bouches-du-Rhône,	Gironde,
Var,	Dordogne,
Cher,	Doubs.

La culture du tabac, en Algérie, n'est soumise encore à aucun règlement. Elle a produit, en 1844, 23 469 kilogr.; en 1852, la quantité récoltée s'est élevée à 1 784 536 kilogrammes.

Mode de végétation. — Le tabac est annuel. Sa racine est pivotante. Sa tige s'élève de 1 à 2 mètres ; elle est glabre ou poilue, glutineuse et presque simple ou rameuse. Ses feuilles sont pétiolées, linéaires et lancéolées ou ovales et cordiformes, et chargées d'une sorte de gomme visqueuse qui aide à leur conservation. Ses fleurs sont verdâtres, jaunâtres ou roses ; elles sont tubuleuses et disposées en panicules, en corymbe ou en grappe. Les fruits sont des capsules s'ouvrant au sommet en deux valves bifides ; ils sont enveloppés par le calice, qui est persistant ; il contient des graines nombreuses, très-petites et de couleur brun clair.

M. Petit Lafitte a observé que le tabac exigeait pour se développer, dans le département de la Gironde, depuis le 1er juin jusqu'au 25 août, 1857° de chaleur totale.

La véritable région du tabac est comprise entre le 42e et le 46e degré de latitude. Cette zone comprend le Maryland, le Lot et le Lot-et-Garonne, la Virginie, contrées où la chaleur est assez élevée pour que les plantes puissent mûrir avant les froids d'automne et fournir des tabacs corsés et ayant une odeur pénétrante et agréable.

Le tabac de la Havane végète dans l'île de Cuba entre les 20e et 24e degrés de latitude ; le tabac de Manille qu'on récolte dans les îles Philippines ne dépasse pas le 20e degré. Ces faits expliquent pourquoi les variétés cultivées de ces localités équatoriales n'ont pu être, jusqu'à ce jour, naturalisées en Europe.

Composition. — Le tabac contient un grand nombre de matières fixes. MM. Pelouze et Fremy ont constaté les quantités de cendres suivantes :

	T. du Lot.	T. du Nord.	T. de Maryland.
Tiges	16,5	11,2	10,3
Côtes	23,3	20,2	18,3
Feuilles	19,8	24,1	17,2

Selon MM. Poselt et Reimann, les *feuilles fraîches du nicotiana tabacum* ont la composition suivante :

Nicotine	0,060
Matière grasse (nicotianine)	0,010
Albumine	0,260
Résine verte	0,261
Substance analogue au gluten	1,048
Gomme avec un peu de malate de chaux	1,140
Matière extractive un peu amère	2,840
Fibre ligneuse	4,969
Acide malique	0,510
Malate d'ammoniaque	0,120
Sulfate de potasse	0,048
Chlorure de potassium	0,063
Azotate et malate de potasse	0,095
Phosphate de chaux	0,166
Malate de chaux	0,242
Silice	0,088
Eau	88,080
	100,000

D'après cette analyse et celle faites par MM. Pelouze et Fremy, le tabac absorbe une notable quantité de potasse et de chaux.

La nicotine existe dans une proportion plus ou moins grande, selon les tabacs et leur provenance. Voici les quantités qu'on a constatées :

ANALYSES DE MM. BOUTRON ET HENRI.		ANALYSES DE M. SCHLŒSING.	
Provenances.	Feuilles ayant leurs côtes.	Provenances.	Feuilles privées de leurs côtes.
Nord	11,28 p. 100.	Lot	7,96 p. 100.
Ille-et-Vilaine	11,20 —	Lot-et-Garonne	7,34 —
Virginie	10,00 —	Virginie	6,87 —
Cuba	8,64 —	Nord	6,58 —
Lot-et-Garonne	8,20 —	Ille-et-Vilaine	6,29 —
Lot	6,48 —	Pas-de-Calais	4,94 —
Maryland	5,28 —	Bas-Rhin	3,21 —
Tabac préparé	3,86 —	Maryland	2,29 —
		Havane, moins de	2,00 —

Le tabac, en vieillissant, perd de sa nicotine et de sa force, c'est-à-dire devient plus doux.

Voici d'après M. Schlœsing la quantité d'ammoniaque que contiennent les tabacs en feuilles :

Lot	0,910	p. 100.
Nord	0,815	—
Bas-Rhin	0,630	—
Havane	0,870	—
Maryland	0,212	—
Virginie	0,153	—

L'ammoniaque qui provient de la décomposition de la matière azotée pendant la fermentation, met à nu une certaine quantité de nicotine. Suivant M. Fermond, c'est lorsque la nicotine est devenue libre en partie que le tabac préparé est odorant.

M. Lenoble a divisé les tabacs en quatre classes, suivant la quantité de nicotine qu'ils contiennent :

Tabac très-fort	6,70	p. 100 de nicotine.	
Tabac un peu moins fort	5,50	—	—
Tabac suave	2,00	—	—
Tabac moins fort que les autres	1,80	—	—

D'après les analyses précitées de M. Schlœsing, les tabacs du Lot et du Lot-et-Garonne seraient aussi forts que celui de Virginie.

Espèces et Variétés. — On connaît aujourd'hui un grand nombre d'espèces et de variétés de tabac. Nous ne signalerons que les espèces ou variétés cultivées comme plantes industrielles.

Les tabacs ont été divisés en trois classes principales :

A. La première comprend les TABACUM, plantes glutineuses, à grandes feuilles, à fleurs rouges, disposées en grappes courtes et terminales, à corolle en entonnoir, renflée, ventrue et à limbe étalé et découpé en lobes aigus.

1° *Tabac commun, grand tabac, tabac à larges feuilles* (NICOTIANA TABACUM, L.) tiges de 1 à 2 mètres de hauteur et rameuses. Feuilles alternes, ovales, entières, aiguës, semi-amplexicaules, vert pâle en dessous, vert plus foncé en dessus ; les supérieures plus petites, lancéolées et non embrassantes. Fleurs en juillet et août, disposées en grappes paniculées et terminales ; corolle velue, renflée vers son sommet et rose ou purpurine. Capsule ovale, sillonnée extérieurement, contenant des semences brunes ou chagrinées.

Cette espèce est cultivée dans les départements du Pas-de-Calais, du Nord et d'Ille-et-Vilaine.

Le *tabac à feuilles étroites* ou *tabac de Virginie* (NICOTIANA ANGUSTIFOLIA, Ehr.) est une variété de l'espèce précédente. Ses feuilles sont pétiolées, ovales, lancéolées et longuement aiguës ; elle ont une côte épaisse et des nervures très-apparentes. Ses fleurs sont grandes.

Le tabac que fournit cette variété est corsé, très-séveux, très-parfumé et excellent pour la poudre. On l'a abandonné en France parce qu'il y dégénère facilement.

On a introduit depuis quelques années dans les départements du Lot, du Lot-et-Garonne et de la Gironde, deux variétés que l'on désigne sous les noms de *tabac d'Amersfort* et *tabac de Nykerk*[1].

Le *tabac d'Amersfort*[2] qui paraît être le NICOTIANA LATIFOLIA de Tournefort, a une tige droite et rameuse, des feuilles ovales vert pâle à surface lisse, des fleurs rose tendre ; il est excellent pour sa poudre et dégénère difficilement. On l'a importé de Hollande.

On en connaît deux sous-variétés : Le *tabac d'Amersfort jaune* ou *tabac cabessut* et le *tabac d'Amersfort noir*. Ce dernier tabac est plus productif que le précédent ; mais si ses

---

1. Nykerk est situé dans les anciennes provinces de Gueldre (Hollande).
2. On écrit souvent Amersfort de la manière suivante : *Amersfoort.*

dessiné au nat.
T. à feuilles rondes
T. à larges feuilles
dessiné au 3.°
Anogur del
Debray sc
Feuille de tabac à larges feuilles

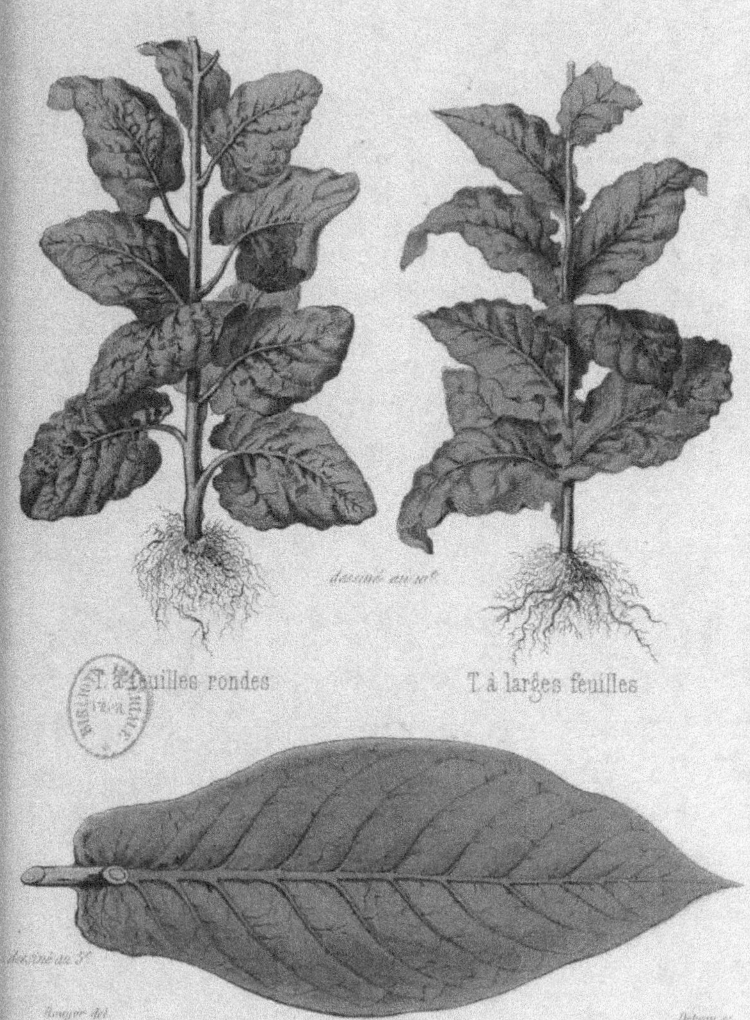

TABACS

feuilles ont un tissu moins fin, un arome moins agréable, un velouté moins prononcé, elle ont plus d'ampleur et plus de corps. Il demande des terres argilo-calcaires. Le tabac d'Amersfort jaune réussit très-bien sur les sols de moyenne consistance.

Le *tabac de Nykerk* a des feuilles moins larges que le tabac d'Amersfort noir, mais il mûrit et sèche très-promptement. Si les pluies détériorent facilement ses feuilles, il a l'avantage de végéter vigoureusement dans tous les terrains. L'administration des tabacs le propage dans les départements du sud-ouest et dans celui d'Ille-et-Vilaine. J'ai été à même l'an dernier d'apprécier à Cahors l'excellente qualité de ses feuilles.

2° *Tabac à feuilles linéaires* (NICOTIANA LANCIFOLIA, Willd, NICOTIANA AURICULATA, L.) Tige de 0^m,70 à 1 mètre de hauteur, velue, glutineuse ou visqueuse. Feuilles sessiles, linéaires, très-visqueuses, d'un très-beau vert et présentant de nombreuses boursouflures; côte épaisse et saillante. Fleurs en corymbes paniculées de juillet à septembre; corolle rouge ou purpurine deux fois au moins plus longue que le calice. Capsule ovoïde ou conique renfermée dans le calice.

Cette espèce qu'on a confondue avec le NICOTIANA ANGUSTIFOLIA est originaire de l'Amérique méridionale. Elle a été importée en Europe en 1823.

Le *tabac Maryland*, qui mûrit mal en France, en est une variété.

Il en est de même du *tabac d'Alsace* et du *tabac de Hollande*.

B. La *seconde section* comprend les RUSTICA, espèces à *fleurs jaunes*, à corolle tubuleuse et à lobes aigus.

Tabac rustique, tabac à feuilles rondes, tabac femelle (NICOTIANA RUSTICA, L). Tige ne dépassant pas un mètre de hauteur, velue et glutineuse. Feuilles ovales, obtuses, cordiformes, épaisses, peu pétiolées et d'un vert foncé. Fleurs petites de juillet à septembre en grappes terminales ; corolle jaune verdâtre à lobes arrondis. Capsule presque ronde dépassant à peine le calice.

Cette espèce fournit un tabac parfumé, mais moins fort que le tabac des espèces précédentes. Elle est peu délicate et très-répandue dans le midi de l'Europe, en Afrique et en Égypte. Elle a été importée d'Amérique en 1570.

C. La *troisième classe* comprend les PETUNOÏDES, espèces velues et visqueuses, à *fleurs blanches*, à corolle en tube cylindrique divisé en lobes aigus ou obtus.

Tabac odorant (NICOTIANA SUAVEOLENS, Leh., NICOTIANA UNDULATA, V.). Tige haute de $0^m,60$ à $0^m,70$. Feuilles ovales oblongues, ondulées, légèrement velues, décurrentes sur le pétiole ; les supérieures amplexicaules. Fleurs d'août à septembre, blanches, à odeur de jasmin ; corolle à tube très-long, grêle et à divisions inégales et obtuses.

Cette espèce est originaire de la Nouvelle-Hollande ; elle a été introduite en Europe en 1800. C'est elle qui fournit le meilleur tabac de Virginie et de Maryland.

Tabac ondulé (NICOTIANA REPANDA, Will., NICOTIANA LYRATA, Kun.). Tige ne dépassant pas $0^m,70$ et presque glabre. Feuilles cordiformes, amplexicaules, arrondies et ondulées. Fleurs blanches en grappes lâches et terminales ; corolle à tube très-long, grêle et renflé au sommet. Capsule ovale plus courte que le calice.

Cette espèce est originaire de Cuba ; elle a été importée en 1820. Elle est cultivée en grand à la Havane ; ses feuilles servent à la fabrication des cigares.

Terrain. A. NATURE. — Le tabac demande des terrains profonds, argilo-sablonneux ou silico-argileux, c'est-à-dire des terres de consistance moyenne, à la fois meubles, fraîches, et substantielles. Cultivé sur de tels terrains ou sur des alluvions sablonneuses, des terres douces, calcaires et plutôt légères qu'argileuses, il produit des feuilles développées, corsées, onctueuses et aromatiques.

Les terres argileuses, compactes et humides, les sols crayeux et les terres trop sablonneuses ne lui conviennent pas. Il en est de même des terrains qui se durcissent facilement pendant l'été et des sols gras ou d'une grande fertilité.

Les feuilles qu'on récolte sur les tabacs plantés dans des terres humides, diminuent considérablement à la pente. En effet, après leur dessiccation, les feuilles sont minces, transparentes et acides.

En général, les terres silico-calcaires, argilo-calcaires ou silico-argileuses, caillouteuses ou non, profondes, fraîches, fertiles et qui se refroidissent lentement en automne, sont éminemment propres à la culture du tabac.

Le carbonate de chaux rend le tabac plus odorant.

Voici quelques analyses de terre à tabac du département du Lot-et-Garonne. Ces analyses et les observations qui les accompagnent ont été faites par M. Petit-Lafitte :

Localités.	Argile.	Sable.	Calcaire.	Qualité des tabacs.
Sonestris.....	83,00	9,50	7,50	Lourd, mou et peu de séve.
Mas d'Agenais.	89,00	10,50	0,50	Moins lourd, bonne séve, mais mou.
—	82,50	17,50	traces	Léger, corsé, très-bonne séve.
Birac....... .	57,00	41,50	1,00	Léger, corsé, séve excellente.

Ainsi, la qualité du tabac est en raison directe de la quantité de sable que contient la couche arable. Si le tabac récolté en Flandre sert à fabriquer d'excellents cigares, c'est qu'on le cultive sur des sols de consistance moyenne ou sur des terres franches de bonne qualité.

Les tabacs du département d'Ille-et-Vilaine doivent leur

qualité secondaire à la nature argileuse et humide des marais sur lesquels on le cultive. Le tabac qu'on récolte en Belgique et en Hollande sur les polders argileux et humides est âcre, peu odorant et manque d'onctuosité.

Les terres sur lesquelles on cultive le tabac se louent de 120 à 200 fr. l'hectare.

B. Configuration. — Les plaines non abritées des vents du nord et du nord-ouest par des élévations ou des plantations élevées, sont moins favorables au tabac que les vallées et les côteaux.

Les terres basses, humides, ombragées et mal aérées ne fournissent jamais de tabac de premier choix; en outre, sur de tels terrains les feuilles inférieures sont sujettes à pourrir ou à se couvrir de taches de rouille, surtout quand l'été est pluvieux.

En général, les terres exposées au levant ou au midi, garanties du nord par des élévations et bien aérées, sont celles qui conviennent le mieux à la culture du tabac, parce que cette plante y subit l'influence de la lumière et d'une chaleur continue, douce et vivifiante. Si ses feuilles ne présentent pas un développement aussi grand que l'ampleur qu'elles possèdent quand le tabac végète sur des terres situées à la base de versants, elles y mûrissent plus complétement et y acquièrent plus de force, plus de finesse et un arome plus pénétrant.

Nonobstant, il est utile d'éloigner les cultures de tabac des routes qui deviennent poudreuses pendant l'été, si les champs où elles sont établies ne sont pas entourés d'une haie vive.

Permis de culture. — Pour être autorisé à cultiver le tabac, il faut habiter l'un des départements précités (voy. page 146), et être fermier ou propriétaire dans l'une des communes désignées dans le tableau publié par le préfet.

D'après l'article 180 de la loi du 28 avril 1816, l'étendue cultivée par chaque planteur ne peut être moindre de 20 ares. Dans le Bas-Rhin cette surface peut être formée de deux pièces de 10 ares chacune. Suivant la même loi, nul ne peut se livrer à la culture du tabac sans avoir fait préalablement une déclaration[1], et sans en avoir obtenu la permission[2].

Les déclarants sont forcés de produire un certificat de solvabilité[3].

Les cultivateurs autorisés à planter du tabac sont tenus :

1° De faire connaître aux employés de la régie les pièces de terre déclarées; de se soumettre en tout temps aux exercices des mêmes employés, et de leur donner entrée à toute réquisition dans leurs séchoirs, magasins, maison d'habitation et autres parties de leur domicile depuis le lever jusqu'au coucher du soleil ;

2° De ne cultiver en tabac que les pièces de terres déclarées ;

3° De planter au moins les quatre cinquièmes de la surface autorisée ;

4° De livrer fidèlement à la régie la totalité du tabac qu'ils ont récolté ;

5° De conduire leur tabac au magasin que la régie indiquera ;

Sous les peines prononcées par les articles 182, 195 et 199 de la loi mentionnée ci-dessus.

---

1. Les procès-verbaux relatifs à la culture illicite du tabac se sont élevés en 1834 à 699. Les pieds saisis par la régie ont atteint 133 734.

Les départements où cette culture est le plus pratiquée sont : les Bouches-du-Rhône, l'Aisne, la Meurthe, la Meuse, la Moselle, les Basses-Pyrénées et la Somme.

2. Voy. à l'*Appendice* placé à la fin de ce volume.

3. La solvabilité d'un déclarant est suffisamment établie par la justification de 15 ou 20 fr. de contribution foncière.

Ce sont les maires qui sont chargés de la remise des permis de culture.

La culture du tabac est interdite aux gardes champêtres.

Refus et retrait de permis. — *Les permis de culture* peuvent être refusés :

1° Aux déclarants qui n'auront pas justifié de leur titre de propriétaire ou de fermier, de leur solvabilité ou de celle de leur caution ;

2° Aux planteurs qui n'ont pas cultivé l'année précédente au moins les quatre cinquièmes de la quantité pour laquelle ils avaient obtenu un permis de culture, à moins qu'ils n'aient justifié d'accidents imprévus ;

3° Aux cultivateurs contre lesquels il aura été rédigé des procès-verbaux judiciaires on administratifs, pour contravention à la loi sur le tabac ou aux dispositions du règlement concernant la culture de cette plante ;

4° A ceux qui, pendant trois années consécutives, n'auront obtenu de leurs récoltes qu'un prix moyen de dix pour cent au-dessous du prix moyen général [1].

L'administration peut retirer les permis accordés

1° A tous planteurs qui, avant l'époque de la plantation, auront été pris en fraude ou en contravention, ou qui n'auront pas livré intégralement leur dernière récolte ;

2° Aux cultivateurs qui se seraient substitués à des planteurs légalement autorisés [2].

---

1. Les cultivateurs qui n'ont pas satisfait à cette condition, et qui ont fait dûment constater que la mauvaise qualité de leurs produits provient d'intempéries ou autres accidents, ne sont pas sujets à l'interdiction.

2. La loi et les règlements sur la culture du tabac sont très-sevères. Cette loi, puis l'arbitraire et la vexation des employés de la régie et aussi des injustices faites à l'époque des livraisons, obligent chaque année plusieurs planteurs à renoncer à la culture de cette plante.

Semis.—A. Époque.—Les semis de tabac se font en France depuis la fin de février jusqu'à la mi-avril.

Les semis en plein air ne doivent être faits que lorsque la température moyenne a atteint $+ 7°$ à $+ 8°$.

En Algérie, on les exécute en novembre.

B. Conditions réglementaires. — Les semis sont soumis aux visites des employés de la régie.

Les cultivateurs peuvent être autorisés par le préfet dans quelques départements à faire des semis dans le but de vendre des plants aux agriculteurs autorisés à exécuter des plantations.

Les planteurs sont tenus:

1° De placer les semis dans des lieux exposés au midi ;

2° De les garantir des gelées et des vents du nord ;

3° De ne pas semer une trop grande quantité de graines, afin que les plants deviennent vigoureux ;

4° D'entourer les semis de rigoles profondes pour faciliter l'écoulement des eaux et intercepter le passage des taupes ou des animaux nuisibles.

C. Préparation du terrain. — La délicatesse des plants de tabac oblige à opérer les semis soit sur une *couche sourde*, soit sur une *plate-bande*, abritée contre les vents de l'est, du nord et de l'ouest, par une palissade de roseaux, par des paillassons placés verticalement ou par des murs, et légèrement inclinée vers le midi.

Les couches sont généralement en usage dans le nord, l'est et l'ouest ; elles se font en ouvrant une fosse ayant 1 mètre environ de largeur sur $0^m,15$ à $0^m,20$ de profondeur. Quand cette fosse est prête, on la remplit avec du fumier à demi décomposé. Cet engrais doit excéder la surface du sol de $0^m,20$ environ. On termine la couche en la couvrant de $0^m,12$ à $0^m,18$ de terreau léger ou de terre fine mêlée de terreau qu'on égalise aussi complétement que possible avec un râteau à dents fines, courtes et rapprochées.

Quand on doit opérer le semis sur une plate-bande, on fume celle-ci avec du fumier chaud à demi décomposé ; on la laboure à la bêche, et on la divise ensuite à l'aide d'un râteau, afin de bien ameublir sa surface. Lorsqu'elle a été ainsi préparée, on la couvre d'une couche de bon terreau. Cette plate-bande doit aussi avoir un mètre de largeur.

D. Étendue des semis. — La longueur que doivent avoir les couches ou les plates-bandes varie suivant la surface qu'on doit planter en tabac et le nombre de pieds qu'on peut planter par hectare.

Un mètre carré de couche fournit en moyenne 1000 à 1500 plants ; un mètre carré de plate-bande produit au minimum 600 à 800 plants de premier choix.

Voici, d'après ces données, l'étendue que doivent avoir les couches ou les plates-bandes, eu égard au nombre de pieds qu'on doit planter par hectare :

Nombre de pieds par hectare.	Surface de la couche.	Surface de la plate-bande.
10 000	6 à 8 mèt. carrés.	13 à 17 mèt. carrés.
11 000	8 à 12 —	15 à 20 —
18 000	12 à 18 —	23 à 30 —
25 000	16 à 25 —	31 à 42 —
30 000	20 à 30 —	38 à 50 —
36 000	24 à 36 —	45 à 60 —
40 000	26 à 40 —	50 à 70 —
48 000	32 à 48 —	60 à 80 —

On doit par prudence, lorsqu'on cultive le tabac pour la première fois, adopter les chiffres indiquant l'étendue maximum, afin de pouvoir faire face aux accidents.

E. Exécution des semis.—Lorsque la couche est terminée, ou quand la plate-bande a été préparée, on enveloppe la graine dans un linge après l'avoir mêlée à de la sciure fine de bois blanc, et on la met tremper pendant quelques heures dans l'eau. Au bout de ce temps, on la suspend dans une cheminée ou dans une chambre chauffée, en ayant soin d'humecter un peu le linge soir et matin avec de l'eau légèrement tiède.

Au bout de huit jours environ, lorsqu'on voit apparaître à la surface des graines des pointes ou radicules blanchâtres, on retire les semences du linge, on les étend sur un vase plat qu'on place pendant un jour ou deux dans un local ayant une température moins élevée, et on les sème par une belle journée sur la couche ou la plate-bande que l'on a préalablement arrosée.

Cette dissémination doit être faite avec beaucoup de soin afin que le semis soit bien uniforme. Beaucoup de cultivateurs se servent dans cette circonstance d'une passoire en fer-blanc ou d'un crible à petits trous.

On peut aussi confier la graine à la terre sans l'avoir fait au préalable tremper dans l'eau.

Quand la semence a été répartie sur toute l'étendue de la pépinière, on la couvre d'une couche de terreau fin et sec de 0^m,005 à 0^m,010 au plus d'épaisseur. On répartit le terreau très-uniformément en le tamisant avec un crible.

On termine le semis en couvrant la couche ou la plate-bande de menus débris de paille, dans le but d'empêcher les pluies de battre la terre, et en la plombant légèrement avec une planche.

Le plus ordinairement les planteurs de tabacs établissent plusieurs pépinières, qu'ils sèment à diverses reprises, afin de pouvoir exécuter des plantations successives aux mois de mai et de juin.

F. Soins a donner aux semis. — Quand le semis est terminé, on abrite la couche avec des châssis ou des paillassons, des nattes ou du papier huilé. Ces paillassons et ces nattes sur les abris sont placés perpendiculairement sur trois des côtés de la couche de la plate-bande.

Ces abris ne persistent pas continuellement sur les semis quand le temps est beau; on les enlève pendant le jour pour que les rayons solaires échauffent la terre. On a soin de les replacer au moment du coucher du soleil, afin qu'ils protégent les semis ou les plantes des gelées ou du froid pendant la nuit.

Quand on garantit le semis avec des chassis, on maintient ces derniers soulevés pendant le milieu du jour à l'aide de crémaillères, et on les couvre le soir avec des paillassons.

Chaque jour, ou tous les deux ou trois jours selon le besoin, on exécute une *mouillure* ou un arrosage avec un arrosoir à pomme percée de très-petits trous, afin de ne pas battre la terre ou d'échausser les plants. On doit employer de préférence de l'eau de pluie ou de rivière.

Après la germination des graines, on aère les plantes le plus possible pendant le jour, si le temps est beau, pour qu'elles se fortifient. Quand le soleil est trop vif pendant le milieu du jour, on ombre les châssis ou les semis avec une toile ou un paillasson, pour modérer l'action des rayons lumineux.

Quand on fait des semis à l'air libre, on établit quelquefois au-dessus de la pépinière, et dans toute la longueur de la couche ou de la plate-bande, un léger treillis en baguettes ou en roseaux destiné à soutenir les paillassons. Ce treillis doit être placé horizontalement à 0^m,10 ou 0^m,15 au-dessus de la terre. On peut aussi lui donner la forme d'une toiture ayant deux versants.

On continue les arrosements lorsque les circonstances l'exigent, et, s'il y a lieu, on enlève les mauvaises herbes.

Lorsque les plants ont quelques feuilles et qu'on constate qu'ils sont trop nombreux, on les éclaircit avec la main. On agit de manière qu'ils soient séparés de 0^m,02 à 0^m,03 les uns des autres.

On répète les sarclages quand cela est nécessaire. Ces opérations sont ordinairement confiées à des jeunes filles ou des femmes.

Quantité de graines nécessaire par mètre carré.—Il faut de 3 à 4 grammes de graines par mètre carré de pépinière.

Germination des graines. — Les graines de tabacs semées sur une couche abritée par des châssis lèvent du quinzième au vingtième jour. Celles qui ont été répandues sur des plates-bandes, protégées seulement par des paillassons ou du papier huilé, ne germent qu'au bout de vingt-cinq à trente jours.

Transplantation. — A. ÉPOQUE. — La mise en place des plants se fait en mai ou en juin, lorsque les tabacs ont de trois à quatre feuilles.

Elle doit être terminée aux époques fixées par l'administration.

Ici, elle ne peut plus être faite après le 10 juin; ailleurs, les cultivateurs peuvent l'exécuter jusqu'au 20 du même mois. Dans d'autres départements, l'administration prescrit de la terminer le 25 juin.

Voici les époques qui limitent la transplantation :

Lot........................	avant le 10 juin.
Ille-et-Vilaine............	— 15 —
Lot-et-Garonne............	— 25 —
Nord......................	— 30 —
Bas-Rhin..................	— 1er juillet.

Toute contravention à ces époques réglementaires est constatée par un procès-verbal administratif.

Le préfet peut, par un arrêt spécial, proroger le délai fixé, quand la saison n'a pas permis d'exécuter la mise en place des plants avant l'époque arrêtée.

En Algérie, on opère la mise en place du tabac avant l'arrivée des grandes chaleurs, c'est-à-dire du 15 février au 15 mars. Les plantations faites en avril laissent toujours à désirer quant à leurs résultats.

B. Nombre de plants a repiquer par hectare. — Le cultivateur est obligé de planter par hectare le nombre de plants déterminé par l'administration. Ce nombre varie suivant les départements, c'est-à-dire la qualité et la destination des feuilles. Voici les chiffres fixés par les règlements concernant la culture du tabac :

Départements.	Nombre de plants par hectare.	Surface occupée par chaque plant.
Lot.................	10000	1$^{m.c}$,00
Lot-et-Garonne....	10000	1 ,00
Ille-et-Vilaine.......	10000 à 15000	0 ,80 à 1 mèt.
Bas-Rhin...........	30000	0 ,60
Nord..............	30000	0 ,60
Pas-de-Calais......	40000	0 ,50

Ces nombres ne sont pas invariables. L'article 193 de la loi du 28 avril 1816 tolère un excédant, pourvu qu'il ne dépasse pas le cinquième du nombre de pieds en principal prescrit par hectare.

Ainsi, les cultivateurs du Lot peuvent planter jusqu'à 12000 plants par hectare, ceux du Bas-Rhin atteindre le chiffre de 36000, et ceux du Pas-de-Calais, le nombre de 48000 pieds.

Tout agriculteur qui plante par hectare un nombre de pieds qui dépasse l'excédant toléré, est passible d'une amende de 25 fr. par cent pieds, sans toutefois que cette amende puisse s'élever au-dessus de 1500 fr.

En Algérie, on espace les pieds de 0ᵐ,60 à 0ᵐ,80 en tous sens.

C. Préparation du sol. — La *petite culture* prépare à la bêche les terres qu'elle consacre à la culture du tabac.

La *moyenne culture* les laboure d'abord à la charrue, et termine leur préparation en les ameublissant avec la bêche.

La *grande culture* donne trois labours aux terres sur lesquelles elle doit planter du tabac : elle exécute ordinairement le premier à la fin de l'automne, le deuxième après les gelées à glace, et le troisième quelques jours seulement avant la mise en place des plants. Quelquefois, elle fait suivre la charrue au second labour par une fouilleuse, dans le but d'ameublir le sous-sol et de faciliter le développement des racines du tabac.

Dans les trois cas, on termine la préparation en faisant suivre le dernier labour par plusieurs hersages et roulages, ou par des ratelages répétés, afin que la surface de la terre soit très-meuble.

Il est essentiel pendant la préparation des terres de les débarrasser avec soin des plantes indigènes à racines vivaces, telles que *agrostis traçante*, *chiendent*, *sureau hièble*, *ronce*, etc.

Engrais nécessaire. — Le tabac est une plante épuisante. On doit donc fumer abondamment les terres qu'on lui consacre. On peut leur appliquer du fumier d'écurie ou de bergerie à demi consommé, de la colombine, de la fiente de volailles, des déjections de bêtes à laine ou des matières fécales. Le lupin blanc, le trèfle incarnat et le colza enfouis en fleur, le buis, etc., constituent des engrais puissants. En général, plus les engrais sont solubles et riches en matières organiques et alcalines, plus ils agissent favorablement sur le développement du tabac.

M. de Gasparin recommande d'appliquer 25 000 kilogr. de fumier dosant 0,40 d'azote par chaque 100 kilogr. de feuilles sèches de tabac. D'après cette donnée, il faudrait répandre par hectare dans le département du Lot 150 000 kilogr. de fumier, et dans celui du Pas-de-Calais 620 000 kilogr. L'expérience journalière ne permet pas d'accepter ces données théoriques.

J'ai remarqué que 4000 kilogr. de fumier suffisaient par hectare et par 100 kilog. de feuilles. D'après cette base, on devra fumer les terres dans les proportions suivantes :

Départements.	Feuilles sèches par hectare.	Quantité de fumier nécessaire.
Lot-et-Garonne........	600 kilogr.	25000 kilogr.
Lot.................	800 —	30000 —
Ille-et-Vilaine.........	1200 —	48000 —
Bas-Rhin............	2000 —	80000 —
Pas-de-Calais.........	2500 —	100000 —

Dans le Mas d'Agen, on enfouit ordinairement 25 000 kilogr. de fumier par hectare ; dans les environs de Cahors on en emploie 28 000 kilogr.; en Flandre on en répand 80 000 kilogr., indépendamment de la courte graisse qu'on applique après la plantation.

M. Boussingault a fait, en 1857, à Bechelbronne (Bas-Rhin), une expérience dans le but de déterminer ce que le tabac exige et consomme d'engrais. Il a constaté : 1° que le produit en feuilles d'un hectare, soit 2986 kilogr., enlève au sol les éléments suivants :

Azote.........................	137$^{kilogr.}$,13
Acide phosphorique...............	22 — ,59
Potasse.......................	85 — ,13

2° Que les tiges et les racines laissées sur le sol contenaient :

Azote.................	292$^{kilogr.}$,29
Acide phosphorique...............	113 — ,74
Potasse	349 — ,41

La récolte sur pied a donc puisé dans la couche arable: azote, 429$^{kil.}$,42; acide phosphorique, 113$^{kil.}$,74; potasse, 434$^{kil.}$,54.

Si l'on applique au sol 106 000 kilogr. de fumier normal par hectare, on ajoutera à la terre :

Azote	531$^{kilogr.}$,22
Acide phosphorique	762 — ,83
Potasse	434 — ,54

Cette fumure prouve une fois de plus combien est peu utile la méthode que M. de Gasparin a proposée pour déterminer la quantité de fumier qu'on doit appliquer par hectare dans la culture des plantes agricoles.

Arrachage des plants. — L'arrachage des plants sur les couches ou sur les plates-bandes constitue une opération délicate.

Quand le champ a été préparé, on arrose le semis le matin de très-bonne heure et on procède à l'arrachage des tabacs. Les arrosages rendant plus faciles l'enlèvement des plants avec un peu de terre. L'ouvrier chargé d'exécuter cette opération se sert d'une vieille truelle de maçon; il introduit l'extrémité de cet outil dans la terre à quelques centimètres du plant afin de le déterrer sans briser ses racines. Il ne faut pas arracher les plants en les tirant, car en agissant ainsi on endommage presque toujours les racines. Si, en se servant de la truelle ou d'une large spatule, on arrache en même temps plusieurs plants, on les sépare immédiatement.

Les tabacs, au fur et à mesure de leur arrachage, doivent être placés dans des corbeilles ou des paniers garnis d'un linge mouillé. On doit éviter de faire tomber la terre qui adhère aux racines et de presser les plants les uns contre les autres, afin de ne point endommager leurs feuilles.

Quand un panier est rempli on le couvre d'un autre linge

mouillé pour garantir les plants de l'action de l'air et du soleil, et on l'expédie aux planteurs.

On n'arrache les tabacs que successivement, afin de pouvoir les replanter très-promptement. Le cultivateur ne doit jamais oublier que l'air, la lumière et la chaleur flétrissent les plants qui restent quelques heures sans être mis en place. Il faut rejeter les plants mal conformés, les pieds rabougris ou étiolés.

Exécution de la plantation. — Lorsque le plant a quatre ou six feuilles et $0^m,06$ à $0^m,08$ de hauteur, on termine la préparation des champs où la plantation doit être faite.

Alors, suivant la distance à laquelle les pieds doivent être plantés, on rayonne le champ dans le sens de sa longueur, de sa largeur. Quelquefois, on se contente de tracer des lignes dans le sens de la longueur du champ en se servant d'un cordeau à nœuds qui indiquent aux planteurs les points où les tabacs doivent être repiqués.

Quand le champ a été rayonné, ou lorsque le cordeau à nœuds a été tendu, on procède à la mise en place des plants. On doit opérer de préférence par un temps couvert ou un peu pluvieux.

Quatre ouvriers sont nécessaires, si l'on veut que la plantation soit bien faite et exécutée promptement. *Le premier ouvrier* fait les trous au moyen d'un plantoir; ces trous ont de $0^m,12$ à $0^m,15$ de profondeur. Le *second ouvrier* place les plants, les enfonce jusqu'au collet dans les trous, et les assujettit avec un peu de terre. Le *troisième ouvrier* arrose copieusement les pieds si le temps est beau ou si l'air est agité et desséchant, en évitant de verser l'eau sur l'œil du tabac. Le *quatrième ouvrier* chausse avec la main et avec précaution les plants arrosés; il doit se garder de trop presser la terre contre les racines.

On peut mêler à l'eau qui sert à arroser les tabacs environ un douzième d'urine.

Chaque plant doit recevoir au moins un demi-litre d'eau.

Quand on opère la plantation par un beau temps et qu'on agit sur une petite surface, on couvre les tabacs plantés avec des feuilles de *chou* ou de *bardane*, afin d'assurer leurs reprises. Cette opération est nécessaire en Algérie.

On doit cesser la mise en place pendant le milieu du jour, si le soleil luit avec force et si l'air est sec et agité.

Conditions imposées aux planteurs. — L'administration impose aux cultivateurs de tabacs des conditions auxquelles ils ne peuvent se soustraire sous peine d'être privés de l'autorisation de culture pour l'année suivante. Voici ces dispositions :

1° Les plantations doivent être faites en quinconce, au cordeau, bien alignées et sans lacune; 2° Il est formellement interdit de repiquer plusieurs plants sur la même place, dans le but de remplacer des pieds morts ou ceux détruits par les insectes; 3° Les *pieds intercalaires* tolérés doivent être plantés aux extrémités des lignes, et le nombre ne peut pas excéder 3 pour 100 du nombre de plants de tabac mis en place.

Lorsque la forme irrégulière d'un champ ne permet pas de garnir toutes les lignes d'un même nombre de plants, les lignes incomplètes de la *pointe* ne doivent être établies que sur les côtés de la pièce.

Dans plusieurs départements, il est interdit de planter des choux, etc., entre les rangées de tabac.

Dépenses occasionnées pour la plantation. — Dans les départements du Lot et du Lot-et-Garonne, on compte qu'il faut quatre journées d'homme et quatorze journées de femme pour planter et arroser 12 000 plants, nombre nécessaire à un hectare. En comptant les journées d'ouvriers à 1 fr. 50 c.

et celles des femmes à 1 fr., on trouve que la plantation coûte 20 fr. de main-d'œuvre.

Dans le département du Pas-de-Calais, les frais de plantation de 48 000 plants en maximum par hectare, exigent 10 journées d'hommes et 45 journées de femmes, qui occasionnent une dépense de 60 fr.

Ces deux exemples comprennent les frais nécessaires pour remplacer les pieds manquants.

Dans le premier cas, la plantation d'un hectare dure deux jours; dans le second, on la termine le cinquième jour.

Valeur commerciale des plants. — Les plants de tabacs se vendent de 2 à 6 fr. le 1000, suivant leur force et les années.

Remplacement des pieds morts. — Quelques jours après la plantation on s'occupe de remplacer les pieds de mauvaise venue, ou ceux qui ont été détruits par les insectes ou les agents atmosphériques. Les tabacs qu'on plante dans cette circonstance sont ceux qui ont été transplantés aux extrémités des lignes comme pieds intercalaires.

Il est interdit de remplacer les pieds manquants et d'en replanter sur un endroit quelconque du champ après le premier inventaire.

Destruction des pépinières. — Les plants qui n'ont pas été utilisés dans les plantations doivent être détruits avant l'époque fixée par le préfet du département. Les semis qui subsisteraient après le délai prescrit, seraient considérés comme des plantations illicites. Les contrevenants sont passibles d'une amende de 50 fr. par 100 pieds de tabac (article 181 de la loi du 28 avril 1816).

Destruction des plantes intercalaires. — Les plants intercalaires non mis en place doivent être détruits au fur et à mesure de la croissance des plants. Les employés de la régie ont le droit de les faire détruire, s'il en existe encore au moment du premier inventaire, et de constater cette contravention par un procès-verbal judiciaire.

Plantation des porte-graines. — L'administration autorise les cultivateurs de tabac à conserver dans leurs plantations, ou dans leurs jardins ou autres lieux abrités qu'ils sont tenus de faire connaître aux employés des contributions indirectes, les *plants-mères* nécessaires à la prochaine culture.

Le nombre de ces *porte-graines* ne doit pas excéder 25 , à raison de 10 000 pieds de tabac. On les comprend dans l'inventaire.

Soins d'entretien. — A. BINAGES. — On exécute un, deux et quelquefois trois binages à la houe à main ou à la binette, selon que la terre se durcit superficiellement plus ou moins facilement et le nombre de plantes indigènes qui l'envahissent.

La houe à cheval ne peut guère être employée pour exécuter ces binages, parce que le tabac est ordinairement cultivé sur de petites surfaces.

Les ouvriers ou les femmes chargées d'exécuter les binages doivent éviter de briser les feuilles.

B. LABOURS. — Dans le département du Lot-et-Garonne on donne ordinairement deux labours à la terre pendant la première végétation du tabac. Le premier est exécuté à la fin de juin avec une charrue sans versoir ; on opère le second avant le 15 de juillet, en employant une charrue munie d'un petit versoir.

Avant chaque labour, on fait exécuter par des femmes un binage sur toute la surface du champ.

Le deuxième labour butte légèrement les pieds de tabac.

D. BUTTAGE. — On termine les travaux de culture en opérant un ou deux buttages à l'aide d'une charrue, d'un buttoir ou d'une houe à main. Ces opérations maintiennent une plus grande fraîcheur à la base des tabacs et elles augmentent leur solidité. On exécute le premier buttage lorsque les plants ont de 0^m,30 à 0^m,40 de hauteur.

En Algérie, on l'effectue aussitôt que les plants ont 0^m,30 de hauteur.

Le buttage demande beaucoup d'attention, l'ouvrier qui l'exécute doit éviter d'agiter les plants, de briser les feuilles et d'endommager les racines.

Quelquefois, on complète le travail de la charrue ou du buttoir, en unissant avec la bêche ou le râteau, la surface des billons au centre desquels existent les tabacs.

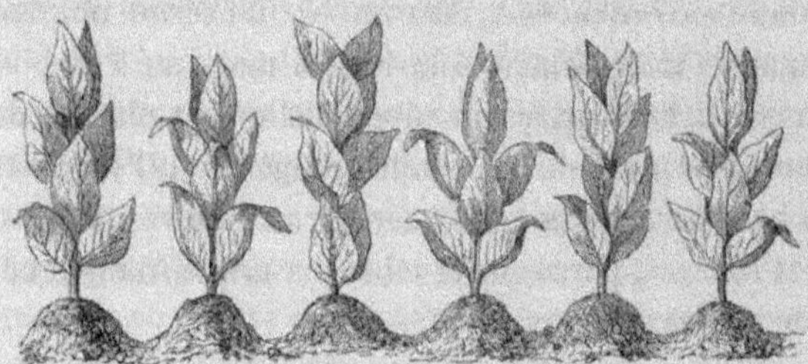

Fig. 16. Lignes de tabac buttées.

Six journées d'hommes ou de femmes suffisent pour exécuter ce travail complémentaire.

Au mois de septembre, le champ a la disposition que présente la fig. 16.

Inventaire des plantes ou premier inventaire. — Pendant le mois de juillet et à une époque fixée par le préfet, les employés de la régie procèdent à l'opération dite *inventaire*.

Cette opération a pour objet de vérifier la superficie cultivée par chaque planteur et de constater le nombre de plants qu'on y a plantés.

Huit jours avant d'y procéder, les employés de la régie, en donnent avis au maire de la commune, pour qu'il informe les planteurs du jour de leur arrivée. En outre, les employés se présentent le jour même de l'opération au domicile du planteur, chez lequel ils doivent opérer, ou ils le font prévenir par le garde champêtre.

Les plantations sont mesurées à l'aide d'un cordeau-mètre. La mesure est prise en décimètre, d'après l'espace occupé par dix plants en longueur et en largeur.

Le dénombrement des plantes est inscrit sur le registre portatif des employés. Les planteurs sont requis de signer leur compte sur ce registre. Le maire, en présence duquel a lieu l'inventaire, ne peut se refuser sous aucun prétexte à signer l'inventaire inscrit au portatif.

Les agents de la régie dressent un procès-verbal, si la vérification fait connaître qu'il y a eu excédant de plus d'un cinquième sur la quantité de terre ou le nombre de pieds de tabac déclarés. Le contrevenant est passible d'une amende de 25 francs pour 100 pieds, excédant sa déclaration, mais cette amende ne peut s'élever au-dessus de 1500 francs.

En cas de contestation sur la contenance et le nombre de pieds, le cultivateur peut réclamer l'expertise. Il doit adresser sa demande dans les 48 heures au sous-préfet ou au directeur des contributions indirectes. Les frais occasionnés par cette vérification restent à la charge de celle des parties dont l'estimation aura présenté la différence la plus forte, comparativement à la contenance réelle[1].

Écimage. — Au fur et à mesure du développement des tabacs, on procède à l'écimage, c'est-à-dire, on supprime la

---

1. Les inventaires ont occasionné à la régie en 1835 les dépenses suivantes :

Par hectare..............	8 fr.	90 c.
Par planteur............	3	31
Par plantation...........	2	18
Par 10 000 pieds.........	4	32

tête des pieds en exécutant un pincement. Cette opération facilite le développement des feuilles. Si on évitait de l'exécuter, la séve serait en partie utilisée par les fleurs et les fruits au détriment des feuilles.

On agit ordinairement dès que les premiers boutons à fleurs apparaissent, et au-dessus du nombre de feuilles qu'on doit laisser sur chaque pied. Alors la dernière feuille à conserver à la partie supérieure de la tige a déjà 0^m,15 environ de largeur.

On écime plus ou moins haut selon la fertilité du sol et la situation de la plantation. Les tabacs qui végètent sur sols riches et abrités peuvent être écimés plus haut que les tabacs qui croissent dans un terrain de qualité secondaire et qui sont exposés à des vents violents.

Cette opération, d'après les arrêtés administratifs, doit être terminée, au plus tard, aux époques suivantes :

Lot...........................	15 août.
Ille-et-Vilaine...................	15 —
Nord..........................	20 —
Bas-Rhin.......................	20 —

Dans quelques départements, on ne tolère qu'un écimage sur chaque plantation ; dans d'autres, on en autorise de deux à trois.

Plus l'écimage est retardé, plus le tabac est léger.

L'écimage exige l'emploi de 6 à 10 journées d'homme par hectare.

Nombre de feuilles à conserver sur chaque pied. — Les planteurs sont tenus de laisser un nombre déterminé de feuilles sur chaque pied. Voici les chiffres maximum fixés :

Lot......................	9 feuilles.
Lot-et-Garonne	9 —
Ille-et-Vilaine..............	8 à 10 —
Nord......................	6 à 10 —
Pas-de-Calais...............	12 à 15 —
Bas-Rhin...................	12 à 15 —

Ainsi, le nombre de feuilles à laisser sur chaque pied est en raison inverse de la qualité du tabac.

Les cultivateurs habiles de l'Algérie, évitent de surcharger le tabac, afin de récolter des feuilles de premier choix. Ils en laissent 15 à 20 au plus sur les pieds vigoureux. Les pieds faibles n'en conservent que 12 à 15.

Quand la culture du tabac était libre en France, on ne laissait sur chaque plante que les feuilles suivantes :

Tabac très-fort, 1re classe............ 10 à 12 feuilles.
   — fort, 2e classe................ 12 à 15   —
   — doux, 3e classe.............. 15 à 20   —

M. Mourgues conseille dans le Lot, l'écimage suivant :

Terre 1re classe........................ 8 feuilles.
   — 2e classe......................... 7   —
   — 3e classe 6   —

Le chiffre 7 représente la quantité moyenne de feuilles.

Épamprement. — Les planteurs sont obligés d'enlever toutes les feuilles sans valeur, principalement celles qui existent au bas des plantes et qui traînent sur le sol et qu'on nomme *feuilles terriennes, feuilles séminales, feuilles de couche,* afin qu'on puisse, à l'époque de la récolte, couper les pieds de tabac au-dessous des feuilles.

Cet épamprement doit être ordinairement terminé en même temps que l'écimage.

Le cultivateur est obligé de détruire les feuilles au fur et à mesure qu'elles sont détachées des tiges.

Inventaire des feuilles ou second inventaire.—Les employés procèdent au récolement des feuilles aussitôt après le premier inventaire, en commençant par les pieds les plus avancés. Après s'être assurés que l'écimage a été fait régulièrement, ils multiplient le nombre des pieds par celui des feuilles laissées sur chaque tabac. Le résultat de ce calcul forme la charge du planteur. Les employés constatent cette opération dans un nouvel acte au registre portatif.

Ébourgeonnement. — Les *jets*, *rejets* ou *bourgeons* doivent être détruits au fur et à mesure qu'ils se développent et *avant* que les feuilles n'aient atteint une longueur de 0ᵐ,25. Ils ont l'inconvénient d'énerver les plantes.

Les jets apparaissent à la base des pieds et les bourgeons se développent à l'aisselle des feuilles. On les supprime avec une serpette ou avec l'ongle de l'index et celui du pouce ; ils sont très-cassants.

On répète l'ébourgeonnement tous les 8 ou 12 jours, c'est-à-dire deux ou cinq fois.

L'ébourgeonnement d'un hectare exige de 4 à 8 journées de femmes.

Le planteur est obligé d'enterrer au pied des tabacs, tous les jets qu'il détache des tiges. Les infractions à cette prescription sont constatées par un procès-verbal administratif.

Agents atmosphériques nuisibles. — Les *pluies continues* sont nuisibles au tabac : elles diminuent la qualité de ses feuilles en contrariant l'élaboration des sucs. Les *chaleurs excessives* crispent les feuilles, arrêtent leur développement, et réduisent le poids du produit. Les *brouillards* altèrent le parfum des feuilles, et modifient la solidité de leur tissu. Les *vents violents* brisent les tiges, déchirent et anéantissent les feuilles ; la *grêle* et *les pluies d'orage* produisent les mêmes désastres. Enfin, les *gelées hâtives d'automne* nuisent aux feuilles en précipitant leur maturité.

Quand on cultive le tabac en plaine ou à une faible distance de la mer, on doit le protéger contre la violence des vents par des plantations de houblons, de topinambours ou de haricots à rames. Dans les arrondissements de Dol et de

Saint-Malo (Ille-et-Vilaine) la régie autorise les planteurs à diviser leurs champs en parties régulières, par des topinambours, des pois ramés, afin de garantir les tabacs contre l'influence fâcheuse des vents de mer.

Animaux nuisibles. — Les *taupes* doivent être détruites avec soin, car elles détruisent quelquefois beaucoup de jeunes pieds en creusant leurs galeries.

Insectes nuisibles. — Le tabac est attaqué par un grand nombre d'insectes :

Les *limaces* nuisent beaucoup au tabac dans les années où il survient des pluies continuelles; elles mangent les feuilles des plants des pépinières, ou des tabacs transplantés. On les ramasse le matin de très-bonne heure, ou la nuit en se servant d'une lanterne.

La *larve* du *hanneton* attaque principalement les racines du tabac.

La *sauterelle verte* (LOCUSTA VERIDISSIMA, Ol.) ronge le parenchyme des feuilles sans toucher à la côte.

On doit aussi signaler la *punaise grise* (CIMEX GRISEUS, L.), la *punaise bleue* (CIMEX COERULEUS, L.); la première a le dessus du corps gris jaunâtre obscur et pointillé et lavé de brun ; la seconde est entièrement d'un bleu verdâtre. Ces deux punaises ont été rangées par Latreille dans le genre *pentatome* ; elles causent souvent beaucoup de mal en faisant périr les pieds sur lesquels elles vivent.

Plante parasite. — L'*orobanche rameuse* est une plante redoutable. Elle apparaît en août, en s'implantant sur la racine du tabac. Alors vivant entièrement à ses dépens, elle l'épuise et ne tarde pas à la faire périr. On doit, pour arrêter ses ravages et empêcher qu'elle mûrisse ses graines, couper le plus tôt possible, tous les pieds de tabac sur lesquels elle s'est développée.

Altérations et maladies. — Le tabac est sujet à trois altérations ou maladies :

1° Les sols humides et les années pluvieuses favorisent le développement sur les feuilles de taches roussâtres qui constituent ce qu'on appelle la *rouille*. Les feuilles sur lesquelles on observe cette altération se flétrissent et ne tardent pas à se détacher des tiges. On ne connaît encore aucun moyen pour éviter ces altérations.

2° Les feuilles de tabac sont aussi désorganisées par une maladie signalée par des marbrures jaunâtres sur lesquelles ne tardent pas à se développer des taches nombreuses de rouille. Cette maladie, à laquelle on a donné le nom de *nielle*, diminue la vitalité des pieds sur lesquels elle apparaît. On ignore les causes qui favorisent son développement.

3° Le tabac est parfois arrêté dans son développement par une altération que l'on a appelée *blanc*. Les pieds qui en sont atteints sont dépourvus de chevelus et la tige contient une moelle molle et blanchâtre. Les tabacs dits *blancs* ne produisent ni bourgeons, ni rejetons et se conservent difficilement à la pente. Les experts chargés du classement des feuilles n'acceptent pas celles qui en sont attaquées, parce qu'elles font moisir les feuilles saines avec lesquelles elles sont en contact. Ces faits suffisent pour engager les cultivateurs à détruire les tabacs blancs, après avoir prévenu les employés de la régie.

Destruction des plantes ou feuilles avariées. — Les plantes avariées ou de mauvaise venue, et les feuilles altérées ou déchirées, ne peuvent être détruites hors de la présence des employés de la régie, sous peine pour le planteur de ne pas en obtenir décharge.

Ainsi, en cas d'accidents éprouvés après l'inventaire soit par la grêle, soit par toute autre cause, le planteur est tenu, suivant l'article 197 de la loi du 2 avril 1816, d'en faire la déclaration au maire de la commune au moins, dans les vingt-quatre heures. Ce fonctionnaire prévient les employés qui doivent constater en sa présence le nombre de plantes et de feuilles endommagées.

Les planteurs qui négligent de se conformer à ces dispositions, ne sont point admis à l'époque de la livraison de se prévaloir des accidents éprouvés.

La décharge à laquelle le cultivateur peut prétendre est estimée de gré à gré ; en cas de contestation, il est prononcé par des experts nommés par le préfet.

Récolte des graines. — J'ai dit précédemment que la loi autorisait les planteurs à récolter les semences dont ils ont besoin.

Il est nécessaire, si on veut avoir de bonnes graines, de choisir comme *plantes mères* les pieds les plus forts et les plus vigoureux.

Ces pieds ne doivent pas être écimés et effeuillés ; les feuilles sont considérées comme nécessaires à la formation et à la nutrition des graines. Si ces porte-graines étaient écimés, ils seraient considérés comme constituant une plantation illicite, et le planteur serait passible des peines édictées par l'article 181 de la loi précitée.

Nonobstant on peut enlever les rejets, les bourgeons qui se développent sur la tige ; on peut aussi supprimer les boutons à fleurs qui se montrent tardivement. Cette suppression aura l'avantage de faciliter le développement des capsules qu'on aura laissées et la maturité des graines qu'elles contiendront.

On procède à la coupe des tiges à la fin de septembre ou au commencement d'octobre, lorsque les capsules ont pris une teinte jaune brunâtre et que les graines sont arrivées à maturité. On doit opérer par un beau temps. On les fait ensuite sécher en les suspendant au soleil ou dans une chambre aérée et sèche. Quand les capsules sont sèches, on les détache des ramifications pour les conserver dans une boîte. On ne les ouvre qu'au moment de semer les graines qu'elles renferment. Lorsqu'on égrène les capsules en automne, on conserve les semences dans une bouteille ou une gourde bien bouchée.

Qualité des graines. — Les bonnes graines de tabac sont lourdes et ont une grosseur uniforme ; leur couleur est roussâtre.

Les graines qui restent verdâtres, sont de mauvaise qualité. En général les semences de tabac perdent d'année en année leur faculté germinative par suite de l'évaporation de leur huile essentielle.

Poids d'un litre de graines. — Un litre de bonnes graines de tabac pèse 550 grammes environ.

Il contient de 1 000 000 à 1 200 000 semences.

Nombre de pieds pour obtenir un kilog. de graines. — On a constaté que 25 pieds de tabac cultivés avec soin dans un endroit abrité des vents du nord produisent environ 1 kilog. de graines.

Récolte des feuilles. A. ÉPOQUE. — L'époque à laquelle on exécute la récolte des feuilles varie suivant la latitude sur laquelle le tabac est cultivé.

En Flandre, elle a lieu ordinairement vers le 25 septembre, c'est-à-dire 115 à 125 jours après la plantation.

Dans la Guyenne, on l'opère vers le 25 août, soit 85 à 95 jours après la mise en place des plants.

Ainsi, la cueille des feuilles a lieu à la fin de l'été, plus tard ou plus tôt, selon le climat.

B. INDICES DE LA MATURITÉ DES FEUILLES. — Le tabac est à

maturité quand ses feuilles se sont marbrées d'un jaune
brun, ou de jaune pâle, lorsqu'elles se crispent à leur extrémité, se cassent net quand on veut les plier, lorsque la surface présente des inégalités ou des boursouflures, et présente
une sorte de velouté qu'on distingue aisément à la réverbé-
ration du soleil.

Les feuilles arrivées à cet état, ont une inclinaison prononcée, et elles développent une odeur de nicotine; en outre
leur surface est gommeuse et elles ont atteint leur développement maximum.

C. Conditions imposées aux planteurs.—Il est interdit aux
planteurs de récolter tout ou partie de leurs tabacs, avant
l'inventaire des feuilles, qui en établit régulièrement les
charges. Il leur est également défendu de récolter aucune
feuille d'épamprement, décimage, de bourgeon ou de regain.
Nous avons dit précédemment que toutes les feuilles doivent
être détruites au moment de leur extraction.

S'il est reconnu, au moment du deuxième inventaire, qu'il
a été distrait des feuilles sur les pieds de tabac, les employés
de la régie sont autorisés à compter et à prendre en charge
le nombre de ces feuilles d'après celui des nœuds ou traces
de pétioles existant sur les tiges de tabac.

Toutes les feuilles autres que celles cassées par les vents
ou la grêle, dans des cas d'avaries reconnus ou par événement
fortuit dûment constatés, que l'on trouverait à la pente ou
au domicile des planteurs avant l'inventaire, seront saisies
comme dépôt frauduleux en vertu de l'article 217 de la loi
précitée; ces contraventions sont punies d'une amende de
10 fr. par kilog. de tabac saisi, laquelle ne peut excéder la
somme de 3000 francs, ni être au-dessous de 100 francs.

Dans le cas où les tabacs saisis seraient totalement verts
ou en cours de dessiccation, leur poids réel subirait, pour

fixer l'amende, une réduction de 60 pour 100 dans le premier cas, et de 30 pour 100 dans le second.

D. CUEILLETTE DES FEUILLES. — La cueille des feuilles doit être faite, autant que possible, par un beau temps et après la rosée. Il faut éviter d'opérer par un soleil ardent ou lorsque le temps est pluvieux.

Cette récolte se fait en plusieurs fois, parce que toutes les feuilles ne mûrissent pas à la même époque.

On cueille d'abord les feuilles les plus mûres, celles du bas des tiges. Ces feuilles forment environ la moitié ou les deux tiers de la récolte. Huit ou douze jours après cette première opération, on termine la cueillette.

Dans quelques localités, la récolte des feuilles se fait à trois reprises et dure environ 20 jours.

On doit casser ou couper, ce qui est préférable, les pédoncules des feuilles le plus près possible de la tige.

En Belgique comme en France, autrefois, les feuilles récoltées en :

> *Premier lieu* forment le *tabac très-fort.*
> *Second lieu*   —   *tabac fort.*
> *Troisième lieu*   —   *tabac doux.*

Au fur et à mesure qu'on opère la cueillette, on réunit les feuilles par petites poignées en les plaçant sens dessus dessous les unes sur les autres et on les pose sur les billons. On les porte ensuite au séchoir.

Quelques heures d'exposition au soleil les ressuient et les assouplissent.

Quand on craint la pluie on les rentre immédiatement. Les feuilles une fois détachées des tiges se détériorent facilement sous l'action de la rosée ou des pluies ; elles perdent de leur partie gommeuse, de leur séve et de leur parfum. C'est donc a tort qu'on les laisserait passer la nuit dans les champs dans les parties du nord, de l'est ou du sud-ouest de la France.

E. Coupe des tiges. — Dans les départements du Lot et du Lot-et-Garonne, on ne cueille pas ordinairement les feuilles une à une ; on coupe les tiges à 0^m,10 ou 0^m,16 au-dessous de la première feuille. Ce mode de récolte est expéditif et très-économique. Il a l'avantage, en outre, de garantir le tabac des pluies et des gelées, puisqu'il permet de le déposer plus promptement dans les séchoirs.

L'ouvrier chargé de couper le tabac saisit de la main gauche le pied qu'il veut couper et l'incline légèrement ; alors, à l'aide de sa serpe qu'il tient dans la main droite, il coupe la tige d'un seul coup en ayant soin de ne pas endommager les feuilles et la pose avec précaution en travers sur les billons en dirigeant sa base vers le soleil pour que les rayons lumineux n'agissent, autant que possible, que sur la page inférieure des feuilles.

Au bout d'une heure environ, on retourne les tiges pour que toutes les feuilles subissent l'influence du soleil et s'assouplissent. Le soir, avant le coucher du soleil, on les porte au séchoir.

F. Nombre de journées nécessaire. — On compte, dans le nord de la France, qu'il faut 20 journées d'hommes et 40 journées de femmes, pour opérer la cueillette des feuilles sur un hectare. Ce travail dure ordinairement 10 jours.

La coupe des tiges dans le département du Lot-et-Garonne exige 5 à 6 journées d'hommes.

Transport du tabac au séchoir. — Pour transporter les feuilles qui ont été détachées des tiges, sans les endommager, il faut les placer avec soin dans un tombereau ou dans de grands paniers carrés qu'on charge ensuite sur une voiture ou sur une brouette. On peut aussi les réunir en paquets ou en bottes avec des cordes, mais ce moyen laisse beaucoup à désirer, parce qu'il oblige à déchirer un certain nombre de feuilles. On ne peut l'adopter que dans les pays où la culture du tabac est libre.

Le transport des tiges munies de feuilles se fait à l'aide de charrettes. Ces tiges y sont placées horizontalement sans être tassées.

M. Fabre a constaté qu'il faut dans le département du Lot-et-Garonne 12 voyages de charrettes pour transporter le tabac d'un hectare au séchoir, et 6 journées de femmes pour charger et décharger les voitures.

Seconde récolte ou regain. — Les feuilles ou les tiges étant coupées lorsque le tabac est encore en végétation, il en résulte que plusieurs tiges secondaires ne tardent pas à se développer à la base des pieds. Ces rejets et les feuilles qui les garnissent constituent ce qu'on appelle le *regain*.

La loi ne permet pas aux planteurs de récolter ces nouvelles feuilles. En exécution de l'article 196 de la loi de 1816, ils sont tenus d'arracher les tiges et souches de deux plantations, au fur et à mesure de l'achèvement de la récolte.

Les employés qui constatent un seul fait de l'existence desdites tiges et feuilles après le délai accordé dans l'avertissement qui leur aura été délivré, dressent un procès-verbal contre les contrevenants, qui seront alors passibles de l'amende prononcée par l'article 181 de la loi sur le tabac.

Les feuilles des regains ont-elles suffisamment de qualité pour être récoltées? L'administration répond affirmativement à cette question en excluant ce tabac de la classe des produits marchands. Cette mesure est basée sur ce principe : que les feuilles qui constituent le regain n'arrivent pas toujours à maturité. M. Boussingault a récolté en seconde récolte, en 1857,

547 kil. de feuilles par hectare ; aussi est-ce avec raison qu'il voudrait que le cultivateur fût autorisé à profiter des chances favorables quand elles se présentent, lui qui subit si souvent sans se plaindre les conséquences des mauvaises saisons !

Dans le département du Nord on désigne les regains et les feuilles non marchandes sous le nom de *savonnettes*.

Arrachage des souches et des tiges. — Quand la récolte des feuilles ou la coupe des tiges a eu lieu, on arrache les pieds avec une pioche, on les secoue pour détacher la terre qui adhère aux racines et on les met en tas. Lorsque tous les pieds ont été ainsi déracinés, on les enlève à l'aide d'un tombereau et les conduit sur le fumier. Ces souches augmentent utilement la masse des engrais.

Dessiccation du tabac. — Aux termes du règlement concernant la culture du tabac, la dessiccation des feuilles doit être faite dans des séchoirs ou locaux convenablement disposés, afin de les préserver des intempéries : des pluies, des brouillards et du soleil.

A. Locaux ou abris. — Dans le nord et l'est de la France et en Allemagne et en Belgique, on dessèche le plus ordinairement le tabac sous des hangars ou à l'intérieur des bâtiments, ayant des ouvertures garnies de persiennes à lames mobiles verticales qui permettent une ventilation suffisante.

Dans les départements du sud-ouest et de l'ouest, on dessèche généralement le tabac dans des greniers et des granges mal aérés ou sous les auvents que présentent au midi les maisons d'habitation.

Un séchoir est réputé bon, quand il est éloigné des lieux qui produisent des émanations nauséabondes, lorsqu'il n'est pas situé dans un endroit humide ou sur le bord d'un cours d'eau, lorsqu'il a des ouvertures et que celles-ci permettent d'établir à volonté des courants d'air ; enfin quand on peut facilement y maintenir une chaleur douce.

L'administration publie chaque annéé qu'elle accordera des primes aux propriétaires qui construiront des séchoirs d'après les dispositions des séchoirs que possède la Hollande, mais peu de cultivateurs jusqu'à ce jour ont profité de ces encouragements, parce que les primes offertes ne sont pas en rapport avec les dépenses que nécessitent ces bâtiments spéciaux.

B. Conditions réglementaires concernant la dessiccation. — Les tabacs récoltés ne peuvent être desséchés ailleurs que dans l'habitation du planteur qui les a récoltés.

Les cultivateurs qui se trouveraient dans l'impossibilité de placer dans le local qu'ils habitent les tabacs provenant de leurs récoltes, ne pourront les faire sécher et emmagasiner dans un autre local qu'après en avoir obtenu l'autorisation.

Pour obtenir cette autorisation, il faut en faire la déclaration avant la récolte aux employés de la régie, en désignant la situation des bâtiments, le nom de leur propriétaire, et produire le bail authentique ou ayant date certaine qu'ils auront souscrit avec ce dernier. Les bâtiments loués doivent être situés dans une commune autorisée à planter du tabac. Cette déclaration est inscrite sur un registre à souche.

A défaut par les planteurs de se conformer à ces dispositions, les tabacs sont saisis par les employés, et le détenteur est passible des peines prononcées par les articles 217 et 218 de la loi de 1816.

C. Mise a la pente. — La mise à la pente s'opère de deux manières : 1º en enfilant les feuilles ; 2º en attachant les pieds à des perches.

1º Lorsque les feuilles ont été apportées au séchoir, on en forme des *guirlandes*, qu'on suspend au-dessous des toits ou des hangars.

Chaque femme chargée de préparer ces *chapelets* (*fig.* 17) rend une ficelle ayant de 1^m,50 à 2^m de longueur, et l'engage dans l'œil d'un *carrelet* moyen ; alors, à l'aide de cette

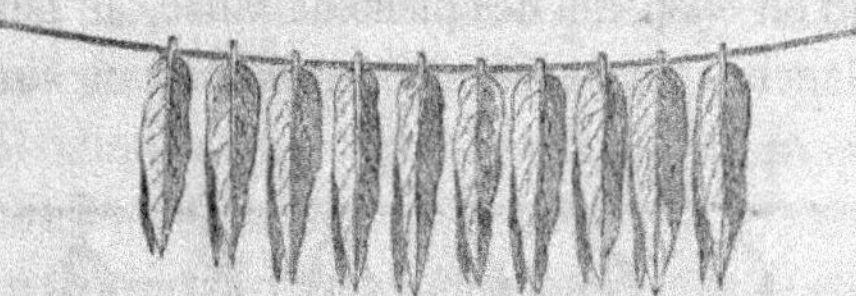

Fig. 17. Guirlandes de feuilles de tabac.

grosse aiguille, elle enfile un certain nombre de feuilles par le gros bout de la côte. Chaque jour on enfile les feuilles qu'on a récoltées la veille. En Alsace, on pend préalablement la pétiole de chaque feuille avec un *tranchet*; cette opération facilite la dessiccation de la côte et rend l'enfilage plus facile.

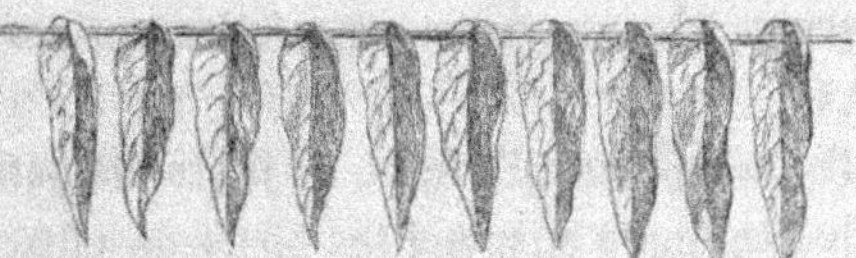

Fig. 18. Feuilles de tabac soutenues au moyen d'une baguette.

Le plus ordinairement les guirlandes de feuilles ont de 1^m à 1^m,50 de longueur.

En Hollande, on remplace souvent les ficelles par de petites baguettes (*fig.* 18).

Les guirlandes, au fur et à mesure de leur confection, sont attachées à des crochets que portent des tringles de bois situées à deux ou trois mètres au-dessus de l'aire des bâtiments.

Les chapelets doivent être espacés les uns des autres de 0^m,15 à 0^m,25 ; les feuilles sont séparées sur les guirlandes de 0^m,03 à 0^m,05 ; elles ne doivent pas se toucher, on peut les disposer en étage, si la hauteur du bâtiment le permet.

On peut aussi attacher 15 à 20 feuilles par la pointe et les réunir en paquet qu'on suspend ensuite à une perche.

2° Lorsqu'on suspend des pieds de tabac, il faut attacher sous les planches ou poser sur les poutres ou entraits por-

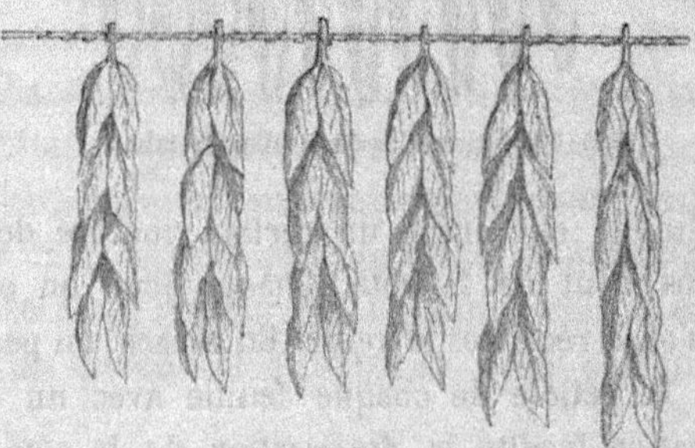

Fig. 19. Pieds de tabac mis à la pente.

tant des fermes, des chevrons espacés les uns des autres de 0^m,30 à 0^m,40.

Alors à l'aide de brins d'osiers, de joncs, de petits liens de paille ou de ficelle, on suspend les pieds de tabac la partie supérieure en bas, pour que les feuilles soient bien tombantes (*fig.* 19). Dans quelques localités on attache deux pieds à chaque bout d'une ficelle ; ailleurs, on en fixe un à chaque extrémité. La corde qui a alors 0^m,30 à 0^m,50 de longueur repose à cheval sur le chevron et permet à chaque pied de tomber verticalement.

Quand le local est élevé, on dispose plusieurs étages successifs de perches ou de chevrons.

La mise des tiges à la pente doit être faite au fur et à mesure qu'elles arrivent à la ferme. C'est en opérant ainsi qu'on parvient à obtenir du tabac de bonne qualité. Les cultivateurs qui veulent obtenir principalement du tabac ayant une belle couleur, doivent le mettre en tas dans des caves ou des locaux frais aussitôt après qu'il a été récolté et l'abandonner ainsi pendant deux ou quatre jours pour qu'il fermente et devienne jaune pâle. Cette opération est utile quand la récolte a lieu par un temps très-chaud, ou lorsque le vent souffle du nord; mais elle présente des dangers si elle n'est pas surveillée et pratiquée par des planteurs habiles, parce que les feuilles qni fermentent ainsi, peuvent prendre une teinte brune et perdent leur arome si la chaleur qu'elles produisent pendant la fermentation acquiert une grande intensité.

M. Mourgues regarde la dessiccation du tabac en tiges comme supérieure à la dessiccation des feuilles en guirlandes. Voici les résultats qu'il a constatés par expérience.

100 feuilles ayant séché sur leur tige ont pesé, après six semaines de suspension, 1 kilog. 875 grammes.

100 feuilles d'une dimension et d'un poids égaux, mises à la pente en guirlandes, n'ont pesé, après le même laps de temps, que 1 kilog. 625.

La différence en faveur du premier mode de dessiccation est donc de 14 pour 100 environ. Si l'on ajoute 12 pour 100 pour l'augmentation en valeur des mêmes produits, à cause de la conservation de la qualité, on trouve que la différence du rendement des deux procédés de dessiccation s'élève à 26 pour 100.

D. Dépenses occasionnées par la pente. — On compte, dans le département du Pas-de-Calais, qu'il faut 20 journées d'hommes et 40 journées de femmes pour enfiler les feuilles produites par un hectare.

Dans le Lot-et-Garonne, il faut 5 journées de femmes pour

attacher les pieds deux à deux avec de la paille ou de l'osier, 6 journées d'hommes pour les suspendre et 2 journées d'hommes pour les descendre.

E. Conditions de réussite. — La dessiccation oblige le cultivateur à une surveillance active et continuelle.

Si le tabac se dessèche trop vite, il reste vert, et ne prend pas cette teinte dorée qu'il doit avoir ; en outre, il perd son onctuosité et diminue de qualité.

Il faut donc faciliter plus ou moins l'accès de l'air ou de la chaleur, selon le degré de la dessiccation des feuilles.

Les feuilles qui se couvrent de moisissures doivent être détachées des guirlandes et des tiges, et suspendues par la pointe en petits paquets pendant 10 à 15 jours. Quand les moisissures persistent, après cette nouvelle pente, on les détache de nouveau, et on les frotte avec un linge, ou à l'aide de la main en ayant soin de ne pas les déchirer.

C'est à tort qu'on précipite la dessiccation en allumant du feu dans les séchoirs.

Enfin, on surveille chaque jour les guirlandes ou les pieds pour s'assurer si les feuilles se touchent et mettre de nouveau à la pente celles qui se sont détachées des tiges.

F. Durée de la mise a la pente. — Les feuilles et les tiges restent suspendues dans les séchoirs pendant un mois ou six semaines.

Cette première dessiccation est moins prolongée quand l'air est chaud et sec ; elle dure davantage si le temps est humide et froid.

Elle est terminée quand la côte principale a perdu les 9/10 de son eau de végétation.

Le cultivateur n'a pas intérêt à la prolonger sans nécessité, car, une fois sec, le tabac ne peut que perdre de sa qualité si le temps est sec, et moisir, s'il est humide.

On doit autant que possible profiter d'un temps très-doux pour descendre le tabac de la pente parce qu'alors les feuilles étant très-assouplies, sont moins sujettes à être brisées.

Quand le vent soufle du nord, on fait bouillir de l'eau dans le séchoir; la buée qu'on produit ramollit les feuilles et rend l'opération plus facile.

S'il gèle, on attend patiemment le beau temps.

Effeuillaison des tiges. — A mesure qu'on descend les tiges de la pente, on les donne à des femmes pour qu'elles détachent les feuilles une à une et les divisent en trois classes : le premier tas est formé des deux feuilles les plus basses; le second comprend les trois ou quatre feuilles du milieu; le troisième est formé des deux feuilles supérieures.

Le produit d'un hectare nécessite dans le département du Lot-et-Garonne 14 journées de femmes.

Mise en tas. — Quand les feuilles ont été retirées de la pente, on les réunit en tas pour qu'elles augmentent en qualité et qu'elles soient plus souples et plus onctueuses.

Ces tas ou *marcs* ou *masses* ont de 0^m,65 à 0^m,75 de hauteur.

On les forme en disposant les feuilles (les queues en dehors) sur deux rangs contigus au milieu d'un local sain et aéré.

Au bout de 10 à 15 jours on défait les tas, on bat les feuilles les unes contre les autres en les prenant par leurs pétioles, afin de bien les aérer et on les met encore une fois en tas.

Si vers le sixième ou le huitième jour on constatait, en plongeant la main dans le milieu des masses, un commencement de fermentation, il faudrait ne pas tarder de les démonter. Les feuilles qui fermentent dans les masses d'une manière apparente, deviennent sèches et perdent leur gomme et leur arome.

Triage des feuilles. — En novembre ou décembre, on s'occupe du triage, opération qui consiste à réunir les feuilles de même grandeur, de même couleur et de même qualité. Ce triage ne peut être fait que par des personnes habituées à ce genre de travail. L'administration se charge, sur la demande des planteurs, de le faire exécuter à leurs frais par des femmes des magasins de tabac.

Le triage est obligatoire pour tous les planteurs.

L'ouvrier chargé d'opérer le classement se place devant une longue table située dans un bâtiment bien éclairé, pose devant lui un paquet de feuilles provenant d'une des masses, et les examine une à une. Alors, ayant égard à leur largeur, leur longueur, leur nuance, leur consistance et leur défaut, il les range successivement en huit tas.

Le premier	comprend les feuilles		corsées jaunes.
Le second	—	—	légères jaunes.
Le troisième	—	—	corsées brunes.
Le quatrième	—	—	légères brunes.
Le cinquième	—	—	ayant des taches de rouille.
Le sixième	—	—	verdâtres.
Le septième	—	—	qui ont fermenté en masse.
Le huitième	—	—	rouillées, moisies, déchirées.

Cet ouvrier est secondé par un aide.

Le triage des feuilles récoltées sur un hectare exige dans le Lot-et-Garonne environ 15 journées de femmes habituées à l'opérer annuellement.

Mise en manoques. — Lorsque le triage est terminé ou à mesure qu'on l'opère, on procède à la formation des *manoques* ou paquets composés d'un nombre uniforme de feuilles toutes de même qualité.

La personne chargée du manocage arrange symétriquement un nombre donné de feuilles qu'elle lie ensemble avec une autre feuille; ce lien entoure les pédoncules; on l'arrête en introduisant son extrémité entre les queues des feuilles.

Toutes les feuilles doivent avoir leurs côtes en dehors.

Le nombre des feuilles composant les manoques varie suivant les localités. Voici les chiffres arrêtés par l'administration :

Lot et Lot-et-Garonne.	20 feuilles.
Ille-et-Vilaine.....................	20 —
Bas-Rhin........................	25 —
Nord............................	50 —

Il est expressément défendu de rogner le limbe des feuilles avec des ciseaux, sous prétexte d'enlever les parties mortes ou altérées.

Mise en masses des manoques. — Quand le manocage est terminé, on réunit les manoques en masses, ou *piles* de 1^m,30 à 1^m,50 de hauteur sur 2 mèt. de largeur, en plaçant les pédoncules en dehors. On comprime ensuite chaque tas avec des planches ou des madriers.

De temps à autre, on s'assure de la température de chaque masse. Pour plus de sécurité, on place un thermomètre au centre de chaque tas. Si la chaleur dépasse + 28 à + 30°, on démonte de suite le tas, on bat les manoques, on les étend au grand air et on les met de nouveau en masses le lendemain ou le troisième jour. On répète cette opération toutes les fois que cela est nécessaire.

Pendant cette mise en masses, qui dure un mois ou six semaines, le tabac prend une teinte plus foncée et acquiert ainsi plus de qualité.

Cette opération nécessite par hectare de 6 à 8 journées d'hommes.

Emballage des manoques. — Quelques jours avant l'époque de la livraison, on examine avec soin toutes les manoques, afin de s'assurer de leur état. Quand le tabac n'est ni trop sec ni trop humide, on réunit les manoques en balles ou en paquets.

Les balles, dans les départements du Lot, Lot-et-Garonne et Ille-et-Vilaine, doivent contenir 250 manoques de tabac de même qualité.

Dans le département du Nord, les bottes sont composées de 50 manoques réunies au moyen de trois liens d'osier. Dans le Bas-Rhin, les bottes sont formées de 10 manoques seulement réunies sur deux rangées et liées au moyen d'une ficelle.

Livraisons des tabacs. — La régie prend livraison des tabacs à des époques qui sont déterminées par des arrêtés des préfets et qui varient : dans le Nord du 25 octobre à la fin de décembre pour les feuilles de terre, et du 1er janvier au 1er mai pour les grands tabacs; dans le sud-ouest, du 1er au 30 janvier.

Les planteurs doivent, au jour qui leur est fixé, conduire leur récolte au magasin de la régie et se munir, à cet effet, d'un laissez-passer qui leur est remis par le maire ou le receveur buraliste de la commune.

Les voitures sur lesquelles les tabacs sont transportés doivent être couvertes de manière à les garantir de la pluie ou de l'humidité.

Tout planteur qui n'a pas effectué sa livraison au jour indiqué, ne peut présenter ses tabacs qu'après avoir reçu un nouvel appel. S'il n'y défère pas, il est considéré comme détenteur frauduleux de tabac, et les employés dressent procès-verbal contre lui, par application de l'article 217 de la loi de 1816.

Dénombrement des feuilles au magasin. — A l'arrivée de ses tabacs dans ses magasins et avant qu'il soit procédé au dénombrement des feuilles, le planteur est tenu de déclarer qu'il présente la totalité de sa récolte et d'indiquer le nombre de balles ou de bottes, de manoques et de feuilles dont elle se compose.

Les employés vérifient l'exactitude de la déclaration, en comptant le nombre de balles ou de bottes, puis celui des manoques contenues dans un certain nombre de balles ou de bottes, et enfin le nombre de feuilles de plusieurs manoques.

S'il est reconnu que les manoques et les balles ou les bottes ne sont pas composées conformément au règlement, il est sursis à l'expertise des tabacs et ceux-ci sont mis à part dans le magasin.

Pesée des tabacs. — Les tabacs sont pesés séparément par qualité ; le poids des osiers, ficelles, etc., servant de liens est déduit du poids brut.

Les tabacs encore humides ne sont reçus que sous réfraction arbitrée par la commission d'expertise.

Classement des tabacs. — La commission d'expertise procède au classement par *première, seconde* et *troisième qualité des tabacs marchands* et à l'estimation des *tabacs non marchands* ou propres à entrer dans la fabrication des tabacs de qualité inférieure. Elle prononce le rejet et la destruction des tabacs qui n'ont aucun emploi dans les manufactures. Enfin, elle décide quand il y a lieu d'accorder et pour quelle quantité la prime de 10 fr. par 100 kilogrammes à titre de surchoix, conformément à l'article 192 de la loi de 1816.

Ne peuvent être classés ni en première, ni en seconde qualité :

1° Les tabacs sans séve ;

2° Les tabacs mal triés par qualités ;

3° Les tabacs déchirés ;

4° Les tabacs à grosse côte susceptibles de se salpêtrer.

La commission doit ranger comme non marchands ou rejetés de la livraison, les tabacs suivants :

1° Les tabacs ayant contracté une mauvaise odeur ;

2° Les tabacs amollis par un excès de fermentation ;

3° Les tabacs verts ou gelés ;

4° Les tabacs moisis ou avariés ou qui auraient été pressés lorsqu'ils étaient encore verts.

Les tabacs rejetés doivent être détruits en présence des experts. Le fumier ou les cendres sont vendus au profit de l'administration.

Les tabacs récoltés dans les départements *du Nord, du Pas-de-Calais, du Bas-Rhin* et *d'Ille-et-Vilaine* fournissent de 60 à 70 par 100 de tabacs marchands.

Les tabacs *du Lot* et *du Lot et-Garonne* en donnent de 70 à 80 par 100.

Payement des tabacs acceptés. — Les planteurs sont payés le jour même de la livraison de leurs tabacs.

Balance des comptes des planteurs. — Après la réception des tabacs, le compte de chaque planteur est déchargé :

1° Des quantités de feuilles dont la détérioration ou la destruction aura été dûment constatée ;

2° Des feuilles allouées pour déchet en réduction des charges définitives ;

3° Des quantités représentées en magasin, déduction faite, s'il y a lieu, de celles rejetées, pour n'avoir pas été comprises dans les charges.

Si l'addition de ces quantités donne un total égal aux charges établies par l'inventaire, le planteur demeurera libéré. Dans le cas contraire, il sera tenu, suivant l'article 199, de payer au prix de 4 fr. par kilogr. la valeur de la quantité formant le déficit, laquelle sera convertie en poids à raison,

Dans le Lot et l'Ille-et-Vilaine, de.... 90 feuilles pour 1 kilogr.
  —   Lot-et-Garonne 100   —   —
  —   Nord 130   —   —
  —   Bas-Rhin.................. 160   —   —

La somme due par le planteur sera recouvrée dans la forme des contributions indirectes [1].

Retenue d'un centime par kilogramme. — Il est opéré, en vertu de l'article 1er de la loi du 21 avril 1832, sur le montant des livraisons, une retenue d'un centime par kilogramme de tabac, livré et admis à payement. Le produit de cette retenue sert à accorder des primes pour la construction de séchoirs, des indemnités aux planteurs pour dommages causés à leurs récoltes par la grêle ou autres accidents dûment constatés.

Culture du tabac pour l'exportation. — Tout cultivateur habitant une des communes admises à cultiver le tabac et auquel la culture pour les manufactures impériales n'aura pas été interdite, peut en planter pour l'exportation en se soumettant aux obligations imposées par le règlement.

Aux termes de l'article 206 de la loi de 1816, l'exportation doit être effectuée le 1er août de l'année qui suit la récolte, à moins que le planteur n'ait obtenu du préfet une prolongation de délai qui ne peut pas dépasser le 1er septembre.

Entre le 1er janvier qui suivra la récolte et l'exportation, les tabacs, après avoir été manoqués et emballés, doivent

---

1. Les *manquants* à la charge des planteurs ont atteint les chiffres suivants :
    En 1835 .... 18 310 kilogr.
    En 1836 ....   8 141   —

être déposés dans les magasins des manufactures. A leur arrivée, i s sont pesés, cordés et plombés en présence des employés de la régie.

Les planteurs sont tenus de payer :

1° Un droit de pesée de 30 centimes par 100 kilogrammes;

2° Le plombage à raison de 20 centimes par plomb et corde;

3° Un droit de magasinage à raison de 60 centimes par 100 kilogrammes et par mois.

Les magasins sont ouverts aux planteurs et à leurs ouvriers et pendant les jours et aux heures fixés par le travail dans les ateliers de la régie.

Visites au domicile des planteurs. — Après les délais fixés pour la livraison, les employés se rendent au domicile des planteurs et font les recherches nécessaires dans les granges-séchoirs, maison d'habitation et dépendances, afin de vérifier s'ils n'ont pas conservé illicitement des tabacs. Les planteurs chez lesquels il sera trouvé des tabacs seront passibles des rigueurs prononcées par l'article 218 de la loi précitée[1].

Vol de tabac. — En cas de vol commis chez un planteur, ce dernier est tenu d'en faire immédiatement la déclaration au maire de la commune et aux employés. Les agents dressent un procès-verbal qui est annexé au compte d'inventaire. Ces deux pièces sont envoyées ensuite au préfet, qui statue sur le dégrèvement à accorder.

Motifs d'interdiction de culture. — Les planteurs peuvent être punis de l'interdiction de culture pendant une ou

---

1. La surveillance de la culture du tabac a occasionné à la régie en 1835 les dépenses totales suivantes :

Par hectare...............	35 fr.	75 c.
Par planteur.............	15	30
Par plantation...........	8	76
Par 10 000 pieds...........	17	38

plusieurs années, s'ils ont commis une des contraventions désignées ci-après.

1° Plantation au-dessous de 20 ares (art. 180 de la loi du 28 avril 1816).

2° Plantation et semis faits sans autorisation (art. 180).

3° Opposition à l'entrée des employés dans les séchoirs, maison d'habitation, etc. (art. 235).

4° Plantation inférieure en nombre de pieds ou en superficie aux 4/5 des quantités autorisées (art. 180).

5° Plantation faite sous substitution de nom ou de personne (art. 180).

6° Plantation sur d'autres pièces que celles autorisées (art. 180).

7° Non destruction des semis à l'époque fixée (art. 180).

8° Plantation irrégulière et pieds doubles (art. 180).

9° Conservation de pieds intercalaires après l'époque fixée pour leur destruction (art. 180).

10° Retard dans la transplantation au delà des délais fixés.

11° Écimage au-dessus du nombre de feuilles fixé.

12° Défaut de nettoyage, épamprement et ébourgeonnement.

13° Conservation de bourgeons écimés ou non portant des feuilles de 0^m, 25 de longueur (art. 180).

14° Excédant de la plantation de plus d'un cinquième, soit sur la surface des terres, soit sur le nombre des pieds (art. 193).

15° Remplacement de pieds manquants ou plantation après le premier inventaire (art. 180).

16° Destruction de plantes avariées, hors de la présence des employés.

17° Récolte de feuilles d'épamprement ou de regain avant l'inventaire.

18° Détention de tabac avant l'inventaire (art. 217).

19° Non destruction des tiges et souches (art. 196).

20° Dépôt sans autorisation de tabac hors du domicile du planteur (art. 217).

21° Conservation de tabac après l'époque fixée pour la livraison ou l'exportation (art. 217).

22° Livraison de tabacs préparés ou humectés frauduleusement.

23° Présentation à la livraison de feuilles d'épamprement ou autres non inventoriées.

24° Manquants constatés lors de la livraison ou de l'exportation (art. 199).

25° Fausse déclaration de vol de tabac fait dans le but de couvrir des manquants frauduleux.

Produit par hectare. — Le tabac est beaucoup plus productif dans les départements du nord et de l'est, que dans ceux de l'ouest et du sud-ouest. Cette différence tient au nombre de pieds qu'on plante par hectare et à la destination du tabac qu'on y cultive. Voici les rendements moyens que l'on a constatés en France, en 1840.

Départements.	Arrondissements.	Produits par hectare.	Moyennes.
Lot-et-Garonne...	Marmande	383 kilogr.	
—	Villeneuve........	387 —	
—	Nérac............	417 —	
—	Agen	462 —	412 kilogr.
Lot.............	Gourdon	676 —	
—	Figeac...........	812 —	
—	Cahors...........	986 —	824 —
Ille-et-Vilaine....	Dol....	1383 —	1383 —
Bas-Rhin	Schelestadt........	1553 —	
—	Strasbourg	1987 —	1770 —
Pas-de-Calais	Saint-Omer........	1363 —	
—	Montreuil	1392 —	
—	Saint-Pol.........	1421 —	
—	Béthune	2252 —	1657 —
Nord............	Hazebrouck	1945 —	
—	Lille.............	2733 —	2379 —
	Moyenne..............		1397 kilogr.

En 1851, on a obtenu les résultats suivants :

Lot-et-Garonne	688 kilogr.
Lot	835 —
Ille-et-Vilaine	1387 —
Bas-Rhin	2055 —
Pas-de-Calais	2500 —
Nord	2982 —
Moyenne	1741 kilogr.

Il ressort de la comparaison de ces deux années que la production moyenne a augmenté de près de 400 kilogrammes par hectare. Ce résultat doit être attribué au perfectionnement de la culture et des procédés de dessiccation et aussi à la propagation de variétés plus productives.

Le produit moyen de la Belgique atteint 3700 kilogrammes par hectare.

Prix des tabacs. — Les prix auxquels la régie prend livraison des tabacs a été établi par un arrêté ministériel du 23 août 1839. Voici ces prix pour 100 kilogrammes :

Départements.	Surchoix.	1re qualité.	2e qualité.	3e qualité.	Non marchand.
Lot	145 fr.	135 fr.	105 fr.	75 fr.	10 à 40 fr
Lot-et-Garonne	140	130	100	80	10 à 50
Ille-et-Vilaine	140	130	100	80	10 à 60
Nord	150	140	110	90	10 à 70
Bas-Rhin	100	90	80	70	10 à 60

Dans le département du Bas-Rhin, il est accordé une prime de 30 fr. par 100 kilogrammes en sus du prix de la qualité à laquelle ils se rattacheront, aux tabacs propres à la couverture des cigares. Cette prime ne se cumule pas avec l'allocation de 10 fr. accordée aux tabacs de surchoix.

Le prix des tabacs pour l'Algérie a été établi ainsi qu'il suit :

1re qualité, 130 fr. ; 2e qualité, 110 fr. ; 3e qualité, 90 fr. ; non marchands, de 30 à 70 fr.

Les tabacs étrangers se vendent les 100 kil. :

Tabac de Havane de............	450	à 500 fr.	
— de Maryland de...........	140	150	
— de Virginie..............	120	130	

Prix de revient. — Il est difficile d'établir le prix de revient de 100 kilogrammes de tabac, parce que les dépenses varient suivant les localités et les recettes selon la qualité du tabac récolté. Voici néanmoins quelques comptes publiés par MM. Dauvin, Mourgues et Van Eslandes :

	Pas-de-Calais.	*Lot.*	*Belgique.*
Dépenses, par hectare, ...	1095 fr.	600 fr.	2398 fr.
Recettes................. ..	1300	900	2632
Bénéfices, par hectare........	205	300	234
Prix de revient des 100 kilogr....	55	70	75

Je rappellerai que le tabac appartient à la petite culture. Le planteur, qui fait par lui-même tous les travaux que nécessite la culture et la préparation du tabac, réalise donc un bénéfice là où la grande culture constaterait, comme l'a démontré M. Fabre, une perte importante.

Qualité des tabacs. — Les tabacs récoltés en France varient beaucoup en qualité.

Le *tabac du Lot* est le plus estimé ; il est fort, corsé. La poudre qu'il fournit a beaucoup de montant, mais elle est privée de l'arome pénétrant qui distingue le tabac de Virginie. Le *tabac du Lot-et-Garonne* est aussi très-bon, mais il est moins recherché que le précédent.

Le *tabac du Nord* est fort, corsé; on l'utilise dans la fabrication de la poudre.

Le *tabac du Pas-de-Calais* est moins fort et il n'a pas suffisamment de séve et d'arome; il entre dans la fabrication du tabac à fumer.

Le *tabac d'Alsace* a un tissu fin ; il sert à faire des cigares.

Voici comment sont classés les tabacs français :

Tabac fort, propre à la poudre.	*Tabac léger, propre au scaferlaty.*
Lot.	Pas-de-Calais.
Nord.	Bas-Rhin.
Lot-et-Garonne.	
Ille-et-Vilaine.	

Le *tabac de Hollande* a beaucoup de force ; il est excellent pour la poudre.

Le *tabac de Havane* est sans égal pour les cigares.

Le *tabac de Maryland* est léger et odorant ; il sert exclusivement à faire du tabac à fumer.

Les feuilles amples, épaisses, charnues, visqueuses et douces au toucher constituent le *tabac gras*. Les feuilles minces, sèches et qui se brisent facilement forment le *tabac maigre*.

Le tabac qu'on récolte en Algérie est léger, souple et a un arome agréable. Celui qui provient de la province d'Oran rappelle le *tabac du Levant*.

La régie fabrique les tabacs qu'elle livre à la consommation en opérant les mélanges suivants :

Poudre.	*Carotte.*
Feuilles exotiques......23 pour 100.	Feuilles exotiques......30 pour 100.
— indigènes......64 —	— indigènes......70 —
Débris de côtes........13 —	

Scaferlaty.	*Tabac de cantine.*
Feuilles exotiques... ..20 pour 100.	Feuilles non marchandes 96 pour 100.
— indigènes......80 —	Côtes................ 4 —

Voici les prix de revient et de vente des divers tabacs en 1850 :

Prix de revient du kilogr.

Poudre.....................	1 fr.	44
Carotte....................	1	92
Scaferlaty.................	1	98
— de cantine..........	0	94

Prix de vente du kilogramme.

	au débitant.	au consommateur.
Poudre........................	7 fr. 25	8 fr. »
Carotte......................	7 25	8 »
Scaferlaty................	7 25	8 »
— de cantine..........	2 15	2 50

On comptait en France, en 1850, plus de 25 000 débitants de tabac autorisés.

BIBLIOGRAPHIE.

Tessier. — Avis sur la culture du tabac, in-8, 1791.
De Villeneuve. — Traité de la culture du tabac, 1791, in-8.
Heiter. — Mémoire sur le tabac, 1806, in-8.
Sarrasin. — Traité élémentaire de la culture du tabac en France, 1811, in-8.
Lezay-Marnesia. — Manuel du cultivateur de tabac, 1811, in-8.
Truchet. — Annales de l'agriculture française, 1815, in 8, t. LXIV, p. 50.
Fabre. — Culture du tabac dans le Lot-et-Garonne, 1842, in-8.
— Enquête sur les tabacs par la Chambre des députés, 1836, in-4.
Joubert. — Tabac, son histoire et sa culture, 1844, in-18.
Lebeschu. — Culture du tabac en Algérie, 1848, in-8.
Duranton. — Instruction sur la culture du tabac, 1850, in-8.
Petit-Lafitte. — Instruction sur la culture du tabac dans la Gironde, 1855, in-18.
Fermond. — Monographie du tabac, 1857, in-8.
Demoor. — Du tabac, 1858, in-18.
Mourgues. — Mémoires de la Société centrale d'agriculture, 1857, II⁰ partie, p. 1.

CHAPITRE II.

Pavot à opium.

Papaver somniferum, L.

Plante dicotylédone de la famille des Papavéracées.

Historique. — Localités. — Variétés de pavots. — Composition de l'opium. — Terrain. — Semis. — Soins d'entretien. — Récolte de l'opium. — Exécution des scarifications. — Enlèvement du suc. — Dessiccation du suc. — Produit en opium. — Produit en graines. — Usages de l'opium. — Emballage. — Sophistication. — Valeur commerciale. — Variétés d'opium. — Bibliographie.

Historique. — Le pavot contient un suc laiteux qui constitue la substance que l'on a nommée *opium*, produit connu depuis les temps les plus reculés. L'opium que fournissait autrefois la Thébaïde était renommé pour ses propriétés médicinales et sa vertu enivrante.

Localités. — L'opium se récolte principalement en Égypte, en Perse, en Turquie et dans l'Amérique méridionale. Les Indes anglaises en expédient chaque année en Chine une quantité considérable. C'est à partir de 1840, que les Chinois ont pris la funeste habitude de le fumer comme du tabac. En 1856, les Indes britanniques ont vendu à Canton 182 000 caisses ou 127 400 000 kilog. d'opium, malgré les lois chinoises qui en défendent l'importation et le commerce : en 1837, ils n'avaient expédié en Chine que 40 000 caisses ou 8 800 000 kilog.

La culture du pavot à opium a pris depuis vingt ans environ des proportions vraiment alarmantes. Le Bengale, qui ne produisait en 1844 que 15 000 caisses ou 1 050 000 kilog. en a récolté, en 1855, 81 000 caisses ou 5 670 000 kilog. Bombay et Calcutta en ont fourni en 1855, 82 000 caisses ou 5 640 000 kilog. En 1850, on estimait le nombre des ouvriers occupés à la récolte de l'opium du Bengale, à 127 000.

On a essayé, depuis un demi-siècle, d'introduire en France la culture du pavot à opium. Les résultats obtenus dans la Guyenne, en Auvergne et dans la Picardie ont été très satisfaisants. Nonobstant il est encore très-douteux qu'on parvienne à la naturaliser. L'Algérie semble plutôt appelée que la France à rivaliser avec l'Asie. Jusqu'à ce jour le climat des provinces d'Alger et d'Oran a paru très-favorable à l'extraction de l'opium. C'est la rareté de la main-d'œuvre qui a limité jusqu'à ce moment l'extension de cette culture industrielle.

Variété de pavots. — 1° *Pavot à fleur pourpre.* — La variété de pavot, que l'on a de tout temps désignée sous le nom de *pavot à opium*, a des fleurs rouge foncé. Le célèbre opium de la Thébaïde était produit par un pavot à fleur rouge pourpre. Cette variété, que l'on désigne souvent sous les noms de *pavot à fleur noire, pavot à graines noires,* a été cultivée il y a quelques années à Clermont (Puy-de-Dôme) par M. Aubergier.

Le pavot rouge double qu'on cultive dans les jardins, comme plante d'agrément, provient de cette variété. Ses capsules sont rondes et petites.

2° *Pavot à fleur blanche.* — Cette variété à laquelle on a donné les noms de *pavot médicinal, pavot à semences blanches,* est celle qu'on cultive de préférence en Arménie. Ses capsules fournissent un opium remarquable par sa richesse en morphine. Il est aussi très-répandu dans l'Asie Mineure, dans les cultures destinées à la production de cet agent thérapeutique.

On connaît deux races de pavot blanc : celle à *capsules oblongues* et celle à *têtes rondes.* La première sous-variété contient un suc plus actif, plus riche en morphine que la sous-variété à tête ronde. C'est elle qui sert principalement en Orient à l'extraction de l'opium. Elle a un avantage marqué sur le pavot à fleur pourpre : elle végète plus promptement et épanouit ses fleurs d'une manière plus uniforme.

3° *Pavot œillette*.—Cette espèce, que l'on a appelée *pavot rose*, *pavot blanc à graine noire*, *pavot à graine bleu ciel*, est celle qui produit ordinairement le moins d'opium ; ses capsules sont petites et rondes et ont le défaut d'avoir un péricarpe très-mince. L'opium qu'en a retiré M. Renard contient 15 pour 100 de morphine.

Composition de l'opium. — Le suc qui découle des incisions faites sur les capsules du pavot est blanc et opaque ; il a une consistance laiteuse et une saveur très-acre. A l'air il s'épaissit, prend une coloration jaune plus ou moins foncée et se couvre d'une pellicule mince et irisée.

Voici, d'après Mulder, la composition de l'opium du commerce :

Morphine	10,842
Narcotine	6,808
Codéine	0,678
Narcéine	6,662
Méconine	0,804
Acide méconique	5,124
Caoutchouc	6,012
Résine	3,582
Matière grasse	2,166
Matière extractive	25,200
Gomme	1,040
Mucilage	19,086
Eau	9,846
Perte	2,148
	100,000

Les opiums purs qui viennent du Levant contiennent pour 100 les quantités suivantes de morphine et de narcotine.

	Op. de Smyrne.	Op. de Constantinople.	Op. d'Égypte.	Op. de l'Inde.
Morphine	9 à 10	3 à 5	6 à 7	10 à 11
Narcotine	6 à 9	3 à 4	2 à 3	» »

L'opium obtenu en France a donné à l'analyse les proportions suivantes de morphine :

Expérimentateurs.	Localités.	Morphine.		Variétés de pavots.
Benard.........	Picardie........	20	p. 100.	P. œillette.
Renard.........	Id.	22	—	P. œillette.
Aubergier.......	Auvergne.........	7 à 11	—	P. pourpre.
Id.	Id.	13 à 17	—	P. œillette.
Lamarque	Guyenne	10	—	P. blanc.
Petit...........	Ille-de-France....	16 à 18	—	P. blanc.
Hardy..........	Algérie..........	5 à 6	—	P. œillette.

Ces proportions si variables de morphine ont pour cause la variété de pavot cultivée et le procédé qu'on a adopté pour inciser les capsules. Nonobstant, elles permettent de dire qu'on peut obtenir en Europe un opium aussi riche en morphine que l'opium importé en France par le commerce du Levant.

Terrain. — Le pavot destiné à la production de l'opium doit être cultivé sur des terres douces, perméables, substantielles et abritées des grands vents.

On a constaté, par expérience, que les pavots exposés à l'agitation de l'air, produisaient toujours moins d'opium, parce que leur suc se desséchait très-rapidement.

Les terres qu'on consacre au pavot doivent être parfaitement ameublies [1]. On doit aussi les disposer, avant les semis, en planches de 1^m,50 à 2 mèt. de largeur, séparées les unes des autres par des sentiers de 0^m,40 à 0^m,50.

Semis. — Le pavot se sème dans le nord et le centre de la France en février ou mars. Dans les contrées du midi, en Algérie et en Orient on exécute les semis en novembre.

Les semailles se font en lignes espacées de 0^m,30 à 0^m,40. En Algérie, on préfère les exécuter à la volée.

---

1. Voyez *culture du pavot œillette*, PLANTES INDUSTRIELLES, Ire partie, p. 57.

Soins d'entretien. — Les soins qu'on donne au pavot pendant sa croissance, consistent en divers binages et un ou deux éclaircissages.

Le premier éclaircissage doit être exécuté quand les plantes ont de 4 à 6 feuilles. En Algérie, on l'opère en janvier et on espace les pavots sur les lignes à $0^m,16$ ou $0^m,20$ de distance.

Récolte de l'opium. A. Époque. — On commence la récolte de l'opium lorsque la chute des pétales est complète, c'est-à-dire au moment où les capsules perdent leur nuance verte pour passer au jaune, et bien avant leur maturité, ou quand elles ont atteint environ les trois quarts de leur grosseur normale. Pratiquée plus tardivement, l'opération devrait être considérée comme mauvaise, parce que les têtes seraient trop sèches et ne laisseraient écouler qu'une faible quantité de suc.

C'est en juillet et août qu'on doit exécuter en France les incisions. En Algérie, on les opère en mai et en juin.

C'est à la fin de mars ou au commencement d'avril qu'on procède au Bengale à leur exécution.

On opère depuis 10 à 11 heures du matin jusqu'à 2 ou 3 heures de l'après-midi, c'est-à-dire pendant le moment le plus chaud de la journée. Quand on suit cette règle, on peut recueillir le suc entre 4 et 7 heures du soir, et éviter de le laisser pendant la nuit à l'action de la rosée. Théophraste recommande de faire les incisions après la disparition de la rosée, afin que le suc coule en plus grande abondance.

B. Exécution des scarifications. — Les incisions constituent des opérations à la fois longues, minutieuses et fatigantes, puisque les ouvriers opèrent constamment au soleil.

Ces scarifications se font avec un petit instrument à trois

ou quatre lames ayant 0ᵐ,002 de saillie. Les Persans se servent depuis longtemps d'un outil à cinq diviseurs ; on a essayé de faire les incisions avec un canif, mais on a dû y renoncer parce que la lame traversait souvent les parois des capsules. L'inciseur qu'on emploie est disposé de manière que les lames ne pénètrent que le péricarpe des têtes et ne dépassent pas par conséquent la profondeur voulue. Lorsqu'on traverse la capsule, on retarde la végétation, on nuit à l'écoulement du suc laiteux et à la qualité des graines. Il faut donc agir avec précaution pour éviter de favoriser l'accès de l'air dans l'intérieur des capsules.

Les incisions doivent être faites obliquement ou transversalement (*fig.* 21). C'est à tort qu'on a recommandé de les pratiquer parallèlement à la direction des feuillets des capsules. D'après Dioscoride, Liautaud, Walich, les Orientaux les font en diagonale, afin que le suc qui en découle tombe plus difficilement, soit sur les feuilles, soit à terre.

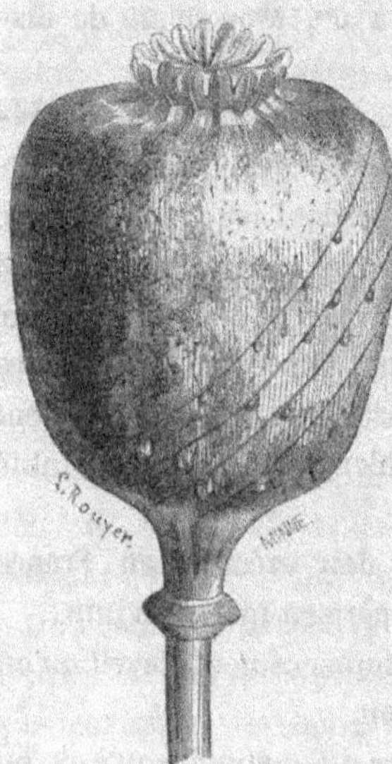

Fig. 21. Tête de pavot blanc incisée obliquement.

On continue ce travail tous les jours si le temps est beau.

D'après M. Renard, un ouvrier qui opérerait pendant 2 ou 3 heures chaque jour, pourrait inciser environ 200 capsules. Un hectare de pavot œillette exigerait donc environ 400 journées, soit de 25 à 26 ouvriers par jour pendant 15 jours. On a constaté en Algérie que les têtes de pavot blanc pouvaient être incisées par 200 à 300 journées en 12 ou 15 jours.

Ces scarifications peuvent être faites par des femmes ou des enfants.

On répète quelquefois les incisions jusqu'à ce qu'elles enveloppent les capsules. Dans ce cas, on les fait aussi inclinées, mais en sens contraire des précédentes, et on laisse quelques jours d'intervalle entre chaque opération.

Généralement on ne trouve pas un grand intérêt à répéter les incisions, parce que l'opium qu'on obtient est moins riche en morphine. Ainsi plusieurs expérimentateurs ont noté les remarques suivantes :

L'opium de la première opération est jaune pâle et le plus calmant ;

L'opium de la seconde opération est roux noirâtre et a moins de vertu thérapeutique ;

L'opium de la troisième récolte est noir et de qualité inférieure.

C. Enlèvememt du suc. — Le suc, sous l'influence d'un air chaud, se coagule en deux heures.

Quelques heures après la première incision, on enlève donc les larmes laiteuses pour les exposer au soleil jusqu'à leur complète dessiccation. Les ouvriers chargés de cette opération recueillent le suc en le détachant avec le doigt ou en se servant d'un couteau, d'un racloir ou d'une coquille de moule, et le déposent dans un vase attaché devant eux à l'aide d'une ceinture. Ce procédé, d'après Kampfer, est celui qu'on pratique chaque année en Perse.

On continue la récolte des larmes laiteuses jusqu'à la fin des scarifications.

Les femmes qui restent longtemps dans les cultures de pavot à opium éprouvent parfois, à la fin de la journée, une sorte d'assoupissement. Cette somnolence n'a rien de dangereux.

Une ouvrière peut récolter par jour de 300 à 400 grammes de suc laiteux.

Dessiccation du suc laiteux. — Lorsque le suc a été ramassé, on l'expose dans des vases plats à l'action du soleil jusqu'à ce qu'il ait pris de la consistance et une teinte noirâtre. Cette dessiccation dure de deux à trois jours.

Quand l'opium est solide, on le divise en pains de 50 grammes environ, qu'on expose de nouveau au soleil ou dans une étuve pour qu'ils se durcissent.

En Perse, on humecte le suc laiteux aussitôt qu'il a été récolté, avec un peu d'eau ; on le pile, on le malaxe, afin d'en obtenir une masse homogène, et on le moule au moyen de petits cylindres.

Nonobstant, on doit opérer la dessication du suc aussi promptement que possible. M. Acar a reconnu qu'une partie de la morphine s'altérait lorsqu'on agit avec lenteur.

Dans le Levant, la chaleur est telle qu'elle solidifie très-promptement les gouttes de suc en petites masses arrondies qui constituent l'opium que le commerce a nommé *opium en larmes*. Ces larmes sont livrées agglomérées en masses irrégulières.

Le suc laiteux donne au minimum le quart de son poids en opium. 20 kilog. 800 de suc opiacé ont donné à M. Benard 13 kilog. 500 d'opium sec.

Produit en opium. — Un hectare de pavot ne fournit pas un poids considérable d'opium. Voici les résultats qu'on a obtenus :

Hardy............	Algérie............	17 kilogr. 500
Benard............	Picardie..........	13 — 600
Cowley............	Angleterre........	16 — »

Produit en graines. — Les têtes de pavot qu'on a scarifiées fournissent des graines de bonne qualité.

Le pavot pourpre fournit moins de graines que les autres variétés.

Un hectare de pavot à opium a donné, en Algérie, 11 hectolitres 25 de graines.

Usage de l'opium. — L'opium est employé pour calmer les douleurs et disposer au sommeil; il sert aussi à la préparation de certains médicaments. Employé à haute dose, il peut causer la mort.

Dans les Indes, et surtout en Chine, on le fume après l'avoir préparé sous forme de pilules. Il produit une sensation à peu près analogue à celle que le hachisch fait éprouver. Les fumeurs qui en abusent perdent avec le temps la mémoire et l'intelligence, s'abâtardissent et meurent dans un état d'ivresse.

Emballage de l'opium. — On emballe l'opium dans des caisses de poids irréguliers. On empêche les pains, les cylindres ou les masses agglomérées de larmes d'adhérer les uns aux autres, en les enveloppant de feuilles de pavot ou en remplissant les vides des caisses avec des feuilles de sureau ou des graines de patience.

Sophistication. — En Orient, on fraude l'opium avec du suc de laitue et de chélidoine, de la fécule, du cachou, de la bouse de vache, etc.

Valeur commerciale. — L'opium se vend de 50 à 70 fr. le kilog., suivant sa pureté et sa richesse en morphine.

Variétés d'opium. — La qualité des opiums du commerce est très-variable. Le plus riche vient de l'Asie Mineure.

1° *Opium indigène.* — Cet opium a une cassure homogène et luisante, une couleur brune hépathique ou rougeâtre. Sa saveur est âcre et amère.

2° *Opium de Smyrne*. — Il a une couleur fauve, une odeur très-forte et vireuse, une saveur âcre, amère et nauséeuse.

Tous les opiums se ramollissent sous les doigts, et sont pesants et opaques.

Importation de l'opium. — La France ne consomme pas annuellement une très-forte quantité d'opium. En 1855, elle en a importé 9583 kilog., pour lesquels il a été perçu 12 375 fr. de droits.

La plus grande partie de l'opium importé en France vient de la Turquie. L'Égypte n'en a fourni, en 1855, que 1,138 kilog.

BIBLIOGRAPHIE.

Hardy. — Culture du pavot somnifère en Algérie, 1844, in-8.
Aubergier. — Mémoires de la Société centrale d'agriculture, 1850, 1re partie, p. 325.
Benard. — Expériences sur l'extraction de l'opium, 1857, in-8.
Benard. — Bulletin agricole de Doullens, 1858, in-8, p. 292.

LIVRE XI.

PLANTES A SUCRE ET A ALCOOL.

———

J'ai rangé dans la même division les plantes saccharines et les végétaux qui fournissent uniquement de l'alcool.

Voici les plantes que je me propose d'étudier :

A. *Plantes saccharines.*

1. Canne à sucre.   2. Sorgho-sucré.
3. Betterave à sucre.

B. *Plantes à alcool.*

1. Topinambourg.   2. Asphodèle.

Je ne décrirai pas la culture de la betterave et du topinambourg; j'ai fait connaître dans les PLANTES FOURRAGÈRES, chapitre Ier et chapitre IIe, toutes les opérations concernant l'existence de ces deux plantes. Je me bornerai à signaler les produits commerciaux qu'elles fournissent, et les faits économiques qu'on peut enregistrer lorsqu'elles sont cultivées comme plantes industrielles.

———

CHAPITRE PREMIER.

PLANTES SACCHARINES.

SECTION I.

Canne à sucre.

(Du sanscrit *scharkara* qui signifie sucre doux.)

SACCHARUM OFFICINALE, L.

Plante monocotylédone de la famille des Graminées

Historique. — Mode de végétation. — Variétés. — Composition. — Données statistiques. — Climat. — Terrain : nature et préparation. — Engrais nécessaire. — Mode de multiplication : boutures, rejetons. — Soins d'entretien. — Insectes nuisibles. — Animaux nuisibles. — Agents atmosphériques nuisibles. — Récolte : époque et opération. — Rendement en tiges. — Rapport des tiges à la bagasse. — Quantité de vesou fournie par les cannes. — Nature du jus. — Quantité de sucre fournie par hectare. — Quantité de mélasse fournie par le vesou et le sucre. — Composition de la mélasse. — Quantité d'alcool fournie par la mélasse. — Usages de la bagasse. — Prix de revient. — Bibliographie.

Historique. — La canne à sucre végète naturellement sur les bords de l'Euphrate. Les Chinois la cultivent depuis la plus haute antiquité. Au temps de Galien et de Pline, sa culture était répandue en Égypte et en Éthiopie. En 1420, dom Henri, régent de Portugal, l'importa de Sicile à Madère. Suivant Ebn-El-Arvam, elle était cultivée avec succès au XIII siècle dans tout le midi de l'Espagne, où elle aurait été importée au XI siècle par les Sarrasins. Elle a été introduite à Saint-Domingue, en 1506, par Pierre d'Etiença.

La canne à sucre a été cultivée à Hyères au XIV siècle.

De nos jours, sa culture n'est en usage en Europe qu'en Sicile et à Malaga, Almunecar, Velez, etc., en Espagne.

On la cultive à la Guadeloupe, à la Jamaïque, au Bengale,

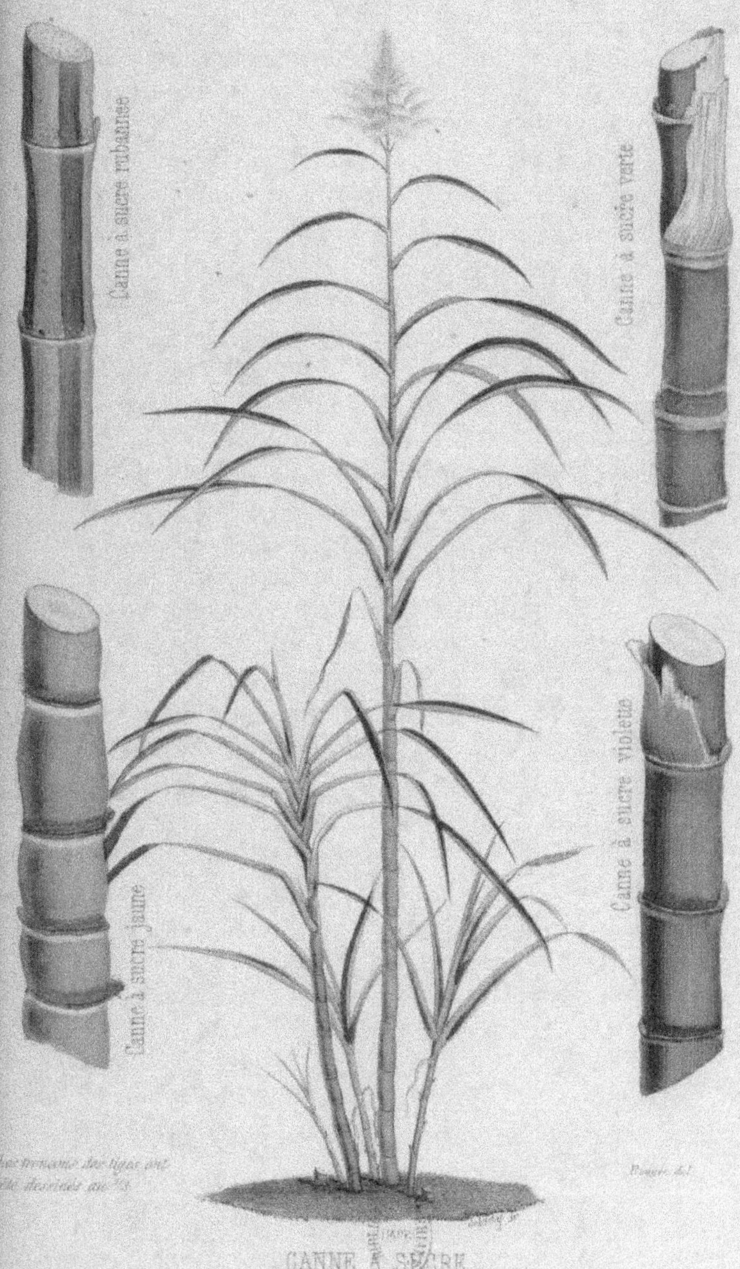
Canne à sucre rubanée
Canne à sucre verte
Canne à sucre jaune
Canne à sucre violette
CANNE À SUCRE

à la Martinique, aux îles Bourbon, à l'île Maurice, en Égypte, dans l'Éthiopie, etc.

Mode de végétation. — La canne à sucre a une racine vivace et fibreuse ; elle produit plusieurs tiges à nœuds renflés, qui atteignent de 3 à 4 mètres de hauteur. Les feuilles sont engaînantes, plates, aiguës au sommet, longues de $0^m,70$ à $1^m,20$, et plus ou moins rapprochées les unes des autres, selon la longueur des entre-nœuds. Chaque nœud porte une feuille. Les fleurs forment une panicule terminale, soyeuse et blanchâtre.

La tige principale, qui provient de la bouture mise en terre, est appelée vulgairement *grande canne* ; les pousses qui sortent de la souche sont désignées sous le nom de *rejetons*.

Les nœuds des variétés les plus estimées sont éloignés les uns des autres de $0^m,10$, $0^m,12$ à $0^m,16$ en maximum.

Les tiges arrivent à maturité deux mois environ après la floraison ; alors elles ont de $0^m,04$ à $0^m,05$ de diamètre.

La floraison a lieu plus ou moins promptement, selon la température moyenne de la localité dans laquelle la canne à sucre est cultivée.

Le colonel Codazzi a constaté que la canne à sucre d'Otaïti peut être récoltée

A l'âge de 11 mois avec une température moyenne de $+ 27°$
— 12 — — $+ 25 —$
— 14 — — $+ 23 —$
— 16 — — $+ 19 —$

En général, on coupe les tiges du douzième au quatorzième mois.

Variétés. — La canne à sucre a produit un très-grand nombre de variétés. Les principales sont au nombre de six :

1° *Canne de Bourbon, Canne de Singapore, Canne d'Otaïti.* — Cette variété, originaire d'Otaïti, a été décrite par Cook. Elle est précoce, productive et se propage facilement; elle fournit un jus qui donne un sucre abondant, très-beau et brillant. On lui reproche d'avoir des nœuds très-éloignés les uns des autres, ce qui rend sa tige, qui est élevée et grosse, très-cassante; aussi doit-on la cultiver sur des champs d'une fertilité ordinaire, un peu secs, bien exposés au soleil et arbrités des vents par des élévations ou des massifs d'arbres.

Sa tige est jaune et ses feuilles sont larges, retombantes et d'un beau vert pâle.

2° *Canne noire de Java*, *Canne de Batavia*, *Canne violette de Taïti*, *Canne de la Jamaïque*. — Cette variété est rustique, robuste et très-vigoureuse. Ses entre-nœuds présentent une belle teinte violette. Elle fournit un jus très-riche en sucre.

Ses tiges sont très-fortes et plus difficiles à broyer que les tiges de la variété précédente.

3° *Canne à rubans*, *Canne transparente*. — Cette variété réussit très-bien dans les terres légères et siliceuses. Ses tiges présentent de nombreuses stries d'un beau rouge vif, ayant de 0^m,005 à 0^m,02 de largeur; leur jus donne un très-beau sucre.

4° *Canne du Bengale*, *Canne rouge de Calcutta*. — Cette variété est très-vigoureuse; son jus est très-coloré et il fournit un sucre très-dur et très-brillant.

5° *Canne de la Chine*. — Cette variété a été introduite dans l'Inde en 1796; sa tige est de petite dimension, mais elle est très-dure et résiste très-bien au froid et à la chaleur. La fourmi blanche et le chacal ne l'attaquent pas. On la préfère à d'autres variétés pour la fabrication du sucre candi-

6° *Canne de Salangore*. — Cette variété a des feuilles très-larges, très-retombantes et garnies, sur leur bord inférieur, de nombreuses épines. Le jus qu'elle fournit est très-facile à clarifier; il donne un sucre dur et très-brillant.

On considère cette canne à sucre comme la meilleure de toutes celles qu'on cultive.

Composition. — La tige de la canne à sucre contient intérieurement, entre les nœuds, et principalement dans sa partie inférieure, un liquide transparent très-saccharin, qui fournit la matière que l'on nomme *sucre brut*, *sucre de canne*, *sucre des colonies*.

Voici, d'après MM. Payen et Péligot, quelle est la composition des tiges arrivées à maturité :

	Canne de la Martinique.	Canne de Cuba.	Canne d'Otaïti.
Sucre...............	18,00	16,20	18,00
Ligneux, sels, etc....	9,90	6,00	10,96
Eau................	72,10	77,80	71,04
	100,00	100,00	100,00

En général le sucre varie de 9 à 22 pour 100, suivant la variété cultivée et la nature du sol dans lequel la plantation a été exécutée.

D'après M. Boussingault le sucre normal est formé de

Carbone.........................	42,10
Hydrogène.......................	6,40
Oxygène.........................	51,50
	100,00

Il contient de 9 à 10 pour 100 d'eau.

Données statistiques. — La consommation du sucre s'accroît en France d'année en année.

Les quantités déclarées à trois époques et à vingt années de distance, se sont élevées en

1818, à...............	29 874 583	kilog.
1838, à...............	126 192 216	—
1858, à...............	275 219 740	—

Ainsi, en quarante ans, la consommation annuelle de sucre s'est élevée de 1 kilogr. à près de 8 kilogr. par habitant.

Voici quelles ont été, pendant ces trois périodes, les importations du sucre de canne :

1818....................	29 874 583 kilog.
1838....................	86 992 808 —
1858....................	156 399 117 —

En 1858, le sucre venant de l'étranger s'est élevé à 72,989,629 kilogr.

Climat. — La canne ne peut être cultivée que dans les contrées où la temperature moyenne ne descend pas, pendant le printemps et l'été, au-dessous de $+$ 19 à $+$ 20°.

Plus la température est élevée et plus le jus est riche en parties saccharines. Ainsi, en Espagne et en Algérie, sa densité, à l'aréomètre Baumé, varie en 6°50 et 9° en maximum, tandis qu'au Brésil, dans les Indes et les Antilles, cette même densité atteint de 10 à 13°.

En général, la canne à sucre est cultivée comme le coton, soit dans les îles, soit dans les localités voisines de l'Océan ou de la Méditerranée. C'est qu'elle demande une température presque régulière et à la fois chaude et humide, et une lumière très-vive.

Les gelées à glace et même les fortes gelées blanches lui sont très-nuisibles. Les tiges que les gelées endommagent, soit dans les Indes, soit à la Louisiane, doivent être regardées comme perdues pour le planteur, parce que leur jus a perdu sa propriété de cristalliser.

Ce sont les froids qui n'ont pas permis sa culture dans la région maritime de la Provence, dans la plaine de Terracine (royaume de Naples), dans l'ancienne Paphos (île de Chypre), et qui rendent sa culture difficile dans la plaine de l'Épiscopi et l'Andalousie.

C'est donc avec raison qu'on considère la canne à sucre comme appartenant à la culture tropicale.

Jusqu'à ce jour, son introduction en Algérie n'a pas donné des résultats très-satisfaisants.

Terrain. — A. Nature. — La canne à sucre doit être cultivée sur des terrains profonds, frais et plutôt argileux que siliceux.

Les terres granitiques, contenant une certaine proportion d'argile et de nombreux débris de matières organiques, lui sont très-favorables. Il en est de même des terres d'alluvion.

Les sols argilo-calcaires fertiles, sont considérés à bon droit comme d'excellents terrains, parce que l'expérience a cent fois constaté que la chaux excerçait une influence très-remarquable sur la richesse saccharine du jus. Les terres calcaires ferrugineuses ne nuisent à son développement que lorsqu'elles contiennent de l'oxyde de fer en excès.

Les terrains pierreux ne sont pas regardés comme de mauvais sols. Les pierres en plombant la couche arable y fixent plus de fraîcheur pendant les sécheresses.

Les plus mauvais sols sont les terres à briques pauvres, parce qu'elles acquièrent, sous l'influence d'une vive chaleur, une très-grande dureté.

Dans les Indes et aux États-Unis, on recherche de préférence les terres fertiles, riches en sels de soude et de potasse.

B. Préparation. — Pendant longtemps les terres consacrées dans les colonies françaises et anglaises à la culture de la canne à sucre, ont été préparées par les nègres. L'émancipation des esclaves a changé ces conditions de culture, et a forcé de substituer le travail des instruments aratoires traînés par des bœufs, des buffles ou des mules, au travail des bras sur un grand nombre d'exploitations.

La plupart des instruments introduits dans les colonies

sont entièrement en fer. On est généralement satisfait de la charrue et du buttoir construits par Ransome.

Les terres sont labourées à plat. Le dernier labour est suivi par un ou plusieurs hersages destinés à pulvériser la surface du sol.

Lorsqu'on veut cultiver la canne à sucre sur des terres incultes, on commence par couper tous les arbustes, ou on y met le feu après avoir circonscrit l'étendue qu'on veut défricher au moyen de quelques traits de charrue. Quand les broussailles et les mauvaises herbes ont été détruites, on répand les cendres et on laboure la couche arable à 0^m,15 ou 0^m,20 de profondeur, en faisant suivre chaque charrue par une fouilleuse ou charrue sous-sol. On termine la préparation en égalisant grossièrement le terrain, si ce dernier présente des cavités ou des élevations.

Lorsque la terre a été bien ameublie à l'aide de deux, trois ou quatre labours et plusieurs roulages et hersages, on y trace des raies parallèles au moyen du buttoir. Ces raies sont destinées à recevoir les engrais et les boutures ; elles sont éloignées les unes des autres de 1^m,65 à 1^m,85.

Quand les terres ne sont pas très-friables, on ouvre ces raies avec la charrue, en agissant comme s'il était question de faire une dérayure, et on les nettoie ensuite avec le buttoir.

Engrais nécessaire. — La canne à sucre est épuisante et nécessite, pour être productive, l'emploi d'engrais abondants et riches en parties organiques très-solubles.

Les engrais qui conviennent le mieux sont :

Le sang sec.	La poudrette.
Le guano.	La colombine.
La chair de cheval en poudre.	Le fumier décomposé.

Le marc frais de canne est très-estimé. On l'emploie à la dose de 20 000 kilogr. à l'hectare.

A Calcutta, on fume les champs de canne en enfouissant de l'indigo ou de l'herbe de Guinée.

La vase est regardée comme excellente par les Indiens et les Égyptiens.

A la Jamaïque, on a souvent recours au parcage des bêtes bovines et des mules. Chaque hectare est alors fertilisé au moyen de 5000 têtes de gros bétail.

Enfin, quand on cultive la canne à sucre sur des terres ne contenant pas, pour ainsi dire, du carbonate de chaux, on applique des marnes, de la chaux ou de la poudre d'os.

En général, les engrais très-ammoniacaux, comme les urines et les fumiers frais d'écurie, ne sont pas très-favorables à la canne à sucre. Les jus fournis par les cannes abondamment fumées avec des matières très-riches en ammoniaque donnent une plus forte proportion de mélasse au détriment des parties saccharines cristallisables.

Modes de multiplication. — La canne à sucre ne produisant pas de graines, est exclusivement multipliée de boutures ou de rejetons.

A. Boutures. — On prépare les boutures en divisant la partie supérieure des tiges, celle située immédiatement au-dessous de la masse de feuilles qu'on nomme tête de la canne, en tronçons de $0^m,30$ environ de longueur, portant un ou plusieurs nœuds.

On peut aussi diviser la partie inférieure des tiges en plusieurs parties, mais on préfère séparer la portion encore tendre et verte, parce qu'elle fournit des boutures d'une reprise plus assurée.

Cette préparation complétée par l'effeuillage des boutures, se fait à l'époque de la récolte des cannes.

Les boutures une fois préparées sont mises immédiatement en terre, où elles sont réunies en tas de $0^m,50$ environ d'épaisseur, et protégées ou des froids ou de la chaleur par des feuilles fraîches. Chaque lit de tronçons doit être recouvert d'une couche de feuilles vertes.

B. Réjetons. — La multiplication par réjetons est moins en usage que la précédente. On ne l'adopte généralement que lorsqu'on demande au même champ plusieurs récoltes successives.

Plantation. — La mise en place des boutures se fait en janvier, février ou mars. On ne doit planter en avril que les champs qu'on peut arroser à volonté.

Au Bengale, on plante souvent de préférence pendant les mois de septembre, octobre et novembre.

La plantation se fait dans des trous qu'on creuse avec la houe dans le fond des sillons ouverts par la charrue ou le buttoir.

Ces trous doivent avoir de $0^m,16$ à $0^m,20$ de profondeur, et être espacés les uns des autres de $0^m,30$ à $0^m,60$, selon qu'on y plante une ou deux boutures ou rejetons.

Chaque plant, après avoir été couché à plat ou un peu obliquement dans le fond des trous, doit être couvert de $0^m,10$ à $0^m,15$ de terre meuble.

Quand on renouvelle une plantation, on arrache, à l'aide de la charrue ou de la pioche, toutes les vieilles souches, et, après avoir préparé le terrain, on plante les boutures ou les rejetons au milieu des intervalles des anciennes lignes, afin que les nouvelles cannes ne végètent pas sur les mêmes rangées.

Lorsqu'on veut obtenir une seconde récolte, on rabat les billons et les éteules des cannes. Cette opération se fait avec une houe à lame bien tranchante. Les ouvriers chargés d'exécuter cete sorte de taille doivent éviter d'endommager les souches, afin de ne pas nuire au développement des rejetons.

Soins d'entretien. — La canne à sucre exige pendant sa végétation des soins d'entretien assez nombreux.

Après le développement des premières feuilles, qui s'opère entre le vingtième et le trentième jour qui suivent la plantation, on remplace les boutures qui n'ont pas réussi, et on exécute un binage dans le but de détruire les mauvaises herbes, ameublir la terre et combler les trous dans lesquels les boutures ou les rejetons ont été plantés.

Quand ces travaux sont terminés, on arrose toute l'étendue cultivée, si le sol manque de fraîcheur.

Les irrigations se font par infiltration. On les répète souvent, mais très-modérément jusqu'à la saison des pluies.

On continue aussi les binages quand cela est nécessaire.

Quand les cannes ont un mètre environ de hauteur, et que les feuilles ombragent en partie la terre, on les butte deux ou trois fois à vingt ou vingt-cinq jours d'intervalle. Le buttage exerce une influence puissante sur l'accumulation dans les cellules des parties cristallisables par l'humidité qu'il concentre autour des racines. Il a aussi pour effet de donner aux cannes plus de solidité, ce qui leur permet de mieux résister aux vents violents, et de séparer les rangées par des sillons qui rendent les arrosages plus faciles, et qui contribuent à l'assainissement de la couche arable pendant la saison des grandes pluies.

Enfin, pendant les pluies continuelles, on enlève les feuilles sèches et fanées, et on supprime quelques feuilles vertes sur les cannes vigoureuses, afin qu'elles mûrissent mieux et plutôt.

Insectes nuisibles. — Le principal ennemi de la canne à sucre, dans l'Inde, est la *fourmi blanche*. Cet insecte se loge sous la souche des cannes et dépouille les racines de la terre qui les enveloppe. Alors les plantes n'ont plus assez de fixité pour résister à une température élevée et à la violence des vents. On ne connaît aucun moyen de les détruire, mais on les éloigne des champs de cannes en répandant çà et là sur la terre de l'huile de pétrole.

Animaux nuisibles. — Le rat fait parfois de grands dégâts dans les cultures de cannes. C'est lorsque les tiges sont arrivées à leur maturité, qu'il les ronge par le bas. Une canne ainsi attaquée est entièrement perdue.

On détruit beaucoup de rats en opérant la récolte de la manière suivante : on coupe les tiges en agissant de la circonférence au centre sur tout le contour de la pièce, et on laisse un certain nombre de tiges au milieu de la pièce. Cette *remise*, qui est plus ou moins considérable, selon le nombre de rats qu'on veut détruire, sert de refuge à ces rongeurs. Quand la récolte des tiges est terminée, on entoure la remise de broussailles très-combustibles et on y met le feu. Ce dernier, en envahissant les cannes, détruit la plupart des rats qui se sont réfugiés dans la remise.

Agents atmosphériques nuisibles. — La canne à sucre est arrêtée dans son développement par les *vents brûlants* et les *longues sécheresses* ; elle est déracinée et renversée par les *vents violents* ; les *grandes pluies* pourrissent les racines et nuisent à la formation des parties saccharines.

Enfin, les feuilles des cannes qui végètent dans des terres argileuses, riches et humides, sont sujettes à être attaquées par la *rouille*.

Récolte. — A. Époque. — On procède à la récolte des cannes lorsque les tiges ont une teinte dorée ou violette et qu'elles ont perdu leurs feuilles dans la plus grande partie de la hauteur. Alors, les feuilles supérieures sont encore verdâtres, et les panicules ont une belle teinte argentée.

La récolte se fait successivement parce que les tiges d'une même plantation ne mûrissent pas toutes à la fois.

L'époque à laquelle les cannes arrivent à la maturité, varie suivant les latitudes. A la Louisiane, on les récolte en novembre, en décembre ou en janvier ; à Saint-Domingue, on les coupe en février, mars et avril.

On ne doit couper ni trop tôt, ni trop tard ; dans les deux cas on extrait du *vesou* une moins grande quantité de sucre.

B. OPÉRATION. — On coupe les tiges à 0^m,03 ou 0^m,05 au-dessus du sol, à l'aide d'une serpe, d'un sabre ou coutelas ou d'une petite hache, on les étête, on les divise en deux si elles sont longues, et on les lie ensuite en bottes qu'on dépose le long des chemins ou sur le bord de la plantation.

Alors, à l'aide de charrettes ou de *cabrouets*, on les transporte à la sucrerie où elles sont soumises immédiatement à l'action de moulins à cylindres cannelés ou unis mis en mouvement par des animaux, l'eau ou la vapeur.

Rendement en tiges. — Un hectare de cannes bien cultivées et non attaquées par les rats, les chacals ou les fourmis blanches, donne de 40 000 à 70 000 kilog. de tiges.

Les planteurs sont satisfaits quand ils obtiennent, en moyenne, 50 000 kilog. de tiges à l'hectare.

Rapport des tiges à la bagasse. — Le résidu que fournissant les cannes qui ont été écrasées et pressées est désigné sous le nom de *bagasse*.

Les cannes fraîches sont à la bagasse :: 100 : 35 ou 100 : 40.

Quantité de vesou fourni par les cannes. — Les cannes bien triturées ou laminées plusieurs fois et bien exprimées donnent 50 à 80 pour 100 de vesou ou jus. La moyenne est 60 à 65 pour 100. Ainsi, un hectare produisant 50 000 kilog. de cannes, fournit 30 000 kilog. de jus.

VII*   15

Nature du jus. — Le jus de canne est gris verdâtre, opaque ; sa saveur est douce et sucrée et son odeur rappelle l'odeur balsamique de la canne. Il contient :

Eau...................	de 70 à 75 pour 100.
Sucre	— 18 à 25 —

Quantité de sucre fourni par hectare. — L'industrie n'extrait pas tout le sucre que contient le vesou. En général elle n'obtient que 8 à 10 kilog. de sucre égoutté par 100 kilog. de jus.

Il résulte de ce rendement que 30 000 litres ou 33 000 kilog. de jus donnent en moyenne de 2600 à 3300 kilog. de sucre brut égoutté.

Les terres qui ne produisent pas 50 000 kilog. de cannes, n'en donnent souvent que 1500 à 2000 kilog.

Autrefois, les sucreries ne retiraient de la canne que 10 à 12 pour 100 de sucre. De nos jours le rendement s'élève à 14 et même 16 pour 100.

Quantité de mélasse fournie par le vesou. — Le jus, après avoir abandonné de 8 à 10 pour 100 de sucre contient de 5 à 6 pour 100 de mélasse.

Ainsi, les 33 000 kilog. de jus obtenus par hectare donnent de 1600 à 2000 kilog. de mélasse.

Composition de la mélasse. — La mélasse ou sucre noir liquide ou sirop incristallisable est composée comme il suit :

Parties saccharines...............	65,00
Eau............................	32,00
Matières organiques.............	3,00
	100,00

Les matières sucrées contiennent :

Sucre...................	45 p. 100
Glucose.................	22 —

Les mélasses sont ordinairement distillées.

Quantité d'alcool fournie par la mélasse. — La mélasse qu'on distille dans les *rhumeries* fournit de 33 à 35 pour 100 d'alcool absolu.

Résidu des mélasses. — Le résidu de la distillation des mélasses est composé comme il suit :

Sulfate de potasse	10
Chlorure de potassium	16
Carbonate de potasse	42
— de soude	32
	100

Usages de la bagasse. La bagasse sert à fertiliser les champs consacrés à la culture de la canne, ou on l'emploie comme combustible, ou bien on l'utilise dans l'alimentation des bêtes à cornes.

On a constaté que 300 kilog. de bagasse sèche remplacent 100 kilog. de houille.

Prix de revient. — La culture de la canne n'engage pas par hectare et par an un capital considérable. A la Louisiane les frais de culture s'élèvent seulement à 500 fr.

Cette dépense porte le prix de revient des 1000 kilog. de cannes à 10 fr.

BIBLIOGRAPHIE.

De Cazeaux. — Essai sur l'art de cultiver la canne à sucre, 1781, in-8.
Le Breton. — Traités sur les propriétés et la culture de la canne à sucre, 1789, in-12.
Dutrône. — Précis sur la canne à sucre, 1797, in-12.
Du Tour. — Dictionnaire d'histoire naturelle, 1803, t. IV, in-8, p. 236.
De Tussac. — Flore des Antilles, 1811, in-folio, t. I, p. 151.
Boussingault. — Économie rurale, 1851, in-8, t. I, p. 225.
Wray. — Manuel du planteur de canne à sucre, 1853, in-8.

De Harry. — Mémoire sur les fourmis des cannes à sucre, 1783, in-4.

SECTION II.

Sorgho sucré.

('Ανήρ πώγων, barbe de l'homme ; allusion aux arêtes des fleurs.)

HOLCUS SACCHARATUS, Lin. ANDROPOGON SACCHARATUS, Roxb.

Plante monocotylédone de la famille des Graminées.

Historique. — Mode de végétation. — Variétés. — Composition. — Climat. — Terrain : nature, fertilité, préparation. — Semis : époque, semis sur couche, transplantation, semis en place, espacement des lignes, quantité de graines nécessaire par hectare, germination des semences. — Soins d'entretien : binage, éclaircissage, arrosage, buttage, effeuillage. — Récolte. — Produits : tiges, jus, alcool, graines, feuilles, bagasse, cidre. — Valeur commerciale des tiges et des graines.

Historique. Le sorgho sucré est originaire de la Sénégambie et de la Nigritie. On le cultive depuis fort longtemps dans le Mantchourie, province de la Tartarie chinoise et sur les côtes d'Afrique, depuis le cap de Bonne-Espérance jusqu'à la base de Delago.

En langue berbère on l'appelle *kafe*, en langue poule, *makari*, en langue chinoise, *kao-lien*. En Europe, on le désigne sous les noms de *sorgho de Chine; millet de Cafrerie* et *Imphy*.

Gmelin rapporte que l'*holcus saccharatus* est cultivé depuis longtemps par les Cosaques du Jaïk, et aux environs de Jaïzkoi-Gorodok dans la Russie méridionale. Les Buchares le cultivent aussi sous le nom de *millet de Bucharie*.

Cette plante a été introduite en Europe au xv° siècle, époque à laquelle le cultivèrent les Génois et les Vénitiens. En 1775, Pietro Arduino l'a signalée à l'attention des agriculteurs sous le nom d'*olchus de Cafrerie*, parce qu'il avait tiré une sorte de mélasse du jus fourni par les tiges. Plus tard, son fils Louis Arduino en obtint à Padoue du sucre en partie cristallisé.

En 1850, le sorgho sucré fut importé de nouveau en Europe par M. de Montigny, consul de France à Shangaï (Chine). Dès 1851, M. le docteur Turrel observait à Toulon qu'il mûrit ses graines dans le midi de la France. C'est M. L. Vilmorin qui a constaté pour la première fois qu'il pouvait fournir en abondance de l'alcool dépourvu de saveur désagréable.

En 1854, M. L. Wray a rapporté de la côte de Natal en Cafrerie plusieurs variétés cultivées par les Cafres Zulu et qu'il a désignées sous le nom générique d'*Imphy*.

Ce sorgho contient dans ses tiges une notable quantité de sucre. C'est cette substance, selon Mollien, qui permet aux naturels du pays de Bambouk, de fabriquer, quoique mahométans, en ayant recours à la fermentation, une liqueur spiritueuse et très-enivrante.

Les tentatives faites par Arduino et les expériences entreprises depuis plusieurs années en France dans le midi, en Espagne et en Afrique, ne permettent pas d'espérer que ce sorgho suppléera en Europe la canne dans la production du sucre. Jusqu'à ce jour on ne connaît pas de procédé pratique à l'aide duquel on puisse obtenir le sucre qu'il contient parfaitement cristallisé.

Mode de végétation. — Le sorgho sucré est annuel. Il produit 4 à 6 tiges pleines et glabres, mais plus fortes que celles du sorgho à balai, et qui atteignent une hauteur de 3 à 5 mètres. Les feuilles sont nombreuses, larges et d'un beau vert. Les fleurs sont disposées en panicules; elles produisent des fruits presque globuliformes, d'un beau noir luisant, enveloppés en partie par les glumelles, et munis d'une barbe tortillée ayant quelques millimètres seulement de longueur. Les semences sont arrondies, jaunes, rougeâtres ou de couleur de rouille.

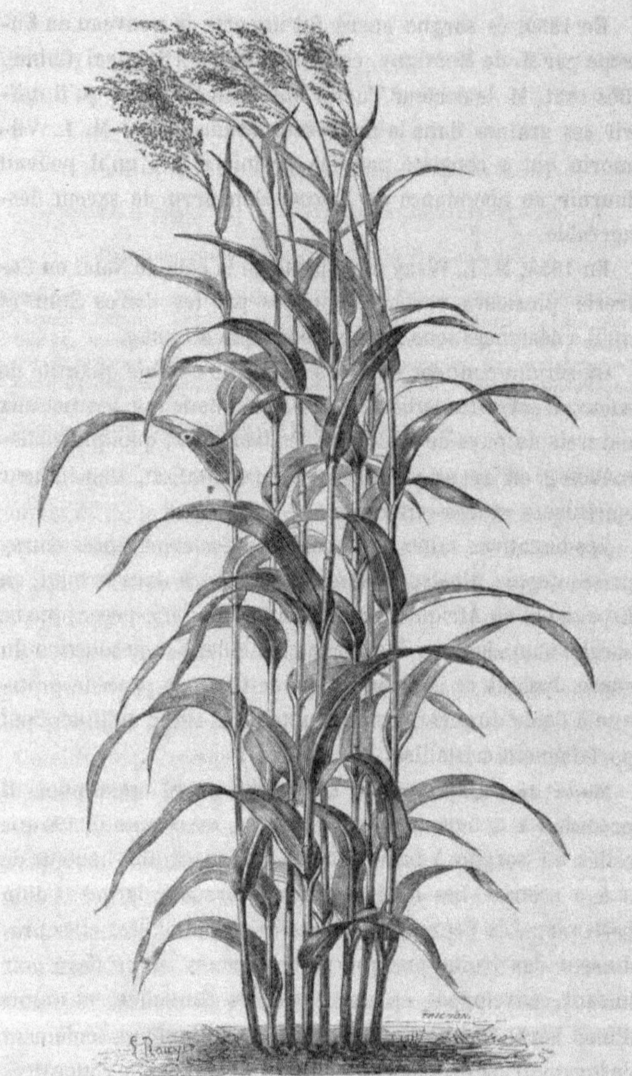

Fig. 22. Sorgho sucré.

Cette plante (fig. 22) végète d'abord lentement, mais à partir du mois de juillet elle change entièrement d'aspect et présente bientôt une verdure luxuriante; elle mûrit ses graines vers la fin de l'été. Ses feuilles sont flétries par les premiers froids, mais ses tiges conservent en partie leur couleur verte jusqu'aux mois de décembre et de janvier.

Variétés. — Les variétés rapportées de Port-Natal (Afrique) par M. L. Wray sont nombreuses. Voici les principales :

1° *Vim-bis-chu-à-pa*, la plus vigoureuse et la plus robuste de toutes, mais plus tardive que le sorgho sucré. Ses feuilles sont larges et un peu rudes. La couleur de ses fruits varie du jaune au pourpre, et celle des graines qui sont un peu allongées, est jaune ferrugineux. Le jus qu'elle fournit est très-abondant et très-sucré.

2° *E-a-na-moo-di*, plus tardive que la précédente, avec laquelle elle a beaucoup de rapports. Ses graines sont rondes plutôt que longues.

3° *E-éngha*, très-élégante, ayant une panicule développée et très-retombante.

4° *Ni-a-za-na*, regardée par les Cafres Zulu, comme étant la plus sucrée. Ses tiges ne dépassent jamais deux mètres en hauteur. Ses fruits portent une arête de $0^m,004$ à $0^m,005$ de longueur. Cette variété est hâtive.

5° *Broom-wa-na*, la plus belle et la plus productive. Ses tiges toutes teintées de rose, coloration qui passe au rouge au fur et à mesure que les plantes mûrissent. Ses fruits sont rouge foncé sur un fond jaune et ses graines sont brunes, allongées et presque cylindriques. Cette variété mûrit en quatre mois dans le centre de l'Espagne.

6° *Oom-si-a-na*, produisant des épis droits au lieu de panicules. Cette variété est plus hâtive que la précédente; ses tiges sont plus courtes et plus grosses que celles de l'E-éngha et du Broom-wa-na.

7° *Shla-goova*, très-élevée et très-estimée par les Cafres. Ses panicules sont très-longues et la couleur des fruits varie du rose au pourpre foncé.

8° *Shla-goon-di*, productive et à épis droits et très-développés. Cette variété est assez hâtive.

Toutes ces variétés, d'après les remarques faites par M. L. Vilmorin, se sont montrées sous le climat de la France, moins sucrées que le sorgho de Chine. La variété qui a le mieux réussi jusqu'à ce jour est le *vim-bis-chu-à-pa*.

Composition. — Le sorgho à sucre contient beaucoup d'eau. Voici les quantités que M. Leplay y a constaté.

	Sorgho non mûr.	Sorgho mûr.
Eau.................	80 à 82	70 à 73
Résidu sec.........	20 à 18	30 à 27
	100 à 100	100 à 100

La matière ligneuse insoluble y existe dans la proportion de 9 à 10 pour 100. La canne à sucre en contient 9,56 pour 100.

Voici, d'après M. Itier, la composition complète du sorgho sucré :

Sucre...........................	8,210
Amidon.........................	0,100
Ligneux, cellulose, etc...........	17,775
Silice...........................	0,065
Sels divers......................	0,520
Eau............................	73,330
	100,000

La canne à sucre contient presque autant d'eau, mais elle renferme 18 pour 100 de sucre.

Les tiges de sorgho sucré privées de leur jus ont donné

1,60 par 100 de cendres qui contenaient d'après M. Jackson,
les substances suivantes :

Potasse	8,10
Chaux	11,80
Magnésie	9,60
Soude	9,60
Chlore	3,70
Acide sulfurique	28,70
— phosphorique	13,42
Silice	14,40
Fer et perte	0,68
	100,00

Les cendres du sorgho à balai contiennent 56 pour 100 de
potasse et 15 pour 100 de soude, mais elles ne renferment
que 7 pour 100 de chaux.

Climat. — Le sorgho sucré considéré comme plante à
alcool appartient à la région méditerranéenne de l'Europe.
Ainsi, c'est dans les localités où croissent en pleine terre
l'oranger, l'olivier, le caroubier, le palmier, le cotonnier et
la canne à sucre, qu'on peut le cultiver comme plante industrielle.

On avait cru que sa culture pourrait être pratiquée en
grand dans toute l'étendue de la région du mais, mais l'expérience a prouvé qu'elle ne devait pas dépasser la région
de l'olivier qui comprend en France le Languedoc, le comtat d'Avignon et la Provence.

Le sorgho sucré commence à pousser et cesse de végéter
lorsque la température s'élève au printemps et descend en
automne à 12 ou 10 degrés au-dessus de zéro.

Terrain. A., NATURE. — Cette plante demande, comme le
sorgho à balai, une terre légère, profonde et fraîche. Les sols
argileux, à moins d'être très-riches, ne lui sont pas aussi
favorables que les terres qui contiennent du sable dans une
proportion notable et que les pluies, l'air et la chaleur pénè-

trent très-facilement; c'est pourquoi, il y a avantage à la cultiver sur les terres d'alluvion.

On doit choisir de préférence les terres qui contiennent du carbonate de chaux. On sait quelle influence la chaux exerce sur la végétation des plantes saccharines; en effet, cette substance augmente sensiblement la production et la qualité du sucre.

Il faut éviter de cultiver le sorgho sur les sols riches dans lesquels les sels de soude et de potasse sont en excès.

A part leur nature et leur richesse, les terrains doivent pouvoir offrir aux plantes pendant toute leur existence une certaine fraîcheur. Cette humidité est nécessaire pour que les composants des engrais deviennent promptement solubles. Alors les racines, recevant une nourriture plus abondante, obligent les tiges à se développer avec plus de promptitude et de vigueur.

Si, au contraire, le sol est desséché par la chaleur et par le vent, la végétation languit, est comme interrompue, et la formation du sucre cesse en partie d'avoir lieu. C'est pourquoi il est nécessaire dans les sols qui manquent de profondeur, et toutes les fois que la terre a été desséchée par les rayons du soleil, de pratiquer, si cela est possible, des irrigations par infiltration.

B. Fertilité.—J'ai dit que le sol devait être naturellement fertile, parce que le sorgho est très-épuisant. Cette richesse n'exclut pas l'emploi des engrais; mais cette espèce de sorgho demande-t-elle des engrais très-azotés? Les faits que l'on a souvent constatés dans la culture de la canne à sucre, et d'autres plantes saccharifères permettent d'avancer qu'on doit renoncer aux matières contenant de l'azote en abondance, parce qu'elles ont l'inconvénient d'augmenter les substances albuminoïdes au détriment du sucre. Il importe que l'azote fournie par les engrais soit seulement en qualité suffisante pour donner aux plantes l'énergie vitale dont elles doivent être douées, pour végéter avec une vigueur soutenue et qu'elles puissent accumuler dans leur tissu cellulaire le plus possible de matières cristallisables, en absorbant beaucoup de carbone, d'hydrogène et d'oxygène.

On comprend dès lors pourquoi le sol doit être naturellement fertile et pour quel motif cette richesse ne peut être augmentée favorablement que par l'intermédiaire de matières organiques ne contenant pas une forte proportion d'ammoniaque. On sait que Liebig a constaté que les betteraves récoltées dans une terre pauvre contiennent leur maximum de matière sucrée.

Les engrais qui doivent obtenir la préférence sont : le sang sec, la poudrette, les fumiers très-décomposés et les engrais végétaux. Ces matières, par leur facile solubilité, peuvent manifester leurs effets très-promptement. Cette action rapide est d'autant plus importante que le sorgho sucré accomplit très-lentement les premières phases de végétation. On comprend aussi que, n'occupant le sol que pendant 4 ou 5 mois, il n'y aurait pas avantage à employer de préférence aux engrais que je viens de désigner, des cornes, des chiffons, etc.

C. PRÉPARATION. — Les terres qu'on destine au sorgho sucré exigent une préparation complète, c'est-à-dire des labours et des hersages plus ou moins répétés, suivant leur nature et les plantes qu'elles ont produites.

On termine leur préparation en ameublissant le plus possible leur surface.

Semis. — A. ÉPOQUE. — Les semis de sorgho sucré se font ou sur une couche tiède ou en pleine terre.

Dans le premier cas, on les exécute en mars ou avril pour

opérer la mise en place des plants pendant le mois de mai, lorsque les gelées ne sont plus à craindre.

Dans le second, on les opère en avril ou en mai, c'est-à-dire à l'époque où l'on fait les semailles de maïs ou de haricots.

On peut aussi exécuter des semis successifs à la fin d'avril, vers le 15 de mai et dans la première quinzaine de juin. Ces semis permettent de commencer la distillation dès le mois de septembre et de la prolonger jusqu'au mois de décembre ou de janvier. Alors on opère au fur et à mesure de la récolte des tiges.

B. SEMIS SUR COUCHE. — Quand on sème le sorgho sucré sur couche tiède, on répand les graines à la volée ou dans des rayons distants les uns des autres de 0^m,08 à 0^m,10, en ayant soin de les éloigner de 0^m,04 à 0^m,06, afin que les jeunes plantes puissent facilement se développer.

C. TRANSPLANTATION. — La mise en place des plants ne peut être faite que lorsqu'on n'a plus à craindre des gelées tardives.

On l'opère à l'aide du plantoir sur des rayons tracés avec un rayonneur et espacés les uns des autres de 0^m,50 à 0^m,70. On peut, dans le but de rendre le développement des plantes aussi actif que possible, faire déposer dans chaque trou, au moment où l'on introduit le plant, une pincée de bonne poudrette ou de noir animal résidu de raffineries.

Quand on agit par un temps sec, on arrose chaque plant à la main aussitôt sa mise en place.

En Chine, le sorgho sucré est toujours semé en pépinière et transplanté ensuite à l'aide du plantoir.

D. SEMIS EN PLACE. — Lorsque le terrain a été préparé et bien ameubli, on y trace à l'aide d'un rayonneur ou d'un cordeau et d'un traçoir des rayons parallèles dans le sens de la longueur et de la largeur du champ. Une fois ce tracé exécuté, on répand deux ou trois graines sur les points où les lignes ou rayons se coupent à angle droit.

On recouvre les graines au moyen d'un ratelage ou d'un hersage.

Comme les graines ne sont pas très-volumineuses, il est utile de ne pas les placer à une profondeur plus grande que $0^m,03$ à $0^m,04$.

On a complétement abandonné les semis à la volée.

E. ESPACEMENT DES LIGNES ET DES PLANTS. — Les rayons dans lesquels on projette les semences à la main ou à l'aide d'un semoir à brouette, doivent être espacés les uns des autres de $0^m,60$ à $0^m,80$, selon la fertilité et la fraîcheur du terrain.

Il doit exister entre les plants une distance de $0^m,50$ à $0^m,60$. Cette distance paraîtra faible aux agriculteurs qui ont vu le sorgho végéter dans des jardins, mais il est nécessaire que les tiges se pressent, pour ainsi dire, les unes contre les autres. Si les graines dans les semis en place étaient placées à une distance plus grande, le sol, malgré le talement considérable des plantes, ne serait pas suffisamment ombragé par les tiges pendant les mois de juillet et août.

F. QUANTITÉ DE GRAINES NÉCESSAIRE PAR HECTARE. — La quantité de graines qu'il faut répandre dans les semis en place et en ligne est de 2 à 3 kilogr. par hectare.

Un litre de semence de sorgho pèse en moyenne 650 grammes. Un kilogr. contient de 45 000 à 47 000 graines.

G. GERMINATION DES GRAINES. — Les cotylédons des graines apparaissent au bout de 12 à 15 jours, selon la température et la fraîcheur du sol.

On hâte la germination des semences en les faisant tremper pendant 24 heures avant de les confier à la terre.

Soins d'entretien. — A. Binages. — Quand les plantes ont quelques feuilles, on exécute un binage sur toute la surface du champ.

On répète cette opération en juin et juillet, lorsque l'état du sol l'exige.

B. Éclaircissage. — En juin ou au plus tard en juillet on éclaircit les pieds en arrachant à la main ceux qui sont superflus.

C. Arrosages. — Pendant les mêmes mois, on opère un ou deux arrosements si la chaleur est très-forte et si le sol est desséché.

On doit irriguer chaque fois *très-modérément*. Des arrosements copieux ont l'inconvénient de paralyser l'action du soleil et de nuire à la richesse saccharine des tiges.

La plupart des cultures de sorgho faites en Chine sont soumises aux effets des irrigations.

D. Buttage. — On butte les plantes quand elles ont atteint un mètre environ de hauteur. Cette opération est très-utile : elle empêche que les vents violents renversent les tiges élevées et s'opposent à la dessiccation complète du sol par les grandes chaleurs.

On exécute cette opération à la main ou au moyen d'un buttoir. Quand le sorgho végète sur des terres légères qu'on ne peut arroser, on la répète une seconde fois.

E. Effeuillage. — Est-il nécessaire, lorsque les tiges du sorgho à sucre végètent près les unes des autres, d'enlever sur ces tiges quelques feuilles, afin que l'air, la lumière et la chaleur agissent plus directement sur leurs tissus? Cette opération n'est pas utile dans les contrées méridionales et lorsque le sorgho est cultivé sur un terrain exposé au midi. Tout nœud privé de sa feuille, quand la tige est encore verte et en pleine végétation, se développe plus difficilement, et quelquefois se contracte d'une manière très-apparente. Ainsi, la mission de chaque feuille étant de fournir aux nœuds une abondante séve élaborée, il faut, de toute nécessité, éviter d'enlever les feuilles aux tiges, si on veut que celles-ci soient abondamment pourvues de parties saccharines.

Récolte. — On commence la récolte des tiges lorsque les graines sont parfaitement mûres. Alors, le sorgho est arrivé à son maximum de richesse en jus et en sucre.

M. Leplay, dans le but de vérifier la proportion de sucre contenu dans le sorgho aux différentes époques de la maturité de la graine, a fait une série d'expériences saccharimétriques sur le jus extrait des tiges comparativement avec le sucre accusé par la fermentation du même jus. Voici les résultats qn'il a obtenus :

État du sorgho.	*Richesse alcoolique.*
Épi formé sans graine....................	1,80
Épi non mûr.........................	4,30
Sorgho commençant à mûrir...........	6,90
— presque mûr...................	6,90
— complétement mûr.............	9,30

Nous ajouterons à ces résultats que la proportion de sucre, ainsi que l'a constaté M. L. Vilmorin, va en décroissant dans les entre-nœuds successifs de la base au sommet des tiges. Les entre-nœuds les plus sucrés sont donc ceux du bas et du milieu de la tige.

Lorsqu'on récolte trop tardivement et qu'on laisse les tiges jaunir sur pied, on perd une notable proportion de sucre et d'alcool.

On coupe les tiges avec une serpe et on les range en tas çà et là sur le champ. A mesure que les ouvriers opèrent la récolte, des femmes ou des enfants effeuillent les tiges et enlèvent les panicules.

Les tiges débarrassées de leurs feuilles sont mises en bottes à l'aide de deux liens de saule ou d'osier, et livrées ensuite aux fabriques. On doit éviter de les emmagasiner lorsqu'elles sont encore vertes, parce qu'elles sont sujettes alors à s'altérer.

On a proposé de faire dessécher les tiges après qu'elles ont été effeuillées, dans le but de les conserver saines pendant tout l'hiver ; ce procédé est rationnel, car le sucre se conserve très-bien dans le tissu cellulaire, mais il n'a pas encore été accepté par la pratique.

Quoi qu'il en soit, les tiges du sorgho sucré perdent par la dessiccation environ 70 pour 100 de leur poids.

Produits. — A. TIGES. — Un hectare de sorgho peut donner jusqu'à 60 000 et même 80 000 kilogr. de tiges effeuillées. On a obtenu les résultats suivants :

Itier, à Toulouse,............ 42,700 kilog. de tiges effeuillées.
De Beauregard, à Hyères... 50,000 — —
Hardy, à Alger............. 83,200 — —

Le produit en Chine est en moyenne de 33 000 kilogr.

B. JUS. — Le sorgho sucré fournit de 50 à 60 pour 100 du poids de sa tige en jus sucré, marquant de 9 à 10° à l'aréomètre de Beaumé. Ainsi, un hectare produisant 33 000 kilogr. de tiges effeuillées, donnerait environ 16 500 kilogr. de jus.

Ce jus est intermédiaire, quant à son arome, entre l'alcool de la canne et l'alcool de la betterave.

C. SUCRE. — La richesse saccharine du jus varie entre 10 et 20 pour 100. En supposant un rendement moyen de 8 pour 100 seulement, 16 500 kilogr. de jus fourniraient 1300 kilogr. de sucre.

D. ALCOOL. — Le sorgho fournit de 6 à 8 pour 100 d'alcool pour 100 de jus. D'après ce rendement, 16 500 kilogr. de jus

donneraient en moyenne 11 hectol. 50 d'alcool ou 3 kilogr. 50
par 100 kilogr. de tiges vertes effeuillées. On ne doit pas
compter obtenir dans la distillation pratiquée en grand au
delà de 5 litres d'alcool à 95° pour 100 kilogr. de tiges.

L'alcool de sorgho sucré est un peu amer et rappelle les
tafias obtenus à l'aide des produits fermentés de la canne.
Ce goût herbacé disparaît à la rectification.

En Chine, il sert à fabriquer l'eau-de-vie *sam-chou*, que
le commerce désigne sous le nom de *kao-lien-tsion*.

E. GRAINES. — Chaque plante, en Provence, donne 200 à
300 grammes de graines. Un hectare contenant 20 000 pieds
produirait donc 4000 à 6000 kilogr. de semences, si les
oiseaux ne s'attaquaient pas aux panicules.

> M. Itier en a récolté................ 3,330 kilogr.
> M. Hardy   —   2,550 —

Soit 40 à 50 hectol. de graines.

Les graines réduites en farine peuvent être utilisées dans
l'engraissement des bêtes à cornes. Les volailles s'en nour-
rissent. Elles fournissent du couscous aux nègres de la Sénégambie.

F. FEUILLES. — Les feuilles qu'on enlève des tiges à l'époque de la récolte peuvent être utilisées dans l'alimentation
des bêtes à cornes. Elles forment la septième partie de la
production totale. Ainsi, un hectare qui produit 33 000 kilogr.
de tiges effeuillées, fournit en outre 4500 kilogr. de feuilles.

G. BAGASSE. — Le résidu que laissent les tiges, après avoir
été triturées et pressées, est considérable. En général, il est
aux tiges effeuillées :: 40 : 100. Ainsi, 33 000 kilogr. de
tiges laissent en faveur de l'alimentation du bétail environ
13 500 kilogr. de bagasse.

H. CIDRE. — M. L. Vilmorin a extrait du sorgho à sucre

une liqueur fermentée non distillée, pouvant remplacer avantageusement le vin ordinaire et le cidre. Cette boisson, qui est assez analogue par sa saveur au cidre de Normandie, s'obtient à l'aide d'un simple pressoir. Sa densité varie entre 1050 et 1070.

Valeur commerciale des tiges. — Les distilleries du Languedoc et du comtat d'Avignon achètent les tiges dépouillées de leurs feuilles 1 à 1 fr. 25 c. les 100 kilogr. En Algérie, en 1856, les tiges étaient achetées aux cultivateurs à raison de 1 fr. 85 c. les 100 kilogr.

Valeur commerciale des graines. — Les graines du sorgho sucré se vendent 20 à 25 fr. l'hectolitre pesant en moyenne 65 kilogr.

Prix de revient. — La culture de cette plante occasionne une dépense de 400 fr. environ par hectare. Si, de cette somme, on déduit 200 fr. pour la valeur des semences, on trouve que le prix de revient de 100 kilogr. de tiges s'élève seulement à 55 ou 60 c.

BIBLIOGRAPHIE.

Arduino. — Mémoire de l'olchus de Cafrerie, 1811, in-8.
L. Wray. — L'Imphy ou roseau sucré, 1854, in-8.
Sicard. — Monographie de la canne à sucre de Chine, 1856, 2 vol. in-8.
Bourdais. — Guide du distillateur du sorgho à sucre, 1855, in-8.
Leplay. — Études chimiques sur le sorgho sucré, 1858, in-4.
Hervé. — Le sorgho sucré, 1858, in-8.
Madinier. — Composition et extraction du sucre du sorgho, 1858, in-8

SECTION III.

Betterave à sucre.

(De celtique *bett* rouge; allusion à la couleur de la racine de la variété primitive.)

BETA VULGARIS, L.

Plante dicotylédone de la famille des Chénopodées.

Historique. — Variétés. — Composition. — Essai des betteraves. — Culture. — Produits : sucre, alcool, pulpe, mélasse. — Frais de distillation par 1000 kilogr. de racines. — Prix de revient d'un hectolitre d'alcool. — Valeur de la pulpe. — Valeur commerciale de l'alcool. — Usages de l'alcool. — Bénéfice qu'on réalise en distillant la betterave.

Historique. — La présence du sucre dans la betterave a été constatée pour la première fois au XVIIe siècle par Olivier de Serres. En 1747, Margraff, chimiste prussien, chercha à l'extraire de cette racine par des procédés économiques, et il eut le bonheur de réussir; mais c'est à Achard que revient l'honneur d'avoir créé, en 1790, la première fabrique de sucre indigène.

Chaptal, Mathieu de Dombasle et Crespel tentèrent, dans les premières années de ce siècle, d'extraire en grand le sucre que contient la variété appelée betterave de Silésie; mais, malgré leurs efforts et le prix d'un million promis par Napoléon Ier, l'industrie saccharifère ne fit pas de progrès en France et en Europe.

Cette industrie ne devint réellement importante qu'à dater de 1823, époque à laquelle M. Figuier, pharmacien à Montpellier (Hérault), proposa de substituer le noir animal au lait et au sang que l'on employait alors dans la clarification des sirops.

Depuis cette découverte, la fabrication du sucre indigène a fait, en France, des progrès considérables, grâce aux travaux et aux lumières de Mathieu de Dombasle, de M. Schutzembach et de M. Payen.

En 1831, la France ne produisait que 9 000 000 de kilogr. de sucre; en 1841, la quantité fabriquée s'éleva à 13 901 000 kilogr.; en 1858, la production du sucre de betterave a atteint 118 820 600 kilogr.

Le sucre indigène a été taxé pour la première fois, en 1837, d'un impôt de 10 fr. par 100 kilogr. Cette taxe n'ayant point empêché la production du sucre en France, au détriment des colonies françaises, on l'éleva, en 1840, à 25 fr. et en 1843 à 45 fr., non compris le double décime, c'est-à-dire à 7 fr. de plus que l'impôt qui frappe le sucre colonial à son arrivée en France.

Les droits établis sur les sucres indigènes sont dus à la date de sa sortie des fabriques.

On comptait en France, en 1859, 349 fabriques de sucre indigène; en 1847, 102 fabriques seulement étaient en activité et 206 en chômage; en 1829, on n'en comptait que 89.

Les sucreries indigènes sont, pour la plupart, situées dans les départements composant la région agricole du Nord.

La betterave fournit aussi de l'alcool lorsqu'on distille le jus qu'elle contient. C'est encore Achard qui a signalé ce fait pour la première fois. Cette découverte a été confirmée en 1808 par Hermbstadt, en 1810 par Lampadius, en 1817 par Lenormand et en 1824 par Dubrunfaut. Enfin, en 1854, M. Champonnois a fait connaître un procédé de distillation qui a permis à un très-grand nombre d'agriculteurs d'établir des distilleries de betteraves sur leurs exploitations. Ce nouveau moyen de distiller la betterave est une vraie richesse acquise à l'agriculture de la France.

Variétés. — Les cultivateurs qui destinent leurs bette-

raves aux sucreries et aux distilleries ne cultivent que trois
variétés :

> 1° La *betterave blanche de Silésie* ou *betterave à sucre*.
> 2° La *betterave de Silésie à collet rose*.
> 3° La *betterave de Magdebourg*.

La seconde variété est plus sucrée que la betterave blanche à sucre ; la betterave de Magdebourg est la plus saccharine de toutes, mais elle est moins cultivée en France parce
que la racine n'est pas régulière et difficile à nettoyer.

Ces trois variétés ont été décrites dans les *plantes fourragères*, chapitre Ier.

On a proposé d'alimenter les sucreries et les distilleries
avec la *betterave jaune globe*, race très-productive, mais moins
saccharine que les variétés que je viens de mentionner. Jusqu'à ce jour, en France, on lui a préféré les variétés précitées,
dont les racines se développent presque complétement en
terre, parce que l'extraction du sucre en est plus facile. Il
n'est pas inutile de rappeler que la proportion du sucre est
notablement plus grande dans la partie enterrée des racines
que dans la partie qui se développe hors de terre et qu'on
appelle *collet* (Voir *Plantes fourragères*, chap. Ier).

Composition. — Les variétés de betteraves qu'on cultive
comme plantes industrielles contiennent de 8 à 13 pour 100
de sucre ; les variétés cultivées pour l'alimentation du bétail
n'en renferment que 6 à 9 pour 100.

La différence existant entre ces proportions de matière
sucrée explique pourquoi l'agriculture industrielle cultive
de préférence la betterave de Silésie, et surtout la betterave
blanche à collet rose.

Il est vrai que les variétés fourragères sont plus productives et qu'elles peuvent fournir par hectare la même quantité de sucre. Ainsi la betterave de Silésie donne, en moyenne,

par hectare 30 000 kilogr. de racines contenant 4600 kilogr. de sucre, et les betteraves globes ou disette 60 000 kilogr. qui en contiennent 4200 kilogr. Mais si on adoptait ces dernières races de préférence à la betterave blanche à sucre, on se trouverait inévitablement dans la nécessité d'opérer sur une quantité de racines presque double de celle qu'on traiterait dans le premier cas; alors, les frais de fabrication étant en rapport avec la quantité de racines ou de jus sur laquelle on opère, il s'ensuivrait l'impossibilité d'obtenir, à l'aide des variétés fourragères, un bénéfice net par hectare aussi considérable que le profit qu'on réaliserait si on cultivait les variétés les plus saccharifères.

Je n'ignore pas que la betterave disette et la betterave globe jaune, après avoir été traitées dans les sucreries ou les distilleries, laissent une masse de pulpe beaucoup plus forte que la quantité fournie par les racines de la betterave de Silésie; mais la valeur de l'excédant ne solde pas toujours entièrement les frais supplémentaires occasionnés par le transport du champ au silos, les travaux d'emmagasinage et le transport du silos à l'usine de la quantité de racines établissant une différence entre le produit des betteraves industrielles et celui des betteraves fourragères.

La betterave à sucre n'a pas une composition déterminée et constante. MM. Corenwinder et Dufau, de Lille, ont trouvé qu'elle contenait :

	I.	II.	III.
Sucre	9,000	7,000	8,640
Cellulose, pectine, albumine, etc.	5,470	5,664	5,332
Alcali évalué à potasse caustique	0,259	0,289	0,430
Sel marin	0,046	0,035	» »
Phosphate de chaux	» »	» »	0,350
Matières grasses	» »	» »	0,108
Matières minérales diverses	0,225	0,212	1,440
Eau	85,000	86,300	83,700
	100,000	100,000	100,000

Les betteraves n° 1 et 2 provenaient d'un semis fait le 29 avril ; la betterave n° 3 avait été semée au mois de juillet.

Essai des betteraves. — Le cultivateur qui achète annuellement d'importantes quantités de betteraves ou qui veut produire les graines dont il a besoin, doit s'assurer par des essais de leur richesse saccharine. Cet examen, il peut le faire : 1° à l'aide de l'analyse ; 2° au moyen d'un procédé indiqué par M. Payen ; 3° en employant les appareils imaginés par M. L. Vilmorin. Le procédé moyen, l'analyse chimique, est rarement adopté par les cultivateurs, parce qu'il exige des appareils coûteux et des opérations longues et minutieuses.

Le second essai consiste à couper plusieurs tranches ou rouelles minces au milieu de la betterave qu'on veut essayer, les peser exactement à l'aide d'une petite balance, et les faire dessécher complétement sur un poêle chauffé modérément. Aussitôt que les tranches ont acquis une roideur telle, qu'en essayant de les plier on occasionnerait leur rupture, on les pèse de nouveau. La différence qu'on observe alors entre les deux pesées représente la quantité d'eau contenue normalement dans les betteraves.

On retranche ensuite 6 pour 100 de la matière sèche pour les matières étrangères, et le reliquat représente la proportion de sucre contenue dans la betterave pour

Si les rondelles pesaient :

Avant la dessiccation............. 80 grammes.
Après cette opération............ . 14   —
                                   —————————
                   Différence........ 66 grammes.

Le betterave contiendrait 83 pour 100 d'eau, car

80 : 66 :: 100 : 83.

Si l'on retranche des 14 grammes 6 pour 100 pour les matières étrangères (cellulose, albumine, sels, etc.), soit 4,80, il restera 9,20 représentant la proportion de sucre pour 100 parties de betteraves fraîches.

Si les 80 grammes en avaient perdu 70 par la dessiccation, la différence serait de 10; alors, on conclurait que la betterave contient 88 d'eau pour 100 et 3,20 seulement de sucre.

Le procédé proposé par M. L. Vilmorin consiste dans la détermination de la pesanteur des jus. Il repose sur ces principes : 1° La betterave, dont le jus, à l'état naturel, présente le chiffre le plus élevé de densité est aussi la plus sucrée; 2° les matières solubles autres que le sucre, qui peuvent influer sur la densité du jus, décroissent non-seulement en proportion relative, mais aussi en proportion absolue à mesure que la quantité de sucre augmente.

Les instruments ou appareils imaginés par M. Vilmorin, pour résoudre le problème qu'il s'est posé, sont au nombre de six, savoir : un densimètre, une éprouvette, un thermomètre, une capsule, une sonde en cuivre et son refouloir, et une râpe. Tous ces objets sont accompagnés d'une instruction contenant des tableaux qui servent à faire les corrections qu'il faut opérer, et une table indiquant la richesse en sucre du jus de betterave d'après sa densité.

Ce procédé d'essai est d'une application facile pour les agriculteurs habitués à faire des expériences; il sera utile aux cultivateurs qui s'occupent de l'amélioration des betteraves à sucre.

Climat. — La betterave cultivée comme plante industrielle, appartient à l'agriculture du nord de l'Europe, c'est-à-dire aux localités dans lesquelles la chaleur n'est pas excessive pendant l'été. MM. Corenwinder et Dufau ont analysé des betteraves de Silésie qui avaient été récoltées dans

plusieurs contrées différentes; ils ont trouvé qu'elles contenaient, lorsqu'elles venaient de

```
Naples.........     4,80 par 100 de sucre du poids du jus.
Bordeaux........  3  à  4      —              —
Alsace.........   6  à  7      —              —
Magdebourg....   12  à 15      —              —
```

Ces résultats prouvent combien le climat influe sur la
richesse saccharine de la betterave.

Culture. — Les betteraves industrielles doivent être semées plus dru que les variétés fourragères, parce que leurs
racines sont naturellement plus petites, et que les betteraves
de faibles dimensions contiennent toujours plus de sucre
que les racines remarquables par leur volume.

Les variétés destinées aux sucreries ou aux distilleries doivent être arrachées en octobre, époque à laquelle elles ont
atteint leur richesse saccharine maximum.

De plus, il faut les traiter dans les usines le plus promptement possible si on veut en extraire tout le sucre ou l'alcool
qu'elles peuvent donner, parce que la proportion du sucre
qu'elles contiennent diminue de mois en mois, et qu'elles
perdent, en outre, de leur volume et de leur poids en séjour-
nant dans les silos.

Ainsi, un mètre cube de racines rentrées bien sèches pèse
en moyenne :

```
En octobre, 600 kilogr., et contient 8 pour 100 de sucre.
En janvier, 500   —          —     7    —         —
```

Donc, 1000 kilogr. de racines qui contiendraient à l'époque
de l'arrachage 80 kilogr. de sucre, ne pèseraient, au commencement de février, que 850 kilogr., dans lesquels on ne constaterait plus que 60 kilogr. de sucre.

La diminution progressive de la matière sucrée dans les

racines de betteraves explique pourquoi le rendement en
sucre ou en alcool va en s'amoindrissant de mois en mois,
depuis l'époque de l'arrachage jusqu'à la fin de l'hiver.

Produits. — Les betteraves à sucre fournissent du jus, du
sucre, de l'alcool et de la pulpe. Voici les quantités que l'on
obtient dans les usines par 100 kilogr. de racines :

A. Jus. — Les betteraves sacchariſères fournissent plus ou
moins de jus, suivant la quantité d'eau qu'elles renferment.
Elles donnent d'après :

<pre>
Kœgel.....................   70 kilogr.
Boussingault..............   60 à 70   —
Lerolle...................   75 à 80   —
</pre>

Ainsi, par chaque 100 kilogr., elles fournissent en moyenne
70 kilogr. de jus.

B. Sucre. — J'ai rappelé que les racines des variétés dites
betteraves à sucre contiennent de 10 à 13 pour 100 de sucre
cristallisable, mais ces quantités ne sont pas celles que l'on
obtient dans les sucreries. Dans les circonstances actuelles
5 kilogr. de sucre brut livrable aux raffineries par 100 kilogr.
de racines nettoyées sont regardés en France comme un
bon rendement. On obtient en fabrique, d'après :

<pre>
Boussingault.......   4 kilogr. 500   pour 100 kilogr. de betteraves.
Gœritz.............   5 à 6 kilogr.   —   —
Lerolle............   4 k. 500 à 7 k.   —   —
Payen..............   5 à 6 kilogr.   —   —
                     ____
         Moyenne......   5 k. à 5 k. 500
</pre>

La Chambre de commerce de Lille a fait connaître qu'une
sucrerie des environs de cette ville avait traité, en 1848,
5 270 000 kilogr. de racines et obtenu 289 214 kilogr. de
sucre brut, soit 5 kilogr. 480 par 100 kilogr. de betteraves.

Le produit du sucre le plus élevé qu'on ait obtenu dans la
fabrication n'a jamais dépassé 8 par 100.

Si l'on admet comme produit moyen de la betterave saccharine 40 000 kilogr. de racines, un hectare, d'après le rendement constaté par la Chambre de commerce de Lille, fournirait environ 2200 kilogr. de sucre brut. Ce résultat est très-éloigné des chiffres qu'on a publiés. C'est donc à tort qu'on répète souvent que le produit d'un hectare de betteraves peut donner plus de 3500 kilogr. de sucre brut.

Le nombre 2200 correspond à la quantité minimum de sucre que la canne fournit par hectare.

Si les colonies françaises cessaient de cultiver la canne à sucre, la betterave devrait occuper annuellement en France une surface de 125 000 hectares. Cette étendue fournirait 6 000 000 000 de kilogr. de betteraves, qui laisseraient au profit des animaux domestiques 1 500 000 kilogr. de pulpe.

C. ALCOOL. — La betterave fournit de 3 à 5 pour 100 d'alcool, suivant sa richesse saccharine et le procédé de distillation auquel elle est soumise.

Le procédé le plus généralement adopté a été imaginé par M. Champonnois. Il consiste dans l'épuisement de la betterave divisée en cossettes à l'aide des vinasses sortant de la chaudière à la température de + 104° et dans la distillation des jus après fermentation.

Ainsi traitée, la betterave a donné, pour 100 kilogr. de racines chez

Dailly, à Trappes (Seine-et-Oise)	3 litres	69	d'alcool.
Bouault, à Villechaise (Indre)	3	50	—
Chertemps, à Rouvray (Seine-et-Marne)	3	60	—
Michaux, à Bonnières (Seine-et-Oise)	4	00	—
D'Huicques, à Bregy (Oise)	4	00	—
Muret, à Noyen (Seine-et-Marne)	4	60	—
Petit, à Champagne (Seine-et-Oise)	4	75	—
Alfroy, à Lieusaint (Seine-et-Marne)	5	00	—
Rabourdin, à Villacoublay (Seine-et-Oise)	5	50	—
Moyenne	4 litres	29	d'alcool.

D'après ce résultat, il faut opérer sur 2330 kilogr. de betteraves pour obtenir un hectolitre d'alcool.

La Société centrale d'agriculture a constaté, en 1856, dans 18 distilleries, un rendant moyen de 4,19 pour 100.

Le procédé de distillation proposé par M. Leplay ne permet pas d'obtenir un rendement en alcool aussi satisfaisant. D'après les observations faites à Lille par M. Meurein, la betterave traitée par ce procédé ne donnerait en moyenne que 3 litres d'alcool pour 100 kilogr. de racines.

D. PULPE. — La pulpe ou résidu que fournit la betterave varie en poids, suivant le procédé d'après lequel on a traité cette racine.

Lorsque la betterave a été râpée et soumise à l'action d'une presse, la quantité de pulpe qu'elle fournit ne dépasse jamais 38 à 40 pour 100 du poids des racines. On peut compter, par chaque 100 kilogr., suivant :

Kœgel	30	kilogr.
Gœritz	15 à 30	—
Lerolle	20 à 20	—
Meurin	25	—
Moyenne	25	kilogr.

La Chambre de commerce de Lille a aussi constaté que 5 270 000 kilogr. de betteraves ont donné 1 070 000 kilogr. de pulpe pressée, soit 20,30 pour 100.

Lorsque la betterave a servi à la fabrication d'alcool, et qu'elle a été traitée par le procédé Champonnois, elle fournit d'après :

Bouault	78	kilogr.
Michaux	76	—
Dailly	73	—
Rabourdin	72	—
D'Huicques	71	—
Moyenne	74	kilogr.

L'enquête faite en 1856 par la Société centrale d'agriculture, a constaté un rendant moyen de 76 pour 100.

La pulpe des presses a une valeur nutritive plus grande que la pulpe provenant des distilleries établies suivant le système Champonnois.

Voici, d'après M. Meurein, la composition des diverses pulpes de betterave :

	Eau.	Parties sèches.	Azote.
Pulpe des râpes et presses........	68,70	31,30	0,399
— des distilleries Champonnois	88,60	11,40	0,289
— — Leplay......	91,15	8,85	0,210
— de macération à froid......	92,90	7,10	0,121

Ainsi, la pulpe qui provient des distilleries Champonnois contient à peu près les quantités de parties sèches et d'azote qu'on observe dans la betterave à l'état normal.

M. Le Corbeiller a trouvé que la pulpe obtenue à l'aide du procédé Champonnois, contenait en moyenne les matières suivantes :

Parties organiques.	3,36
Sels solubles.................	7,50
— insolubles..............	2,40
	13,26

Les matières sèches renferment :

Matières sèches.............	13,26
Eau.....................	86,74
	100,00

E. Mélasse. — La quantité de mélasse qu'on obtient de la betterave n'est pas considérable : elle varie entre 2 et 3 pour 100.

D'après les faits constatés par la Chambre de commerce de Lille, 5 270 000 kilogr. de betterave ont donné 100 000 kilogr. de mélasse, soit 1 kilogr. 890 pour 100 kilogr. de racines.

La mélasse fournit des produits divers. D'abord, elle donne par la distillation de 50 à 60 litres d'alcool à 50° par 100 kilogr. En outre, les vinasses qui proviennent de cette opération contiennent de la potasse dans une grande proportion. Ce sel en est extrait à l'état brut, puis purifié pour être vendu à l'état de carbonate de potasse. Enfin, on extrait de la mélasse de l'acide acétique qu'on utilise dans la fabrication de la céruse ou acétate de plomb.

Lorsqu'on n'extrait pas des vinasses, provenant de la distillation des mélasses, les sels alcalins qu'elles contiennent, on les recueille quelquefois dans de vastes réservoirs, où s'opère un dépôt qui constitue, après avoir été desséché, un excellent engrais pulvérulent. Cet engrais contient 5 à 6 pour 100 d'azote.

100 kilogr. de mélasse à 42° représentent 71 litres 43 de liquide, et 100 litres passent 140 kilogr.

La mélasse indigène n'a pas la saveur fraîche, agréable, mielleuse que possède la mélasse des colonies. Son odeur désagréable, son âcreté, son goût prononcé d'amertume et la grande proportion de sels de potasse qu'elle contient, obligent à la vendre à bas prix.

Les alcools de mélasse portent dans le commerce de 90 à 94° centésimaux. Ils sont doux, mais ils n'ont pas la saveur des alcools de vin. Ils servent au mouillage des eaux-de-vie de commerce et à l'affinage des 3/6 de Montpellier.

Frais de distillation par 1000 kilogr. de racines. — La distillation des betteraves, suivant le procédé Champonnois, n'occasionne pas des dépenses considérables. Voici les chiffres qu'on a constatés par 1000 kilogr. de racines :

Bella, à Grignon	3 fr.	81
Bernard, à Mirande	4	50
Petit, à Champagne	4	83
Muret, à Noyen	5	22
Chertemps, à Rouvray	5	98
Rabourdin, à Villacoublay	8	70
Moyenne	5 fr.	50

D'après cette dépense moyenne, la distillation de
40 000 kilogr. de racines récoltées par un hectare occasionnerait une dépense totale de 220 fr.

Prix de revient d'un hectolitre d'alcool. — J'ai dit précédemment que pour obtenir un hectolitre d'alcool il fallait
opérer sur 2330 kilogr. de betterave. D'après les dépenses précitées, la production d'un hectolitre de flegmes
coûte . . . . 12 fr. 80 c.

Si, à ce chiffre, on ajoute les frais de rectification qui sont de. . . . . . . , ... 16   »

on trouve que l'hectolitre d'alcool revient à . . 28 fr. 80 c.

Il a coûté à produire chez

MM. Chertemps	32 fr. 74
Rabourdin	31 66
Muret	27 32
Petit	26 14
Moyenne	29 fr. 41

Si, à cette dépense, on ajoute la valeur de la betterave qui
n'excède pas en moyenne 13 fr. les 1000 kilogr., sur une
exploitation bien dirigée et ayant une comptabilité régulière,
on trouve que le prix d'un hectolitre d'alcool doit être établi
comme il suit :

Valeur des betteraves	30 fr. 29
Frais de fabrication	29 41
Total	59 fr. 70

Valeur de la pulpe. — La pulpe provenant des distilleries
de betteraves a eu jusqu'à ce jour une valeur vénale très-
variable. Plusieurs cultivateurs l'ont estimée 15 fr., d'autres
12 fr., quelques-uns 9 fr. les 1000 kilogr.

M. Rabourdin lui donne une valeur de 10 fr. Ce chiffre répond exactement au prix que M. Meurein lui a donné d'après

sa teneur en azote, c'est-à-dire sa valeur alimentaire déterminée par la science.

Si l'on prend comme valeur moyenne le chiffre adopté par M. Rabourdin, on trouve que les 1724 kilogr. de pulpe produit par les 2330 kilogr. de betteraves, nécessaires à la production d'un hectolitre d'alcool, ont une valeur de 17 fr. 24 c., somme qui abaisse le prix de revient de l'hectolitre d'alcool à 42 fr. 46 c.

Valeur commerciale de l'alcool. — Le cours de l'alcool de betterave a varié depuis quatre ans entre 45 et 141 fr. l'hectolitre. Depuis le commencement de l'année, il a oscillé entre 60 et 105 fr.

Bénéfice qu'on réalise en distillant la betterave. — La distillation de la betterave est une véritable industrie agricole, parce qu'elle est à la portée de tous les agriculteurs, qu'elle n'engage pas un capital considérable et qu'elle procure au cultivateur qui l'adopte un bénéfice important.

Voici les dépenses et les recettes qu'elle détermine par chaque hectare consacré à la culture de la betterave :

A. *Dépenses.*

Frais de culture..............	520 fr. 00
— de distillation...........	220 00
— de rectification.........	274 56
Total........	1014 fr. 56

B. *Recettes.*

17 hectolitres 16 d'alcool à 60 fr. l'hectolitre....	1029 fr. 60
20 600 kilogr. de pulpe à 10 fr. les 1000 kil...	206 00
Total........	1235 fr. 60

Si, de cette dernière somme, on déduit les dépenses précitées, on trouve que le bénéfice s'élève par hectare à 221 fr. 04 c., soit 28 fr. 51 c. par 100 du capital engagé dans la culture et la distillation de la betterave.

M. Rabourdin a obtenu par hectare les bénéfices suivants :

1857, alcool vendu en moyenne, 50 fr. 00   118 fr. 40
1858, alcool vendu en moyenne, 45   45   210   90

Moyenne......... 47 fr. 72   164 fr. 65

En 1857, la production des betteraves à Villacoublay avait atteint en moyenne 40 000 kilogr. par hectare ; en 1858, elle n'a pas dépassé 35 000 kilogr. Les terres de cette exploitation sont de bonne qualité ; la valeur locative est portée au débit du compte des betteraves à raison de 166 fr. l'hectare.

On peut, lorsqu'on ne veut pas donner de valeur arbitraire à la pulpe, déduire seulement les frais de culture, de distillation et de rectification des recettes opérées par la vente des flegmes. Alors, on constate, si le prix de l'alcool n'excède pas en moyenne 60 fr. l'hectolitre, que le compte de la distillerie se solde sans perte ni profit.

Si l'alcool ne vaut que 55 fr. et même 50 fr., ce compte se balance par une perte : 1° de 70 fr. 76 c., 2° de 156 fr. 56 c. Toutefois, cette perte n'est que fictive, puisqu'elle est couverte bien au delà par la valeur de la pulpe.

Il résulte de ces diverses supputations les conclusions suivantes :

1° L'alcool vendu 60 fr. l'hectolitre solde toutes les dépenses qu'occasionnent la culture et la distillation d'un hectare de betterave. Alors, le cultivateur possède 29 600 kilogr. de pulpe qui ne lui ont rien coûté.

2° Lorsque l'alcool est livré au commerce au prix de 55 fr., la perte de 70 fr. 76 c. sert à déterminer la valeur de la pulpe. Cette valeur est alors de 2 fr. 39 c. les 1000 kilogr.

3° Quand l'alcool est vendu 50 fr. l'hectolitre, la perte de 156 fr. 56 présentée par la distillerie élève la valeur de la pulpe à 5 fr. 29 seulement les 1000 kilog.

En résumé, on peut encore distiller avec avantage quand

VII*   17

le coût de l'alcool descend à 50 fr., et on réalise lorsqu'il s'élève au-dessus de 60 fr. un bénéfice satisfaisant, puisqu'à ce taux la pulpe ne coûte rien au cultivateur. Ce bénéfice devient important quand le prix de l'alcool atteint 70 et 80 fr. Dans le premier cas, le compte de la distillation se solde par un gain de 482 fr. 56, et dans le second, il se balance par un bénéfice de 654 fr. 30 par chaque hectare cultivé en betterave.

Une exploitation qui distille chaque année le produit de 20 hectares de betterave peut donc disposer, si l'alcool est livré au prix de 60 fr. l'hectolitre, de 592 000 kilog. de pulpe qui ne lui ont rien coûté. Cette même exploitation réalise un bénéfice de 9651 fr. 20, si l'alcool est vendu 70 fr. et si elle inscrit la pulpe au crédit du compte de la distillerie à raison de 10 fr. les 1000 kilog. Dans le cas où la valeur de la pulpe serait portée à 12 fr., chiffre adopté par M. Dailly à Trappes (Seine-et-Oise), le compte de la distillation se solderait de la manière suivante :

    1° Alcool vendu 60 fr....... Bénéfice...... 7 404 fr. 80
    2°   —   70 ...... Idem. 10 836   80

M. Barral, après avoir exalté naguère les avantages que présente la distillation de la betterave, l'une des meilleures annexes d'une ferme importante, a engagé l'an dernier les cultivateurs à abandonner cette industrie. Il prétendait qu'il vaut mieux donner directement la betterave au bétail et qu'il y a perte à la distiller lorsque l'alcool descend au-dessous de 60 fr. l'hectolitre. Les cultivateurs n'ont point partagé son opinion; et en opérant comme les années précédentes, ils ont prouvé qu'ils n'avaient point oublié cette maxime : *les faits avant la théorie!* c'est qu'ils avaient pu constater par l'expérience les faits suivants :

1° La distillation de la betterave solde toutes les dépenses occasionnées par la culture de la betterave tant que l'alcool ne descend pas au-dessous de 60 fr. l'hectolitre;

2° La pulpe qu'elle fournit en abondance ne coûte rien ou revient à un prix beaucoup moins élevé que le prix que la betterave coûte à produire;

3° Cette pulpe permet de spéculer très-avantageusement sur l'engraissement des vaches, des bœufs ou des moutons;

4° La distillation de la betterave rend possible l'emploi des menues pailles et même des siliques et des tiges de colza dans l'alimentation de tous les animaux domestiques;

5° Enfin, cette industrie réellement agricole accroit d'une manière importante, par le résidu qu'elle laisse, la production du fumier, et par suite celles des plantes alimentaires et des plantes fourragères.

La distillerie de la betterave est-elle une industrie qu'on peut regarder comme inhérente à l'agriculture? Je ne puis l'affirmer. Toutefois, je pense qu'elle se perpétuera longtemps encore dans les fermes où elle existe, parce que rien ne me permet de croire à la disposition prochaine de la maladie de la vigne dans les vignobles où l'on récolte en abondance des vins de chaudière.

CHAPITRE II.

PLANTES ALCOOLIQUES.

SECTION I.

Topinambour.

HELIANTHUS TUBEROSUS, L.

('Ελιος, soleil, ἄνθος, fleur, c'est-à-dire fleur et soleil.)

Plante dicotylédone de la famille des Composées.

Anglais.—Artichoke Jerusalem.　　*Italien.*—Tartufoli.
Allemand.—Erdapfel.　　*Espagnol.*—Cotufa.

Cette plante qu'on appelle vulgairement *topinambour, soleil vivace, cartouf, crompire, poire de terre*, est vivace.

Ses tubercules contiennent d'après :

Braconnot.			*Payen.*	
Féculine	3,00	Inuline, glucose, etc	16,16
Gluten	0,99	Albumine, etc	3,12
Matière grasse	0,09	Cellulose, pectine	2,79
Glucose	14,80	Matière grasse	0,20
Gomme	1,08	Sels	1,29
Cellulose	1,22	Eau	76,54
Sels divers	1,62		
Eau	77,20		
	100,00		100,00

Le sucre que l'analyse constate dans les tubercules du topinambour est incristallisable.

Les 18 à 19 pour 100 de glucose, d'inuline et de gomme qu'on y observe fournissent de l'alcool sous l'action de la substance albuminoïde et fermentescible qu'il contient.

On cultive le topinambour de préférence sur les terres légères, perméables, siliceuses ou calcaires.

On arrache les tubercules pendant l'hiver.

Ses produits sont toujours en rapport avec la nature et surtout la fertilité des terrains où il est cultivé.

La plupart des agriculteurs qui l'ont adopté de préférence à la pomme de terre, le laissent croître pendant plusieurs années sur le même terrain.

La distillation du topinambour peut-être faite à l'aide des procédés Champonnois et Leplay.

D'après la chimie les 18 à 19 kilog. de glucose contenus dans 100 kilog. de tubercules peuvent donner environ 12 litres d'alcool, mais en pratique cette même quantité de rhizones tubéreux n'en produit pas au delà de 5 litres.

M. Bazin a obtenu au Mesnil-Saint-Firmin les résultats suivants :

Jus	77	par 100
Alcool	4,72	—
Pulpe	23	—

M. Vilmorin fils a constaté que la densité du jus fourni par les tubercules du topinambour était de 1057.

Les flegmes de topinambour ont un goût peu agréable, mais qui disparaît presque complétement par la rectification.

La pulpe de topinambour est un excellent aliment pour les bœufs et les moutons à l'engrais.

SECTION II.

Asphodèle blanc.

(De ἀσφόδιλος, mot grec d'origine orientale.)

ASPHODELUS ALBUS, Willd.

Plante monocotylédone de la famille des Liliacées.

Cette plante végète naturellement dans plusieurs localités du midi et de l'ouest de la France, et en Algérie et en Italie. Ses racines tuberculeuses, allongées, charnues et réunies en un faisceau à la base des tiges donnent de l'alcool par la distillation. Ses tiges sont simples, hautes de $0^m,60$ à 1 mètre; ses feuilles sont linéaires et très-longues; ses fleurs sont blanches, nombreuses et disposées en longs épis.

Les racines de l'asphodèle sont vivaces lorsqu'elles n'ont pas été épuisées par la végétation des tiges. Elles contiennent, d'après M. Marès, les éléments suivants :

Matières transformables en glucose	18,25
Cellulose	7,00
Pectosine	2,30
Matières grasses	2,20
Albumine coagulable par la chaleur	0,42
Matières minérales	0,75
Eau	68,84
Perte	0,24
	100,00

On peut aussi soumettre à la distillation les racines tuberculeuses de l'*asphodèle rameux* (ASPHODELUS RAMOSUS, L.), espèce originaire des Canaries et qu'on a introduit en Europe au XVIᵉ siècle. Cette espèce est commune dans la région méditerranéenne et le nord de l'Afrique. Ses tiges sont nues, rameuses et hautes de $0^m,60$ à $1^m,30$; ses fleurs sont blanches avec une nervure médiane rouge et forment des grappes à l'extrémité des tiges.

Ces deux asphodèles se rencontrent çà et là en massifs serrés, plus ou moins étendus sur les coteaux incultes à sous-sol un peu perméable. Chaque pied fournit après trois années de végétation de 15 à 20 tubercules pesant ensemble 2 à 3 kilogrammes.

On a calculé qu'un hectare bien garni de pieds d'asphodèle peut donner 20 000 à 25 000 kilog. de tubercules.

L'arrachage des racines se fait depuis le mois d'avril jusqu'à la fin de juin, c'est-à-dire pendant les trois mois qui suivent le développement des fleurs.

Suivant MM. Payen et Clerget, ces racines fournissent de 8 à 9 pour 100 d'alcool.

M. Dumas a fait connaître que le prix de revient de l'alcool d'asphodèle est en Algérie de 40 fr. l'hectolitre.

On a proposé de cultiver ces deux espèces; nous ne croyons pas à la réussite d'une semblable tentative exécutée en grand.

Quoiqu'il en soit, les asphodèles se propagent par graines mises en terre à la fin du printemps, ou par la séparation des racines. Les tubercules que produisent les plantes obtenues à l'aide de ces deux modes de multiplication, ne peuvent être arrachés qu'à la troisième année, époque de la première floraison des plantes.

L'alcool d'asphodèle a une odeur désagréable qui ne disparaît pas complétement par la rectification.

Les tubercules de cette liliacée se vendent, en Algérie, de 1 fr. 25 à 1 fr. 50 les 100 kilog.

LIVRE XII.

PLANTES AROMATIQUES.

————

Les plantes qu'on désigne sous le nom de *plantes aromatiques* ont des tiges ou des feuilles, des fleurs ou des semences qui laissent échapper des odeurs plus ou moins fortes, plus ou moins agréables.

Les unes fournissent des produits avec lesquels on aromatise des boissons, des aliments ou des sucreries.

Les autres produisent des feuilles ou des fleurs qui servent principalement à parfumer des savons, des pommades, des poudres ou autres articles de toilette.

Ces destinations diverses m'obligent à diviser les plantes aromatiques en deux classes :

    1° Les plantes à aromates.
    2° Les plantes à parfums.

Les plantes qu'on cultive pour les parfums qu'elles contiennent appartiennent pour la plupart à la culture du midi de l'Europe.

————

Riocreux del.
Delarue sc.
HOUBLON

CHAPITRE PREMIER.

PLANTES A AROMATES.

SECTION I.

Houblon.

(De *humus*, terre ; allusion à la disposition rampante des tiges.)

Humulus lupulus, L. Lupulus scandens, Lam.

Plante dicotylédone de la famille des Cannabinées.

Anglais. — Hop.	*Suédois.* — Humbla.
Allemand. — Hopfen.	*Italien.* — Lapulo.
Hollandais. — Hopp.	*Espagnol.* — Lupulo.
Danois. — Haudhumle.	*Hongrois.* — Kromlo.

Historique. — Climat. — Lieux de production. — Données statistiques. — Mode de végétation. — Variétés. — Composition. — Sol : nature, situation, exposition. — Préparation du terrain : défoncement en plein, défoncement partiel. — Mode de multiplication : graines, boutures ou replants, boutures enracinées ou provins. — Époque de la mise en place des boutures. — Exécution de la plantation. — Espacement des pieds. — Engrais nécessaire.—Soins d'entretien pendant la première année : binages, pose des tuteurs, buttage, liage des tiges, enlèvement des tiges. — Culture simultanée pendant la première année. — Taille annuelle. — Perches : nature et longueur, prix et durée. — Pose des perches ou perchage. — Fil de fer. — Perches comparées aux fils de fer. — Soins d'entretien annuels. — Taille en vert. — Liage ou accolage. — Ebourgeonnage.—Effeuillage. — Insectes nuisibles. — Agents atmosphériques nuisibles. — Maladies et altérations. — Récolte : signes de maturité, époque, déperchage, cueillette des cônes du houblon soutenu par des perches, récolte exécutée dans la houblonnière, cueillette exécutée à la ferme, récolte des cônes du houblon soutenu par des fils de fer. — Prix de revient de la cueillette. — Conditions de réussite. — Dessiccation : dessiccation naturelle, dessiccation artificielle. — Ensachement. — Conservation du houblon. — Altérations. — Conservation des perches. — Emploi des tiges. — Durée d'une houblonnière. — Produit par hectare. — Capitaux engagés dans la culture du houblon. — Prix de revient des 100 kil. de cônes. — Variétés de houblon du commerce. — Falsification. — Valeur commerciale. — Usages du houblon. — Bibliographie.

Historique. La culture du houblon est très-ancienne en Europe. Son introduction dans les Flandres se perd dans la nuit des temps. D'après les chartes des plus anciennes abbayes, elle était pratiquée au temps des Carlovingiens. En 1404, le duc Jean de Bourgogne, comte de Flandres, fonda une distribution annuelle de médailles d'or ornées d'une couronne de cônes de houblon, en faveur des cultivateurs qui exposaient annuellement les plus beaux produits.

Cette culture était florissante au XIVᵉ siècle en Bohême.

En 1346, l'empereur Charles IV réduisit les droits qu'on avait établis sur les bières de houblon des Pays-Bas.

Ce fut en 1525, date de l'introduction du houblon dans les brasseries anglaises, que cette plante industrielle fut importée de Flandre en Angleterre, dans les comtés de Kent, de Sussex et de Surrey, et sa culture fut favorisée en 1552, par Édouard VI, et en 1603 par le Parlement, qui refusa de satisfaire ceux qui réclamaient sa prohibition. C'est en 1733 qu'on l'expérimenta pour la première fois en Irlande.

En 1855, la culture du houblon occupait en Angleterre une surface de 23 103 hectares.

En 1710, la reine Anne imposa le houblon importé en Angleterre d'un droit de 60 c. par kilog. En 1734, George II, frappa d'un impôt de 20 c. par kilog. le houblon qu'on y récoltait. Ce droit d'accise appelé *duty* (devoir) s'élève aujourd'hui à 19 fr. 80 par 45 kilog.; il a rapporté à la trésorerie, en 1858, 12 500 000 fr.

La culture du houblon a pris naissance au commencement du siècle actuel dans la Lorraine et les Vosges. Elle a été exécutée en 1805 pour la première fois, dans l'ancienne Alsace, par S. Derendinger, brasseur à Haguenau.

Localités où il est cultivé. — Le houblon est cultivé en Angleterre, en Belgique, dans les Pays-Bas, la Bavière, la Saxe, la Silésie, la Poméranie, le Mecklembourg, le Brandebourg, le grand-duché de Bade, la France et l'Amérique du Nord.

En Angleterre, sa culture a principalement lieu dans les comtés de Kent, Essex, Suffolk, Surrey, Hampshire, Worcestershire et Nottinghamshire.

En Belgique, elle est en usage aux environs d'Alost, Poperingue, Asche, Teralphène, Jupille et Angleur, près Liége. Leeuwen-Hoeck regardait au xviie siècle les houblons des environs de Liége comme les plus beaux de l'Europe.

Les houblons les plus renommés de la Bohème sont récoltés à Saaz, Auscha, Falkenau et Leitmeritz, ceux de la Saxe à Heidelberg et à Schwetzingen.

Les houblons de Bavière les plus estimés sont ceux de Spalt, d'Eichstett, Stirn, Weingardtin, Absberg, Rainsberg, Pleinfeld, d'Hespruck et de Laugenzenn. Dans le Wurtemberg on recherche les houblons de Rottembourg.

Les houblons du Palatinat qui sont les plus renommés proviennent de Sandhausen, Schwezingen, Waldorf et Offersheim.

En France, le houblon est principalement cultivé dans les Vosges, à Rambervillers ; dans la Lorraine, aux environs de Toul, Nancy, Lunéville et Gerbevillers ; dans l'Alsace, près de Haguenau, Bischwiller, Oberhoffen, Schweighausen, Kurtzenhausen et Brumath ; dans la Flandre, aux environs de Bailleul, Bousies, Steenwoode, Boesche et Hazebrouck ; dans la Bourgogne, à Beire, Lux et Viévigne.

Dans le Palatinat, chaque brasseur a une houblonnière.

Climat. — Le houblon, cette *vigne du Nord*, cette plante si belle, si délicate et si capricieuse, appartient à l'agriculture des climats tempérés. Ainsi, pour produire abondamment et fournir des cônes de bonne qualité, il faut qu'il végète dans un climat à la fois chaud et humide et qu'un beau ciel et un air pur favorisent en automne leur maturité.

Les localités très-humides ou chargées en septembre de brumes épaisses, comme les contrées trop sèches, lui sont très-contraires : elles arrêtent son développement ou l'obligent à produire des cônes peu développés ou peu aromatiques.

Le climat de la Bavière ou de la Bohême est en général excellent. Ainsi, les houblons qu'on récolte à Spalt et Hespruck dans la Franconie, à Rottembourg sur le Necker et dans les contrées de l'Éger et de l'Elbe, sont renommés pour leur parfaite qualité.

Le climat brumeux de l'Angleterre convient très-bien au houblon. Les houblonnières que j'ai vues dans les comtés de Kent et de Surrey m'ont frappé par la belle végétation et la productivité des pieds qui les composent.

Cette plante a besoin d'une notable quantité d'eau pendant l'été; c'est pourquoi les orages fréquents ne lui sont pas nuisibles. L'abbé Bertholon a constaté que la récolte du houblon a été mauvaise en 1833, 1835, 1837, 1842, parce que les orages y ont été peu nombreux; qu'elle a été satisfaisante en 1834 et 1838, années pendant lesquelles les orages ont été assez fréquents; enfin, qu'elle a été très-bonne et régulièrement en 1836, 1839, 1840 et 1841, à cause de la constance des orages.

Mais il ne suffit pas que le climat soit doux et plutôt humide que sec; il faut aussi qu'il n'y règne pas des vents impétueux ou que les changements de température n'y soient pas très-brusques.

Les Vosges, la Lorraine et l'Alsace sont, en France, les localités les plus favorables au houblon.

Données statistiques. — La France ne produit pas tout

le houblon qu'elle emploie. En 1855, elle a importé les quantités suivantes :

Provenances.	Quantité.
Allemagne	704,885 kil.
Belgique	368,948 —
États-Unis	201,817 —
Angleterre	87,636 —
Autres pays	6,991 —
	1,370,277 kil.

Les exportations n'ont pas dépassé........... 27,300 kil.
Les droits perçus à l'importation ont atteint...., 816,059 fr.

Les importations faites en 1834 n'avaient pas dépassé 696,932 kilogr.

Le houblon occupait, en 1840, 826 hectares. Ses produits ont atteint 888,000 kilogr.

Mode de végétation. — Le houblon présente une souche ligneuse et vivace; ses racines sont rampantes et munies d'yeux qui donnent naissance à des jets plus ou moins nombreux. Les tiges sont annuelles, grimpantes, et s'enroulent de gauche à droite; elles sont tordues, un peu anguleuses et âpres parce qu'elles sont couvertes de petits crochets. Les feuilles sont opposées, pétiolées et insérées ordinairement au nombre de deux sur des nœuds distants les uns des autres de 0ᵐ,30 à 0ᵐ,50 ; elles sont rugueuses en dessus, palmées et dentées en scie; les inférieures sont grandes et présentent cinq lobes aigus ; les supérieures sont plus petites et à trois divisions souvent peu apparentes.

Le houblon est dioïque. Les *fleurs mâles* présentent un calice à cinq folioles sans corolle; elles sont blanchâtres, disposées en grappes à l'aisselle des feuilles; après leur épanouissement, qui a lieu en juillet et en août, elles se fanent et tombent. — Les *fleurs femelles* sont composées d'une simple écaille, elles sont réunies et imbriquées en une sorte de cône oblong ou presque carré; les cônes sont placés par deux à l'aisselle d'une grande bractée foliacée.

Chacune des écailles composant les cônes porte à la base un suc résineux, jaune doré ou rougeâtre, amer et très-aromatique. Les granules qui le composent ne sont visibles qu'après le complet épanouissement des fleurs femelles ; ils forment la poussière à odeur pénétrante que Yves et Planche ont appelée *lupuline* et que M. Payen a nommée *sécrétion jaune du houblon*.

Le houblon commence à végéter vers la fin de février ou au commencement de mars, et ses cônes mûrissent en septembre ou octobre, époque à laquelle ses tiges et ses feuilles se dessèchent.

Cette plante végète très-rapidement quand l'air est lourd, le temps orageux, et lorsque la température est élevée pendant les nuits. Il n'est pas rare de la voir pousser de 0^m,06 à 0^m,10 et même 0^m,14 par 24 heures.

Les tiges des houblons, dans la plupart des houblonnières de la France, de l'Allemagne et de l'Angleterre, grimpent en s'enroulant jusqu'au sommet de perches ayant 4 à 7 mètres de hauteur. Quand elles ont atteint la partie supérieure de ces tuteurs, elles retombent en vertes girandoles et forment des allées étroites, sombres et très-pittoresques. Alors les grappes, d'abord vertes, prennent une couleur jaunâtre ou dorée et répandent vers le soir, quand la brise les agite, une odeur forte mais agréable.

On a souvent répété que les tiges du houblon cultivé atteignaient 10 mètres de hauteur. Je n'ai point encore observé des tiges aussi élevées.

Variétés. — Le houblon a produit plusieurs variétés qui se distinguent les unes des autres par la coloration de leurs tiges, la forme, la grosseur et la couleur de leurs cônes.

Voici les variétés qu'on cultive dans les pays où il existe des houblonnières :

A. *Bohême.*

Houblon rouge.
— vert.
— blanc.
— jaune.

B. *Bavière.*

Houblon rouge.
— vert.
— spalter.

C. *Saxe.*

Houblon rouge.
— vert.
— blanc.

D. *Pays-Bas.*

Houblon blanc.
— vert.
— gris.

E. *Angleterre.*

Houblon blanc.
— jaune.
— vert.
— rouge.

F. *France.*

Houblon de Spalt.
— précoce.
— tardif.

1° Le *houblon rouge* a des sarments vigoureux, rudes, très-cannelés, rougeâtres ou vert violacé; ses cônes sont oblongs ou ovales, comprimés sur deux faces, carrés à leur base, attachés à un longue pédoncule et d'un jaune clair très-vif, avec des taches rougeâtres.

Cette variété mûrit à la fin d'août ou dans la première quinzaine de septembre; ses cônes sont chargés de lupuline et très-estimés. On reproche à cette variété de ne pas bien réussir sur les sols humides.

2° Le *houblon blanc* a des sarments verts très-développés et très-sillonnés; ses cônes sont moyens, allongés, très-carrés à leur base et d'un vert très-pâle.

Cette variété est un peu plus hâtive que la précédente, mais la lupuline qu'elle produit est moins fine et moins abondante; en outre, elle a une odeur moins pénétrante. Néanmoins elle est estimée dans le nord de l'Allemagne et en Angleterre, où elle est cultivée sous le nom de *houblon flamand.*

3° Le *houblon vert* a des sarments verts, des cônes verdâtres et plus globuleux et plus petits que ceux des variétés précédentes.

Cette variété est plus tardive que le houblon rouge. L'arome de la lupuline, quoique plus fort, est moins agréable. Nonobstant, elle n'exige pas des terres spéciales, est peu attaquée par les insectes, et les cônes qu'elle produit perdent moins que les autres par la dessiccation.

4° Le *houblon jaune* a des sarments vert clair, des cônes petits, ronds et d'un beau jaune doré.

Cette variété est assez hâtive et vigoureuse, mais ses produits sont moins estimés que les cônes des houblons rouges et blancs.

Ces quatre principales races ont produit des sous-variétés qui en diffèrent par la forme de leurs cônes et leur précocité. Ainsi, on connaît en Saxe deux variétés de houblon blanc : 1° le *houblon blanc à cônes allongés ;* 2° le *houblon blanc à cônes globuleux.* La première est très-productive, mais ses cônes laissent un peu à désirer quant à leur qualité. On la cultive à Alost (Belgique). La dernière race est un peu plus précoce, et si elle est moins productive, elle fournit des cônes ayant plus de valeur. Elle est cultivée à Poperingue (Belgique) et aux environs de Steenwoode (Nord).

On a depuis longtemps compris la nécessité de distinguer les variétés de houblon suivant l'époque de la maturité de leurs cônes. Ainsi, il y a un siècle, on cultivait en Angleterre plusieurs variétés hâtives ou tardives dans le but de prolonger la cueillette des cônes pendant vingt jours environ. Dans le Wurtemberg on cultive deux variétés précoces et trois variétés tardives. Les premières ont des branches latérales, courtes, et comprennent : 1° le *houblon à sarments rouges ;* 2° le *houblon à sarments demi-rouges.* Les secondes, remar-

quables par leurs longues branches latérales, présentent :
1° le *houblon à sarments verts*; 2° le *houblon à sarments vert
bleu*; 3° le *houblon à sarments rayés de rouge*.

En général, les variétés tardives mûrissent leurs cônes
douze à quinze jours après les races hâtives.

La variété qu'on cultive en Lorraine vient d'Allemagne;
elle dérive du houblon vert. Il en est de même du *houblon de
Spalt* qu'on désigne souvent sous le nom de *houblon de Bavière*, et qui se distingue de la variété-type par une précocité
de plus de quinze jours. Cette race produit des cônes gros,
arrondis et d'un vert jaune.

Le *houblon de Bohême* est précoce et très-estimé, mais il
craint la sécheresse. Les principales variétés sont : 1° le
Rossfocfen, ou houblon rouge, qu'on emploie de préférence
dans la bière de garde; 2° le *Grün*, ou houblon vert, qui sert à
aromatiser la bière ordinaire et qu'on importe en France sous
différents noms. Ce dernier houblon est de qualité inférieure.

On cultive en Belgique trois variétés : le *Kertebelle*, à cônes
dorés; le *Groenbelle*, à cônes verts; le *Cornoelhop*, à cônes
blancs, qui est le plus estimé.

Le houblon qu'on nomme en Saxe *houblon long carré*, est
tardif et a des sarments rougeâtres. Cette sous-variété était
très-estimée en Irlande, en 1757, parce qu'elle est productive et très-rustique. Ses cônes ont une nuance roussâtre.

En général, plus le houblon fleurit de bonne heure et plus
ses cônes contiennent de lupuline.

Composition. — Les tiges, les feuilles et les cônes du
houblon contiennent une assez forte proportion de chaux et
de potasse. D'après M. Nesbit 100 parties sèches donnent :

> Tiges . . . . 3,74 de cendres.
> Feuilles . . . . 13,60 —
> Cônes . . . . 9,87 —

Les cendres contiennent :

	Tiges.	Feuilles.	Cônes.
Chaux..................................	38,73	49,67	15,98
Potasse................................	25,85	14,95	25,18
Magnésie..............................	4,10	2,39	5,77
Soude.................................	—	0,39	—
Chlorure de potassium...............	9,64	—	1,67
— de sodium..............	6,47	9,49	7,24
Silice	6,07	12,14	21,50
Acide sulfurique......................	3,44	5,04	5,41
— phosphorique..............	6,80	2,42	9,80
Phosphate de fer....................	0,40	3,51	7,45
	100,00	100,00	100,000

D'après M. Payen, 100 parties contiennent en azote :

	Parties fraîches.	Parties sèches.
Tiges....................	0,61	0,70
Feuilles.................	1,30	1,51
Cônes....................	8,82	9,80

On a constaté que 100 kilogr. de cônes secs sont fournis par 350 kilogr. de tiges séchées et 260 kilogr. de feuilles sèches. Si l'hectare comprend 2500 pieds et s'il produit en moyenne 800 kilogr. de cônes, le houblon enlèvera chaque année :

	Chaux.	Potasse.	Azote.
800 kil. de cônes......	12 kil. 62	29 kil. 86	78 kil. 40
2080 — feuilles.......	120 — 70	36 — 33	31 — 40
2800 — tiges.........	40 — 55	27 — 06	18 — 60
Totaux........	173 kil. 87	83 kil. 25	128 kil. 25

Ces résultats prouvent combien il est utile, quand on veut établir une houblonnière, de choisir un sol calcaire riche en sels alcalins et en humus.

Suivant Sprengel, le houblon nouvellement récolté contient les substances suivantes :

Substances solubles dans l'eau................	1,460
— — dans une lessive alcaline...	14,432
Cire, résine et matière verte...................	6,720
Fibre végétale................................	9,588
Eau..	73,800
	100,000

La lupuline ressemble au pollen des végétaux ; elle n'est ni acide ni alcaline, et sa saveur est d'une amertume franche. L'iode la colore en bleu. Elle doit l'odeur qu'elle laisse échapper à une huile essentielle, pénétrante et narcotique qui y existe dans la proportion de 1 à 2 pour 100.

Suivant MM. Payen et Chevalier, elle est composée de cellulose, résine, matières azotées, substance amère, matière grasse, acétate d'ammoniaque, soufre, silice, sulfate et malate de potasse, chlorure de potassium, oxyde de fer et phosphate et carbonate de chaux.

Les mêmes expérimentateurs ont trouvé que la lupuline existait dans les cônes dans les rapports suivants :

Houblon de Poperingue	18,00 pour 100
— d'Amérique	17,90 —
— des Vosges	11,00 —
— d'Angleterre	10,00 —
— de Lunéville	10,00 —
— de Liége	9,00 —
— d'Alost	8,10 —
— de Spalt	8,00 —
— de Toul	8,00 —

Dans tous les houblons analysés on a trouvé que les matières étrangères étaient toujours en raison inverse de la quantité de lupuline qu'on y avait constatée. Ainsi, les houblons de Belgique et de l'Amérique contiennent 14 et 12 pour 100 de matières étrangères, et 60 à 70 pour 100 d'écailles, tandis que les houblons de Spalt et de Lunéville n'en renferment que 4 et même 2 pour 100 de lupuline.

Il serait utile de répéter ces analyses, et de constater en même temps les proportions dans lesquelles existent l'*huile essentielle*, la *résine* et la *matière amère*.

Terrain. — A. NATURE. — Le houblon est une plante exigeante. Il doit être cultivé sur des terres qui ne soient pas trop tenaces, ni trop légères, parce qu'il redoute un excès d'humidité ou un excès de sécheresse.

Les terres qui lui conviennent le mieux, sont celles qui sont profondes, fertiles, fraîches sans être humides, et qui contiennent une notable proportion de carbonate de chaux, de silice et d'argile.

Il réussit très-bien sur les sables noirs, riches en humus, sur les terres d'alluvions à sous-sol perméable, et sur les terrains argilo-siliceux, silico-argileux ou calcaire-argileux.

Il végète mal sur les terres purement sablonneuses ou caillouteuses et sur les sols argileux à sous-sol glaiseux ou compact.

Lorsqu'il croît sur des sols froids et humides, ses racines sont susceptibles de pourrir; s'il y persiste, il y donne des produits qui laissent beaucoup à désirer quant à leur quantité et à leur qualité.

En général, les terres de consistance moyenne, profondes, saines et riches sont regardées à bon droit comme les plus favorables au houblon, parce que les cônes y sont plus nombreux et plus aromatiques.

Les terres tourbeuses assainies lui conviennent aussi, quoiqu'il y soit sujet à la rouille.

Les terres, par leur nature et leurs propriétés physiques, exercent une influence considérable sur la forme des cônes et la coloration et la qualité de la lupuline. Ainsi, les houblons qu'on plante sur des terrains froids, argileux, humides et pauvres, produisent toujours, quelle que soit la variété cultivée, des cônes plus arrondis et plus serrés que les houblons qu'on cultive sur des terres douces, chaudes, perméables et riches. En outre, la lupuline qu'on observe à la base des écailles des premiers cônes, est toujours grosse, rougeâtre et moins aromatique. Il n'en est pas de même de la poussière que présentent les cônes récoltés sur les seconds terrains; elle est jaune safrané, fine, abondante, et laisse échapper un arome très-prononcé.

B. Situation. — Le houblon se plaît dans les vallées et les plaines et à la base des collines ou sur le versant de coteaux abrités des vents du nord, du nord-est et du nord-ouest par des élévations, des habitations ou des forêts.

En Angleterre, la plupart des houblonnières sont entourées de haies vives, élevées et bien touffues. Ces abris les préservent des vents froids et violents pendant l'automne, et ils les protégent en été contre les hâles ou les courants d'air chaud.

Les houblonnières situées dans des vallées basses, où l'air est sans cesse chargé d'humidité, produisent souvent une très-grande quantité de cônes, mais ceux-ci y acquièrent difficilement une bonne qualité. Les vallées qu'on doit choisir de préférence, sont celles qui sont bien aérées et exposées à l'action vivifiante du soleil.

Il faut aussi éviter d'établir une houblonnière sur un terrain très-voisin d'une rivière, d'un fleuve ou d'un étang, ou situé le long d'une route très-fréquentée. Dans le premier cas, les cônes subissent à la fin de l'été l'action des brouillards intenses et souvent prolongés, ou des gelées blanches ; dans le second, la poussière que le vent enlève à la route se dépose sur les écailles des cônes et diminue leur qualité et leur valeur vénale.

C. Exposition. — Le houblon demande beaucoup d'air, de chaleur et de soleil, mais il redoute les vents froids, humides et violents. Aussi se trouve-t-on dans la nécessité de choisir de préférence à tous autres les terrains exposés au sud, au sud-est ou au sud-ouest, et d'opérer les plantations de manière que les *lignes soient dans la direction du sud*. Alors, le

houblon est éclairé par le soleil pendant la plus grande partie du jour.

Si la houblonnière était exposée à l'est ou à l'ouest, elle
ne profiterait de l'influence bienfaisante du soleil que pendant quelques heures le matin ou le soir.

Préparation du terrain. — Le sol sur lequel on veut établir une houblonnière, peut être préparé de deux manières :
1° on peut y pratiquer un défoncement à bras ou à la charrue sur toute son étendue ; 2° on peut se contenter d'y ouvrir
des tranchées parallèles.

A. Défoncement en plein. — Lorsque le terrain est peu
profond et qu'il repose sur un sous-sol siliceux, calcaire ou
marneux, il faut, si la houblonnière doit occuper le sol pendant longtemps, le défoncer jusqu'à 0^m,50, 0^m,70 et même
0^m,80 de profondeur, selon que cette opération doit être faite
à bras ou à l'aide de la charrue.

Un défoncement exécuté jusqu'à 0^m,70 de profondeur est
coûteux, mais il n'est pas exagéré, parce que le houblon a
de fortes racines pivotantes. Plus les racines de cette plante
pénètrent profondément dans le sol et mieux elles résistent
aux grandes sécheresses.

En Flandre, où les terres sont situées sur des sous-sols
perméables, on ne défonce pas ordinairement les terrains
qu'on destine au houblon au delà de 0^m,40 à 0^m,50.

Le défoncement à bras s'opère par tranches successives de
0^m,75, 0^m,90 à 1 mèt. de largeur comme s'il était question
d'arracher une garancière. En agissant ainsi on mêle complétement une partie plus ou moins épaisse du sous-sol avec
la couche arable. Pendant l'opération on enlève avec soin les
pierres ou les racines qui peuvent exister.

Quand on emploie la charrue pour exécuter cette importante opération, on laboure à 0^m,25 ou 0^m,30 de profondeur

avec une forte charrue ordinaire attelée de quatre animaux, qu'on fait suivre immédiatement par une seconde charrue de même force ou par une charrue sous-sol traînée par deux chevaux placés l'un devant l'autre. Ces deux opérations, exécutées simultanément, remplacent dans plusieurs circonstances, lorsqu'elles sont bien exécutées, un défoncement moyen fait par des journaliers. Il est essentiel que la charrue fouilleuse soit très-solide, puisqu'elle doit pénétrer le plus possible dans le sous-sol.

Le défoncement en plein exécuté à bras ou avec deux charrues doit être fait en automne lorsque les pluies ont pénétré la couche arable et le sous-sol et par un beau temps.

On peut répéter le défoncement pratiqué à l'aide de la charrue après les grandes gelées à glace. Alors, il est nécessaire, si on veut que le sous-sol soit régulièrement ameubli, d'opérer ce second travail en suivant une direction opposée à celle qu'on avait adoptée pendant le premier défoncement.

On complète la préparation du sol en ravalant la surface au moyen de la herse ou d'un scarificateur.

Le défoncement en plein exécuté à bras coûte de 3 à 5 fr. l'are suivant la profondeur à laquelle on l'exécute et la nature du sous-sol.

B. DÉFONCEMENT PARTIEL. — On peut se dispenser de défoncer en plein les terres sur lesquelles on veut établir une houblonnière quand la couche arable est de consistance moyenne et qu'elle repose sur un sous-sol perméable. Alors, on se borne ou à pratiquer des fosses à des distances déterminées ou à creuser des rigoles parallèles et espacées plus ou moins les unes des autres, suivant la distance à laquelle les pieds de houblon doivent être plantés.

Dans les deux cas, on trace à l'aide d'une charrue, des enrayures de manière que l'espace existant entre deux d'entre elles représente l'écartement des pieds de houblon. Quand ce premier travail est terminé, on marque avec une pioche les endroits où les trous doivent être ouverts, ou bien on fait creuser à la pioche et à la pelle des fosses dans la direction des enrayures. Celles-ci doivent naturellement occuper la partie médiane des rigoles.

Les trous doivent avoir au minimum $0^m,50$ de diamètre sur $0^m,50$ de profondeur.

Les fosses ne doivent pas avoir moins de $0^m,75$ de largeur sur $0^m,50$ de profondeur.

Quand ces trous ou ces fosses ont été creusés, on les abandonne à eux-mêmes pour que le sous-sol subisse l'influence de l'air, des gels et des dégels.

Au moment de la plantation, on les remplit de terre et de fumier. On a soin que l'engrais ne soit pas placé hors de la portée des racines des jeunes plantes.

On le met de manière qu'il soit au niveau du trou ou de la rigole.

Ces travaux doivent être faits par un beau temps en automne ou pendant l'hiver lorsque les gelées ne sont pas très-intenses. On peut aussi les exécuter pendant l'été, entre la fenaison et la moisson.

Quand on ouvre des fosses sur une terre à sous-sol imperméable, il faut les creuser suivant la ligne de plus grande pente afin qu'elles servent, pendant l'automne et l'hiver, de rigoles d'écoulement aux eaux surabondantes.

Lorsqu'on veut établir une houblonnière sur un terrain à sous-sol imperméable et très-humide l'hiver, on doit, avant d'opérer le défoncement, l'entourer d'un fossé profond. La berge de cette rigole d'assainissement doit exister sur le terrain qu'on veut planter.

Mode de multiplication. — Le houblon se propage de

trois manières : 1° par graines, 2° par boutures ou replants, 3° par boutures enracinées.

A. GRAINES. — Lorsqu'on veut multiplier le houblon par graines avec l'intention d'obtenir des variétés ou plus productives ou plus précoces, on plante dans la houblonnière quelques pieds mâles. Alors et alors seulement il y a possibilité de recueillir annuellement des graines sur les pieds femelles qui végètent dans leur voisinage.

Les graines que fournit le houblon ressemblent, quant à leur grosseur et à leur forme, à la graine de millet à épi ou millet des oiseaux, mais elles en diffèrent par leur coloration, qui est jaune brun.

Ces graines doivent être semées sur une couche tiède en mars ou avril.

Le plant qu'on en obtient est mis en place à la fin de mai ou pendant le mois de juin.

A la seconde année, on peut savoir si on a gagné une nouvelle variété. Le plus ordinairement, la plupart des pieds ainsi obtenus appartiennent au houblon sauvage, espèce commune en France dans les haies ou les bois établis sur des sols un peu argileux ou calcaires et toujours frais pendant l'été.

B. BOUTURES OU REPLANTS. — Les boutures qui servent à propager le houblon cultivé proviennent de l'opération dite *taille* ou *châtrage*, qu'on pratique tous les ans au printemps dans les anciennes houblonnières.

On doit choisir de préférence les pousses qu'on enlève avec une portion de la souche sur les pieds vigoureux et sains et qui présentent quelques radicules.

Ces boutures doivent avoir trois à quatre nœuds ou trois à quatre yeux, $0^m,12$ à $0^m,15$ de longueur et la grosseur du petit doigt. Plus les boutures sont fortes et vigoureuses, et plus leur reprise est assurée.

Lorsque ces boutures doivent être expédiées à une grande distance et rester par conséquent plusieurs jours sans être mises en place, il faut les couvrir de mousse ou de sable frais pour éviter que l'air ne les dessèche.

En Alsace et dans le Palatinat les boutures bien choisies se vendent de 0 fr.75 à 1fr. le 100. Ce prix est aussi celui auquel on les vend dans la Souabe et la Bavière.

C. Boutures enracinées ou provins. — Plusieurs cultivateurs ne plantent que des boutures enracinées. Cette manière d'agir est rationnelle en ce qu'elle permet de compter sur une réussite plus complète.

Alors, au lieu de mettre en place définitive les boutures qu'on obtient en opérant la taille, on les plante à $0^m,20$ ou $0^m,35$ de distance en tout sens, sur un endroit frais, dans un jardin ou dans un champ très-voisin d'un cours d'eau. L'humidité du sol, en favorisant le développement des racines, permet aux jeunes plantes de végéter beaucoup plus vigoureusement que si les boutures avaient été mises en place sur le terrain où la houblonnière doit être établie.

Les provins ont un autre avantage; ils sont productifs pendant l'automne qui suit leur mise en place. Les pieds de houblon qui proviennent de boutures simples ne produisent presque rien pendant la première année de leur végétation.

Les bons plants ont une chevelure abondante et ils sont jaunâtres extérieurement et blanchâtres intérieurement. On doit rejeter les plants qui présentent des taches noires ou noirâtres, parce qu'ils sont sujets à devenir chancreux.

D. Époque de la mise en place des boutures. — La mise en place des boutures se fait à l'époque à laquelle on opère la taille des anciens pieds, c'est-à-dire de la fin de février au 15 avril au plus tard.

On a proposé d'opérer cette plantation en automne; cette

saison est moins favorable que le mois de mars, parce qu'elle expose pendant l'hiver les boutures et les ancien s pieds à l'action des fortes gelées à glace.

On ne doit pas l'exécuter après le 15 avril ; à cette époque les pousses du houblon commencent à sortir de terre.

E. EXÉCUTION DE LA PLANTATION. — Lorsque le moment d'effectuer la mise en place des boutures est arrivé, on termine le remplissage des fosses ou des rigoles avec de la bonne terre ou du terreau. Cette opération est bien faite lorsque la bonne terre est en surélévation de la fosse de 0^m,10 à 0^m,15. Cet exhaussement est destiné à combler entièrement les trous lorsque la terre remuée aura perdu l'excès de volume qu'elle avait acquis par suite de son foisonnement.

Si le terrain a été défoncé en plein, on exécute la plantation en se servant d'un cordeau à nœuds. Alors on le tend dans la direction du sud et on marque la place des plants sur le sol en implantant des petits piquets devant chaque nœud. Ces points de repère sont plus ou moins éloignés les uns des autres selon le nombre de boutures qu'on doit planter par hectare.

Lorsque la première rangée, qui doit être située à 3, 5 ou 6 mètres du bord du champ, si ce dernier est entouré par une haie vive ou des arbres de haute futaie, a été tracée, on s'occupe de la garnir de pieds ou de boutures de houblon. Alors, un ouvrier accompagné d'une femme ou d'un enfant fait un trou sur la place occupée par le premier piquet ; ce trou doit avoir 0^m,10 à 0^m,15 de profondeur selon la largeur du plant ; aussitôt que cette petite fosse a été faite, l'ouvrier reçoit deux plants de l'aide, les met verticalement dans le trou en ayant soin de les éloigner l'un de l'autre de 0^m,10 à 0^m,12. Puis, il les couvre de terre et tasse celle-ci à l'entour des boutures. On peut aussi planter en se servant d'un plantoir.

Quand on plante des boutures, on les place en terre de manière que leur extrémité supérieure soit en contre-bas de la surface du sol de plusieurs centimètres. Lorsqu'on met en place des provins, c'est-à-dire des boutures ayant végété pendant une année, on a soin de les planter dans une position analogue à celle qu'ils avaient dans la pépinière.

On continue ainsi la plantation jusqu'à l'extrémité de la ligne tracée.

Quand cette première rangée a été plantée, on déplace le cordeau et on le tend de nouveau à 1^m,65, 1^m,80 ou 2^m de distance. Cette seconde ligne est plantée comme la précédente.

Toutefois, il est nécessaire que les pieds de la 2me rangée ne soient pas placés vis-à-vis des boutures déjà plantées. Si on agissait ainsi, les houblons seraient alignés dans le sens de la longueur et de la largeur de la pièce. Alors la houblonnière aurait l'aspect que présente la figure 23.

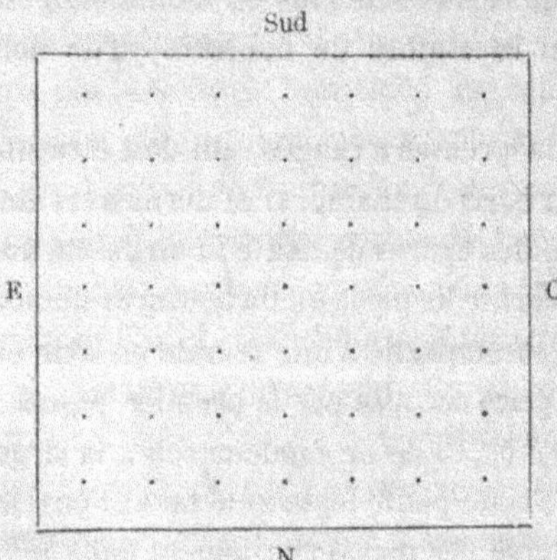

Fig. 23. Plantation en allées ou en carrés.

Cette disposition n'est pas favorable, car le soleil ne peut

agir avec autant de facilité que lorsqu'on a adopté la plantation en quinconce représentée par la figure 24.

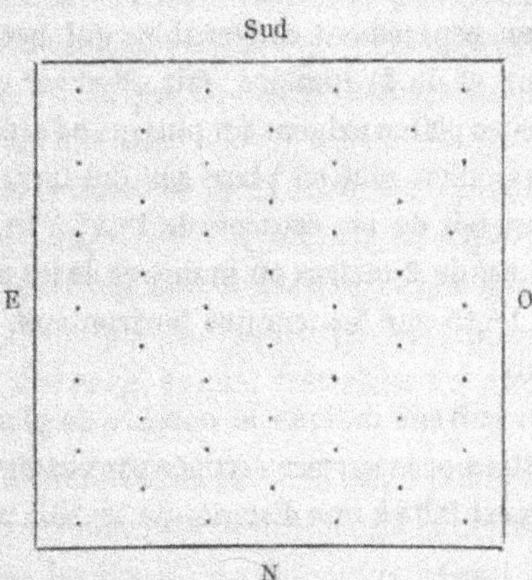

Fig. 24. Plantation en triangles ou en quinconce.

Dans ce dernier mode de plantation les houblons présentent des ruelles qui font face au sud-est, sud, sud-ouest,
nord-ouest, nord et nord-est, et qui permettent à l'air et à la
lumière d'agir à l'intérieur de la houblonnière dans toutes
les directions.

La plantation faite suivant des lignes qui se coupent à
angle droit, n'offre que quatre ruelles : celles du sud, de
l'ouest, du nord et de l'est.

Les houblons recevront donc beaucoup plus d'air et de
lumière lorsqu'ils auront été plantés en quinconce que quand
leur plantation aura été faite en triangles isocèles.

Espacement des pieds. — La distance à laquelle on plante
le houblon varie entre 1^m,65 et 2 mètres.

En Alsace, les houblons sont ordinairement plantés à la
distance de 1^m,65.

En Flandre, on les espace les uns des autres de 2 mètres.

Erath, s'appuyant sur ce principe, que ce n'est pas le nombre de pieds par hectare qui fait la richesse du produit, mais bien un espacement convenable, qui permet le libre accès de l'air et de la lumière, fait observer que les houblons plantés en plaine exigent un plus grand espacement que les houblons qu'on met en place sur des terrains inclinés. Aussi propose-t-il de les espacer de 1^m,45 à 1^m,60 quand la pente du sol est de 2 mètres au moins et de les planter à une distance de 1^m,75 sur les terrains horizontaux. Ces conseils sont judicieux.

Le tableau suivant indique le nombre de plants que présente un hectare et la surface occupée par chaque pied quand la plantation est faite à une distance de 1^m,50 à 2 mètres :

Distance entre les pieds.	Nombre de pieds par hectare.	Surface occupée par chaque pied.
1^m 50	4,000	2^m 50
1 60	3,906	2 56
1 70	3,460	2 90
1 80	3,086	3 24
1 90	2,770	3 61
2	2,500	4 00

L'espacement des pieds varie en Angleterre entre 1^m,82 et 2^m,13. Cette plus grande distance est commandée par la nature brumeuse du climat de cette partie de l'Europe.

Dans la Campine, on trace les lignes à 3 mètres et on plante les plants sur les lignes à 1 mètre de distance les uns des autres. On agit ainsi pour que les houblons aient beaucoup d'air et de lumière et qu'on puisse labourer les intervalles des lignes avec la charrue.

Le houblon blanc demande moins d'espace et de surface que les houblons rouge et vert.

Plantation de pieds mâles.—En Angleterre on est dans

l'habitude de planter çà et là et à des distances régulières quelques pieds mâles. On a constaté depuis longtemps que ces houblons, dont le nombre n'excède pas un pour cent des pieds femelles, rendent ces derniers plus productifs. On leur attribue aussi l'avantage de hâter la maturité des cônes et d'accroître leur qualité.

Engrais nécessaire. — Le houblon est très-épuisant ; c'est pour ce motif qu'on ne doit adopter sa culture que lorsqu'on peut l'exécuter sur des terres riches et disposer annuellement d'une quantité suffisante de fumier à demi décomposé ou d'engrais animal très-riche en azote, en acide phosphorique et en alcalis.

A défaut de fumier, on emploie des crottins de moutons, des chiffons de laine, de la drèche, de la fiente de pigeons et de volailles, des boues de ville, des tourteaux, etc.

On applique ces engrais avant ou au moment de la plantation et on les renouvelle tous les ans à l'époque de la taille ou au plus tard après deux années.

Les fumiers à demi décomposés, les crottins de moutons, les fientes de volailles, le terreau, etc., rendent la végétation du houblon très-active ; sous leur influence les tiges se développent vigoureusement et les feuilles s'élargissent et prennent une teinte plus foncée.

Ces engrais doivent être appliqués dans une forte proportion, mais à une dose moins considérable au début de la culture que la quantité indiquée par M. de Gasparin. Cet auteur propose de fumer la houblonnière la première année à raison de 129 000 kilog. de fumier par hectare ou 51 kilog. par chaque pied de houblon, et de compléter cette fumure par 20 000 kilog. de fumier appliqués tous les ans.

L'expérience permet de dire qu'il faut enfouir annuellement de 10 à 12 kilog. seulement de fumier par chaque pied de houblon, soit 25 000 à 32 000 kilog. de fumier par hectare.

Mathieu de Dombasle, depuis 1829 jusqu'en 1835, a appliqué chaque année pour 59 fr. 54 d'engrais par hectare et a obtenu en moyenne 919 kilog. de houblon. M. Hüffel, de Haguenau, a dépensé par hectare en acquisition d'engrais, depuis 1832 jusqu'en 1843, 202 fr. 80, et il a récolté sur la même surface 3257 kilog. de houblon.

En accordant au fumier une valeur de 10 fr. les 1000 kilog., on trouve que la fumure annuelle s'élevait :

	Par hectare.	Par pied.
A Roville, à.........	6,000 kil.	2 kil. 400
A Haguenau, à......	20,000 —	8 —

Ces résultats sont très-intéressants parce que les produits obtenus correspondent exactement dans les deux exemples à la quantité de fumier appliquée. Ainsi,

A Roville, l'engrais : produit :: 100 : 15,

A Haguneau, l'engrais : produit :: 100 : 16.

J'ajouterai qu'il n'est pas utile d'appliquer annuellement au dela de 25 000 à 32 kilog. de fumier par hectare. Lorsque l'engrais est employé en excès, il nuit à la floraison et à la qualité des cônes ou des *cloches*.

Soin d'entretien pendant la première année. — A. BINAGES. — Pendant la première année, on donne deux ou trois binages, dans le but d'entretenir la surface de la houblonnière toujours meuble et exempte de mauvaises herbes.

Pendant ces opérations que l'on exécute à bras à l'aide d'une binette longue et étroite ou d'une houe à cheval, on a soin de ne pas endommager les racines des houblons ou des provins.

B. POSE DES TUTEURS. — Au mois de mai, on implante à $0^m,10$ ou $0^m,15$ de chaque houblon un tuteur de $1^m,50$ à

2 mètres de hauteur. Ces échalas sont destinés à soutenir les tiges qui ne prennent pas ordinairement un grand développement pendant la première année.

C. Buttage. — A chaque binage, on ramène un peu de terre à la base des pieds. Ce buttage maintient plus de fraîcheur autour des racines et favorise le développement des tiges.

En automne, on répète cette opération après l'enlèvement des tiges pour préserver les pieds de houblon contre le froid.

D. Liage des tiges.—Pendant les mois de juin et de juillet, on attache les pousses aux tuteurs à l'aide de quelques brins de jonc ou de paille de seigle préalablement trempée dans l'eau, en ayant soin de les diriger de gauche à droite.

E. Enlèvement des tiges. — Au mois d'octobre on coupe les tiges à $0^m,30$ au-dessus du sol et on les réunit en bottes ou on les étend sur le sol entre les ruelles pour les enfouir par un labour à la charrue.

F. Purinage. — On active la végétation des plantes en les arrosant plusieurs fois pendant le cours de leur végétation avec du purin ayant fermenté. Le premier arrosage se fait aussitôt après la plantation.

Culture simultanée pendant la première année. — Le produit du houblon étant presque nul la première année, on utilise le terrain en plantant entre les lignes des pommes de terre ou des choux pommés ou en semant des fèves, des haricots ou des betteraves. Ces plantes par leur produit, payent une partie des frais de la plantation. Les binages qu'elles exigent contribuent aussi à l'ameublissement et au nettoiement de la houblonnière.

Taille annuelle. — Chaque année, à la fin de l'hiver, c'est-à-dire au mois de mars ou d'avril, on exécute, à partir de la troisième année, l'opération que l'on nomme *taille* ou *châtrage* et qui a pour but de réduire les jets du houblon à un nombre limité. Sans cette opération les tiges seraient très-nombreuses sur chaque pied, elles se nuiraient mutuellement, épuiseraient la souche au détriment de l'avenir de la houblonnière et leurs cônes laisseraient beaucoup à désirer quant à leur nombre et leur qualité.

C'est lorsque la végétation se ranime et qu'on n'a plus à craindre de fortes gelées qu'on pratique cette importante et délicate opération. On doit la terminer au moment où les pousses commencent à sortir de terre. Voici comment on l'exécute :

Par une belle journée, avec la bêche ou la binette, on creuse autour de chaque pied de houblon sur un diamètre de $0^m,35$ à $0^m,45$, pour le déchausser jusqu'aux grosses racines et mettre à nu les bourgeons ou les jets. On doit agir avec précaution, afin de ne pas couper ou déchirer les racines et les pousses. Souvent on termine ce déchaussement en enlevant avec la main la terre qui couvre les racines sur lesquelles les jets se sont développés. Ces derniers sont blancs et ont de $0^m,10$ à $0^m,16$ de longueur.

A mesure que les ouvriers déchaussent les pieds de houblon, on opère l'enlèvement de tous les jets, à l'exception de la pousse qui portait les tiges fruitières l'année précédente.

L'ouvrier chargé de supprimer les pousses inutiles doit être muni d'une bonne serpette à lame étroite et courbée à son sommet ou d'un couteau bien tranchant. Il importe, en effet, que les bourgeons radiculaires soient séparés de bas en haut le plus près possible des racines, et que les sections soient bien nettes et les racines non déchirées.

Quand tous les jets inutiles ont été supprimés, on rabat

la pousse qu'on a conservée sur 2 ou 3 yeux. Ce nombre de boutons est suffisant, parce que chaque pied ne doit pas produire au delà de 2 à 3 tiges si on veut que ces pousses s'élèvent jusqu'au sommet des perches.

En outre, on débarrasse la souche des racines latérales, qui se développeraient au détriment de la vigueur des tiges qu'elle doit produire, et de toutes les parties chancreuses qu'on y observe. Quand on opère ces derniers travaux, on dit qu'on procède au *nettoiement du plant*.

Les pieds chétifs, malades ou endommagés par les animaux doivent être taillés moins sévèrement. On ne doit y supprimer que les parties altérées et les racines qui peuvent produire des pousses au détriment de la souche mère.

Aussitôt qu'un pied a été taillé on couvre les racines d'un peu de terre sur laquelle on applique ensuite du fumier, des chiffons de laine, du tourteau, du terreau. On termine le chaussage des souches en couvrant l'engrais d'une nouvelle couche de terre.

En Alsace, on remplace le fumier par du terreau qu'on a préparé une année à l'avance. Ce terreau a l'avantage de ne pas favoriser l'existence et la multiplication des insectes.

Perches. — A. NATURE ET LONGUEUR. — L'élévation à laquelle parviennent les tiges quand le houblon est bien cultivé oblige à les soutenir à partir de la seconde année, à l'aide de perches ou tuteurs.

La longueur des perches varie suivant les localités, c'est-à-dire selon la variété cultivée, la nature et la richesse du sol et le climat sous lequel est située la houblonnière.

Dans les terres pauvres et sèches, les perches ont seulement de 5 à 6 mètres de longueur; en Lorraine, cette dimension atteint de 7 à 8 mètres; à Hagueneau, on est forcé d'en avoir qui ont 10 et même 12 mètres de longueur.

Ces perches sont en bois de chêne, de châtaignier, d'aulne, de mélèze ou d'épicéa. Les premières sont plus résistantes, mais elles sont plus lourdes et plus coûteuses que les secondes. Quant aux perches de châtaignier, elles sont supérieures aux perches de chêne; si on en emploie peu, c'est qu'elles se vendent très-cher et qu'elles n'ont pas toujours une longueur de 10 à 12 mètres. Les perches de saule et de peuplier sont cassantes et peu durables.

Dans la Campine les perches ont $0^m,50$ de circonférence au gros bout. Celles qu'on emploie à Alost ont souvent $0^m,15$ de diamètre à leur partie inférieure.

Les perches, quelle que soit l'essence à laquelle elles appartiennent, sont coupées, ébranchées et écorcées à l'époque de la séve du printemps, c'est-à-dire au mois de mai et de juin.

L'écorçage augmente notablement leur durée et le tan qu'il fournit permet de les livrer à meilleur marché; on le paye par 100 perches de 1 fr. 50 à 2 fr.

On termine la préparation des perches en les appointant et en les carbonisant sur une longueur d'un mètre. Ce charbonnage empêche que leur pointe pourrisse aussi facilement en terre. L'affilage se paye de 0 fr. 75 à 1 fr. le 100 de perches.

On augmente la durée de la partie qu'on fiche en terre en l'enduisant, après qu'elle a été carbonisée, de 3 à 4 couches épaisses de goudron.

B. Prix des perches. — Les perches de bois bien droites, fortes et longues, en chêne, en châtaignier ou en sapin, augmentent de valeur d'année en année.

Il y a trente ans on payait en Lorraine les perches de chêne de 7 à 8 mètres de longueur rendues sur place, de 40 à 50 fr. le 100. Aujourd'hui, elles valent de 70 à 80 fr.

On trouve à acheter en Alsace des perches de sapin de 10 à 12 mètres de longueur au prix de 90 à 110 fr. le 100, rendues sur le terrain où elles doivent être plantées. Les perches de pin maritime ne valent que 70 à 80 fr.

C. Durée des perches. — La durée des perches varie suivant leur nature et leur qualité et selon aussi le terrain où elles sont plantés.

En général, une perche de chêne ou de sapin épicéa ayant son extrémité bien carbonisée dure de 8 à 12 années ; c'est donc un dixième environ qu'on doit remplacer annuellement.

Si l'hectare comprend 2500 pieds, on aura à remplacer tous les ans environ 250 perches.

Mathieu de Dombasle s'est trompé lorsqu'il a dit qu'il fallait renouveler les perches de chêne tous les trois ans.

Pose des perches ou perchage. — La mise en place des perches, opération que l'on désigne quelquefois sous le nom de *perchage*, se fait au printemps, un mois environ après la taille.

Avant de planter les anciennes perches, on les retaille en pointe, si leur gros bout s'est arrondi ou s'il est pourri.

La plantation exige au moins deux ouvriers. L'un d'eux, armé d'un *pal*, barre de fer rond, ayant 1^m,30 de longueur et terminée à sa partie inférieure par un renflement pointu, est chargé de faire les trous. Ceux-ci doivent être verticaux, avoir de 0^m,65 à 1^m de profondeur, suivant la longueur des perches, et être pratiqués à l'ouest et à 0^m,15 ou 0^m,20 de chaque pied de houblon.

Quand le premier trou a été fait, le second ouvrier saisit une perche, la dresse verticalement, se place à cheval et un peu en arrière du pied de houblon, élève la perche au-dessus du trou et l'y chasse avec force. Si la pointe ne touche pas le fond de l'ouverture, il l'élève de nouveau au-dessus du sol et la chasse une seconde fois dans le trou. Quand la pointe porte à fond, il consolide la perche en pilonnant la terre et en entourant ensuite sa base d'un monticule de terre.

Les perches ayant 8 à 12 mètres de longueur doivent être bien assujetties, afin qu'elles ne soient pas renversées par les grands vents à l'époque où elles fléchissent sous le poids des rameaux et des cônes.

Les autres perches sont plantées de la même manière. On doit les aligner avec soin pour quelles forment des ruelles régulières et bien droites.

FIG. 25. Houblons soutenus par des fils de fer.

Au bout de dix jours, on visite les perches les unes après les autres pour s'assurer de leur solidité, et on pilonne de nouveau la terre qui les environne, si leur fixité laisse à désirer.

La pose des perches, exécutée à la tâche, coûte de 1 fr. 25 c. à 2 fr. 80 c. le 100, selon leur longueur.

Fil de fer. — Depuis longtemps on a tenté en Angleterre de remplacer les perches par des lignes horizontales de fil de fer (*fig.* 25). Ce moyen a été adopté pour la première fois en France, en 1824, par M. Carez, de Toul (Meurthe), mais c'est

M. Denis qui l'a proposé le premier aux agriculteurs de la Lorraine, de l'Alsace et des Vosges. Il est économique et expose mieux les ramifications et les cônes à l'action du soleil et de l'air.

Ce procédé consiste à enfoncer en terre aux extrémités des lignes et dans leur direction, à 1^m,50 environ des premiers et derniers pieds de houblon, de forts piquets en chêne de 1^m à 1^m,30 de longueur. Ces piquets doivent excéder la surface du sol de 0^m,16 à 0^m,20, être inclinés du dedans en dehors de la houblonnière, et avoir leur tête garnie d'une virole en fer.

Lorsque les piquets ont été plantés, on les perce avec une mèche de 0^m,01 de largeur et on engage dans le trou ainsi pratiqué un fort piton muni à son extrémité inférieure d'un large écrou. Alors, on les réunit deux à deux en y attachant solidement les extrémités d'un fil de fer tendu sur la terre parallèlement à la ligne de houblon.

Ce second travail exécuté, on construit de simples chevalets en réunissant deux perches de 2^m,30 à 2^m,65 de longueur à l'aide d'un petit boulon à écrou ou d'un bout de fil de fer s'enroulant trois ou quatre fois autour des pieux. Ces perches doivent avoir de 0^m,05 à 0,07 de diamètre, se croiser et se réunir à 2 mètres environ de leur partie inférieure. Quand deux chevalets ont été préparés, on les couche sur le sol et sous le fil de fer, on écarte leurs extrémités et on engage ce dernier dans leurs fourchements supérieurs. Alors, on les dresse verticalement en les rapprochant l'un et l'autre le plus près possible des deux piquets auxquels ont été fixés les extrémités du fil de fer. En agissant ainsi, on élève la ligne de fer et on lui donne toute la rigidité et la résistance qu'elle doit avoir. Quand cette ligne a été bien tendue, on plante un échalas de 3 mètres de longueur près de chaque pied de houblon. Ces tuteurs une fois placés doivent correspondre par leur extrémité supérieure au fil de fer, et le dépasser de 0ᵐ,08 à 0ᵐ,10. On les fixe à la ligne de fer avec un lien d'osier.

On termine la pose des fils en les graissant avec un morceau de lard. Cette opération qu'on répète chaque année après la cueillette des cônes, les préserve de l'action des agents atmosphériques et les empêche de rouiller.

La longueur des lignes ne doit pas excéder 100 mètres. Les lignes trop longues entravent la circulation des hommes et des voitures au moment de la récolte ou lorsqu'il est question d'appliquer du fumier.

Les fils de fer qu'il convient d'employer portent les nᵒˢ 16, 18, 19 et 22.

```
1 kilog. du n° 16 représente  environ 30 mètres.
1    —      18       —         19  —
1    —      19       —         16  —
1    —      22       —          6  —
```

Le n° 16 sert à attacher les échalas aux fils horizontaux.

Les nᵒˢ 18 et 19 sont ceux qu'on emploie pour former les lignes destinées à supporter les tiges du houblon.

Le n° 22 peut servir à faire des crochets destinés à remplacer les pitons.

Mathieu de Dombasle estime les dépenses que nécessite l'emploi des fils de fer à 350 fr. seulement par hectare, et donne à ces supports une durée moyenne de 10 années.

Perches comparées aux fils de fer. — L'emploi des perches nécessite, d'après les faits rapportés page 293, une dépense annuelle de 250 fr. par hectare. M. Berthier de Roville ayant expérimenté comparativement et les perches et le fil de fer, a constaté que ces procédés occasionnaient par hectare les dépenses suivantes, lorsqu'on comptait sur cette surface 3670 pieds de houblon :

	Fils de fer.	Perches.
Dépenses premières.....	440 fr. 40	2202 fr. 00
Frais annuels...........	108 26	469 76

La différence en faveur de l'emploi du fil de fer s'établit ainsi :

Dépenses premières.............	1761 fr. 60
Frais annuels..................	361 50
Total............	2123 fr. 10

Les frais annuels, après 10 années de culture, offrent donc une économie de 3615 fr.

En présence de ces résultats, on doit regretter que les conseils de Denis, Berthier et Mathieu de Dombasle n'aient point été suivis par les agriculteurs qui cultivent en France le houblon.

J'ajouterai à ces avantages que le système des fils de fer expose bien moins que les perches les houblons à l'action des vents orageux et de la grêle.

Les partisans des houblonnières garnies de perches ont avancé que les cônes des houblons soutenus par des fils de fer sont toujours plus blanchâtres et moins aromatiques, parce qu'ils ne subissent pas autant que les cônes des autres houblons l'action du soleil et de la lumière ; cette opinion n'a pas été justifiée.

Soins annuels d'entretien. — Après la pose des perches on donne au sol un labour à la houe fourchue, au louchet ou à la charrue.

Quand la couche arable a été ameublie après la taille, on exécute, lorsque le perchage est terminé, un binage, opération qu'on renouvelle toutes les fois que les circonstances l'exigent.

Avant les fortes chaleurs de l'été, on raffermit les perches inclinées, on butte les pieds et on les arrose si le sol manque de fraîcheur, et si on peut exécuter cette opération sans s'imposer de fortes dépenses.

On opère le second binage pendant le mois de juin, et le troisième vers la fin de juillet ou au commencement d'août, à l'époque de l'apparition des premières fleurs. Les ruelles peuvent être binées avec la houe à cheval.

Taille en vert. — Au commencement de mai ou au plus tôt vers la fin d'avril, et lorsque les jets sont sortis de terre, on exécute ce que j'appelle la *taille en vert*. Cette opération consiste à supprimer tous les jets qui excèdent le nombre de tiges que chaque pied doit présenter.

Quelquefois on répète cette taille une seconde fois au bout de quinze jours, quand des pousses nouvelles apparaissent.

Le nombre de jets qu'on laisse aux houblons varie suivant la force des pieds et la fertilité du sol. Ordinairement on ne laisse que 2 ou 3 tiges aux pieds vigoureux et une seule aux houblons chétifs. On conserve toujours les pousses les plus belles et les plus fortes.

Liage ou accolage. — Quand les pousses sont assez longues pour faire le tour des perches qui doivent les soutenir, on les attache avec du jonc ou de la paille de seigle mouillée.

Cette opération est longue et délicate, et ne doit être confiée qu'à des ouvriers très-adroits et intelligents. Il faut éviter de l'opérer le matin ou pendant la pluie, parce que alors les jeunes tiges, étant chargées d'humidité, sont très-cassantes. C'est au milieu du jour, quand les pousses ont repris, sous l'influence de la chaleur, toute leur souplesse, qu'on doit l'exécuter.

On peut gêner la croissance des tiges si on les attache sans attention. Il faut les soutenir en les fixant de manière qu'elles tournent autour des perches d'orient en occident. c'est-à-dire selon le cours du soleil.

Enfin, on doit éviter de serrer fortement les tiges contre les perches, et de les croiser les unes par-dessus les autres.

On répète le liage une seconde, une troisième et même une quatrième fois, jusqu'à l'approche de la maturité. On agit ainsi, afin de ne pas laisser retomber les rameaux à fruits situés à la partie médiane des tiges. Au second et au troisième accolage on se sert d'une échelle double.

Provignage. — Lorsqu'on a l'intention d'établir l'année suivante une nouvelle houblonnière, on peut faire des provins sur les pieds les plus vigoureux. Ce marcottage doit être pratiqué quand on exécute pour la première fois la taille en vert ou lorsqu'on répète cette opération.

Voici comment on l'exécute :

Lorsque les jets laissés sur les pieds ont 0^m,70 à 1 mètre de longueur, on en choisit un et on le couche dans un rayon de 0^m,10 à 0^m,12 de profondeur. Quand il a été ainsi enterré, on ramène son extrémité vers la perche à laquelle on l'attache.

Après la récolte des cônes, ou mieux, au moment où l'on exécute la taille, on le détache avec soin du pied mère, et on le met en place. Ce provin a suffisamment de racines pour donner à l'automne un produit satisfaisant.

On se sert aussi du provignage quand on veut remplacer un plant qui n'a pas réussi ou qui a péri. Alors on choisit une longue pousse et on la provigne d'une perche à l'autre.

Ébourgeonnage. — A mesure que les tiges s'élèvent, on les dégarnit inférieurement des rameaux qui se développent à l'aisselle des feuilles. On continue cet ébourgeonnage jus-

qu'à 3 et même 4 mètres de hauteur. Au delà de cette élévation, on laisse les tiges se ramifier et produire des rameaux
à fleurs.

Cette opération oblige l'ouvrier qui doit l'exécuter de s'ai-
der d'une échelle double.

Effeuillage. — Quand on observe sur les tiges de nombreuses feuilles, on en enlève une partie, c'est-à-dire quel-
ques-unes çà et là, en se servant d'une paire de ciseaux,
d'un sécateur ou d'une serpette. Il faut se garder de les arracher. On peut au besoin les couper avec l'ongle.

Cet enlèvement de feuilles ne doit pas être fait au delà de
2 à 3 mètres de hauteur.

Il a pour but de favoriser l'accès de la chaleur, de la lumière et de l'air sur les tiges, les fleurs et les fruits. Enfin,
il permet à la séve de se diriger plus facilement au haut des
tiges, et de rendre les cônes plus nombreux et surtout plus
gros.

Ordinairement on cesse de le pratiquer vers le commencement d'août.

Insectes nuisibles. — Le houblon est attaqué par un
grand nombre d'insectes. Les plus redoutables sont :

1° Le *ver blanc et la courtilière*, insectes qui s'attaquent
aux racines les plus tendres et qu'on détruit difficilement.

2° Le *puceron du houblon* (APHIS HUMULI, L.). Cet insecte, à
l'état parfait, est ailé et se propage très-rapidement. Il
mange les jeunes pousses et les feuilles, vers la fin d'avril
ou dans la première quinzaine de mai. Il a pour ennemis
les *coccinelles* et les *chrysomèles*.

3° Les *fourmis* qui détruisent, aussi pendant l'été, les
jeunes pousses, les feuilles et les fleurs.

4° L'*hépiale du houblon* (EPIALUS HUMULI, L.) dont la larve, longue de 0^m,05 vit aux dépens des racines des vieux pieds de houblon, et les fait souvent périr.

5° La *mouche verte* qui ronge les feuilles et pique les cônes.

6° Les *limaces* qui nuisent beaucoup au développement des jets ou des premières feuilles, lorsque le printemps est humide.

Tous ces insectes sont difficiles à détruire. Néanmoins, en opérant la taille, on tue souvent un nombre important de vers blancs et de larves d'hépiale.

Agents atmosphériques nuisibles. — Le houblon est, sans contredit, la plante qui souffre le plus des transitions de température; c'est pourquoi ses produits sont toujours incertains et très-irréguliers.

Ainsi il redoute une *température chaude et sèche*, une *température froide et humide*, les *vents violents du nord*, les *pluies froides et prolongées*, etc.

Les *longues sécheresses* occasionnent la chute des cônes avant leur maturité; les *ouragans* renversent les perches; la *grêle* fait tomber les cônes et brise les tiges; les *pluies abondantes et prolongées* retardent la maturité et nuisent à la qualité des cônes; les *vents froids d'été* retardent la floraison et compromettent l'avenir de la récolte.

Les abris et des situations bien choisies permettent souvent de modifier très-heureusement ces fâcheuses influences atmosphériques.

Maladies ou altérations. — Le houblon est sujet à cinq maladies ou altérations : la miellée, la rouille, la gangrène, la pourriture et la jaunisse.

1° La *miellée, miélat* ou *brûlure* est une gomme luisante plus ou moins abondante qu'on observe sur les feuilles et qui affaiblit les pieds de houblon. Ce sucre gommeux transsudet-il des organes foliacés? Les faits prouvent chaque année qu'il est excreté par les pucerons. Nonobstant il arrête la transpiration du végétal et le rend maladif. Jusqu'à ce jour il a été impossible de s'opposer à son apparition et à son développement.

2° La *rouille* se montre souvent d'une manière apparente sur les houblons exposés aux influences des cours d'eau, des étangs et des marais. Elle nuit très-sensiblement à la bonne qualité des cônes lorsqu'elle apparaît tardivement.

3° La *gangrène et les chancres* sont communs sur les racines des houblons plantés sur des sols fertiles et des pieds auxquels on a appliqué une trop forte dose de fumier. On les observe aussi sur les racines des houblons qui ont été mutilés au moment de la taille.

4° La *pourriture* apparaît principalement sur les racines des pieds qui végètent dans les sols très-humides. On l'arrête dans son développement en desséchant la houblonnière.

5° La *jaunisse* ou *chlorose* s'observe sur les tiges et les feuilles des houblons dans les années très-pluvieuses et sur les pieds qui végètent sur les terrains humides ou tourbeux.

Récolte. — A. SIGNES DE LA MATURITÉ. — Le houblon est arrivé à sa maturité quand les cônes ont pris une couleur jaunâtre, rougeâtre, vert brun doré, ou verdâtre, suivant la variété à laquelle ils appartiennent et lorsque la base de leurs écailles est chargée d'une poussière jaune doré. Les feuilles ont alors une teinte moins foncée ou vert jaunâtre, les cônes se pelotonnent quand on les presse dans la main et adhèrent un peu les uns aux autres ; enfin, à l'odeur herbacée que développait la plante succède une odeur pénétrante due à l'huile essentielle que contient la lupuline.

Il faut éviter d'opérer la récolte ou trop tôt ou trop tard. Dans le premier cas, les cônes ont une couleur terne et verdâtre et ils sont très-peu odorants; dans le second, ils se brisent facilement, sont entr'ouverts pour la plupart, ont passé du jaune verdâtre au brun, ont perdu une partie notable de leur lupuline, et ils exhalent aussi une faible odeur aromatique.

Quand la cueillette est faite en temps opportun, les cônes ne sont pas épanouis, ils sont revêtus d'une matière résineuse gluante, que les brasseurs ont nommé *matière poisseuse* ou *graisse*, ils contiennent toute la poussière dorée qu'ils ont produite et leur odeur est forte et très-aromatique.

B. Époque. — La récolte a lieu à une époque plus ou moins avancée, à la fin de l'été, suivant la précocité de la variété cultivée, la température de l'année, l'exposition de la houblonnière et la nature du terrain sur lequel elle existe.

En général, en France, on l'exécute de la fin d'août au 5 ou 6 septembre, quand on cultive le houblon précoce, et du 8 au 20 septembre lorsque la houblonnière comprend des variétés tardives.

En Angleterre, la récolte se fait de la fin de septembre au 15 octobre.

Les pluies fréquentes ou continuelles retardent toujours les dernières phases de la maturité des cônes.

C. Déperchage. — Avant de procéder à l'enlèvement des perches, on coupe les tiges à 0ᵐ,30 ou 0ᵐ,40 au-dessus du sol.

Quand on a coupé un certain nombre de pieds, on place un petit chevalet à un mètre environ de la perche qu'on veut abattre. Ce chevalet présente à sa partie supérieure une tige en fer placée horizontalement et munie d'un crochet en fer à sa partie médiane. Alors on engage un long levier dans le crochet du chevalet et on saisit la perche avec la moraille ou la pince dentée et à charnière que présente le levier à l'une de ses extrémités.

Quand la pince a été fixée à l'aide d'un collier en fer qu'on chasse à coups de marteau vers son extrémité supérieure, on abaisse vers le sol l'autre extrémité du levier dans le but de soulever la perche hors de terre. Le houblon-

Fig. 26. Ouvriers arrachant une perche à l'aide d'un chevalet et d'un levier.

nier qui tient le levier est aidé par un ouvrier qui a saisi la perche afin qu'elle ne s'incline pas d'un côté ou d'un autre pendant l'opération (*fig.* 26).

Lorsque la perche résiste aux efforts du houblonnier et de l'aide ou lorsqu'il y a impossibilité de l'arracher au moyen d'une seule opération, l'ouvrier la maintient verticalement à la hauteur à laquelle elle a été élevée ; le houblon-

nier desserre la tenaille, la fixe à 0^m,10, 0,15 ou 0^m,20
au-dessous du point qu'elle embrassait et abaisse de nou
veau le levier. Cette seconde opération suffit ordinairement
pour arracher entièrement la perche.

Dès que la perche a été sortie du trou qu'elle occupait, le
houblonnier prend une longue fourche, l'élève et appuie

Fig. 27. Ouvriers abaissant une perche chargée de cônes.

l'enfourchement contre la perche afin de soutenir son extrémité. Ce travail une fois fait, l'aide cale l'extrémité inférieure
de la perche avec son pied droit et l'incline successivement.
A mesure que la perche se rapproche du sol, le houblonnier
abaisse lentement la fourche (*fig.* 27).

Quand le houblonnier peut saisir la perche, il la couche
avec le concours de son aide sur une grande bâche, ou appuie

son extrémité supérieure sur un chevalet ayant 1^m,30 environ de hauteur, ou il la pose dans l'enfourchement d'un croi-
sillon formé de deux échalas ayant de 1^m,30 à 1^m,65 de longueur.

On peut se dispenser, dans l'arrachage des perches, d'avoir
un chevalet, si on se sert de la tenaille en usage annuellement
dans la Lorraine. Cet instrument (*fig.* 28) se compose d'un
manche ayant 2 mètres environ de longueur et 0^m,07 à 0^m,08
de diamètre, et d'un segment en fer de 0^m,50 environ de longueur. Cette tige en fer est dentelée et elle porte à son extrémité une forte douille dans laquelle on engage le levier.
Quand ces deux pièces ont été agencées, la branche en fer

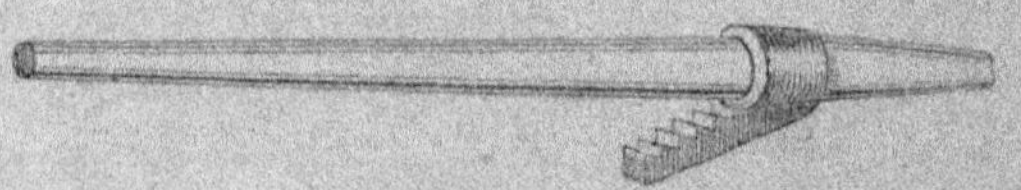

Fig. 28. Tenaille pour arracher les perches de moyenne longueur.

qui divise le manche en deux parties très-inégales est dirigée
vers l'extrémité de la partie la plus longue, et forme avec
celle-ci un angle aigu ayant 0^m,12 à 0^m,15 environ de largeur
à son ouverture.

Lorsque l'ouvrier veut arracher une perche, il la saisit
avec la tenaille le plus près possible de terre, appuie l'extrémité de la partie du levier la plus courte contre le sol et soulève l'instrument avec force (*fig.* 29). L'aide qui l'accompagne
soutient encore la perche pour qu'elle ne se renverse pas
une fois qu'elle a été dégagée de terre.

L'arrachage des perches n'est pas une opération difficile;
néanmoins, il doit être fait avec précaution. On doit éviter
d'ébranler ces tuteurs et de les laisser tomber. Ordinaire-

ment les perches sont chargées supérieurement d'un poids considérable; lorsqu'elles touchent violemment la terre, elles se brisent, ou, par la secousse qu'elles reçoivent, elles font sortir des cônes une partie de la lupuline.

Fig. 29. Ouvrier arrachant une perche à l'aide de la tenaille.

D. Cueillette des cônes du houblon soutenu par des perches. — La cueillette est une des opérations les plus importantes. On l'exécute sur la houblonnière ou on l'opère à l'intérieur de la ferme

1° *Cueillette exécutée dans la houblonnière.* — Quand la cueillette doit être faite dans la houblonnière, on couche deux ou trois perches sur chaque chevalet ou traiteau, en les séparant les unes des autres de 0^m,50 à 1 mètre. A défaut de chevalet on place sur une même ligne plusieurs civières garnies intérieurement d'une toile ou d'un drap, et on appuie sur chacune d'elles les extrémités de deux ou trois perches. Enfin, quand on n'a ni chevalet, ni civière, on pose horizontalement les perches sur une grande bâche.

Lorsque les chantiers ont été préparés, des femmes ou des enfants se groupent autour des perches, *coupent les cônes un à un avec des ciseaux*, et les déposent dans des corbeilles et des paniers, si la cueillette est faite à la tâche, ou dans les civières, si elle a lieu à la journée. En Angleterre, on arrache les cônes ; c'est une faute.

Les pédoncules doivent être coupés à 0^m,015 environ des cônes afin que ces derniers ne s'écaillent pas.

On a soin de ne pas y mêler des feuilles ou des débris de tiges, de feuilles, de pédoncules ou de grappes. Ces parties amoindrissent la valeur commerciale du produit.

La cueillette des cônes se fait à la journée ou à la tâche. Dans les deux cas, on doit surveiller sans cesse les ouvrières.

La récolte faite à la journée exige une civière par 4 à 6 cueilleuses. Quand cette opération a lieu à la tâche, c'est-à-dire moyennant un prix déterminé pour une quantité donnée de cônes, on met à la disposition des travailleurs des paniers ou des corbeilles de même forme et de même capacité.

Le houblonnier, chargé de surveiller la cueillette, inscrit sur des tailles ou sur une feuille de papier placée sur une petite table servant de bureau, le nombre de paniers cueillis par chaque groupe ou chaque *bricôle*, ou *bretelle*.

Au début de l'opération et en présence des travailleurs, on

remplit quelques paniers et on pèse ou on mesure le poids ou le volume de cônes afin de connaître la quantité moyenne qu'ils contiennent.

Aucun ouvrier ne doit vider les corbeilles qu'il a remplies dans les grands paniers, dans les civières ou dans un grand sac de toile haut de 1ᵐ,65, et soutenu et maintenu ouvert à l'aide de trois longs échalas formant trépied, avant d'avoir fait vérifier par le *receveur* l'état du houblon qu'il a récolté. Les brasseurs français se plaignent souvent du nettoiement imparfait ou du mauvais épluchage des houblons de l'Est.

Les cueilleuses doivent mettre à part les cônes qui ont une couleur rousse.

2° *Cueillette exécutée à la ferme.* — Lorsque la séparation des cônes doit avoir lieu à la ferme, on appuie les extrémités des perches sur des chevalets placés sur des bâches et on enlève avec une serpe bien tranchante toutes les ramifications fruitières. Ces branches sont jetées ensuite dans de grandes corbeilles ou sur des draps qui, une fois remplis, sont placés sur des charrettes ou des chariots et transportés à la maison d'habitation. Quelquefois on coupe les tiges sur plusieurs points de leur longueur et on les enlève en les tirant par le haut des perches pour les déposer dans des voitures garnies d'une toile.

La cueillette est exécutée de la même manière que quand elle a lieu dans les houblonnières.

E. Cueillette des cônes du houblon soutenu par des fils de fer. — Quand le houblon a pour soutien des fils de fer, on détache les échalas de la ligne métallique, on coupe les sarments au sommet des perches et on écarte les pieds des chevalets jusqu'à ce que le fil de fer soit à 1 mètre ou 1ᵐ,30 du sol ou à la portée des cueilleuses.

Lorsqu'une ligne a été cueillie, on enlève les chevalets

pour que le fil de fer tombe à terre et ne gêne pas la circulation.

Prix de revient de la cueillette. — La cueillette des cônes à la tâche est payée à raison de 2 fr. 50 à 3 fr. 50 les 100 kilog., ou 0 fr. 15 à 0 fr. 20 les 100 litres.

En Angleterre, cette opération revient à 0 fr. 35 par hectolitre.

Une ouvrière peut cueillir par jour jusqu'à 6 et même 8 hectolitres, selon l'abondance de la récolte et la grosseur des cônes.

Voici les dépenses que la récolte a occasionnées par hectare :

Roville..........................	174 fr.	37 c.
Haguenau	176	64
Wurtemberg...................	163	57
Moyenne.........	171 fr.	52 c.

Conditions de réussite. — La récolte du houblon doit être faite par un beau temps. Il vaut mieux la devancer d'un jour ou deux que la retarder et l'exécuter par un temps pluvieux et lorsqu'il survient des brouillards. Il est vrai que les houblons ainsi récoltés seront un peu moins riches en matière odorante, mais ils rachèteront complétement cette infériorité de qualité par leur belle couleur.

Il est indispensable de ne pas commencer chaque jour la cueillette des cônes avant la disparition de la rosée, c'est-à-dire avant 8 ou 9 heures du matin. En outre, il ne faut cesser de surveiller les ouvriers, afin de bien s'assurer si tous les cônes ont été enlevés aux tiges, si leur séparation a été faite avec des ciseaux et s'ils sont exempts de corps étrangers. Enfin, avant de commencer la récolte, on doit s'assurer d'une suffisante quantité de bras pour que la cueillette ne dure pas au delà de 8 à 10 jours. Cette opération a l'avantage de pouvoir être exécutée par des femmes, des vieillards et des enfants.

Elle constitue pour tous les travailleurs une véritable fête. (Voir Appendice.)

Dessiccation. — Les cônes, après avoir été récoltés, sont exposés, pendant un temps plus ou moins long, à l'action de l'air ou de la chaleur artificielle pour qu'ils perdent leur humidité.

A. Dessiccation naturelle. — On dessèche naturellement les cônes de houblon en les exposant à l'air dans des greniers bien aérés, et plutôt à l'ombre qu'au soleil, soit sur le plancher, qui doit être bien jointoyé, soit sur des claies ou des châssis en bois garnis d'un filet en ficelle à mailles assez étroites pour que les cônes ne puissent y passer.

Les claies et les châssis sont disposés en étages les uns au-dessus des autres, et écartés de $0^m,50$ à $0^m,60$.

Les cônes étendus sur les planchers sèchent plus lentement que sur les filets, parce qu'ils ne sont pas aussi bien en contact avec l'air.

Ils doivent y être déposés en couches de $0^m,05$ à $0^m,08$ d'épaisseur. Au fur et à mesure que la dessiccation s'opère, on les met en couches plus épaisses.

On empêche le houblon de s'échauffer en le remuant d'abord une ou deux fois par jour, selon son degré d'humidité, et ensuite une fois seulement. Enfin, quand la dessiccation est déjà avancée, on ne le remue que tous les deux, trois ou quatre jours.

Quand le houblon doit sécher sur un plancher, on l'étend d'abord en couche mince avec le dos d'un râteau, puis quand est venu le moment de le remuer, on le déplace avec précaution au moyen d'une pelle. Il faut éviter d'opérer ce déplacement d'une manière brusque, afin de ne pas faire tomber la poudre résineuse que contiennent les cônes.

Lorsqu'on le fait sécher sur des claies, on le remue avec les mains ou à l'aide d'une baguette passée en dessous de la couche.

Tous les jours, quand le temps est beau et l'air sec, vers 10 ou 11 heures du matin, on ouvre les volets des ouvertures du sud. Ces volets peuvent rester ouverts jusqu'à 3 ou 4 heures de l'après-midi.

Quand la dessiccation est achevée, on met le houblon en tas de $0^m,65$ à $1^m,30$ d'épaisseur qu'on remue une ou deux fois par semaine. L'ouvrier chargé de cette opération passe en dessous de la masse de cônes une perche mince et lisse qu'il soulève ensuite en levant une de ses extrémités. Ce simple mouvement, répété sur plusieurs points, suffit pour prévenir toute fermentation.

Quand on constate qu'un tas est disposé à s'échauffer, on l'étend sur le plancher avec un râteau ayant des dents en bois longues de $0^m,15$ à $0^m,20$.

En général, la dessiccation des cônes dans les greniers n'est complète que six semaines ou deux mois après la récolte. Il faut que l'automne soit beau et sec pour qu'on puisse les emballer avant le mois de novembre.

Lorsque le temps est mauvais et l'air très-chargé d'humidité, les cônes, quoique remués avec soin de temps à autre, prennent une teinte plus ou moins brune, et perdent une partie notable de leur arome.

Il faut une surface carrée de 1^m à $1^m,50$ pour sécher 1 kilog. de cônes verts.

B. Dessiccation artificielle ou torréfaction. — La dessiccation artificielle se fait dans des bâtiments particuliers qu'on nomme *tourailles* ou *séchoirs*, et qui ont beaucoup de rapport avec les tourailles dans lesquelles les brasseurs dessèchent le malt.

Ces séchoirs sont plus ou moins vastes, selon l'étendue de la houblonnière. Nonobstant, ils présentent ordinairement deux parties : un rez-de-chaussée et un étage.

Le rez-de-chaussée est garni d'un ou de plusieurs foyers disposés de manière que la chaleur que produit le charbon ou le bois qu'on y brûle arrive directement sur le houblon. Ce dernier est placé dans l'étage supérieur sur des claies superposées et écartées de $0^m,50$ à $0^m,66$. En Angleterre, le plancher qui sépare la partie basse du premier étage est à claire-voie, et garni d'un tissu de crin. Cette disposition permet à la chaleur d'arriver plus aisément dans les séchoirs et sur le houblon.

Dans les environs de Brunswick, la dessiccation se fait à la fumée ou sur le sable. Dans le premier cas, on place au-dessus du calorifère une plaque en fonte percée d'une multitude de très-petits trous, sur laquelle on pose des claies chargées de houblon. La fumée, en arrivant sur les cônes, leur enlève, après un certain temps, toute leur humidité. Lorsqu'on dessèche le houblon d'après le second procédé, on couvre aussi le calorifère d'une plaque de fonte, mais celle-ci n'a aucune ouverture et est couverte de sable. Cette couche sablonneuse une fois chaude est garnie de houblon qu'on enlève quand il est bien sec, pour le remplacer par des cônes encore verts ou humides.

Lorsqu'on dessèche le houblon à l'aide d'un courant d'air chaud, on doit brûler du charbon de bois, du coke, du bois ou du charbon de Fresnes, c'est-à-dire le combustible qui produit le moins possible de fumée.

Le feu, lorsqu'on suit ce mode de dessiccation, doit être d'abord léger, c'est-à-dire modéré. On ne le rend plus vif que lorsque les cônes commencent à *suer*. Il est essentiel de prendre toutes les précautions nécessaires pour que le feu soit toujours clair. La fumée, qui agit sur le houblon encore mouillé ou très-humide, le rend plus brun. Il faut aussi éviter que le feu ne soit pas très-ardent, afin que les cônes ne roussissent pas.

L'ouvrier modère le feu du calorifère, quand, en pressant le houblon, la chaleur qu'il a acquise lui fait éprouver une sensation désagréable.

En Angleterre, on mêle du soufre au charbon de terre, lorsque ce dernier n'est pas sulfureux. Cette addition de soufre a pour but d'empêcher la fumée de brunir les cônes. En 1758, les houblons des comtés d'Hereford et de Worcester, qui étaient alors ceux qu'on recherchait de préférence à tous autres, étaient séchés avec du charbon sulfureux.

Le soufre a l'inconvénient de rendre très-rouges les yeux des ouvriers qui dirigent ce mode de dessiccation du houblon. (Voy. appendice.)

Au bout de 6 heures environ, on retourne le houblon. On ne l'enlève des tourailles que lorqu'il y a séjourné 10 à 12 heures, et qu'il crie lorsqu'on le presse dans la main.

Alors on le met à refroidir dans un local très-sain et aéré appelé *chambre d'aération*, pour qu'il reprenne un peu de souplesse, qu'il *revienne à lui*, que les écailles soient moins friables, et que le tassement des cônes dans les balles se fasse d'une manière plus parfaite. Après 6 à 8 jours, on le réunit en tas de 0^m,30 d'épaisseur. Quand il est sec, on augmente sans danger l'épaisseur des monceaux.

Érath évalue les frais de dessiccation à 7 fr. les 100 kilog. A Roville, le combustible consommé s'élevait à 90 kilog. pour 100 kilog. de cônes, et occasionnait une dépense de 5 fr. 78 c.

Rapport des cônes secs aux cônes verts. — Les cônes de houblon nouvellement récoltés contiennent une notable quantité d'humidité ; c'est pour ce motif qu'en séchant ils se réduisent ordinairement à un tiers ou un quart de leur poids, et que le déchet causé par la dessiccation s'élève de 65 à 75 pour 100.

En général, dans les bonnes années, 3 kilog. de cônes frais donnent environ 1 kilog. de cônes secs. Quand la récolte est mauvaise et le houblon de faible qualité, il faut près de 8 kilog. de cônes verts pour obtenir 1 kilog. de houblon sec.

Selon Ælbrœck, il faut dessécher environ 150 kilog. de cônes verts pour obtenir 100 kilog. de cônes marchands. Ces données ne concordent pas avec les faits constatés en 1856, en Belgique, par M. Mertens. Voici les chiffres que cet expérimentateur a obtenus.

1° 5 kilog. 140 de cônes verts ont donné 1 kilog. 550 de cônes secs ;

2° 2 kilog. 530 de cônes frais ont fourni 0 kilog. 650 de cônes desséchés.

Ces résultats donnent les rapports suivants :

> 1° Les cônes secs sont aux cônes verts :: 100 : 330.
> 2°　　—　　　　—　　　　　　:: 100 : 380.

Ainsi, 100 kilog. de cônes secs proviennent en moyenne de 350 à 360 kilog. de cônes frais, et 100 kilog. de cônes verts fournissent environ 30 kilog. de houblon.

Mathieu de Dombasle a constaté à Roville que 350 kilog. de cônes verts donnent ordinairement 100 kilog. de houblon sec.

D'après Rutley, 100 kilog. de houblon sec proviennent de

4600 litres de cônes verts, et 100 litres de cônes frais donnent environ 2 kilog. 250 de houblon sec.

1 hectol. de cônes verts pèse de 6 à 7 kilog.

Emballage. — Lorsque le houblon est resté quelque temps dans la chambre à aération et qu'il est parfaitement sec, car il est sujet à s'échauffer, on procède à son emballage. Cette opération, qu'on appelle quelquefois *embâcher* ou *ensachement*, a pour but de le soustraire à l'action de l'air. On ne l'exécute souvent qu'après les premières gelées de novembre, c'est-à-dire lorsque le temps est sec et froid.

Quand il a été fortement pressé dans les sacs, il ne peut pas ballotter pendant les transports, et perdre, par suite de son déplacement, une partie de sa poussière aromatique.

Le plancher des séchoirs ou tourailles dans lesquels on opère l'emballage du houblon, possède une ouverture carrée de 0^m,50 à 0^m,66 de diamètre, c'est-à-dire égale à l'embouchure des sacs. Ce trou est garni de clous à crochets solidement fixés, auxquels on attache le sac par l'onglet qui règne sur le pourtour de sa gueule ; quelquefois on y fixe le sac à l'aide d'une corde mobile. Alors le sac occupe l'ouverture de la trappe, et pend en dessous du plancher dans l'étage inférieur.

Lorsque le sac a été ainsi attaché, un ouvrier y descend pour fouler avec ses pieds le houblon qu'une femme y jette à l'aide d'une corbeille ou d'une pelle. A mesure que l'ouvrier presse, piétine les cônes en tournant sans cesse à l'intérieur du sac, l'aide continue à y verser doucement du houblon. Quand le sac est bien plein, on le décroche et on l'élève pour le poser sur le plancher. Alors on le coud avec de la ficelle et un petit carrelet, en ayant soin de bien remplir les angles supérieurs, et de les lier de manière qu'ils forment deux *poignées* ou *pelottes*. La même opération a dû être faite aux deux autres coins avant de commencer le remplissage du sac. Quand l'ensachement est terminé, la balle est résistante, et présente quatre *cornières* à l'aide desquelles on peut aisément la déplacer ou la porter.

A défaut de plancher ayant une trappe, on suspend le sac au plafond de l'étage supérieur ou au moyen d'un support à ensachement, et on maintient sa gueule ouverte en y fixant un cerceau. Le fond du sac ainsi soutenu ne doit être éloigné de l'aire du plancher que de $0^m,20$ à $0^m,25$.

Les sacs dans lesquels on emballe le houblon ont ordinairement 2^m de longueur et 1^m de largeur, ou $3^m,50$ de hauteur sur $0^m,60$ de largeur. On les fait avec de la toile forte, grossière, mais ayant un tissu serré pour que l'air ne puisse facilement réagir et sur les cônes et sur la lupuline qu'ils contiennent.

Ces ballots bien remplis contiennent 50 kilog. de houblon.

En Amérique, on comprime le houblon à l'aide des presses qui servent à l'emballage du coton. Les balles qu'on obtient à l'aide de ces engins ont une extrême dureté. Ce moyen est aussi en usage en Angleterre et en Belgique.

Les avis, jusqu'à ce jour, sont partagés à l'égard des avantages que présente une compression considérable. En France et en Allemagne, on lui préfère généralement une demi-compression ou un tassage ordinaire obtenu à l'aide du piétinement. On a reconnu qu'une compression extraordinaire déformait les cônes et les agglomérait en une masse tellement compacte, que nul sondage n'y est plus possible.

En Angleterre, on emballe les *houblons blonds* ou *houblons de première qualité* dans des sacs de toile de belle qualité ; ces balles sont désignées sous le nom de *pockets* (poches). Les *houblons bruns* ou *houblons communs* sont emballés dans des sacs de toile grossière qu'on nomme *bags* (balles). Les premiers sacs une fois remplis pèsent 75 kilog.; le poids des seconds atteint 125 kilog.

La loi qui régit le droit d'accise ne permet pas aux cultivateurs anglais d'employer deux fois les mêmes sacs, ou de transvaser du houblon étranger dans des sacs anglais.

L'ensachement coûtait à Roville 5 fr. 80 c. par 100 kilog. Dans le Wurtemberg, il revient au même prix, à 5 fr. 60 c.

Conservation des cônes. — Le houblon une fois ensaché doit être placé dans un local ni trop sec ni trop humide.

Bien desséché et bien emballé, il peut se conserver en bon état pendant quelques années.

Le houblon est très-hygrométrique. Exposé à l'air après une dessiccation parfaite, il absorbe 10 pour 100 de son poids d'humidité.

Quand on doit le conserver dans un local un peu humide, il faut doubler les sacs avec une bonne toile, ou l'emballer dans des caisses ou des tonneaux.

Le houblon perd en une année de 1 à $\frac{8}{10}$ de sa qualité et de son arome. Les houblons de 2 ans ont encore moins de valeur. Si quelques brasseurs les recherchent, c'est qu'ils sont très-colorés, et que le commerce les livre toujours à des prix très-peu élevés, comparativement à la valeur qu'on accorde aux houblons nouveaux.

Quand on constate que le houblon d'une balle fermente, on doit s'empresser de la découdre sur le côté, de l'ouvrir le plus possible afin d'aérer les cônes, et d'arrêter par là la fermentation. Il faut bien se garder de sortir le houblon. Quand la chaleur a complétement disparu, on recoud le sac et on le met dans un endroit aéré.

Conservation des perches. — Lorsque la récolte du houblon est terminée, on s'occupe de la conservation des perches.

Dans plusieurs fermes de l'Alsace et de l'Allemagne, on les charge avec précaution sur des chariots afin de ne pas les briser, et on les conduit à la ferme où on les entasse sous un hangar. En agissant ainsi, on a pour but de les soustraire aux maraudeurs et à l'action des intempéries.

En Lorraine, en Alsace, en Angleterre et ailleurs, on les réunit ordinairement en tas réguliers sur le sol même de la houblonnière. Voici comment on forme ces faisceaux. On attache à 2^m environ de l'extrémité d'une perche un anneau fait avec des tiges de houblon et ayant $0^m,20$ à $0^m,30$ de diamètre. Alors, on implante la perche dans le sol, et on engage dans le cercle 4 à 6 autres perches destinées à former la charpente ou la carcasse de la pyramide. Quand ces perches ont été engagées dans l'anneau, et placées de manière qu'elles aient toutes une direction bien oblique, on appuie contre l'anneau une première rangée de perches, puis une seconde, puis une troisième, etc., etc., jusqu'à la formation complète de la pyramide, qui se compose ordinairement de 100 à 150 et même 200 perches. Toutes les perches ainsi placées sont inclinées à 30 ou 35^0, et peuvent résister aux vents violents.

Quand les faisceaux sont situés près des villages ou sur des champs voisins de routes très-fréquentées, on les consolide en les entourant d'un grand lien de paille. Ce lien doit être placé à $1^m,50$ environ du sol, et maintenu à cette hauteur à l'aide de plusieurs longues épingles en bois.

Une pyramide de perches ainsi faite présente intérieurement une véritable cage dans laquelle l'air a toujours un libre passage, et l'obliquité qu'elle offre extérieurement lui permet de résister aux plus forts coups de vent.

Lorsque le houblon est soutenu par des fils de fer et des chevalets, après la récolte des cônes on graisse les lignes métalliques avec un morceau d'étoffe de laine bien huilée, puis on réunit les chevalets et les échalas en tas sur le champ, ou on les conduit à la ferme. Les fils de fer restent sur la terre.

Quel que soit le moyen de conservation qu'on adopte, on doit éviter de coucher les perches, les chevalets et les échalas sur la terre. Ces tuteurs ont une grande valeur, parce que leur acquisition a occasionné une dépense importante. Si on les laissait entassés horizontalement, ils pourriraient en partie, et n'auraient pas la solidité et la durée qu'ils ont toujours quand ils ont été conservés debout au grand air.

Emploi des tiges et des feuilles. — Les tiges constituent un produit très-secondaire. Nonobstant, lorsque la cueillette est terminée, il faut les diviser en 2, 3 ou 4 parties, selon leur longueur, les lier en bottes ou en fagots, les rapporter à la ferme, et les mettre en meule ou les emmagasiner sous un hangar. Bien sèches, on les utilise très-avantageusement pour chauffer les fours.

On peut aussi les enfouir comme engrais vert.

On a proposé d'en extraire une filasse avec laquelle on pourrait fabriquer de gros cordages, mais la pratique a prouvé l'inefficacité de ce nouveau mode d'emploi.

Les feuilles, quand elles sont encore vertes et saines, peuvent être données comme aliment aux bêtes bovines.

Durée des houblonnières. — Une houblonnière établie sur un terrain riche, profond et perméable, peut durer 15, 20 et même 30 ans, si chaque année on a soin de la fumer, de la tailler, de la labourer, de remplacer les pieds chancreux, etc., etc.

Il existe, en Angleterre, des houblonnières qui sont encore en plein rapport, quoique leur existence remonte à 150 et même 200 ans. Cette longue existence prouve qu'il n'est pas indispensable de déplacer les houblonnières tous les 20 ou

25 ans, comme on l'a souvent proposé. En remplaçant annuellement les pieds malades ou ceux qui ont péri, on renouvelle entièrement les plantations pendant une période
qui n'excède pas 20 à 30 années.

Les houblonnières établies sur des terrains humides, pauvres, peu profonds, mal fumés, etc., commencent ordinairement à péricliter vers la 10e année.

Produit par perche. — La quantité de cônes que fournit
une perche garnie de houblon est très-variable.

Quand les pieds sont en plein rapport, ils donnent en Bavière les quantités suivantes :

```
Bonnes années................  500 gramm.
Année moyenne................  250   —
Mauvaise année...............   60   —
```

En éliminant la dernière année, on trouve qu'en moyenne
une perche donne de 350 à 400 grammes de cônes.

Ælbrœck évalue le rendement moyen à 400 grammes par
perche.

On a constaté en Belgique, en 1857, les résultats suivants :

```
Houblon de trois ans...........  650 gramm.
   —    de deux ans ..........  310   —
                                 ─────────
          Moyenne........  480 gramm.
```

Ainsi, d'après ces divers rendements, on peut évaluer le
produit moyen par perche de 400 à 430 grammes.

1 hectare qui contiendrait 2500 perches devrait donc donner en moyenne de 1000 à 1100 kilog. de cônes secs.

En adoptant les données extrêmes, on trouve que le produit

```
maximum s'élèverait à...  1250 kilog.
minimum à.............   150   —
```

Produit par hectare. — La variabilité du produit du houblon ne permet pas de considérer un rendement unique comme représentant la quantité moyenne de cônes qu'une houblonnière peut fournir dans une contrée donnée. Voici les résultats qu'on a obtenus pendant 10 à 13 années de culture.

1° France.

De Dombasle à Roville, moyenne de 13 années............. 885 kilog.
Hüffel à Haguenau,   —   12   — .... 1256 —
Schauenburg (Bas-Rhin),   —   12   — .... 1250 —

2° Allemagne.

Kolb à Spalt,   moyenne de 11 années. .... 831 —
Erath (Wurtenberg),   —   12   — .... 956 —

3° Angleterre.

Statistique du duty,   moyenne de 10 années............ 815 —

4° Belgique.

Brabant,   moyenne statistique de 7 années............ 1041 —
Flandre occidentale,   —   8   — .... 720 —
  —   orientale,   —   8   — .... 1251 —
Hainaut,   —   8   — .... 790 —

Moyenne, 100 récoltes ou années........ 979 kilog.

Je compléterai ces données en faisant connaître les produits maximum et minimum.

1° France.

	Minimum.	Maximum.
De Dombasle............	85 kilog.	1800 kilog.
Hüffel.................	680 —	1680 —

2° Allemagne.

	Minimum.	Maximum.
Kolb.............	328 kilog.	1380 kilog.
Erath	495 —	1255 —

3° Angleterre.

	Minimum.	Maximum.
Statistique officielle......	200 kilog.	1872 kilog.
David Low..............	190 —	2540 —

4° Belgique.

	Minimum.	Maximum.
Brabant	300 kilog.	1825 kilog.
Flandre occidentale.....	296 —	966 —
— orientale........	700 —	1980 —
Hainaut	255 —	1237 —
Moyennes........	352 kilog.	1653 kilog.

La statistique de la France, publiée en 1840, contient l'étendue des houblonnières, et les produits moyens qu'elles fournissent par hectare dans les départements où elles existent.

	Étendue.	Rendement.
Lorraine	298 hect.	1485 kilog.
Alsace	120 —	610 —
Flandre	253 —	1087 —
Picardie	79 —	1023 —
Moyenne		1051 kilog.

Ce rendement correspond aux produits moyens obtenus en Belgique en 1855 et 1856.

En général, on peut dire que les produits d'une houblonnière varient par hectare entre 300 et 2000 kilog.

Voici comment se répartissent les récoltes de houblon pendant une période de 12 années.

	Récolte abondante.	Récolte ordinaire.	Mauvaise récolte.
Roville (de Dombasle)	3	7	2
Wurtenberg (Erath)	2	6	4
Haguenau (Hüffel)	3	6	4
Palatinat (Schubart)	2	6	4
Spalt (Kolb)	2	5	5
Alost (statistique officielle)	3	6	3
Poperinghe (statistique offic.)	4	5	3

Ainsi, on ne peut compter obtenir une bonne récolte que tous les 2 ou 3 ans. Ce résultat explique pourquoi le prix du houblon varie d'une manière notable d'une année à l'autre, et pourquoi sa culture n'occupe pas en France une étendue aussi grande que celle qu'on lui consacre annuellement en Angleterre et en Allemagne.

Capitaux engagés par hectare. — La culture du houblon oblige le cultivateur qui l'exécute à disposer d'un capital très-élevé. En général, elle engage par hectare de 800 à 1000 fr., si l'on répartit sur 12 à 15 années les frais de premier établissement. Ce capital peut s'élever à 1200 fr. et même à 1500 fr., quand on se trouve dans la nécessité de faire construire une touraille.

Voici les frais de premier établissement, et les dépenses annuelles qu'elle a déterminées sur trois exploitations situées en France et en Allemagne.

	Création.		Dépenses annuelles.	
	fr.	c.	fr.	c.
De Dombasle à Roville............	1812	»	775	75
Hüffel, à Haguenau...............	1753	»	796	30
Erath, à Rottembourg.............	2385	72	722	40
Moyennes........	1983	57	764	61

En Angleterre, les frais de premier établissement dépassent souvent 5500 fr. par hectare. Les dépenses annuelles varient entre 2300 et 2500 fr. Ces frais annuels ne comprennent pas les droits de dîme et d'accise (*duty*) qui atteignent souvent 550 et 600 fr. par hectare.

Voici les bénéfices qu'on réalise par hectare à l'aide de la culture du houblon. Les chiffres qui suivent sont extraits de trois comptabilités différentes, et représentent les dépenses annuelles et l'intérêt des capitaux qu'on a engagés en créant les houblonnières. Le compte de Roville concerne un exercice de 13 années, et ceux de Haguenau et de Rottembourg une culture de 12 années.

	Roville. (1823 à 1835.)		Haguenau. (1832 à 1843.)		Rottembourg. (1834 à 1845.)	
	fr.	c.	fr.	c.	fr.	c.
Dépenses..............	801	26	945	15	780	16
Produits..............	1392	15	3231	48	2077	84
Bénéfices.............	590	89	2386	33	1297	68

Les 100 kilog. de cônes ont été vendus aux prix suivants :

	Prix moyen.		Prix minimum.		Prix maximum.	
	fr.	c.	fr.	c.	fr.	c.
Roville.............	155	72	64	»	580	»
Haguenau...........	300	»	150	»	700	»
Rottembourg.	214	75	97	»	340	»

Le faible bénéfice moyen obtenu à Roville tient au produit peu élevé que le houblon y a donné, et au faible prix moyen auquel il a été vendu.

Prix de revient des 100 kilog. de cônes. — Le prix auquel reviennent les cônes est en rapport avec les dépenses que nécessite la culture du houblon et le prix moyen commercial. D'après les comptes précités, 100 kilog. de cônes secs ont coûté :

	fr.	c.
A Roville	89	»
A Hagueneau	74	65
A Rottembourg	80	50
Moyenne	81	38

Ce résultat représente le prix de revient du houblon pendant 35 années de culture.

Variétés du houblon du commerce. — Le *houblon bien récolté et séché* a une belle couleur jaune tirant un peu sur le rouge, et, broyé entre les doigts, il laisse échapper une odeur d'épices très-agréable.

Le *houblon récolté trop tôt* est verdâtre, et a une odeur herbacée; il contient peu de matière aromatique, et s'effeuille facilement.

Les *anciens houblons* sont les plus foncés en couleur; ils sont peu odorants, et donnent une décoction très-colorée et d'un goût désagréable.

La qualité des houblons dépend toujours des variétés qui les ont produits, du procédé à l'aide duquel ils ont été desséchés, de la manière dont ils ont été conservés; enfin, elle est plus ou moins bonne, selon l'influence que les maladies, les insectes et les intempéries ont exercée pendant la végétation du houblon.

Le commerce refuse d'acheter ou achète alors à un prix moins élevé que le cours, les houblons qui ont une teinte brune et ceux qui sont mêlés à des débris de tiges et de feuilles, parce que ces parties donnent à la bière de l'âpreté, et diminuent la propriété du houblon de s'opposer à la fermentation acide du moût.

Les *houblons français* les plus estimés sont formés de cônes gros, lourds, entiers et aplatis ; ils sont jaunes avec des pointes rosées, résistent à la pression des doigts, ont une odeur forte et pénétrante, une saveur amère, et contiennent plus d'huile essentielle que les houblons de Belgique et d'Angleterre.

Les *houblons étrangers* provenant des bons crûs de la Bohême et de la Bavière, ont une supériorité incontestable sur tous les autres houblons, ce qui tient à la nature des terrains sur lesquels existent les houblonnières. Cette supériorité se traduit par un parfum et un bouquet très-agréable.

Falsification. — Les houblons ne sont pas toujours livrés au commerce tels qu'ils ont été récoltés.

Les uns y mêlent du sable très-fin, dans le but de les rendre plus pesant ; les autres, et ceux-ci sont plus nombreux, l'aspergent avant de l'emballer, afin d'augmenter aussi son poids. Cette fraude n'est pas plus loyale que la première ; souvent même elle est préjudiciable à l'agriculteur qui la met en pratique, parce que le houblon qu'on a mouillé est sujet à se détériorer très-promptement.

En Angleterre, on est dans l'habitude de décolorer les anciens houblons en les exposant à un courant d'acide sulfureux. Ainsi préparés, ces houblons ont une teinte qui les rapproche des houblons nouveaux. Alors, on les mêle aux cônes de la dernière récolte, dans la proportion d'un dixième, d'un huitième et quelquefois d'un quart.

Succédannées de houblon. — Lorsque le houblon se vend très-cher, et lorsqu'on veut fabriquer de la bière destinée à être livrée à un prix peu élevé, on lui substitue : 1° des feuilles ou des écorces de buis; 2° des fleurs de tilleul; 3° de la racine de gentiane; 4° des feuilles de trèfle d'eau; 5° des pousses de genêt à balais; 6° des copeaux de sapin. La bière qu'on obtient alors a une saveur aromatique spéciale et un goût peu agréable. Aucun de ces divers amers n'a le parfum du houblon nouveau et bien sec.

Valeur commerciale. — Les houblons nouveaux bien récoltés ont une valeur plus ou moins élevée, selon leur finesse et leur beauté, la productivité des houblonnières, la température de l'été, les besoins du commerce, et suivant aussi l'abondance de la récolte des vins et de l'orge.

Les houblons vieux que le commerce désigne sous le nom de *houblons surannés*, se vendent plus difficilement et à des prix souvent très-bas.

Le prix des houblons varie entre 1 fr. et 8 fr. le kilog.

Voici les prix auxquels ont été vendus, depuis trois années, les houblons français, belges et allemands. Ces prix représentent 100 kilog.

	1856.	1857.	1858.
Houblons français.	fr. fr.	fr. fr.	fr. fr.
Strasbourg................	180 à 230	230 à 270	320 à 400
Haguenau................	170 à 200	220 à 280	300 à 360
Nancy....................	200 à 220	180 à 200	230 à 300
Rambervillers.............	180 à 200	180 à 200	200 à 320
Bailleul..................	130 à 150	100 à 140	180 à 220
Bousies..................	100 à 112	80 à 104	160 à 215
Hazebrouck...............	140 à 160	120 à 130	200 à 300
Houblons belges.			
Alost....................	80 à 110	70 à 110	120 à 160
Poperinghe...............	100 à 160	100 à 110	200 à 260
Houblons allemands.			
Spalt (ville).............	344 à 640	460 à 560	400 à 700
Spalt (environs)..........	292 à 450	320 à 420	350 à 600
Saaz....................	364 à 640	550 à 580	500 à 800

Les cotes qu'on lit ordinairement sur les prix courants du commerce concernent 50 kilog.

Les houblons récoltés en Alsace se vendent plus cher que les houblons des Vosges et de la Lorraine. La valeur des houblons d'Alost est moins élevée que le prix des houblons de Bailleul et de Hazebrouck.

Les houblons qu'on récolte à Spalt, Weingartin, Enderndorf, Asberg, Rainsberg et Pleinfeld ont toujours une grande valeur commerciale. Quelquefois même on les vend, rendus à Paris, à des prix fabuleux. Ainsi, les brasseurs les ont payés parfois jusqu'à 1100 et 1200 fr. les 100 kilog. Les houblons de Saaz et de Leitmeritz ont été aussi livrés à 900 et 1100 fr.

Les houblons anglais les plus recherchés se classent de la manière suivante : 1° *Mild and East of Kent;* 2° *Weald of Kent;* 3° *Sussex.* Le premier est regardé comme le plus aromatique; il se vend un tiers plus cher que le houblon du comté de Sussex. Les sacs qui le contiennent portent extérieurement la figure d'un cheval, signe armorial du Comité de Kent.

Les houblons qui conviennent à la fabrication des *bières de garde* se vendent toujours plus cher que les autres.

Valeur des houblonnières. — Dans la Franconie, on achète les houblonnières à la perche. Le prix qui sert de base aux transactions varie suivant les années. En moyenne, il est de 5 fr. par perche. A ce taux, 1 hectare contenant 2000 pieds en bon rapport, vaudrait 10 000 fr. Si le nombre des perches atteignait 3500, nombre qu'on observe souvent dans la Bavière, la valeur foncière de la houblonnière s'élèverait à 17 500 fr. par hectare.

Usages des cônes — Le houblon est principalement employé dans la fabrication de la bière. Par la lupuline qu'il contient, il la colore, lui donne de l'amertume, du ton et du montant, la rend plus enivrante et plus capiteuse, et empêche qu'elle s'aigrisse aussi vite.

On fabrique ordinairement quatre sortes principales de bière : la *bière double*, la *bière blanche*, la *bière brune* ou *ordinaire* et la *petite bière*.

Les bières de Strasbourg, de Bavière, de Louvain, et l'*ale* et le *porter*, ont des qualités spéciales. Leur coloration et leur force varient selon le mode de fabrication, la concentration plus ou moins grande de la drèche ou du malt, le degré de torréfaction de l'orge, et la quantité de houblon qui sert à l'aromatiser.

Voici, d'après M. Payen, la quantité d'alcool pur que contiennent les principales variétés de bière.

```
Ale...................... 5,7 à 8,2 par 100.
Porter.................. 3,9 à 4,5    —
Bière de Strasbourg . ... 3,5 à 4,5    —
    —   de Lille.. ........ 2,9 à 3,0    —
    —   de Paris.......... 1,2 à 2,5    —
```

Il entre, dans la bonne bière de Paris, environ 500 grammes de houblon par hectolitre; 1 kilog. 500 dans la bière forte de Dunkerque et d'Arras et la bière de garde de Strasbourg; 1 kilog. dans les bonnes bières de la Flandre et de l'Alsace, et 250 à 300 grammes dans les bières communes des autres localités.

Les bières ordinaires ne sont bonnes que lorsqu'on emploie 500 grammes de houblon nouveau, et 750 grammes à 1 kilog. de houblon suranné.

L'*ale* et le *porter* se fabriquent de la même manière. Ces deux bières diffèrent l'une de l'autre par leur couleur; celle de l'ale est moins foncée, parce que cette bière est aromatisée avec du houblon ayant une teinte claire, jaune doré; la couleur du porter est plus foncée, elle résulte du malt grillé et du houblon brun avec lesquels on le fabrique.

Les cônes sont aussi employées en médecine; ils sont toniques, diurétiques et dépuratifs.

Usages des feuilles et des racines. — La médecine emploie aussi les feuilles, à cause de leur propriété résolutive.

On utilise également les racines sèches.

Usages des tiges. — Les sarments, ramollis par la macération, fournissent des liens utiles pour divers usages domestiques.

BIBLIOGRAPHIE.

Paillet. — Instruction sur la culture du houblon, 1791, in-8.
Dutour. — Dictionnaire d'histoire naturelle, 1803, in-8, t. XI, p. 344.
Payen et Chevalier. — Mémoire sur le houblon, 1823, in-8.
Denis. — Notice sur la culture du houblon, 1828, in-8.
Kolb. — Art du brasseur, 1832, in-12, p. 185.
De Dombasle. — Annales de Roville, 1837, in-8, t. IX, p. 197.
De Schauenburg. — De la culture du houblon en France, 1836, in-8.
Burger. — Cours d'économie rurale, 1837, petit in-4, p 259.
Rendu. — Agriculture du Nord, 1840, in-8, p. 275.
Wohlfart. — Journal d'agriculture pratique, 1843, grand in-8, p. 13.
De Gasparin. — Cours d'agriculture, 1848, in-8, t. IV, p. 233.
Erath. — Houblon : description, culture, 1850, in-12.
Boussingault. — Économie rurale, 1857, in-8, t. I, p. 473.

SECTION II.

Anis.

(Altération du mot latin *bipinnula*, allusion aux feuilles deux fois pennées.)

PIMPINELLA ANISUM L.

Plante dicotylédone de la la famille des Ombellifères.

Anglais. — Anise.
Allemand. — Anis.
Hollandais. — Anys.
Portugais. — Herbadoce.

Italien. — Anice.
Espagnol. — Anis.
Polonais. — Anyz.
Russe. — Anis.

Historique. — Localités où il est cultivé. — Mode de végétation. — Composition. — Climat. — Terrain : nature, préparation. — Semis : époque, qualité des graines, quantité de semences, exécution. — Germination des graines. — Soins d'entretien : sarclages, arrosages, éclaircissage. — Maturité. — Récolte. — Battage. — Conservation des graines. — Rendement par hectare. — Poids d'un hectolitre de graines. — Valeur commerciale. — Emballage. — Commerce. — Usages. — Capital que la culture engage par hectare.

Historique. — Cette plante est fort ancienne. On la cultivait au temps de Dioscoride, et sa graine faisait partie des quatre semences majeures. Elle a été introduite en Europe en 1557.

On la désigne souvent sous les noms *d'anis vert* et *d'anis boucage.*

Localités où il est cultivé. — L'anis est cultivé en Espagne, à Malte, en Sicile, en Égypte, en Angleterre, en Saxe, en Silésie et en France.

En France, on le cultive principalement aux environs de Tours, de Bourgueil, de Chinon, d'Angers, de Bordeaux, de Cahors et de Gaillac. L'Alsace en produit aussi, mais les quantités qu'elle récolte annuellement n'ont pas l'importance des livraisons faites par la Touraine et le Languedoc.

Mode de végétation. — Cette plante est annuelle et origi-

naire d'Égypte (*fig.* 30). Sa racine est blanche, fusiforme et
fibreuse. Les tiges, hautes de 0^m,30 à 0^m,40, sont droites,
cylindriques, pubescentes et rameuses. Les feuilles, radicales, sont cordiformes, lobées et incisées; les moyennes

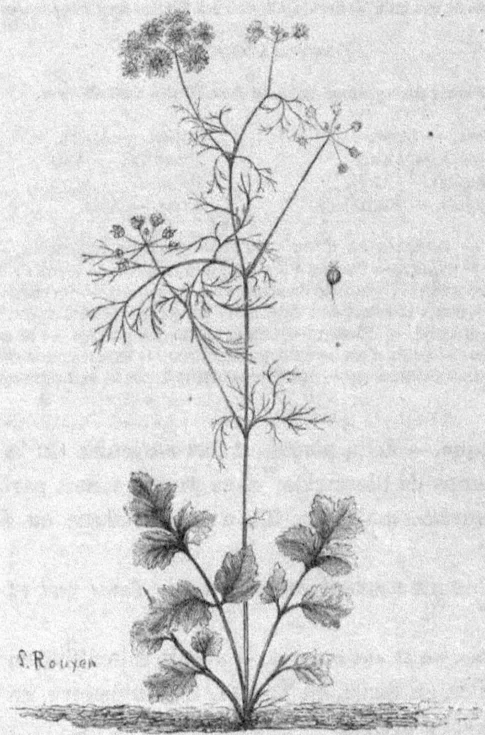

Fig. 30. Anis.

sont penni-lobées à lobes lancéolés; les supérieures sont
trifoliées à folioles linéaires et indivises. Les fleurs sont petites, blanchâtres, et disposées en ombelles terminales composées de nombreuses ombellules. Les fruits sont pubescents

dans le jeune âge, petits, ovoïdes, striés longitudinalement, et gris verdâtres ; ils ont une odeur aromatique trèssuave, et une saveur chaude ou piquante, agréable et un peu sucrée.

L'anis accomplit toutes ses phases d'existence en trois ou quatre mois. Ses graines arrivent à leur complète maturité un mois environ après la floraison.

Composition. — Les graines de l'anis ont été analysées par MM. Brandt et Rinman. Elles contiennent de la stéarine unie à la chlorophylle ; de la résine, des malates de chaux et de potasse ; de l'huile grasse soluble dans l'alcool, et de l'huile volatile ; de la gomme, de l'acide malique, des sels inorganiques, de la fibre végétale, de l'eau, etc.

L'huile d'anis est volatile et légèrement citrine ; elle se fige ou se cristallise à $+10°$, et ne se liquéfie qu'à $+17°$. Cette essence, facile à se rancir, sert à aromatiser les liqueurs, la pâte de réglisse et des parfumeries.

Climat. — Cette plante n'appartient pas à l'agriculture du nord de l'Europe.

Elle redoute les gelées tardives quand elle commence à végéter, et demande une chaleur élevée et sèche pour produire des graines très-aromatiques, et ayant une saveur piquante et prononcée.

Terrain. — A. NATURE. — L'anis doit être cultivé sur des terres légères, douces, perméables, chaudes, et exposées au midi. Les terres silico-calcaires ou calcaires-siliceuses lui sont très-favorables.

Il végète mal sur les sols froids et humides, sur les terres situées dans une vallée étroite, et sur les terrains ombragés, ou qui subissent l'action des vents du nord ou du nord-est.

B. PRÉPARATION. — Les terres qu'on consacre à la culture de l'anis doivent être bien préparées. On les ameublit par des labours d'hiver et de printemps, et par des hersages et des roulages plus ou moins répétés, selon leur nature.

Avant la semaille, on nivelle et on ameublit le plus possible la couche arable, en opérant un râtelage énergique sur toute la surface du champ.

Quand ce travail est terminé, on divise la pièce en planches ayant 2 mètres de largeur. Ces planches ont l'avantage de rendre plus faciles les sarclages et la récolte.

Semis. — A. ÉPOQUE. — L'anis se sème de la mi-mars au commencement de mai, lorsqu'on ne craint plus de gelées.

On peut le semer tardivement sans crainte, parce qu'il végète rapidement.

En Égypte, on exécute les semis en septembre.

B. QUANTITÉ DE GRAINES. — On répand de 10 à 12 kilog. de graines par hectare.

C. QUALITÉ DES SEMENCES. Les graines doivent provenir de la dernière récolte, parce qu'elles perdent promptement leur faculté germinative.

Les semences brunes ou noirâtres germent difficilement.

D. EXÉCUTION. — Les graines de l'anis doivent être semées à la volée.

S'il survient du vent au moment de la semaille, on baisse la main et on sème en coulant. On agit ainsi à cause de la légèreté des semences.

On couvre les graines très-légèrement avec un râteau ou à l'aide d'un rouable.

On termine la semaille en exécutant un roulage ou un plombage sur toute la surface du champ.

Germination des graines. — Les semences restent longtemps en terre avant de germer, comme les graines de la plupart des plantes appartenant à la famille des ombellifères.

Dans les circonstances ordinaires, les cotylédons n'apparaissent que du 25ᵉ au 35ᵉ jour.

Soins d'entretien. — A. SARCLAGES. — Quelques jours après le développement des cotylédons, on exécute un sarclage qui a pour but unique la destruction des mauvaises herbes.

On répète ordinairement cette opération avant la floraison, qui a lieu en juillet.

B. ARROSAGES. — On peut, lorsqu'on cultive l'anis sur des sols secs et qu'on a facilement de l'eau, exécuter quelques arrosages pendant les jours chauds de juin ou de juillet. Ces arrosements se font au moyen d'arrosoirs ou par infiltration. Dans ce dernier cas, on dirige l'eau dans les sentiers qui séparent les planches.

L'anis, a-t-on dit avec raison, aime à avoir le pied humide et la tête au soleil.

C. ÉCLAIRCISSAGE. — Au deuxième sarclage, on arrache les pieds d'anis qui sont superflus. Cette opération est souvent nécessaire, parce que les graines se répandent dans une forte proportion.

Les femmes qui exécutent cette opération se placent dans les sentiers, et arrachent les pieds les plus faibles. Les plantes qu'elles laissent sur les planches doivent être éloignées les unes des autres de 0ᵐ,15 à 0ᵐ,20 en tous sens.

Maturité. — L'anis mûrit en France dans la seconde quinzaine d'août. En Égypte, on l'arrache à la fin de février.

On doit le récolter quand ses graines forment des bouquets bruns verdâtres.

L'enlèvement des pieds et même des ombelles se fait à diverses reprises, car les graines ne mûrissent pas toujours en même temps.

Récolte. — La récolte des pieds qui ont mûri les graines se fait de deux manières. Ici, on les arrache à la main; ailleurs, on les coupe à l'aide d'une faucille. Dans les deux cas, on les laisse en javelle sur le champ, ou on les met en faisceaux, comme s'il était question de récolter la gaude ou le sarrasin.

Dans quelques localités, on exécute la récolte d'une manière différente. Le matin à la rosée, des femmes, ayant devant elles un tablier relevé en forme de grande poche, ou un sac de $0^m,50$ à $0^m,60$ de longueur, ou étant munies d'une hotte légère qu'elles posent debout dans les sentiers, parcourent la surface du champ, et coupent avec des ciseaux toutes les ombelles ou les ombellules qui présentent des graines mûres ou brunes. Ces bouquets sont ensuite mis à sécher sur une bâche placée au soleil. Ce procédé est évidemment plus long et plus coûteux que les autres, mais il permet de récolter des semences de belle qualité.

Toutes choses égales d'ailleurs, on ne doit pas oublier que la récolte de l'anis arrivé à maturité, oblige les ouvriers qui l'opèrent à agir avec beaucoup de précaution, à cause de la facilité avec laquelle les graines se détachent des ombelles et tombent à terre.

Lorsqu'on arrache ou coupe l'anis, on doit éviter de le laisser en javelles au delà de deux ou trois jours. En outre, il est essentiel, lorsqu'on craint de la pluie, de rapporter les tiges à la ferme pour les déposer dans un local aéré. Les graines qui restent exposées à la pluie au delà de 6 à 8 heures, prennent toujours une teinte noirâtre ou vert brun.

Quand l'anis est cultivé sur une petite étendue, le mieux est de l'exposer sur des draps à l'action de l'air.

Battage. — Aussitôt que les tiges et les ombelles sont sèches, on procède au battage. Cette opération se fait avec des baguettes, des gaules flexibles ou des fléaux ayant des battes très-légères.

On nettoie ensuite les graines en se servant d'un van et d'un crible, et on les expose sur un drap pendant quelques jours à l'action du soleil.

Conservation des graines. — Les graines d'anis doivent être conservées dans des sacs fermés ou dans des barils bien foncés, et placés dans un bâtiment ni trop sec ni trop humide.

Les graines qu'on dépose en vrague dans les greniers ne conservent pas longtemps l'arome si pénétrant qu'elles possèdent encore à la deuxième et même à la troisième année, quand elles ont été ensachées aussitôt après avoir été récoltées.

Rendement par hectare. — L'anis, qu'on cultive dans les contrées où la température est à la fois chaude et humide, donne en moyenne de 600 à 700 kilog. de graines par hectare.

Lorsqu'il survient des pluies et des brouillards pendant la floraison, le produit ne dépasse pas souvent 400 kilog.

Poids d'un hectolitre de graines. — Un hectolitre de graines d'anis pèse en moyenne 35 kilog.

Valeur commerciale. — La valeur commerciale oscille entre 100 et 150 fr. les 100 kilog. ; en moyenne, elle ne dépasse pas 125 fr.

Emballage. — En France, on emballe l'anis dans une simple toile, et le poids des balles varie de 100 à 150 kilog.

L'anis qu'on récolte en Espagne est expédié en balles pesant 100 kilog., et faites avec une toile grise de belle qualité.

Commerce. — La France importe chaque année, par Marseille et Strasbourg, autant d'anis qu'elle en reçoit d'Espagne et d'Italie.

Le commerce désigne les graines de l'anis sous le nom d'*anis vert*; les pharmaciens les appellent *anisum*.

VII*   22

L'*anis du Tarn* ou l'*anis d'Alby* est vert blanchâtre, de moyenne grosseur, et très-aromatique.

L'*anis de Tours* est très-gros et très-vert; son odeur est un peu moins forte et sa saveur est plus douce.

Les *anis d'Espagne, d'Italie et de Malte* sont très-estimés; leur grosseur est moyenne.

L'*anis de Russie* est le plus petit de tous et le moins estimé.

Valeur de l'essence. — L'essence d'anis se vend de 35 à 70 fr. le kilogr., suivant sa qualité.

1 kilogr. de graine fournit environ 20 grammes d'huile essentielle.

Usages. — L'anis est employé par les liquoristes, les confiseurs, les pharmaciens et les parfumeurs.

Il sert à faire l'anisette de Bordeaux et d'Amsterdam, et les dragées de Verdun appelés *anis de Verdun.*

En Égypte, on l'emploie pour aromatiser l'eau-de-vie; en Italie et en Allemagne, il entre dans le pain et les pâtisseries; en Angleterre, on le mêle au pain d'épice.

L'anis de Tours est spécialement employé par les pâtissiers; ceux d'Alby et d'Italie sont recherchés par les fabricants d'anisette fine.

Capital que sa culture engage par hectare. — La culture de l'anis engage, dans le département du Tarn, de 220 à 240 fr. par hectare.

SECTION III.

Coriandre.

(De κόρις, punaise; allusion à l'odeur fétide du fruit vert.)

CORIANDRUM SATIVUM, L.

Plante dicotylédone de la famille des Ombellifères.

Anglais. — Coriander.	*Italien.* — Coriandolo.
Allemand. —Koriander	*Espagnol.* — Cilantro.
Suédois. — Coriander.	*Polonais.* — Koryander.

Localités où elle est cultivée. — Mode de végétation. — Terrain. — Semis. — Soins d'entretien. — Récolte. — Poids d'un hectolitre de graines. — Emballage. — Commerce. — Usages.

Localités où elle est cultivée. — La coriandre est originaire des contrées méridionales de l'Europe. On la cultive en France, en Espagne, en Égypte et en Allemagne.

Elle est principalement cultivée en France, dans la Touraine et aux environs de Saint-Denis (Seine).

Mode de végétation. — La coriandre est annuelle ou bisannuelle (*fig.* 31). Sa tige, haute de $0^m,40$ à $0^m,60$ est lisse, cylindrique, rameuse et glabre. Ses feuilles sont multifides ou pennées; les inférieures ont des folioles arrondies et les supérieures des folioles linéaires. Ses fleurs sont blanches ou légèrement rosées et disposées en ombelles; elles s'épanouissent pendant les mois de juin et de juillet. Les fruits sont globuleux, à dix côtes longitudinales et jaunâtres, et ils sont composés de deux semences demi-sphériques; ils mûrissent à la fin d'août ou au commencement de septembre.

La tige, les feuilles et les graines encore vertes ont une odeur fétide ou vireuse qui rappelle l'odeur de la punaise. Cette odeur persiste pendant quelque temps aux doigts lorsqu'on froisse ou des feuilles ou des fruits.

Les fruits, quand ils sont secs, ont une saveur chaude et une odeur suave et agréable.

Terrain. — La coriandre doit être cultivée sur un sol

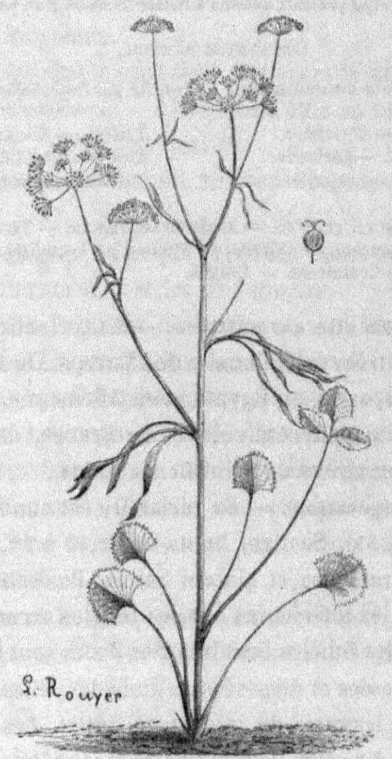

Fig. 31. Coriandre.

éger, substantiel, chaud, profond et très-bien préparé. Elle végète très-lentement sur les terres argileuses et froides.

Semis. — Les semis se font à deux époques: 1° au mois d'août; 2° en mars.

Lorsqu'on la sème en août elle fleurit en mai et atteint souvent 0^m,50 de hauteur. Semée au printemps elle épanouit ses fleurs en juin, et sa hauteur dépasse rarement 0^m,40.

En général, on la sème de préférence pendant le mois d'août, et le plus ordinairement on la cultive dans les jardins ou sur des terres douces, travaillées à bras et très-rapprochées des habitations.

Les graines se répandent en lignes ou à la volée.

Soins d'entretien. — Après la levée des semences, on exécute un binage qu'on répète une seconde et même une troisième fois si le sol est facilement envahi par les mauvaises herbes. Lorsque les plantes ont plusieurs feuilles, on les éclaircit de manière que les pieds soient à 0^m,16 environ de distance les uns des autres.

Récolte. — Les graines de la coriandre mûrissent depuis la fin de juillet jusqu'au 30 août.

Leur récolte se fait successivement à mesure de la maturité des ombelles.

On doit couper les tiges avec une faucille, ou les ombelles avec des ciseaux, et opérer de préférence le matin à la rosée, parce que les semences de coriandre parfaitement mûres s'égrènent très-facilement.

Les tiges ou les ombelles sont ensuite exposées sur une toile à l'action du soleil.

Quand elles sont bien sèches on les bat avec une gaule ou à l'aide d'un fléau léger.

Les semences, après avoir été nettoyées, sont exposées de nouveau au soleil.

Lorsqu'elles sont sèches, on les dépose dans un local exempt d'humidité.

En vieillissant ces semences prennent une couleur rougeâtre.

Poids d'un hectolitre de graines. — Un hectolitre de graines pèse 30 kilogr.

Emballage. — On livre les graines de coriandre au commerce dans des balles de toile pesant de 50 à 80 kilogr.

Valeur commerciale. — Les graines qui ont une couleur noirâtre sont dépréciées par les confiseurs et les liquoristes.

La valeur commerciale varie entre 30 et 40 fr. les 100 kilogr.

L'essence de coriandre est très-chère ; elle se vend de 450 à 500 fr. le kilogr.

Usages. — Les graines entrent dans des dragées globuliformes très-agréables, et dans l'eau de mélisse. Elles servent aussi à fabriquer des liqueurs spéciales, entre autres le vespétro. La pharmacie les utilise pour masquer la saveur désagréable de certaines préparations.

Dans le nord de l'Europe elles entrent dans la fabrication de la bière. Les Espagnols, les Égyptiens et les Hollandais s'en servent souvent pour aromatiser leurs aliments.

L'essence de coriandre est incolore, très-fluide et très-odorante ; sa densité est de 0,759. Elle entre dans le vespétro de Montpellier.

SECTION IV.

Angélique.

(De ἄγγελος, ange ; allusion à ses vertus merveilleuses.)

ANGELICA ARCHANGELICA L., ARCHANGELICA OFFICINALIS, HOFFM.

Plante dicotylédone de la famille des Ombellifères.

Anglais. — Angelica.
Allemand. — Angelik.
Suédois. — Angelikerot.

Italien. — Angelica.
Espagnol. — Angelica.
Russe. — Djajilnik.

Localités où elle est cultivée. — Mode de végétation. — Semis. — Transplantation. — Soins d'entretien. — Insectes nuisibles. — Récolte des tiges vertes. — Récolte des graines. — Préparation des tiges. — Conservation de l'angélique préparée. — Variétés d'angélique confite. — Valeur commerciale. — Usages : racines, tiges et graines

Localités où elle est cultivée.—L'angélique est connue depuis longtemps ; elle croît naturellement dans toute l'Europe boréale, les Alpes, les Pyrénées, la Suisse, la Norvége, etc. En France, elle est principalement cultivée aux environs de Niort (Deux-Sèvres), et de Châteaubriant (Loire-Inférieure). Sa culture, dans le Poitou, remonte au delà du XVIe siècle.

Mode de végétation. — L'angélique officinale (*fig.* 32) est bisannuelle et quelquefois trisannuelle. Sa racine est développée, fusiforme, brune grisâtre à l'extérieur et blanche intérieurement. Sa tige s'élève de 1^m,30 à 2 mètres ; elle est fistuleuse, arrondie, glabre, striée, glauque ou violacée. Ses feuilles sont très-grandes, alternes, engaînantes, deux fois ailées et composées de folioles ovales et dentées en scie ; les feuilles radicales sont très-developpées. Ses fleurs sont petites, nombreuses, jaunâtres ou blanchâtres et disposées en ombelles larges, arrondies et terminales ; elles s'épanouissent en juillet et août et produisent des fruits oblongs, anguleux

Fig. 32. Angélique.

contenant des graines nues marquées de trois stries saillantes, aplaties d'un côté et convexes de l'autre.

Toutes les parties de la plante : la tige, les feuilles et les semences, exhalent une odeur suave et ont une saveur chaude,
amère et musquée.

En automne, sous l'influence des premiers froids, les
feuilles se fanent et tombent pour reparaître au printemps
suivant.

Les feuilles perdent, en séchant, leur propriété aromatique.

Terrain. — Cette plante demande une terre substantielle,
fraîche, profonde, de consistance moyenne et exposée au
midi. Les sols argileux ou compactes ne lui conviennent pas ;
lorsqu'elle végète sur de tels terrains, elle fleurit souvent la
première année.

En général l'angélique est cultivée dans les jardins afin
qu'elle ait, suivant le proverbe, *la racine dans l'eau et la tête
au soleil.*

Semis. — On la sème en pépinière en mars ou avril, sur
une costière ou sur couche sourde, ou mieux en septembre
aussitôt la maturité des graines, sur une plate-bande exposée
au midi.

Les graines restent un mois en terre avant de lever. Celles
qu'on sème au printemps lèvent en mai ou en juin. Les semences que l'on confie à la terre à la fin de l'été ne lèvent
souvent qu'au mois de mars ou avril.

Les semis se font en lignes, distantes les unes des autres
de 0ᵐ,15. On répand les graines par petites pincées, car il est
indispensable qu'elles soient nombreuses dans les rayons.
On les couvre légèrement de terreau sableux.

Une surface carrée de 3 à 4 mètres peut fournir de 10 000
à 15 000 plants.

Transplantation. — Lorsque les şemis ont été exécutés au printemps, on repique les plants dans le courant de septembre. Quand on les pratique à la fin de l'été, on ne fait la transplantation qu'au printemps suivant.

Les racines des plantes doivent avoir la grosseur du petit doigt.

Quand la terre est riche et fraîche, on plante les pieds à 0^m, 60 ou 0^m,75 de distance.

Cette transplantation doit être faite sur un terrain bien ameubli. On la fait suivre immédiatement d'un paillage de crottin de cheval, destiné à garantir le sol de l'action des pluies battantes et des grands coups de soleil.

Soins d'entretien. — Pendant la végétation de l'angélique, on opère des binages et des arrosements répétés, afin de maintenir le sol sans cesse meuble, propre et frais.

A l'automne de la première année et au printemps de la seconde, on exécute entre les lignes et les plantes un labour à la fourche et on couvre le carré d'une bonne couche de terreau.

Insectes nuisibles. — Aucun insecte n'attaque l'angélique.

Récolte des tiges vertes. — La récolte des tiges se fait au printemps de la seconde et quelquefois aussi de la troisième année.

On l'exécute vers la fin de mai et pendant la première quinzaine de juin, lorsque les premières ombelles commencent à défleurir, et souvent même avant le développement des ombelles. Alors, les tiges ont de 1 mètre à 1^m,50 de hauteur.

La coupe des tiges a lieu rez terre et en biseau. On laisse la partie centrale, si les plantes doivent végéter encore une année.

Récolte des graines. — On récolte les graines en août.

Quand elles sont mûres, on coupe les ombelles et on les expose pendant quelques jours au soleil. Alors, on les sépare des ombelles, on les nettoie et on les conserve dans un sac ou dans des caisses fermées. Les graines perdent promptement leur faculté germinative.

Quelquefois, on ne les sépare pas des ombelles, quand elles sont arrivées à leur complète maturité. On coupe les pédoncules de manière qu'ils aient 0^m,30 environ de longueur et on les fiche sur une plate-bande bien préparée. Alors, le vent détache les semences qui tombent alors sur le sol de la pépinière.

Ce mode de propagation réussit dans les jardins entourés de murs ou de haies vives.

Un hectolitre de graines d'angélique pèse de 14 à 16 kilogr.

100 grammes contiennent de 15 000 à 18 000 graines.

Préparation des tiges. — Aussitôt que les tiges ont été récoltées, on les aplatit, on les coupe en morceaux de 0^m,30 environ de longueur et on les fait blanchir dans une bassine d'eau bouillante. Quand elles sont tendres et qu'elles cèdent sous la pression des doigts, on les retire de la bassine, on enlève les fils et [on les raffermit en les laissant refroidir dans une eau fraîche. Quelquefois on répète une seconde fois cette opération.

Lorsque ce premier travail est terminé, on met les tiges dans un sirop de sucre, marquant environ 10 degrés, que contient une bassine placée sur le feu. On les remue de temps à autre. Aussitôt que le sirop a jeté plusieurs bouillons, on retire l'angélique, on la met dans une terrine dans laquelle on verse le sirop.

Le lendemain, on sépare les tiges du sirop, et on fait cuire de nouveau ce dernier; il marque alors 14 à 16°; le sirop est ensuite répandu sur l'angélique.

Quelques jours après, on sépare de nouveau le sirop des tiges, et on le fait cuire une seconde fois, jusqu'à ce qu'il file un peu entre le pouce et l'index sans se rompre, c'est-à-dire marque 20° environ; puis on le verse sur l'angélique.

Enfin quelques jours plus tard, on sépare encore le restant du sirop, et on le fait cuire une troisième fois, pour l'amener à 26 ou 30°. La cuisson est terminée quand le sirop file sans se rompre entre les doigts écartés l'un de l'autre autant qu'ils peuvent l'être. Aussitôt que le sirop est cuit, on y dépose l'angélique et on la fait bouillir une quatrième fois. Ensuite, on retire les tiges, on les étend sur des ardoises polies ou sur des plaques de marbre, on les saupoudre abondamment de sucre et on les fait sécher dans une étuve.

Rapport entre les tiges vertes et les tiges confites. — 1 kilog. 500 de tiges vertes fournissait environ 1 kilog. d'angélique confite.

Conservation de l'angélique préparée. — L'angélique une fois sèche, doit être conservée dans des boîtes de bois fermées, que l'on place dans un endroit ni trop sec, ni trop humide.

L'angélique qui subit l'action d'une chaleur élevée et prolongée, blanchit, devient cristalline et très-cassante. Lorsqu'elle est exposée à l'humidité, elle se ramollit et est moins aromatique. Dans les deux cas, elle perd de sa qualité.

Variétés d'angélique confite. — L'*angélique de Niort* est très-verte, très-aromatique, mais elle est un peu molle. Elle a l'inconvénient de ne pas se garder très-longtemps.

L'*angélique de Châteaubriant* est moins verte, plus sèche, plus cassante, mais sa saveur plus sucrée. Elle se conserve plusieurs années sans perdre ses qualités.

Valeur commerciale. — A. TIGES PRÉPARÉES. — L'angélique, après avoir été confite, se vend de 3 fr. à 5 fr. le kilogr.

B. SEMENCES. — Le prix des graines varie entre 125 et 150 fr. les 100 kilogr.

C. TIGES VERTES. — L'angélique verte se vend de 40 à 60 fr. les 100 kilogr.

D. ESSENCE. — La valeur de l'essence pure varie entre 500 et 600 fr. le kilogr.

E. RACINES. — La racine sèche se vend de 1 fr. à 1 fr. 25 c. le kilogr.

Usages. A. RACINES. — Les racines servent d'aliment aux peuples de la Laponie et de la Norvége.

Les racines d'une année sont employées en médecine : elles sont sudorifiques et diurétiques. On doit les vendre le plus tôt possible, parce qu'elles perdent peu à peu leur huile essentielle et qu'elles sont sujettes à être attaquées par les insectes.

On en extrait une huile volatile jaune clair et très-odorante, qu'on emploie dans la fabrication de quelques liqueurs.

100 kilogr. de racines fraîches, bien lavées et divisées en quatre, donnent environ de 25 à 30 kilogr. de racines sèches.

Les racines des pieds qui ont fructifié ne sont pas odorantes.

B. TIGES. — Les tiges vertes peuvent être mises à l'eau de vie. Les tiges confites forment une sucrerie très-agréable ; les pâtissiers les emploient souvent pour orner des pièces montées et ils les font entrer dans les pains d'épices de choix.

C. GRAINES. — Les graines servent aussi à fabriquer des liqueurs ; on en extrait une huile essentielle très-aromatique.

SECTION V.

Fenouil.

(De *fœnum* foin ; allusion à son odeur qui rappelle celle du foin.)

ANETHUM FŒNICULUM, L., FŒNUM VULGARE, GŒRTN.

Plante dicotylédone de la famille des Ombellifères

Anglais. — Fennel.	*Espagnol.* — Hinojo.
Allemand. — Fenchels.	*Danois.* — Fennikel.
Italien. — Finocchis.	*Suédois.* — Fœnkhal.

Localités où il est cultivé. — Mode de végétation. — Culture. — Récolte. — Poids d'un hectolitre de graines. — Usages des semences et des racines.

Localités où il est cultivé. — Le fenouil est indigène dans le midi de l'Europe. On le cultive en France aux environs de Montpellier, de Marseille, de Bourgueil, d'Alby, de Castres ; en Allemagne, près de Magdebourg, Erfurth, Breslau, Halle, etc. Sa culture est aussi pratiquée en Égypte.

Mode de végétation. — Cette plante est bisannuelle ou vivace. Sa racine est épaisse, fusiforme et blanchâtre. Sa tige est droite, cylindrique, striée, un peu glauque, rameuse et haute de 1^m,40 à 1^m,70. Ses feuilles sont larges, glabres et composées de segments très-nombreux, allongés et très-capillaires ; les pétioles sont amplexicantes et membraneux. Ses fleurs sont jaunes, petites et disposées en ombelles amples, étalées et terminales ; elles s'épanouissent en juillet et août. Son fruit, presque cylindrique, consiste en deux graines brun verdâtre appliquées l'une contre l'autre, petites, ovales, un peu comprimées et marquées de cinq côtes un peu saillantes.

Toute la plante, soit verte, soit sèche, exhale une odeur

très-suave, surtout quand on touche ses tiges, ses feuilles et ses semences.

Les graines ont une saveur chaude très-aromatique.

La variété qu'on cultive quelquefois dans les contrées méridionales sous le nom de *Fenouil de Florence, Fenouil de Malte*, fournit des semences plus développées, mais bien moins pesantes. On la préfère à l'espèce type parce que ses graines ont une saveur plus douce et plus agréable.

Culture. — Cette ombellifère demande un sol léger, calcaire, silico-calcaire, perméable et bien exposé.

Dans le midi de la France on la sème le plus ordinairement au mois d'août ou de septembre. C'est par exception qu'on confie sa graine à la terre pendant le mois de février. En Allemagne, les semis se font toujours à la fin de l'hiver, en mars ou avril.

Les plantes qui proviennent des semis d'automne sont transplantées à la fin de mars ou dans le courant d'avril; celles que fournissent les semis exécutés au printemps sont mises en place en juillet ou août. Les plantes ont alors $0^m,15$ environ de hauteur.

La transplantation doit être faite sur un terrain bien préparé et fumé. On espace les plantes en tous sens de $0^m,40$ à $0^m,50$.

En Autriche, on cultive souvent le fenouil dans les vignobles.

Pendant la végétation des plantes, on exécute les binages et les arrosements nécessaires. En Allemagne, on purine souvent les fenouillères.

À l'automne, on coupe les tiges à 0,10 au-dessus du sol et on laboure toute l'étendue cultivée soit avec la bêche, soit avec la fourche.

L'année suivante on répète les binages et les arrosements.

Récolte. — La récolte des graines se fait aux mois de juin et de juillet dans les parties méridionales et pendant les mois de septembre ou d'octobre dans les contrées du nord de l'Europe. En Égypte on l'opère en février.

On exécute cette opération comme s'il était question de récolter des graines d'anis ou de coriandre.

Poids d'un hectolitre de graines. — Un hectolitre de semences pèse 36 à 40 kilogr. 100 grammes contiennent 10 000 à 12 000 graines.

Valeur commerciale. — La graine de *fenouil doux* se vend de 110 à 150 fr. les 100 kilogr.

Les semences de *fenouil de Florence* se vendent jusqu'à 2 et même 3 fr. le kilogr.

Usages des racines. — A Naples, à Vérone, à Rome, on mange sa racine comme hors-d'œuvre ou on le prépare comme la racine du céleri.

Usage des graines. — Les graines de fenouil contiennent une huile volatile jaune clair ou citrine qui cristalise à 5 degrés au-dessus de zéro et qui se fige à 10°. Cette huile a une odeur très-suave et une densité de 0^m,983.

Les graines servent à préparer diverses liqueurs. *L'anisette de Strasbourg* est aromatisée avec des semences de fenouil. Elles remplacent quelquefois l'anis dans les dragées. En Angleterre, elles sont employées pour parfumer divers savons.

En médecine, elles entrent dans les préparations de la thériaque, du sirop d'armoise, etc. Les anciens les avaient rangées parmi les quatre semences chaudes majeures.

SECTION VI.

Cumin.

(De Κύμινον, altération de *quamoun*, nom arabe de la Plante).

CUMINUM CYMINUM, L.

Plante dicotylédone de la famille des Ombellifères.

Anglais. — Cumin.   *Italien.* — Comino.
Allemand. — Kümmel.   *Espagnol.* — Commo.
Hollandais. — Komyn.   *Égyptien.* — Camoun.

Historique. — Mode de végétation. — Culture. — Récolte. — Mode
d'emballage. — Valeur commerciale. — Usage des graines.

Historique. — Cette plante est fort ancienne. Elle était
cultivée en Égypte et dans l'Asie Mineure au temps de Théophraste et de Dioscoride, et faisait partie de la dîme que les
Pharisiens payaient en Judée.

De nos jours, elle est cultivée à Malte, en Sicile, en Égypte,
en Allemagne. On en récolte beaucoup en Prusse dans l'Oder-
Bruch et aux environs d'Aalborg (Danemark); le bailliage
de Kienitz en cultive annuellement de 15 à 20 hectares.

Mode de Végétation. — Cette plante est annuelle et originaire d'Égypte. Elle a été introduite en Europe en 1594.

Les racines sont grêles, fibreuses et blanchâtres. La tige
qu'elles produisent est droite, glabre, striée, rameuse et
haute de 0^m,25 à 0^m,30. Les feuilles ont beaucoup de rapport
avec les feuilles du fenouil : elles sont glabres, presque ca-
pillaires et multifides. Les fleurs sont blanches ou purpurines et s'épanouissent en Europe en juin et juillet; elles sont
disposées en une ombelle à quatre rayons. Chaque fleur
produit deux fruits oblongs, pubescents, striés sur leur face
externe et appliqués l'un contre l'autre.

VII*   23

Les graines ont une odeur forte et même pénible, un peu analogue à celle du fenouil; leur saveur est âcre, piquante et peu agréable.

L'huile essentielle qu'elles fournissent est jaunâtre, très-fluide, très-odorante, mais sa saveur est âcre et brûlante. Un kilogr. de graines sèches donne 35 à 37 grammes d'essence.

Culture. — A Malte, on sème le cumin sur une terre bien ameublie pendant la première quinzaine de mars. En Égypte, les semis se font en septembre.

En Allemagne, on sème souvent le cumin sur couche pour le repiquer en lignes sur un terrain bien préparé. On opère au printemps.

On cultive entre les lignes, pendant la première année, des choux ou des navets, pour lesquels on exécute plusieurs sarclages.

L'année suivante, on bine de nouveau le champ pendant le mois d'avril.

Le cumin demande une terre un peu argileuse, profonde, riche et bien fumée ou fertilisée avec la colombine.

Récolte. — Les graines arrivent à maturité à Malte vers la fin de mai ou au commencement de juin. En Égypte, on procède à la récolte des semences vers la fin de février ou pendant la première semaine du mois de mars.

En Allemagne, on récolte le cumin pendant la deuxième quinzaine de juin.

On coupe les tiges avec une faucille lorsque la graine commence à jaunir. On doit agir avec précaution, parce que les semences tombent facilement quand elles sont entièrement mûres; les tiges doivent rester pendant deux jours sur des toiles au soleil.

En Allemagne, on récolte le cumin en arrachant les tiges.

Quand les plantes sont bien sèches, on les bat avec une fourche ; ensuite, on vanne les graines, on les crible et on les emballe.

Mode d'emballage. — Le cumin que l'Égypte expédie en Europe est contenu dans des balles de crin du poids de 100 à 150 kilogr. Le cumin venant de Malte est emballé dans une forte toile ; chaque balle pèse de 50 à 100 kilogr.

Valeur commerciale. — Le prix commercial des graines de cumin varie entre 100 et 130 fr. les 100 kilogr.

Usages des graines. — Les semences de cumin servent à fabriquer des liqueurs, mais principalement celle qu'on nomme *crème de Munich.*

Les Hollandais en emploient pour aromatiser les fromages. En Allemagne, on en met dans la pâte avec laquelle on prépare le pain. En Égypte et en Turquie, elles servent à assaisonner les aliments.

On en fait aussi un fréquent usage dans les distilleries de grains.

La médecine humaine et la médecine vétérinaire en font usage dans la préparation de divers médicaments.

L'huile essentielle de cumin est aussi employée dans la parfumerie.

SECTION VII.

Carvi.

(De Χαρος, Carie ; allusion à la province asiatique où elle végétait).

CARUM CARVI, L., BUNIUM CARVI, BRÉB.

Plante dicotylédone de la famille des Ombellifères.

Anglais — Caraway.	*Italien.* — Caro.
Allemand. — Kümmel.	*Espagnol.* — Carvi.
Hollandais. — Karwey.	*Portugais.* — Alcaravia.

Mode de végétation. — Huile essentielle. — Culture. — Récolte des graines. — Poids d'un hectolitre de graines. — Produit d'un hectare. — Valeur commerciale. — Usages.

Mode de végétation. — Le carvi, ou *cumin des prés*, est originaire d'Orient ; il est commun dans les prairies de la France, de l'Allemagne, de la Hollande, de la Suède et de la Pologne. On le cultive en France, en Angleterre, en Prusse, etc.

Il est bisannuel. Sa racine est fusiforme, odorante et garnie de nombreuses fébriles. Ses tiges sont droites, cylindriques, glabres, striées, ramifiées et hautes de $0^m,50$ à $0^m,80$; elles portent des feuilles oblongues, alternes, amplexicaules, bipennées, à segments divisés en lanières aiguës ; les feuilles inférieures sont pétiolées et moins finement découpées ; les supérieures sont sessiles.

Les fleurs forment de larges ombelles étalées et terminales ; elles sont petites, blanches et s'épanouissent en juin et juillet. Elles produisent des fruits ronds composés de deux graines brun clair, accolées, planes intérieurement, convexes et striées sur la face externe.

Toutes les parties du carvi sont d'un vert gai.

Huile essentielle. — Les graines de carvi ont une saveur chaude et piquante, une odeur forte et aromatique. On en extrait une huile essentielle de couleur citrine, ayant une odeur très-agréable et une saveur brûlante. Cette huile a une pesanteur spécifique de $0^m,962$; elle se congèle à $10°$ au-dessus de zéro.

Culture. — Cette ombellifère doit être cultivée sur des terres franches ou sablonneuses, sur des sols argilo-siliceux, silico-calcaires, profonds, riches et exposés au midi.

Ordinairement, dans le nord de l'Europe, on la sème à la fin de février ou pendant le mois de mars. Dans les provinces du midi, on confie la graine à la terre pendant les mois de septembre ou d'octobre.

En Angleterre, on exécute les semis au printemps sur des terres occupées par une céréale d'hiver, ou un blé, ou une avoine de printemps.

En Allemagne, on la sème quelquefois en pépinière au mois de juillet ou août pour transplanter les plantes au mois de mars suivant sur des lignes distantes les unes des autres de $0^m,16$ à $0^m,25$.

Plusieurs agriculteurs des comtés de Kent et d'Essex la sèment au printemps en lignes espacées de $0^m,50$ à $0^m,60$, sur des terres bien préparées et surtout bien fumées, et ils cultivent entre les lignes, pendant la première année, de la coriandre ou d'autres plantes annuelles.

Lorsqu'en Allemagne, et particulièrement aux environs de Halle (Prusse), on exécute les semis au mois de mars ou avril, on transplante les pieds à la Saint-Jean. Alors, on plante une ligne de carvi entre deux lignes de choux ou de betteraves.

Dans les circonstances ordinaires, on exécute les semis à la volée à raison de 8 à 10 kilogr. de graines par hectare. Quand on fait les semailles en lignes, on n'en répand que 10 à 12 litres ou 4 à 5 kilogr.

100 grammes contiennent 25 000 à 30 000 graines.

Lorsqu'on associe en Angleterre la coriandre au carvi, on mêle les semences de ces deux plantes dans le rapport de 15 : 18. On confie les graines à la terre pendant le mois de mars ou avril.

On recouvre les semences par un ratelage ou à l'aide d'un hersage léger.

Après la levée des plantes, on exécute un binage. Lorsqu'elles ont de 0^m,06 à 0^m,10 de hauteur, on les éclaircit pour que tous les pieds soient éloignés les uns des autres de 0^m,25 à 0^m,30.

On répète le binage pendant l'été et surtout à l'automne et au printemps suivants.

Récolte des graines. — Les graines mûrissent en juin, juillet ou août, suivant les latitudes.

Quand elles brunissent, on coupe les tiges avec une faucille et on met celles-ci par poignées en javelles ou on en forme çà et là des faisceaux.

Dès que les tiges et les graines sont sèches, on les bat sur une toile à l'aide d'un fléau léger, et on procède au nettoiement des semences. Celles-ci sont ensuite étendues en couche mince sur l'aire d'un grenier aéré et remuées souvent pour qu'elles ne s'échauffent pas.

Lorsqu'elles sont entièrement sèches, on les ensache pour les priver de l'action de l'air.

Poids d'un hectolitre de graines. — Un hectolitre de graines pèse de 43 à 45 kilogr.

Produit. — Un hectare de carvi donne de 800 à 1000 kil. de graines.

Valeur commerciale. — Les graines de carvi se vendent de 80 à 100 fr. les 100 kilogr.

La valeur de l'essence de carvi varie entre 20 et 25 fr. le kilogr.

Usages. — Les semences de carvi faisaient partie des quatre semences chaudes. On les désigne souvent sous le nom d'*anis des Vosges*. Elles servent à aromatiser les fromages. Dans les distilleries de grains, on les mêle quelquefois aux semences de seigle ou d'orge afin d'obtenir de l'alcool ayant une saveur plus piquante, un arome plus agréable.

Les Circassiens et les Tartares-Nogais les mêlent à la farine avec laquelle ils font du pain. En Allemagne et en Suède, on s'en sert comme condiment pour assaisonner les aliments. En Angleterre, on en met dans la pâtisserie, les confitures, etc.

Les pigeons et les perdrix aiment beaucoup les semences de cumin.

L'huile essentielle qu'on extrait des graines du carvi est utilisée dans la parfumerie et la fabrication de diverses ligneuses.

La médecine emploie les racines et les fruits comme carminatifs. L'huile essentielle entre dans quelques médicaments.

SECTION VIII.

Nigelle de Damas.

(De *nigellus* noirâtre; allusion à la couleur des graines).

NIGELLA DAMASCENA, L.

Plante dicotylédone de la famille des Renonculacées.

Le nigelle de Damas est originaire des parties méridionales de l'Europe. On l'appelle vulgairement *patte d'araignée, cheveux de Vénus.*

Cette plante est bisannuelle. Sa tige est dressée, rameuse, striée; ses feuilles sont alternes, sessiles très-finement découpées; ses fleurs sont bleuâtres solitaires, terminales et entourées d'un involucre multifide; elles produisent une capsule globuleuse et lisse, qui contient des graines odorantes, noirâtres, trigones, et ridées transversalement.

Elle demande une terre légère, chaude, profonde et substantielle.

On sème ses graines à la volée à deux époques : 1° au mois d'août; 2° en mars ou au plus tard pendant la première quinzaine d'avril. Les plantes provenant des premiers semis sont fortes, vigoureuses et fleurissent au mois de juin; celles que fournissent les semis de printemps sont grêles et épanouissent leurs fleurs en juin et juillet.

Quand les plantes ont plusieurs feuilles, on les sarcle ou on opère un binage et on les éclaircit, de manière qu'elles soient séparées les unes des autres de 0^m,15 à 0^m,20.

Les graines mûrissent successivement en juillet et août.

Il est nécessaire de couper les tiges le matin lorsqu'elles sont encore couvertes de rosée, car les capsules, arrivées à maturité, laissent facilement échapper les semences qu'elles contiennent.

Quand les plantes ont été coupées, on les expose au soleil sur une bâche et on les bat au milieu du jour.

Les graines, après avoir été nettoyées, doivent rester sur la toile pendant un jour ou deux, pour qu'elles achèvent de sécher.

Lorsqu'elles ont perdu toute leur humidité, on les rapporte à la ferme et on les conserve dans un local très-sain.

Ces graines exhalent une odeur qui rappelle celle de la fraise. En Allemagne, elles remplacent ce fruit dans la préparation des glaces comestibles. En Égypte, mêlée à l'ambre gris, la cannelle, la gingembre, le sucre, etc., elles servent à faire une conserve à laquelle les femmes attachent un grand prix.

On emploie aussi les semences de la nigelle de Damas en médecine; on leur accorde à peu près les mêmes propriétés que celles de la *Nigelle cultivée* (NIGELLA SATIVA, L.), espèce qu'on cultive aussi dans les jardins pour sa graine qu'on emploie comme condiment.

CHAPITRE II.

PLANTES A PARFUMS

SECTION I.

Rose.

(De 'Ρόδον, nom grec de la rose.)

ROSA GALLICA, L., et ROSA DAMASCENA, Mill.

Plante dicotylédone de la famille des Rosacées.

Anglais. — Rose.	*Italien.* — Rosa.
Allemand. — Rosen.	*Espagnol.* — Rosa.
Hollandais. — Roose.	*Portugais.* — Rosa.
Suédois. — Ros.	*Polonais.* — Roza.
Danois. — Rose.	*Russe.* — Rosa.
Arabe. — Ouasrath.	*Turc.* — Nisrin.

Historique. — Localités où la rose est cultivée. — Composition. — Espèces et variétés. — Multiplication. — Plantation des éclats, — marcottes ou boutures. — Soins d'entretien. — Récolte des fleurs. — Produit par hectare. — Roses desséchées. — Quantité d'essence fournie par la rose. — Quantité d'eau de rose fournie par les pétales. — Valeur commerciale des roses, de l'essence. — Falsification de l'essence. — Usages : essence, eau de rose, roses desséchées. — Bibliographie.

Historique. — La rose est connue depuis les temps les plus reculés. Les Juifs la cultivaient à l'époque où vivait Salomon, et le livre de *l'Ecclésiastique* parle des rosiers qui existaient à Jéricho. Les Grecs la préféraient à toutes les autres plantes. A Rome, dans les réjouissances publiques, on jonchait quelquefois les rues de pétales de roses. La passion pour les roses fut portée jusqu'à la folie sous Auguste. On se rappelle que Cléopatre et Néron en importèrent de l'Asie pour des sommes considérables, dans le but d'en couvrir leurs appartements d'un lit épais d'une coudée. On sait encore que Cicéron a reproché justement à Verrès d'avoir inspecté la Sicile, couché dans une litière jonchée de roses. Non-obstant, de nos jours comme autrefois, la rose excite l'admiration par son coloris et la suavité de son parfum.

La découverte de l'*huile essentielle de rose* n'est pas très-ancienne. Langlès rapporte, dans ses *Recherches sur la découverte de l'essence de rose*, que cette essence a été découverte en 1612 dans l'empire du Moghol, par la princesse Noùrdjihan, qui reçut à cette occasion un collier de perles valant trente mille roupies. A cette époque, la valeur de l'essence de rose dépassait 16 000 fr. le kilogr.

L'*eau de rose* est connue depuis très-longtemps. On l'attribue à Rhazès, médecin qui vivait en Arabie au xe siècle. Le comte de Forbin et Regnaud racontent que lorsque Saladin prit Jérusalem sur les croisés, en 1187, il fit laver les murailles et les parvis de la mosquée d'Omar avec de l'eau de rose venue de Damas. L'eau de rose du Levant doit sa supériorité à l'arome des pétales de rose qu'on y récolte.

Localités où la rose est cultivée. — La rose est cultivée, pour le parfum que contiennent ses pétales, à Chyraz, à Kachmir, en Perse, dans l'Inde, dans le Fayoun, en Égypte, en Turquie, à Solymia, dans la Bulgarie, l'Algérie, le Maroc et l'Italie.

On la cultive en France à Grasse, à Cannes, à Metz et aux environs de Paris.

Composition. — La rose fournit une essence jaune, de consistance butyreuse, et très-peu soluble dans l'alcool froid. Sa densité varie entre 0,864 et 0,869.

A la température ordinaire, elle se présente sous forme de lames aiguillées et brillantes. Elle se liquéfie à $+$ 28 ou $+$ 30 ; alors elle est transparente, mobile et un peu verdâtre.

Son odeur est très-forte, et d'une grande suavité quand elle est très-étendue.

Espèces et variétés. — Les espèces qu'on cultive comme plantes industrielles sont au nombre de quatre :

1° *Rosier français, rose de Provins, rose rouge* (ROSA GALLICA, L.). Cette espèce a été importée de Syrie en Europe;

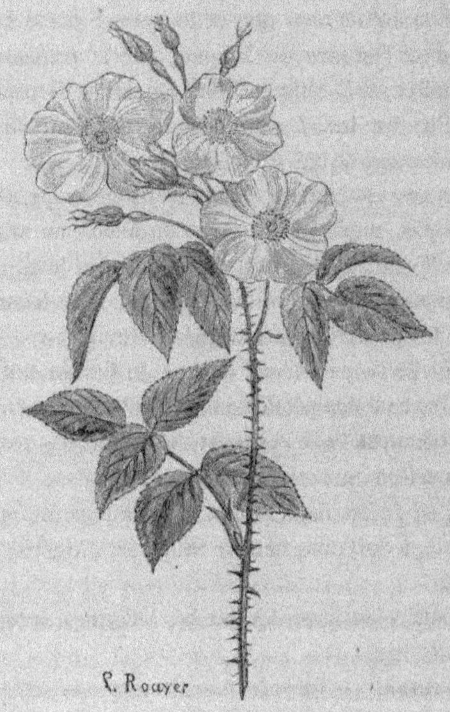

FIG. 33. Rose simple de Damas.

elle a des tiges nombreuses, grêles, hautes de 0ᵐ,70 à 1ᵐ, et munies d'aiguillons nombreux, droits ou recourbés. Ses feuilles se composent de 5 à 7 folioles coriaces, roides et pubescentes. Ses fleurs sont portées par des pédoncules ordinairement solitaires; elles sont rouge pourpre, simples ou semi-doubles, et fleurissent pendant les mois de juin et de juillet.

2° *Rosier de Damas, rosier de tous les mois, rose des quatre saisons* (ROSA DAMASCENA, Mill. ; ROSA KALENDARUM, Borkh.; ROSA SEMPERFLORENS, Derf. ; ROSA BIFERA, Pers.). Cette espèce (*fig.* 33) est originaire de Damas; elle a été introduite en Europe en 1573. Ses tiges portent de nombreux aiguillons, inégaux, robustes et élargis à leur base, et des feuilles à 5 ou 7 folioles ovales et un peu roides. Ses fleurs sont rosées, disposées en corymbe, et présentent un tube calicinal allongé et souvent dilaté au sommet; elles se succèdent en juin et en juillet.

Les fleurs du rosier de Damas sont employées de préférence aux roses des autres espèces, pour la préparation de l'essence de rose et de l'eau distillée.

3° *Rosier musqué, rose muscat* (ROSA MOSCHATA, Ait.). Cette espèce a des tiges ascendantes hautes de 3 à 4 mètres, munies d'aiguillons recourbés, et de feuilles à 5 ou 7 folioles lancéolées. Ses fleurs présentent des pétales blancs à onglet jaune; elles sont très-odorantes, simples ou doubles, et se succèdent de juillet à octobre.

Cette variété est répandue dans l'Inde, la Turquie et l'Égypte. Les Arabes, en Algérie, la désignent sous le nom de *néceri musqué*.

4° *Rosier toujours vert* (ROSA SEMPERVIRENS, L.). Cette espèce a des jets sarmenteux munis d'aiguillons épars et un peu recourbés. Ses feuilles présentent 5 à 7 folioles elliptiques. Ses fleurs sont blanches ou blanc rosé, solitaires ou rapprochées en corymbe.

Cette rose fournit la fameuse essence de rose de Tunis.

Multiplication. — On propage le *rosier de Provins* et le *rosier de Damas* en séparant de vieux pieds en autant de parties qu'on peut les diviser ; on les propage aussi au moyen de drageons.

Le *rosier musqué* et le *rosier toujours vert* fournissent très-peu de rejets. On les multiplie de préférence de marcottes ou de boutures.

Le marcottage des rosiers consiste à coucher, au mois de février ou de mars, avant le moment où les yeux se développent, une tige encore verte dans une rigole ayant $0^m,06$ à $0^m,10$ de profondeur, et à la maintenir dans cette position à l'aide d'un crochet fixé dans le fond de la fosse. Quand la marcotte a été enterrée, on raccourcit l'extrémité de la tige qui est hors de terre, de manière qu'elle n'ait pas plus de $0^m,08$ à $0^m,12$ de longueur. On arrose ensuite de temps à autre si la terre manque de fraîcheur.

A la fin de l'hiver suivant, on sèvre la marcotte, c'est-à-dire on la détache du pied mère et on la met en place.

Les boutures ne présentent aucune difficulté. On les opère dans un endroit frais et à mi-soleil, comme s'il était question de multiplier le groseillier à grappes. On peut mettre en place, au commencement du printemps suivant, celles qui ont poussé, et qui sont par conséquent munies de racines.

Plantation des éclats, des boutures ou des marcottes. — La mise en place des éclats munis de racines, des rejets, des marcottes ou des boutures enracinés, se fait à la fin de l'hiver sur des terres labourées ou ameublies jusqu'à $0^m,30$ et même $0^m,40$ de profondeur.

On doit éviter de les planter sur des terres compactes et humides.

La plantation se fait en lignes distantes les unes des autres de 1 mètre.

Quelquefois on espace les pieds sur les lignes de $0^m,50$ à

$0^m,60$; mais le plus ordinairement on les éloigne les uns des autres de $0^m,90$ à 1^m.

En général, on compte en France de 10 000 à 12 000 rosiers par hectare.

Dans le Fayoun (Égypte), on plante les rosiers à $0^m,65$ de distance les uns des autres. La plantation exige 70 journées d'ouvrier par hectare. Les carrés au milieu desquels sont plantés les rosiers, sont séparés par des rigoles qui permettent de les arroser avec les eaux du Nil.

Soins d'entretien. — Chaque année, au printemps, on enlève le bois mort et les ramifications qui végètent lentement.

On rabat ensuite les pousses de l'année précédente, et on courbe les rameaux vigoureux ou les gourmands en fixant leur extrémité sur les branches inférieures. La taille et l'arcure ont pour effet de favoriser le développement d'un plus grand nombre de rameaux à fleurs.

Quand ces opérations ont été exécutées, on fume le sol et on le laboure.

On opère pendant l'année les binages nécessaires.

En Égypte, on arrose les rosiers tous les 15 jours, et, à la sixième année, on renouvelle la plantation, parce que l'expérience a démontré que les rosiers, après cinq années d'existence, sont de moins en moins productifs.

Récolte des fleurs, — La récolte des roses se fait, dans le département du Var, depuis le commencement d'avril jusque vers la fin de mai. Aux environs de Paris, on l'exécute depuis la seconde quinzaine de mai jusqu'au commencement de juillet.

On doit, autant que possible, cueillir les roses le matin ou le soir, et aussitôt qu'elles sont bien épanouies. Elles perdent de leur parfum quand elles ont reçu une forte insolation.

La cueillette est répétée tous les deux jours sur les mêmes pieds.

En Égypte, on l'opère depuis les premiers jours d'avril jusqu'au commencement du mois de mai.

Produit par hectare. — Un rosier de Damas, âgé de 3 à 5 ans et en pleine végétation, fournit chaque année de 250 à 300 grammes de fleurs.

Le rosier de Provins en plein rapport en donne de 400 à 500 grammes.

Dans le premier cas, un hectare produit chaque année 2500 à 3000 kilogr. de rose; dans le second, il en fournit de 4000 à 5000 kilogr.

Un hectare de rosiers, dans le Fayoun (Égypte), donne seulement de 700 à 800 kilogr. de roses.

Quantité d'essence fournie par la rose. — La rose fournit très-peu d'essence pure, et la quantité qu'elle produit est en raison directe de la température de la contrée dans laquelle elle est cultivée.

En Égypte, 100 kilogr. de pétales en donnent de 30 à 40 grammes; en Provence, de 8 à 10 grammes, et à Paris de 2 à 4 grammes.

Quantité d'eau de rose fournie par les pétales. — En Orient, 100 kilogr. de fleurs et 80 kilogr. d'eau produisent environ 48 kilogr. d'eau de rose.

Valeur commerciale des roses. — Le prix des roses fraîches varie, à Grasse et à Cannes, de 0^{f}45 à 0^{f}65 le kilogr. Les cultivateurs de Puteaux (Seine) vendent à Paris les roses qu'ils récoltent, à raison de 0^{f}60 à 0^{f}75. En Égypte, on les vend de 0^{f}40 à 0^{f}65.

Valeur commerciale de l'essence. — L'essence pure de rose est rare; elle se vend à un prix très-élevé. L'essence de Constantinople se vend de 1000 à 1200 fr. le kilogr.; quelquefois même ce prix s'élève jusqu'à 1600 et 1800 fr. A Paris, on la vend de 1100 à 1200 fr.

Kœmpfer rapporte dans ses *Amœnitates exoticæ*, page 374, que l'huile qu'on extrait des roses de Chirâz se vend au poids de l'or.

Roses desséchées. — On dessèche quelquefois les roses pour les livrer ensuite aux droguistes ou aux pharmaciens.

Alors, au mois de mai ou de juin, on les cueille lorsqu'elles sont encore en boutons, c'est-à-dire lorsqu'elles sont sur le point de s'ouvrir, parce qu'elles sont plus astringentes que lorsqu'elles sont épanouies; on leur ôte leur calice, et on les étend sur des claies dans un local aéré, dans un grenier ou dans une étuve. Quand les boutons sont secs, on les agite sur un crible pour qu'ils s'ouvrent, et pour séparer les étamines des pétales. Après cette opération, on renferme les pétales dans une boîte bien close qu'on conserve dans un lieu sec.

100 kilogr. de boutons frais produisent :

Roses pâles.......	16 à 18 kil. de pétales.
— rouges	30 à 32	—
— blanches. ...	15 à 16	—

Le commerce préfère les pétales d'un beau rouge velouté aux pétales roses ou blancs, parce qu'ils sont plus odorants.

Les pétales, en vieillissant, ou lorsqu'ils ont été conservés dans un lieu frais ou humide, perdent de leur couleur et surtout de leur parfum.

Falsification. — On falsifie l'essence de rose en y mêlant de l'essence de géranium.

On reconnaît aisément cette fraude. Il suffit de mettre un peu de l'essence qu'on soupçonne avoir été falsifiée, sur un verre de montre sur lequel on met un autre verre de même

VII*   24

diamètre dans lequel on a versé une légère quantité d'iode ; ces deux verres sont ensuite couverts avec une cloche. Si l'essence de rose est pure, elle ne change pas de couleur ; si on y a mêlé de l'essence de géranium, elle devient noire.

Les Persans ajoutent aux pétales de rose, avant de les distiller, de la raclure de bois de sandal, qui donne plus de force au parfum ; mais cette addition diminue beaucoup la finesse et la valeur de l'essence.

Usages. — A. ESSENCE. — L'essence de rose est utilisée comme parfum. On l'emploie aussi pour aromatiser des liqueurs et des sucreries. Elle sert encore à parfumer des pommades et des onguents.

B. EAU DE ROSE. — L'eau de rose est employée en médecine ; on l'utilise aussi comme eau de senteur.

C. ROSES DESSÉCHÉES. — On emploie les *roses rouges* en médecine, à cause de leurs propriétés tonique et astringente. Elles font la base d'un grand nombre de préparations pharmaceutiques : le miel rosat, le vin rosat, le vinaigre rosat, etc. Après avoir été pulvérisées, elles forment la *poudre de rose* avec laquelle on prépare la conserve de rose.

Les roses du rosier des quatre saisons servent à préparer les *sirops de roses pâles :* le sirop composé et le sirop simple.

On désigne, dans les officines, les roses pâles sous le nom de *rosa pallida.*

Les pétales de la rose musquée sont purgatifs.

JASMIN D'ESPAGNE

SECTION II.

Jasmin d'Espagne.

(De *Iasminn*, nom arabe de l'espèce principale.)

JASMINUM GRANDIFLORUM, L.

Plante dicotylédone de la famille des Jasminées.

Anglais. — Jasmine catalonian.

Historique. — Mode de végétation. — Climat. — Terrain. — Mode de multiplication. — Mise en place des boutures, marcottes et pieds greffés. —
Soins d'entretien : taille, engrais, labour et binages, treillage, arrosages
et buttage. — Récolte des fleurs. — Quantité d'essence fournie par les
fleurs.—Valeur commerciale : fleurs, essence. — Capitaux engagés par
hectare. — Prix des pieds de jasmin. — Usages de l'essence.

Historique. — Cette plante est originaire du Népaul ; elle
a été introduite en Europe en 1629.

On la cultive en Égypte, en Algérie, en Italie ; et en France,
à Grasse et à Cannes.

Mode de végétation. — Le *jasmin à grandes fleurs d'Espagne* forme un arbrisseau de 1^m à 1^m,50 de haut. Ses rameaux
sont glabres, un peu anguleux et diffus ; ils portent des
feuilles opposées et pennées à 4 paires de folioles ovales et
mucronées, la terminale étant acuminée. Les fleurs sont
disposées par 2 ou par 4 au sommet des rameaux ; leurs calices sont à lobes subulés ; leurs corolles sont en tube 3 ou
4 fois plus long que le calice à 5 lobes ovales, obtus et un
peu contournés dans la préfloraison.

Les fleurs de cette espèce s'épanouissent successivement
depuis le printemps jusqu'au mois de décembre ; elles sont
blanches et lavées de rose en dehors. L'odeur qu'elles laissent échapper est très-suave, très-agréable, mais elle est
très-fugace.

Climat. — Le jasmin à grandes fleurs ne peut être cultivé en pleine terre que dans la région de l'oranger.

Il périt quand la température descend pendant l'hiver à — 3 ou 4°.

Ses pousses, ses feuilles et ses fleurs sont délicates, et redoutent les premières gelées de novembre et les premiers froids du printemps. C'est pourquoi on le cultive à Grasse, à Cannes et à Nice sur des terrains en pente exposés au midi et abrités du nord.

Terrain. — Le jasmin d'Espagne exige une terre légère, douce, profonde, substantielle, fraîche ou arrosable. Il végète difficilement sur les terrains que le soleil dessèche complétement pendant l'été, et il périt toujours quand on le cultive sur des terres qui sont très-humides en hiver.

Mode de multiplication.—On multiplie le jasmin à grandes fleurs au moyen du bouturage, du marcottage et de la greffe.

Les *boutures* et les *marcottes* se font pendant le mois de septembre. On ne les met en place qu'une année après.

Les *greffes* se font en écusson et à deux époques : 1° *à œil poussant*, en mai ou en juin; 2° *à œil dormant*, au moment de la séve d'août.

On exécute les greffes à 0^m,05 ou 0^m,06 de terre, sur le *jasmin blanc*, ou *jasmin commun*, ou *jasmin officinal* (JASMINUM OFFICINALE, L., ou JASMINUM VULGARE, Lam.).

Les greffes sont-elles préférables aux marcottes? On préfère les marcottes; on a reconnu que les fleurs du jasmin d'Espagne, franc de pied, se conservent plus longtemps fraîches que lorsque cette espèce a été greffée sur le jasmin ordinaire.

On a aussi constaté que les pieds provenant de boutures ont une plus belle végétation, et qu'ils sont plus rustiques que les pieds greffés.

Mise en place des boutures, marcottes et pieds greffés.
— Lorsque le terrain a été choisi, on y ouvre des fosses carrées ou circulaires ayant de 0^m,35 à 0^m,50 de diamètre sur
0^m,30 à 0^m,40 de profondeur. Ces fosses sont situées à 1^m environ de distance sur des lignes transversales à la pente du
terrain, et espacées les unes des autres de 2 mètres environ.

Quand ces fosses ont été ouvertes, on les remplit de bonne
terre, et on plante dans chacune d'elles un pied de jasmin
enraciné.

Cette dernière opération exige de 12 à 15 journées d'homme.
On l'opère en octobre ou novembre.

Les 5000 trous qu'on creuse sur un hectare occasionnent
une dépense de 500 à 600 fr.

Soins d'entretien. — A. TAILLE. — Chaque année, à la fin
de l'hiver, c'est-à-dire en février ou mars, on rabat toutes
les pousses de l'année précédente aussi près que possible de
la greffe, après avoir déchaussé un peu tous les pieds.

B. ENGRAIS. — Aussitôt après le ravalement des rameaux,
on applique du fumier ou des excréments humains. Ces engrais sont destinés à activer le développement des pousses.

C. LABOUR ET BINAGES. — On complète les travaux du printemps en exécutant un labour à l'aide de la bêche ou de la
houe. On a soin, pendant cette opération, de disposer la
terre de manière que les irrigations par infiltration y soient
possibles.

Dans le cours de l'année, on exécute trois à quatre binages
afin que le sol soit toujours meuble et propre.

D. TREILLAGE. — Quand la terre a été ameublie, on établit
le long de chaque rangée de jasmins un treillage en tiges de
roseaux de 0^m,70 à 0^m,80 de haut. C'est sur ce treillage qu'on
attache les pousses au fur et à mesure qu'elles se développent.

E. ARROSAGES. — Le jasmin doit être arrosé tous les 2 ou

3 jours, depuis les premiers jours de mai jusqu'à la fin de septembre.

F. Buttage. — Au mois de novembre, on couvre tous les pieds de 0^m,25 à 0^m,35 de terre. Ce buttage a pour but de protéger la greffe contre les froids. La terre qu'on emploie dans cette circonstance est prise dans le milieu des allées existantes entre les lignes.

Récolte des fleurs. — En France, on opère la récolte des fleurs pendant les mois de septembre, octobre et novembre ; en Algérie, on l'exécute pendant 5 mois, depuis le mois d'août jusqu'à la fin de décembre.

Cette cueillette doit être faite le matin avant 11 heures, ou l'après-midi, depuis 5 jusqu'à 7 heures.

Lorsqu'il pleut, on arrache les fleurs et on les jette. On agit ainsi pour que les cueilleuses ne les récoltent pas le soir ou le lendemain matin. Les fleurs que les pluies ont mouillées n'ont aucune valeur, parce qu'elles brunissent et perdent très-promptement leur arome.

Une femme peut récolter chaque jour de 1 à 2 kilogr. de fleurs.

Le prix de la cueillette varie entre 0^f30 et 0^f50 le kilogr.

Les fleurs doivent être livrées le plus tôt possible aux parfumeurs.

Produit par hectare. — M. Sauget a constaté à Hydra (Algérie), que 100 pieds de jasmin donnent de 180 à 200 kilogr. de fleurs.

Un hectare contenant 5000 pieds fournit en moyenne, par jour, de 50 à 60 kilogr. de fleurs, et, par an, de 7000 à 9000 kilogr.

Quantité d'essence fournie par les fleurs. — On a reconnu que 100 kilogr. de fleurs donnent de 12 à 13 grammes d'huile essentielle, et 100 pieds de 25 à 28 grammes.

Les fleurs produites par 1 hectare doivent donc donner de 2^{kil}250 à 2^{kil}500 d'essence de jasmin.

Valeur commerciale. — A. FLEURS. — Le prix des fleurs varie entre 2 et 2 fr. 50 le kilog.

B. HUILE ESSENTIELLE. — L'essence pure de jasmin se vend en France et en Égypte de 500 à 550 fr. les 31 grammes (l'once), ou 16 000 à 17 600 fr. le kilogr., près de 5 fois le prix de l'or.

D'après les remarques de M. Millon, l'essence obtenue par la distillation a toujours une odeur forte et légèrement empyreumatique ; elle ne soutient pas la comparaison avec la fleur fraîche, tandis que le parfum obtenu par l'éther en rappelle assez fidèlement la suavité.

Capitaux engagés par hectare. — MM. Roy et Simonnet ont constaté que la culture du jasmin occasionnait une dépense de 7020 fr. par hectare.

Prix des pieds de jasmin. — Les jasmins se vendent de 11 à 13 fr. le 100.

Usages de l'essence. — L'huile essentielle de jasmin sert à la préparation des pommades, des parfumeries et des eaux de senteur.

SECTION III.

Acacie de Farnèse.

(ἀκή, pointe; allusion aux épines des tiges.)

ACACIA FARNESIA, Wild., FARNESIA ODORATA, Gasp.

Plante dicotylédone de la famille des Légumineuses.

Historique. — Mode de végétation. — Climat. — Multiplication. — Soins
d'entretien. — Récolte des fleurs. — Produit par hectare. —Valeur commerciale. — Fleurs, plantes. — Usages des fleurs.

Historique. — Cet arbrisseau, que l'on désigne souvent
sous le nom de *cassie*, et que les Arabes appellent *ben*, est
originaire des Indes; il a été introduit de Saint-Domingue en
Europe en 1656. Il croît facilement dans les jardins des habitations mauresques des environs d'Alger.

On le cultive à Cannes (Var), en Égypte et en Algérie.

Mode de végétation. — L'acacie de Farnèse est épineux.
Ses rameaux sont légèrement pubescents, et portent des
feuilles qui ont 8 à 16 pennes pourvues chacune de 10 à
20 paires de folioles linéaires et glabres. Ses fleurs sont
jaunes, odorantes, et réunies en capitules pédonculés et
glabres; elles produisent chacune une gousse cylindrique un
peu arquée, fusiforme, glabre et indéhiscente.

Les fleurs apparaissent et s'épanouissent pendant les mois
de juillet, août, septembre, octobre et novembre. En Égypte,
elles se succèdent sans interruption pendant près de neuf mois.

Cette légumineuse atteint jusqu'à 5 mètres de hauteur,
mais lorsqu'elle est cultivée sur des terres pauvres ou incultes, ses tiges dépassent rarement 1 mètre.

Climat. — L'acacie de Farnèse périt sous un froid de
— 4° à — 6°.

Cassie ou Mimosa de Farnèse

On doit le cultiver dans des champs abrités du nord par une haie bien fournie où un mur ayant 2 à 3 mètres de hauteur.

A Grasse, il réussit très-bien dans les jardins exposés au midi. Il est rare qu'on se trouve dans la nécessité de le garantir contre les froids pendant l'hiver avec des paillassons.

Multiplication. — On le multiplie de graines qu'on sème au mois d'avril dans des terrains ou dans des pots remplis de terre légère de bonne qualité. Souvent on fait tremper les semences pendant 2 ou 3 jours avant de les confier à la terre. Ce trempage a pour effet de ramollir l'enveloppe des graines qui est très-dure, et de faciliter la sortie des germes. On peut aussi exécuter les semis sur une côtière ou une plate-bande bien préparée.

On mouille fréquemment les semis, dans le but de hâter la germination des semences et le développement des jeunes plantes.

Au printemps suivant, on opère la mise en place des plants sur un terrain profond ou défoncé profondément. Les plants ont alors environ $0^m,01$ de diamètre.

La plantation se fait en quinconce. Tous les pieds doivent être espacés en tous sens de 2 mètres.

Après la mise en place, on rabat tous les plants à $0^m,40$ ou $0^m,50$ au-dessus du sol, et on les arrose de temps à autre pour assurer leur reprise.

Les plants sont ensuite dirigés en gobelets ou en vase.

Soins d'entretien. — Chaque année, au mois de mars ou avril, on laboure à la houe ou à la bêche la surface occupée par la cassie.

Après ou avant cette opération, on taille les rameaux qui ont produit des fleurs l'année précédente, en les rabattant tout près des branches charpentières ou secondaires.

Pendant le mois de mai, on pratique un binage.

Tous les 3 ou 5 ans, on fume le sol avec du fumier ou des déjections humaines. Ces engrais sont toujours appliqués avant le labour, qu'on opère à la fin de l'hiver.

Récolte des fleurs. — La cueillette des fleurs se fait, à Cannes, tous les jours le matin de très-bonne heure, depuis le mois d'août jusqu'au 15 novembre, époque à laquelle le froid arrête ordinairement l'épanouissement des boutons à fleur.

Cette récolte n'est pas très-facile, à cause des épines que présentent les ramifications.

Les fleurs sont livrées fraîches aux parfumeurs.

La fleur de la cassie ne supporte pas la distillation.

Produit par hectare. — La cassie n'est productive que lorsqu'elle a 3 ou 4 années de plantation, c'est-à-dire lorsque chaque pied a la forme d'un véritable gobelet, et qu'il produit de nombreux bourgeons florifères.

Un pied en plein rapport produit en moyenne 1 kilogr. de fleurs fraîches.

Un hectare fournit donc environ 5000 kilogr. de fleurs.

Valeur commerciale. — A. FLEURS. — Les fleurs de l'acacie de Farnèse se vendent de 5 à 7 fr. le kilogr.

B. PLANTS. — La pépinière d'Alger livre des plants au prix de 5 fr. le 100.

Usages des fleurs. — Les fleurs de cet arbrisseau exhalent un parfum suave; elles servent à parfumer des pommades, et fournissent l'huile essentielle, que l'on désigne vulgairement sous le nom d'*huile à la cassie*.

Un kilog. de fleurs de cassie donne seulement de 3 à 4 grammes d'essence.

SECTION IV.

Violette.

(De ἴον, nom grec de la violette.)

VIOLA ODORATA, L.

Plante dicotylédone de la famille des Violariées.

Anglais. — Sweet violet.   *Espagnol.* — Violeta.
Allemand. — Maerzveilchen.   *Italien.* — Viola.
Danois. — Martsfioler.   *Russe.* — Pachutschaja fialko.
Suédois. — Aekta fioler.   *Arménien.* — Manischar.
Polonais. — Skopek.   *Portugais.* — Violetta.

Mode de végétation. — Espèces et variétés. — Multiplication. — Récolte des fleurs. — Dessiccation des fleurs. — Valeur commerciale : violettes fraîches, violettes séchées. — Usages.

La violette odorante, ou *violette de mars*, croît dans les bois un peu ombragés, le long des haies, et dans les lieux un peu couverts. On la cultive dans le département du Var.

Mode de végétation. — La violette odorante a des racines vivaces qui produisent annuellement plusieurs rejets traçants. Les tiges sont couchées et radicales; ses feuilles sont aussi toutes radicales, longuement pétiolées, cordiformes, finement dentées sur leurs bords, un peu aiguës à leur sommet, vertes et glabres. Ses fleurs sortent directement des racines, et restent en partie cachées sous les feuilles; elles sont portées sur de longs pédoncules simples, uniflores, glabres, et munies de plusieurs petites bractées; elles sont violettes, et exhalent, à l'état frais, une odeur très-douce et très-suave. Ses fruits sont des capsules à trois valves concaves, contenant un grand nombre de graines arrondies et jaune brunâtre.

Espèces et variétés. — La violette odorante a produit une variété à fleurs doubles, à laquelle on a donné le nom de *violette des quatre saisons*, parce qu'elle fleurit aussi en automne.

On cultive aussi en Italie, et quelquefois dans le midi de la France, la variété à fleur bleu pâle et double que l'on a nommée *violette de Parme*. Cette violette est très-odorante, mais elle doit être abritée sous châssis depuis la fin d'octobre jusqu'au printemps suivant, dans le nord et le centre de la France.

Le commerce achète chaque année en grande quantité les fleurs de la *violette éperonnée* (VIOLA CALCARATA, L.), qui croît naturellement en Suisse, et celles de la *violette pédalée* (VIOLA PEDATA, L.), qu'on a importée en Europe en 1759 de l'Amérique septentrionale. La première a des fleurs bleu clair, munies d'un éperon plus long que les pétales; la seconde a des feuilles pédalées et des fleurs bleues.

Multiplication. — On multiplie la violette simple ou double en divisant les vieux pieds ou les anciennes touffes.

Ces éclats de pieds doivent être plantés en automne ou à la fin de l'hiver.

Toutes les terres un peu ombragées ou fraîches conviennent à la violette.

Lorsqu'on opère la séparation des pieds au commencement du printemps, on les arrose après qu'ils ont été plantés, afin d'assurer leur reprise.

On les espace les uns des autres et en tous sens de 0^m,30 à 0^m,40.

Récolte des fleurs. — On cueille les fleurs de violette au mois de mars et d'avril, lorsque le temps est beau.

On les livre fraîches aux parfumeurs, et sèches aux droguistes ou pharmaciens.

Dessiccation des fleurs. — Avant de les faire sécher, on sépare les pétales du calice, et on les fait sécher le plus promptement possible dans un grenier ou une étuve. On doit éviter de les exposer directement à l'action du soleil, parce que la lumière altère sensiblement leur couleur et leur parfum.

Quand elles sont sèches et encore chaudes, on les enferme dans des bocaux fermés qu'on conserve dans un endroit sec. On doit éviter de les placer dans des endroits humides.

Valeur commerciale. — A. FLEURS FRAÎCHES. — Les fleurs fraîches de violette se vendent de 1 fr. à 1 fr. 50 c. le kilogr.

Le commerce donne la préférence aux violettes cultivées sur les violettes sauvages.

B. FLEURS SÈCHES. — Le prix des violettes sèches varie entre 3 et 4 fr. le kilogr.

Usages. — On extrait des fleurs fraîches une essence qui sert à parfumer les pommades et les savons.

Les fleurs sèches sont employées en médecine; elles sont émollientes et béchiques. Elles servent aussi à préparer le *sirop de violette.*

Les pharmaciens désignent les fleurs sèches sous le nom de *viola hortensis.*

Falsification des fleurs sèches. — On fraude les fleurs sèches en y mêlant des fleurs de mauve, de vipérine ou des fleurs d'ancolie, aromatisées avec l'iris de Florence.

SECTION V.

Géranium rosat.

(πελαργός, cigogne ; allusion à la forme du fruit, figurant un bec de cigogne.)

PÉLARGONIUM CAPITATUM, Aít., PÉLARGONIUM ROSA, H.

Plante dicotylédone de la famille des Géraniacées.

Historique. — Mode de végétation. — Composition. — Terrain. — Multiplication. — Espacement des plants. — Soins d'entretien. — Récolte. — Produit en feuilles. — Quantité d'essence fournie par les feuilles. —Valeur commerciale : tiges herbacées, essence. — Usages.

Historique. — Le géranium rosat est originaire du cap de Bonne-Espérance ; il a été introduit en Europe en 1690. Il est très-répandu dans les jardins. On le cultive en Algérie et en Provence, mais il ne supporte pas toujours les hivers à Grasse. En Algérie, il acquiert des proportions gigantesques.

Mode de végétation. — Ce géranium (*fig.* 34) a des tiges diffuses assez faibles. Ses feuilles sont cordiformes, à trois lobes ondulés, dentés, et un peu velues. Ses fleurs sont disposées en ombelles capitulées multiflores ; les pétales inférieurs sont roses ou de couleur purpurine ; les deux supérieurs sont striés de signes sanguins foncés.

Les feuilles de cette espèce sentent la rose lorsqu'elles ont été froissées.

Composition. — L'huile essentielle que fournit le géranium rosat est légèrement citrine. Son odeur et sa saveur rappellent l'essence de rose avec un arrière-arome de géranium. Elle se liquéfie à $+ 18°$.

Terrain. — Le géranium rosat doit être planté sur un terrain profond, de consistance moyenne et très-sain, car il redoute l'humidité pendant l'hiver.

En outre, il est nécessaire que la plantation soit faite sur

un coteau ou dans une vallée garantie des grands vents de
l'ouest et du nord, et bien exposée au midi. La chaleur, pendant l'été, exerce une influence considérable sur le développement des feuilles et l'arome de l'huile essentielle qu'on en
extrait.

Il est utile de le cultiver sur des terrains qu'on puisse ar-

Fig. 34. Géranium rosat.

roser pendant l'été, car les grandes chaleurs nuisent sensiblement à son développement.

Multiplication. — On multiplie le géranium rosat de boutures. Celles-ci sont formées de pousses entières de l'année
précédente, et munies d'un talon de vieux bois. On les fait

au printemps ou en été si la terre est fraîche, ou si on exécute de temps à autre des arrosements.

Espacement des plantes. — La mise en place des boutures doit être faite en lignes espacées de $0^m,65$. On laisse
entre les boutures un intervalle de $0^m,40$. Ainsi planté, un
hectare contient 40 000 plants.

M. Simonnet, à Hussein-Dey (Algérie), ne plante que
10 000 boutures par hectare, parce qu'il les espace à 1 mètre
en tous sens.

M. Mercurin à Chéragas, et MM. Ferraud et Saugé à Hydra, ne laissent que $0^m,50$ au plus entre les plants. Un hectare en contient par conséquent 40 000.

Le mode de plantation adopté par M. Simonnet laisse beaucoup à désirer. D'abord, il ne permet pas aux jeunes plantes
de garantir promptement le sol de l'action du soleil; ensuite,
l'espacement qu'il laisse aux géraniums leur permet de végéter avec une grande vigueur, et de développer des ramifications fortes et nombreuses au détriment des feuilles et des
fleurs.

L'expérience prouve chaque année qu'une surface carrée
de $0^m,25$ est suffisante pour que le géranium rosat présente
de belles touffes bien garnies de feuilles.

Soins d'entretien. — Chaque année, en automne, on opère,
sur toute la surface occupée par cette plante aromatique, un
labour à la houe. Ce travail est destiné à ameublir le sol et à
enfouir l'engrais.

Au printemps suivant, on exécute un binage, qu'on répète
une seconde fois, si cela est nécessaire, avant le moment où
les ramifications commencent à couvrir entièrement la surface du sol.

Pendant les fortes chaleurs, on arrose, si on le peut, dans le
but de paralyser l'action du soleil sur les racines des plantes.

Récolte. — La récolte des pousses se fait à plusieurs reprises. En Algérie, on opère ordinairement la première coupe dans le mois de juin. On l'exécute à l'aide d'une faucille.

On doit livrer les tiges et les feuilles aux distilleries aussitôt qu'elles ont été récoltées. Quand on les abandonne à elles-mêmes en tas pendant un certain temps, elles s'échauffent, fermentent et perdent de leur valeur commerciale.

On dessèche les feuilles qui ont été séparées des tiges en les exposant à l'air ou au soleil. On hâte cette dessiccation en les remuant de temps à autre avec une fourche en bois. Quand elles sont sèches, on les emballe pour les soustraire à l'action de l'air.

Les feuilles sèches ayant une couleur noirâtre sont peu appréciées par les distillateurs.

Produit en feuilles. — Le géranium rosat forme ordinairement de très-belles touffes en Algérie et à Grasse. Chaque pied y fournit en moyenne 1 kilogr. de feuilles et 1 hectare environ 40 000 kilogr.

Quantité d'essence fournie par les feuilles. — Les feuilles du géranium rosat, dépourvues de leur pétiole, sont riches en essence. 1000 kilogr. en fournissent 1 kilogr. Toutefois, comme les feuilles ne sont pas ordinairement distillées seules, il s'ensuit qu'un hectare fournissant 40 000 kilogr. de pousses, ne donne pas 20 kilogr. d'essence. Voici les qualités qu'on a obtenues en Algérie :

> Ferraud et Saugé, à Hydra.............. 9 kilogr.
> Mercurin, à Chéragas.................... 6,600

La feuille desséchée rend moins d'essence que la feuille fraîche, mais l'huile essentielle qu'elle fournit est de qualité supérieure.

VII*   25

Valeur commerciale. — A. Tiges herbacées. — Les feuilles munies de leur pétiole et de leur tige herbacée, se vendent à Grasse de 10 à 15 fr. les 100 kilogr.

B. Essence.—L'essence très-pure se vend de 200 à 250 fr le kilogr. Son prix, dans l'Inde, est beaucoup moins élevé.

Le prix de l'essence ordinaire varie entre 60 et 80 fr. le kilogr.

Usages.— L'huile essentielle de géranium rosat sert à des parfumeries, et elle supplée souvent l'essence de rose. Quelquefois même elle sert à frauder cette huile essentielle. M. Maurivez, droguiste à Paris, a été condamné, au mois de mai dernier, à 16 fr. d'amende, pour avoir vendu de l'essence de géranium pour de l'huile essentielle de rose.

Capital engagé par hectare. — D'après MM. Ferraud et Saugé, la culture du géranium rosat engage par hectare environ 500 fr.

SECTION VI.

Verveine citronnelle.

(De *ferfaën*, nom celtique de l'espèce indigène.)

VERBENA TRIPHYLLA, Lhér., LIPPIA CITRIODORA, Kunth.

Plante dicotylédone de la famille des Verbenacées.

Cette verveine, que l'on a appelée *verveine odorante, verveine citronnée*, est originaire du Pérou, et a été importée en Europe en 1784. Elle est aujourd'hui naturalisée en Italie.

Elle constitue un joli sous-arbrisseau à tige rameuse et lisse, à ramilles scabres et striées, à feuilles verticillées, lancéolées, pétiolées, aiguës et ordinairement entières. Ses fleurs sont disposées en épis verticillés ou paniculés; elles fleurissent en juillet, août et septembre, et sont petites, blanches en dehors, et bleu purpurin en dedans.

Cette espèce a des feuilles odorantes. L'arome qu'elle exhale rappelle l'essence de citron.

Elle ne peut être cultivée en pleine terre que dans les parties méridionales de l'Europe. Elle demande un terrain de consistance moyenne, de bonne qualité et abrité du nord; en outre, elle exige des arrosements fréquents pendant l'été.

On la multiplie de graines, de drageons ou de boutures.

La pépinière d'Alger vend des plants enracinés au prix de 40 fr. le 100.

On récolte les feuilles pendant tout l'été, mais de préférence au moment de la floraison.

Les feuilles sont très-riches en essence. 100 kilogr. en ont donné à M. Levens 150 grammes.

Cette huile essentielle se vend de 100 à 120 fr. le kilogr.

SECTION VII.

Héliotrope.

(ἥλιος, soleil; τρέπω, tourner; qui suit le cours du soleil.)

HÉLIOTROPIUM PERUVIANUM, L.

Plante dicotylédone de la famille des Borraginées.

L'héliotrope a été importé du Pérou en 1757. Cet arbris-seau a une tige dressée et garnie de rameaux poilus. Ses feuilles sont lancéolées, ovales, rugueuses et légèrement blanchâtres. Ses fleurs sont disposées en corymbes; elles sont petites, blanchâtres, exhalent une délicieuse odeur de vanille, et se succèdent de juin à novembre.

Cette plante demande une terre légère, très-substantielle, et exposée au midi. On la multiplie de graines qu'on sème en mars ou avril, et de boutures ou de marcottes qu'on opère au mois de mai.

La mise en place des plants provenant de semis ou des boutures et des marcottes enracinées, se fait souvent au printemps de l'année suivante. On agit ainsi afin d'avoir des plantes plus développées et plus florifères.

L'héliotrope demande de fréquents arrosements pendant l'été, et doit être protégé contre les froids par des paillassons pendant l'hiver.

On récolte les fleurs à mesure que les corymbes s'épanouissent, depuis le mois de juin ou juillet jusqu'en octobre ou novembre.

Les fleurs se vendent à Grasse de 4 à 5 fr. le kilogr. On les emploie dans la parfumerie.

SECTION VIII.

Réséda.

(De *resadarer*, calmer ; allusion à la suavité de son odeur.)

RESEDA ODORATA, L.

Plante dicotylédone de la famille des Résédacées.

Le réséda odorant est originaire de l'Égypte ; il est annuel lorsqu'on le cultive en pleine terre.

Sa tige est ascendante avec des rameaux étalés ; ses feuilles sont oblongues, alternes, entières ou à trois lobes ; ses fleurs sont verdâtres et exhalent une odeur très-suave. Il a été importé en Europe en 1752.

Dans le midi, où il est cultivé en grand, on le sème en automne et au printemps. Dans le nord de l'Europe, on ne peut confier ses graines à la terre qu'au mois de mars ou avril.

Il demande un sol riche, frais et exposé au soleil. Les pieds qui végètent sur des sols secs et pauvres, et ceux qui croissent dans des situations ombragées, produisent des fleurs qui ont très-peu d'odeur.

On peut le transplanter lorsqu'il a 0^m,04 à 0^m,06 de hauteur. Il reprend facilement si on a soin de l'arroser quand le temps est sec.

Il fournit des rameaux à fleurs pendant tout l'été.

On l'emploie dans la parfumerie pour aromatiser des pommades et des eaux de senteur.

Le parfum qu'exhalent les fleurs du réséda odorant est très-suave et très-agréable.

SECTION IX.

Tubéreuse.

(πόλις, ville; ἄνθος, fleur; c'est-à-dire ornement des cités.)

POLIANTHES TUBEROSA, L.

Plante monocotylédone de la famille des Amaryllidées.

Anglais. — Tuberose.   *Italien.* — Tuberoso.
Allemand. — Tuberose.   *Espagnol.* —

Cette plante bulbeuse est originaire du Mexique. Son oignon est brun et allongé. Sa tige a 0^m,70 à 1^m,30 de hauteur, et est accompagnée de feuilles longues et étroites; elle est terminée par un épi composé de fleurs blanches lavées de rose, ayant une odeur des plus suave et des plus pénétrante.

Elle réussit très-bien dans le Midi, lorsqu'on la couvre de paille ou de litière pendant les gelées.

On plante les bulbes et les cayeux dans une terre fertile, arrosable, et plutôt légère que compacte, en les espaçant de 0^m,20 à 0^m,25. Cette opération se fait en mars.

Les fleurs se montrent en août et septembre, époque à laquelle on les récolte.

Chaque année, à l'entrée de l'hiver, on laboure et on fume le terrain, et, pendant le printemps et l'été, on répète les sarclages et surtout les arrosages.

On relève les oignons tous les trois ans. Les cayeux ne fleurissent qu'après deux années de plantation.

Les fleurs de la tubéreuse se vendent à Grasse et à Nice 4 à 6 fr. le kilogr. On en extrait, par expression, une essence très-parfumée.

SECTION X.

Jonquille.

(Nom du jeune grec qui fut changé en fleur.)

Narcissus Jonquilla , L.

Plante monocotylédone de la famille des Narcissées.

Le *narcisse jonquille* est originaire des provinces du midi de l'Europe. Son oignon est petit, uni et brun; ses feuilles sont demi-cylindriques, linéaires et lisses. Ses fleurs sont petites, d'un beau jaune, et très-odorantes; elles s'épanouissent en mars et avril.

Cette plante a produit trois variétés : la *jonquille grande*, la *jonquille moyenne* et la *jonquille naine*. On cultive de préférence la première.

La jonquille est cultivée en grand à Grasse. Elle y végète très-bien, et y produit des fleurs nombreuses.

On plante les oignons dans des terres légères et de bonne qualité. Cette opération se fait en septembre, et est suivie en octobre d'un binage. L'année suivante, si le temps est sec, on arrose la plantation à l'époque de la floraison.

Les bulbes ont une certaine tendance à prendre une forme allongée, et à produire alors des fleurs moins belles. On a remarqué qu'en inclinant un peu les oignons en les plantant, on les forçait pour ainsi dire à s'arrondir.

On les relève tous les 3 ou 4 ans.

Les fleurs de jonquille se vendent à Grasse de 4 à 6 fr. le kilogr. On en extrait une huile essentielle ayant un parfum des plus délicats.

SECTION XI.

Menthe poivrée.

(De Μινθη, nymphe que Proserpine métamorphosa en plante.)

MENTHA PIPERITA, L.

Plante dicotylédone de la famille des Labiées.

Anglais. — Peperminte.　　　　*Italien.* — Menta piperita.
Allemand. — Pfeffermuenze.　　*Espagnol.* — Menta pimentada.
Suédois. — Pepparmynta.　　　　*Portugais.* — Hortelana pimentosa.

Historique. — Mode de végétation. — Composition. — Terrain. — Multiplication. — Récolte des parties herbacées. — Produit par hectare. — Renouvellement des plantations. — Quantité d'essence fournie par la menthe.— Dessiccation des feuilles. — Falsification de l'essence. — Valeur commerciale : essence, eau de menthe, feuilles sèches. — Usages : essence, eau de menthe et feuilles sèches.

Historique. — Cette plante, que l'on désigne souvent sous le nom de *menthe anglaise*, est originaire d'Angleterre; elle croît naturellement dans quelques lieux aquatiques des Pyrénées.

On la cultive en grand aux environs de Mischam et Tooting, dans le comté de Surrey, et à Wisbeah, dans le comté de Cambridge (Angleterre), et en France, près de Sens, et dans la Provence.

Mode de végétation. — La menthe poivrée a des racines vivaces, fibreuses, longues et traçantes. Ses tiges sont nombreuses, droites, quadrangulaires, à rameaux oxillaires, légèrement pubescentes, et hautes de $0^m,40$ à $0^m,50$. Ses feuilles sont opposées, pétiolées, dentées en scie, d'un beau vert foncé en dessus, et légèrement pileuses en dessous. Ses fleurs sont petites, rougeâtres et purpurines, et disposées en un épi court, lâche, cylindrique et terminal; elles s'épanouissent de juillet en septembre.

Composition. — Les feuilles de la menthe poivrée ont une odeur aromatique très-volatile. Elles ont une saveur chaude, piquante, qui laisse sur la langue une chaleur vive, mais qui rafraîchit la bouche.

On extrait des feuilles, et surtout des sommités fleuries, une huile essentielle jaune verdâtre, ayant une odeur très-pénétrante. A zéro, cette essence se dépose en nombreux cristaux de camphre ou prismes incolores. Sa densité est 0,912.

M. Mialhe a constaté que l'essence de menthe perd, en vieillissant, son odeur herbacée, et qu'elle est bien plus suave après une année de préparation.

Terrain. — Cette plante doit être cultivée sur des terres de jardins profondes, très-substantielles et toujours fraîches. Elle réussit très-bien sur de riches alluvions.

Multiplication. — On la multiplie en divisant les vieux pieds, soit en automne, soit au printemps, ou en enlevant à la fin de mai ou dans la première quinzaine de juin des rejetons aux pieds des années précédentes.

Ces éclats ou ces rejetons sont plantés sur un terrain bien labouré, divisé en planches de 3 mètres de largeur; les lignes doivent être distantes les unes des autres de $0^m,35$ à $0^m,40$, et les pieds, dans les rayons, de $0^m,25$ à $0^m,30$.

Pendant le cours de l'année, on exécute deux ou trois binages.

Avant l'hiver, M. Roze, à Sens (Yonne), couvre le sol de fumier ou de boues de villes, dans le but de prévenir les effets des gelées, et d'activer la végétation pendant l'année suivante.

Récolte des parties herbacées. — On fauche les pousses par le pied pendant le mois de juillet et août lorsque les fleurs sont sur le point de s'épanouir. On doit les couper rez terre et en plein soleil.

On les livre fraîches et exemptes de mauvaises herbes aux distilleries. On doit éviter de les réunir pendant longtemps en tas volumineux. Les tiges qui ont fermenté sont moins recherchées par les distillateurs.

Produit par hectare. — La menthe poivrée fournit peu de tiges la première année, et ses produits vont en s'amoindrissant d'année en année, à partir de la quatrième année.

M. Roze a obtenu en moyenne les résultats suivants :

		Par are.	Par hect.
1856.....	1re et 2e années de végétation.	50 kil.	5,000 kil.
1857.....	1re, 2e et 3e id...........	80	8,000
1858.....	1re, 2e. 3e et 4e id...........	84	8,400
	Moyennes	70 kil.	7,000 kil.

En général, la menthe poivrée fournit son produit maximum à la troisième année.

Renouvellement des plantations. — On renouvelle les plantations tous les 4 ou 5 ans.

Quantité d'essence fournie par la menthe. — M. Roze a constaté que 560 kilogr. de tiges et feuilles fraîches donnent 1 kilogr. d'essence. En Angleterre, la même quantité de lavande en fournit jusqu'à 1^{kil} 500.

En outre de ce produit, on obtient 36 litres environ d'eau de menthe.

Un hectare, d'après le produit en tiges précité, fournit donc environ 12 kilogr. d'essence et 450 litres d'eau de menthe.

En Angleterre, la quantité d'essence fournie par la lavande varie entre 14 et 25 kilogr. par hectare.

Dessiccation des feuilles. — Lorsqu'on veut dessécher les feuilles de menthe pour les livrer aux droguistes ou aux pharmaciens, on doit les monder, c'est-à-dire les détacher des tiges pendant le mois de juillet, un peu avant la floraison, et les sécher très-rapidement, afin qu'elles conservent une partie de leur couleur verte et de leur odeur.

Souvent on se borne à mettre les tiges fraîches en très-petites bottes qu'on enveloppe chacune d'un cornet de papier, afin de les soustraire à l'action décolorante de la lumière. Ces cornets sont ensuite disposés en guirlandes, et séchés dans une étuve ou un grenier.

100 kilogr. de tiges fraîches fournissent environ 15 kilogr. de tiges sèches.

Valeur commerciale. — A. ESSENCE. — L'essence pure de menthe se vend en France de 120 à 160 fr. le kilogr., et, en Angleterre, de 75 à 150 fr.

B. EAU DE MENTHE. — Le prix de l'eau de menthe varie entre 0^{f}50 et 0^{f}75 le litre.

C. FEUILLES SÈCHES. — Les feuilles sèches se vendent de 1 fr. 50 à 2 fr. le kilogr.

Falsification de l'essence. — On falsifie l'essence pure de menthe poivrée en y mêlant de l'essence de *menthe sauvage* (MENTHA SYLVESTRIS, L.), ou de l'essence de lavande, de menthe, d'alcool ou de térébenthine.

Usages. — A. ESSENCE. — L'essence sert à aromatiser des pastilles et des liqueurs.

B. EAU DE MENTHE. — Elle est employée dans les préparations pharmaceutiques, et elle sert à parfumer les eaux de bouche.

C. FEUILLES SÈCHES. — Les feuilles sèches servent à faire des infusions théiformes. On les classe au nombre des plus puissants antispasmodiques.

SECTION XII.

Lavande.

(De *lavare*, laver; allusion à son emploi pour parfumer les bains.)

LAVANDULA LATIFOLIA, Will., LAVANDULA OFFICINALIS, Ch.
LAVANDULA VERA, Dec., LAVANDULA VULGARIS, Lam.

Plante dicotylédone de la famille des Labiées.

Anglais. — Lavender.	*Espagnol.* — Lavandula.
Allemand. — Lavendel.	*Italien.* — Lavandola.
Polonais. — Lawanda.	*Russe.* — Lawendal.
Suédois. — Lavendel.	*Portugais.* — Espliego.

Localités où elle est cultivée. — Mode de végétation. — Espèces. — Composition. — Multiplication. — Soins d'entretien. — Récolte. — Usages. — Capital engagé par hectare.

Localités où elle est cultivée. — La *lavande à larges feuilles*, ou *lavande officinale*, ou *lavande commune*, croît naturellement sur les montagnes de la Provence, en Corse, en Italie, en Espagne et en Algérie, où elle insinue souvent ses racines dans les interstices des rochers. Dans toutes ces contrées, toutes ses parties dégagent sans cesse, sous l'action du soleil, des émanations balsamiques.

On la cultive en France dans la région du midi, et en Angleterre dans le comté de Surrey.

Mode de végétation. — Cette labiée est un véritable sousarbrisseau de 0^m,60 à 0^m,75 de hauteur. Ses rameaux sont dressés, simples, garnis de feuilles oblongues-linéaires, entières, blanchâtres ou cotonneuses en dessous, enroulées sur les bords, et longues de 0^m,03 à 0^m,04. Ses fleurs sont bleuâtres ou lilas, et disposées en épi terminal grêle et lâche; les corolles sont plus longues que les calices; elles s'épanouissent de juin à septembre.

La lavande officinale craint les grands froids et l'humidité.
C'est pourquoi on ne la rencontre, à l'état indigène, que
dans les parties méridionales de la France et de l'Europe.

Espèces. — On cultive aussi quelquefois deux autres espèces de lavande :

1° La *lavande à feuilles étroites* ou *lavande spic* (LAVANDULA
ANGUSTIFOLIA, Bauh.; LAVANDULA SPICA, L.). Cette espèce a
des rameaux dressés et simples, et munis de feuilles oblongues lancéolées très-étroites, à duvet étoilé, puis vertes. Ses
fleurs sont lilacées ou bleuâtres, et disposées en épis courts
oblongs et presque interrompus. Elle croît aussi dans les
provinces méridionales.

Cette espèce, que l'on appelle vulgairement *lavande mâle*,
aspic ou *spic*, fournit l'*huile d'aspic*.

2° La *lavande des îles d'Hyères* ou *lavande Stœchas* (LAVAN-
DULA STŒCHAS, L.). Cette espèce est très-rameuse, et s'élève
de 0^m,65 à 1 mètre. Ses feuilles sont sessiles, linéaires, à
bords enroulés et blanchâtres sur les deux faces. Ses fleurs
s'épanouissent en mai, juin et juillet; elles sont pourpre
foncé, et forment des épis serrés et brièvement pédonculés.
Elle croît dans la région méditerranéenne; dans les départements du Var, des Bouches-du-Rhône, de l'Hérault et des
Pyrénées orientales.

On la cultive dans les jardins, mais elle est comme la précédente espèce, moins aromatique que la lavande officinale.

Composition. — La lavande a une odeur vive et pénétrante, une saveur chaude et un peu amère.

Elle fournit une huile essentielle jaune ou citrine lorsqu'elle est pure. L'odeur de cette essence est aussi très-pénétrante, mais elle est moins agréable que le parfum
qu'exhalent les parties fraîches ou sèches. Cette huile contient une quantité notable de camphre; elle ne rancit pas,

comme la plupart des autres essences, et, en vieillissant, elle acquiert plus de finesse et un parfum plus suave.

L'huile fine de lavande a une densité qui varie, lorsqu'elle a été rectifiée, entre 0,872 et 0,888. Le poids spécifique de *l'huile d'aspic* est de 0,907.

Terrain. — On cultive la lavande en pleine terre en France comme en Angleterre ; elle demande des terres saines, profondes, de consistance moyenne, et exposées au midi.

Multiplication. — Cette plante se multiplie de graines, de boutures ou d'éclats de pieds.

On sème les graines au mois de mars ou avril.

Un litre de graines pèse environ 600 grammes.

Les boutures se font à la fin de l'hiver.

On sépare les vieux pieds en novembre, époque a laquelle on plante les éclats, afin que leur reprise ait eu lieu avant l'apparition des froids. On peut aussi ne diviser les anciens pieds qu'au mois de mars.

Les boutures et les éclats doivent être plantés à 0^m,65 de distance en tous sens, et à 0^m,06 ou 0^m,10 de profondeur.

On renouvelle les plantations tous les 4 ou 5 ans.

Soins d'entretien. — La lavande, pendant sa végétation, ne demande que des labours et des binages.

Récolte. — On opère la récolte des tiges avant le complet développement de toutes les fleurs, c'est-à-dire lorsque les fleurs inférieures des épis commencent à prendre une coloration plus foncée. On les coupe rez terre à l'aide d'une faucille.

La lavande produit peu de tiges l'année qui suit la mise en place des boutures et des éclats de pieds ; mais elle est productive à partir de la seconde année.

La lavande destinée aux parfumeurs est livrée à l'état frais.

Lorsqu'on doit la conserver pour la livrer en bottes ou en gros paquets aux herboristes ou aux droguistes, on la dessèche à l'abri du soleil, sous des hangars ou dans des greniers.

100 kilogr. de tiges et feuilles vertes donnent 50 kilogr. de lavande sèche.

Un hectare de lavande fournit ordinairement 20 à 25 kilogr. d'essence de lavande.

La récolte d'un hectare de lavande occasionne à Mitcham (Angleterre) une dépense de 18 à 20 fr.

Valeur commerciale de l'essence. — L'huile essentielle de lavande se vend de 10 à 15 fr. le kilogr.

Le prix de l'huile ou essence d'aspic varie entre 4 à 5 fr.

Usages. — L'*essence de lavande* est employée pour parfumer des objets de toilette; on en fait aussi usage en pharmacie.

Les *rameaux secs* servent à préparer l'eau de lavande et l'eau de Cologne.

On emploie l'*huile d'aspic* pour la dilution des couleurs fines avec lesquelles on peint sur la porcélaine et sur l'émail

Les lavandes ont des propriétés thérapeutiques qui rendent leur emploi utile dans la médecine humaine et vétérinaire.

Capital engagé par hectare. — La culture de la lavande engage par hectare, en Angleterre, de 210 à 220 fr.

SECTION XIII.

Thym.

(De θύω, parfumer; allusion à l'odeur de sa plante.)

THYMUS VULGARIS, L.

Plante dicotylédone de la famille des Labiées.

Anglais. — Thyme.	*Italien.* — Timo.
Allemand. — Thinuan.	*Espagnol.* — Tomillo.
Danois. — Timian.	*Portugais.* — Tomilho.
Polonais. — Tym.	*Russe.* — Fimian.

Ce petit arbuste croît dans le midi de l'Europe et sur les collines exposées au soleil. On le cultive dans les jardins et on le désigne sous les noms de *thym commun*, *thym des jardins*.

Il a de 0^m,12 à 0^m,20 de hauteur. Ses tiges sont cylindriques, cendrées ou brun rougeâtre, et chargées de nombreux rameaux opposés, grêles et redressés. Ses feuilles sont sessiles, ovales, opposées, blanchâtres en dessous, très-petites et à bords roulés en dessous. Ses fleurs sont petites, roses ou blanches, et réunies en épi au sommet des rameaux.

Cette labiée a une odeur forte, aromatique, mais plus agréable, plus suave à l'état frais qu'après avoir été desséchée. Sa saveur est chaude, aromatique et amère.

L'huile essentielle qu'elle fournit quand on la distille est très-odorante, âcre et rouge brun.

On rencontre dans les Alpes, en Provence, en Suisse et en Allemagne, une espèce plus petite et plus jolie que l'on a appelée *Thym des Alpes* (THYMUS ALPINUS, L.). Elle a des tiges droites, anguleuses, ramifiées et velues; ses feuilles sont ovales, assez grandes, entières ou un peu dentées; ses fleurs sont grandes, violettes ou bleues, axillaires, et portées sur des pédoncules velus. Cette espèce est aussi cultivée; elle possède les mêmes propriétés que le thym des jardins.

On multiplie le thym de graines qu'on sème en mars ou en avril, ou en séparant au printemps les anciennes touffes.

Un litre de graines de thym pèse environ 650 grammes.

On le récolte lorsqu'il est en pleine fleur. Lorsqu'on doit le conserver sec, on en forme des guirlandes qu'on suspend dans un séchoir.

100 kilogr. de rameaux, garnis de feuilles et de fleurs, se réduisent à 34 kilogr. par la dessiccation.

L'essence de thym est employée dans la préparation de plusieurs cosmétiques.

On la vend à des prix différents, suivant l'espèce qui l'a produite. L'huile essentielle de *thym blanc* ou *thym ordinaire* (THYMUS VULGARIS, L.) vaut de 9 à 12 fr. le kilogr.; celle du *thym rouge*, ou *serpolet*, ou *thym sauvage* (THYMUS SERPIL-LUS, L.), se vend de 6 à 8 fr.

A l'état sec, le thym sert à aromatiser les sauces, les jambons, les figues, les pruneaux, etc.

On l'emploie quelquefois en médecine, à cause de ses propriétés stomachiques, emménagogues et résolutives.

SECTION XIV.

Romarin.

(*Ros marinus*, parfum de la mer; allusion à la principale localité où il croît.)

ROSMARINUS OFFICINALIS, L.

Plante dicotylédone de la famille des Labiées.

Anglais. — Rosemary.	*Espagnol.* — Roméro.
Allemand. — Rosmarin.	*Italien.* — Rosmarino.
Suédois. — Rosmarin.	*Portugais.* — Rosmarinho.
Arabe. — Klil.	*Chinois.* — Yong-tsao.

Localités où il végète. — Mode de végétation. — Composition. — Multiplication. — Récolte. — Valeur commerciale : essence, parties sèches. — Usages.

Localités où il végète. — Le romarin végète naturellement dans la région maritime du midi de l'Europe. Il est commun en Italie, en Espagne et en Afrique. C'est à lui qu'on attribue, dans le Languedoc, la qualité du miel de Narbonne.

Mode de végétation. — Le romarin est un arbrisseau de 1^m à $1^m,30$ de hauteur. Ses tiges rameuses portent des feuilles persistantes, sessiles, entières, linéaires, à bords roulés inférieurement, cotonneuses en dessous et vertes et chagrinées en dessus. Ses fleurs sont disposées en petites grappes touffues et axillaires ; elles sont bleuâtres, et se succèdent de mars à mai dans les contrées du Midi.

Composition. — Toutes les parties de cette labiée, mais surtout les feuilles et les sommités fleuries, exhalent une odeur fragrante, aromatique et très-agréable.

Cette plante a une saveur chaude, aromatique et un peu amère.

L'huile essentielle qu'elle fournit est très-fluide, jaunâtre, et rappelle par son arome l'odeur forte de la plante fraîche ou sèche. La rectification la rend incolore; sa densité est alors de 0,887.

Multiplication. — On cultive le romarin sur des terres sèches, perméables, graveleuses et exposées au midi. Il réussit très-bien sur les sols riches, mais les tiges et les feuilles qu'il produit ont toujours moins d'odeur que les mêmes parties provenant de sols légers et chauds.

Cette labiée se multiplie de graines, de boutures, de marcottes et d'éclats de pied. La propagation par boutures et marcottes est simple et facile. On l'opère à l'automne ou à la fin de l'hiver sur des terres un peu fraîches et situées à mi-soleil. La mise en place des marcottes ou des boutures enracinées se fait pendant l'automne suivant.

Les graines se sèment au mois de mars. On exécute les semis en pépinière. Quand les plants ont un ou deux ans, on les transplante à demeure à 0^m,50 ou 0^m,75 de distance les uns des autres.

Un litre de graines pèse de 380 à 400 grammes.

Récolte. — On exécute la récolte des rameaux lorsque les fleurs de la plupart des épis sont épanouies.

100 kilogr. de feuilles et sommités fraîches donnent environ 200 grammes d'huile essentielle.

Valeur commerciale. — A. ESSENCE. — L'essence de romarin se vend de 5 à 6 fr. le kilogr.

B. PARTIES SÈCHES. — Le prix des sommités sèches varie entre 0^{f}80 et 1 fr. le kilogr.

Usages. — L'essence de romarin sert à préparer divers cosmétiques et l'eau de Cologne, et elle fait la base de l'eau de toilette que l'on a nommée *eau de la reine de Hongrie*.

Les feuilles et les fleurs sont utilisées dans la pharmacie; elles sont toniques et excitantes. On les administre aussi en infusion théiforme.

SECTION XV.

Basilic.

("Οζω, exhaler de l'odeur; allusion à l'arome pénétrant qu'il répand.)

OCYMIUM BASILICUM, L.

Plante dicotylédone de la famille des Labiées.

Cette plante est originaire de l'Asie, et cultivée pour l'agréable parfum que contiennent ses feuilles et ses sommités fleuries. Elle est annuelle.

On la sème sur une couche sourde ou sur une costière au mois de février, ou en pleine terre en mars ou avril.

Lorsque les plantes ont 4 à 6 feuilles, on les transplante en pleine terre, à bonne exposition, et sur des sols substantiels. On doit arracher les plants avec précaution, opérer autant que possible par un temps couvert ou pluvieux, et arroser de temps à autre, si le temps est sec, jusqu'à la complète reprise des pieds. Les plants doivent être espacés de 0^m,25 à 0^m,30.

On opère les binages nécessaires pendant la croissance des plantes.

On coupe les tiges avant que les fleurs soient épanouies et on les livre fraîches aux parfumeurs.

Quand on les destine aux pharmaciens, on les réunit en petites bottes qu'on fait sécher à l'ombre.

L'huile essentielle qu'on extrait des tiges encore vertes est jaune doré, liquide, et d'une odeur suave. Elle rougit en vieillissant. On la vend 500 fr. le kilogr.

Les parties sèches sont employées en médecine.

SECTION XVI.

Marjolaine.

(De ὄρος, montagne; γάνος, ornement; allusion à l'effet qu'elle produit.)

ORIGANUM MAJORANA , L.

Plante dicotylédone de la famille des Labiées.

Cette labiée, que l'on nomme souvent *origan marjolaine*, *marjolaine d'Orient*, est originaire de l'Arabie. Elle est vivace et cultivée pour l'odeur pénétrante et très-agréable qu'elle répand. Elle a été introduite en Europe en 1573.

Cette espèce a des tiges hautes de 0^m,20 à 0^m,40, garnies de rameaux ligneux et glabres. Ses feuilles sont ovales, entières et blanchâtres. Ses fleurs sont rosées ou blanches, et disposées en petits épis terminaux et sessiles; elles s'épanouissent en juillet et août.

On ne doit pas confondre la marjolaine d'Orient avec la *Marjolaine des jardins* (ORIGANUM VULGURE, L.), espèce qui fournit des feuilles qu'on emploie comme assaisonnement.

Elle demande les mêmes terres et les mêmes soins que le basilic. On la sème sur couche et en pleine terre au mois de mars ou avril, ou on la multiplie de boutures et par la division des touffes qu'on met en place au printemps.

On récolte les sommités herbacées pendant la floraison et on les livre fraîches aux parfumeurs.

L'essence qu'on extrait de la marjoline d'Orient se vend de 18 à 20 fr. le kilogr.

Les confiseurs font des dragées fines avec les semences de cette labiée.

On emploie la marjolaine en médecine : elle est à la fois tonique et stimulante.

SECTION XVII.

Plantes à parfum non cultivées.

Hyssope officinale (HYSSOPUS OFFICINALIS, L.). Cette labiée est vivace, et croît dans toutes les parties montagneuses de la région du midi. On extrait de ses feuilles et des sommités fleuries une huile essentielle ambrée, très-fluide et très-odorante. Cette essence se vend de 150 à 160 fr. le kilogr.

Muguet des bois (CONVOVULUS MAIALIS, L.). Cette asparaginée, que l'on a appelée *lys des vallées*, produit en avril et mai des fleurs blanches en forme de grelot, qu'on livre fraîches aux parfumeurs ou aux pharmaciens, au prix de 3 fr. 50 à 4 fr. 50 le kilogr. Elle est vivace.

Sauge officinale (SALVIA OFFICINALIS, L.). Cette labiée est commune dans les départements méridionaux. Ce n'est qu'accidentellement qu'on la cultive dans les jardins; elle est vivace. Ses feuilles et ses fleurs fournissent une huile essentielle ambrée, liquide, et pesant 0,920; cette essence s'altère facilement lorsqu'elle est mise en contact avec l'air. On la vend de 13 à 15 fr. le kilogr.

Valériane officinale (VALERIANA OFFICINALIS, L.). Cette valériane est vivace et commune dans les lieux frais et humides. On extrait des racines de 2 à 3 ans, qu'on arrache au printemps avant l'apparition des tiges, une huile essentielle verte, transparente et très-odorante. Cette essence se vend de 70 à 75 fr. le kilogr.

100 kilogr. de racines desséchées donnent seulement 500 grammes d'huile essentielle.

LIVRE XIII.

PLANTES MÉDICINALES.

Les plantes employées en médecine forment deux classes distinctes :

1° Les plantes cultivées ;
2° Les plantes indigènes.

Je décrirai d'abord la culture des plantes appartenant à la première classe.

Ensuite, je signalerai l'habitat, le mode de récolte, et les propriétés des principales plantes indigènes.

J'ai joint les plantes indigènes aux plantes cultivées, parce que je suis convaincu que beaucoup d'habitants des campagnes peuvent réaliser un bénéfice important, en récoltant celles qui croissent communément dans leurs localités.

Plusieurs plantes indigènes doivent être livrées au commerce lorsqu'elles sont encore fraîches ; les autres ne peuvent être vendues qu'après avoir été desséchées.

CHAPITRE PREMIER.

SECTION I.

Pavot blanc.

(Du celtique *papa*, bouillie; allusion à l'aliment qu'on préparait autrefois avec les graines).

PAPAVER SOMNIFERUM CANDIDUM.

Plante dicotylédone de la famille des Papavéracées.

Anglais. — White poppy.   *Italien.* — Papavero domestico.
Allemand. — Mohn.   *Espagnol.* — Dormidera.

Historique. — Mode de végétation. — Variétés. — Mode de culture. — Récolte. — Produit par hectare. — Valeur commerciale. — Usages.

Historique. — Le pavot blanc ou *pavot à fleur blanche*, ou *pavot médicinal*, est connu depuis les temps les plus anciens. Plusieurs auteurs font remonter sa découverte longtemps avant le siècle d'Hippocrate.

Mode de végétation. — Cette espèce de pavot est aussi annuelle (*fig.* 35). Sa racine est pivotante; ses tiges ont plus d'un mètre de hauteur; elles sont cylindriques, glauques et rameuses comme celle du pavot œillette. Ses feuilles sont amplexicaules, dentées inégalement, et glabres en dessus et en dessous. Ses fleurs sont très-grandes, terminales et entièrement blanches. Ses têtes ou capsules (*fig.* 35) sont moins nombreuses que les têtes des deux variétés qu'on cultive comme plantes oléagineuses, mais elles sont beaucoup plus grosses; elles n'ont pas d'opercules et contiennent des graines blanc jaunâtre.

Variétés. — Le pavot blanc a donné naissance à deux

races bien distinctes : 1° à celle qui produit des *capsules oblongues* (*fig*. 36) ; 2° à celle qui fournit des *capsules déprimées* ou un peu aplaties.

La variété à capsules déprimées est recherchée depuis quelques années par la pharmacie. On la cultive à Aubervilliers, près Paris, et dans le canton de Gonesse (Seine-et-Oise). M. Guibourt l'a désignée sous le nom de *papaver album depressum*.

Mode de culture. — Le pavot médicinal se cultive comme le pavot œillette. Il demande aussi des terres douces, profondes et substantielles. (Voy. Ire Partie, p. 64.)

Récolte. — Le pavot blanc étant principalement cultivé pour ses capsules, il est utile de ne pas les laisser trop longtemps sur pied. Les têtes bien mûres qui restent exposées à l'action des pluies, prennent une teinte brunâtre ou se couvrent çà et là de taches brunes ou noires. Les capsules qui ont été ainsi altérées perdent beaucoup de leur valeur commerciale.

On récolte les capsules au fur et à mesure qu'elles mûris-

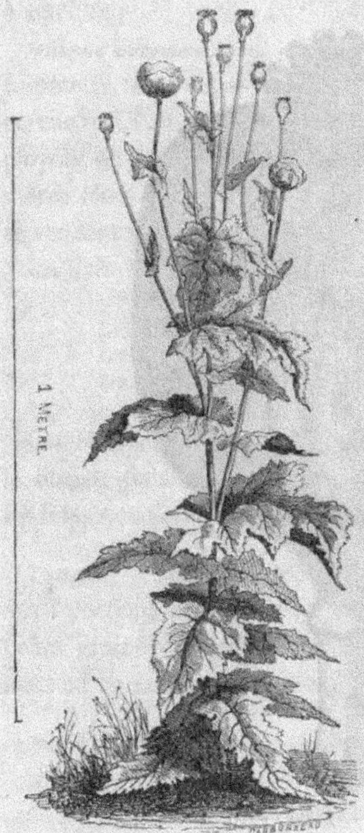

Fig. 35. Pavot blanc.

sent, en ayant soin de leur laisser une portion des tiges qui
les portent longue de 0^m,20 à 0^m,30.

On les réunit ensuite en *glanes* ou chapelets de 200, et on
les suspend dans des greniers ou des bâtiments à l'abri des
rats et des souris.

Fig. 36. Tête de pavot blanc.

Lorsqu'elles sont sèches, on les livre au commerce.

Suivant M. Cazin, les capsules recueillies dans le Midi un
peu avant leur complète maturité, séchées à l'ombre et mise
en caisse, se vendent comme têtes de *pavot blanc du Levant*.

Produit par hectare. — Un pied de pavot blanc produit en moyenne 4 à 6 têtes. Comme un hectare ne contient pas au delà de 50 000 pieds, il en résulte qu'il fournit de 250 000 à 30 000 capsules ayant une valeur brut maximum de 2000 à 2 500 fr.

Valeur commerciale. — Les têtes les plus estimées par le commerce sont celles qui ont une forme ronde. C'est par erreur que l'on répète que les capsules oblongues sont employées de préférence en médecine. On n'utilise ces dernières têtes qu'à défaut d'autres, et dans le commerce elles se vendent plus difficilement.

La *glane* se vend ordinairement comme suit :

Les grosses têtes	de 3 fr.	à 3 fr. 50		
Les têtes moyennes	1	75	2	»
Les petites têtes	»	90	1	25

Les têtes de pavot récoltées dans le centre et le nord de la France jouissent des mêmes propriétés médicinales que les têtes que l'on obtient dans les provinces méridionales.

Usages. — Les têtes sèches du pavot blanc servent à faire des décoctions calmantes ou à préparer le *sirop de diacode*. Leurs graines ne jouissent pas de propriétés narcotiques, mais on en extrait une huile grasse.

SECTION II.

Réglisse.

(γλυκύς, doux, ῥίζα, racine; allusion à saveur sucrée du Rhizome.

GLYCYRRHIZA GLABRA, L.

Plante dicotylédone de la famille des légumineuses.

Anglais. — Licorice.	*Italien.* — Regolizia.
Allemand. — Sussholz.	*Espagnol.* — Regaliza.
Danois. — Lakrizrol.	*Portugais.* — Regaliz.
Russe. — Dubez.	*Polonais.* — Lakrycya.

Historique. — Mode de végétation. — Terrain : nature, préparation, multiplication. — Époque de la mise en place des boutures. — Mode de plantation. — Soins d'entretien. — Arrachage des racines. — Conservation des boutures. — Produit par hectare. — Valeur commerciale. — Emballage. — Usages.

Historique. — La réglisse est une plante ancienne; Dioscoride et Pline la signalent comme une plante médicinale. Théophraste l'appelle *racine de Scythie*, parce que les Scythes s'en nourrissaient.

Elle croît spontanément dans l'Europe méridionale.

On la cultive en Italie, en Espagne, en Allemagne, et en France à Bourgueil (Indre-et-Loire).

Mode de végétation. — Cette plante (*fig.* 37) est vivace. Ses racines ont souvent 1 et même 2 mètres de longueur; elles sont rampantes, cylindriques, d'un gris rougeâtre en dehors, et d'un jaune plus ou moins foncé en dedans suivant l'âge. Ses tiges ont 1ᵐ à 1ᵐ,50 de hauteur, sont arrondies, presque ligneuses et à rameaux légèrement pubescents. Ses feuilles sont alternes, pétiolées, à 15 ou 19 folioles ovales, obtuses, presque sessiles et recouvertes d'un enduit visqueux. Ses fleurs sont petites, rougeâtres ou purpurines, et disposées en épis allongés et un peu lâches. Ses fruits ont la forme de

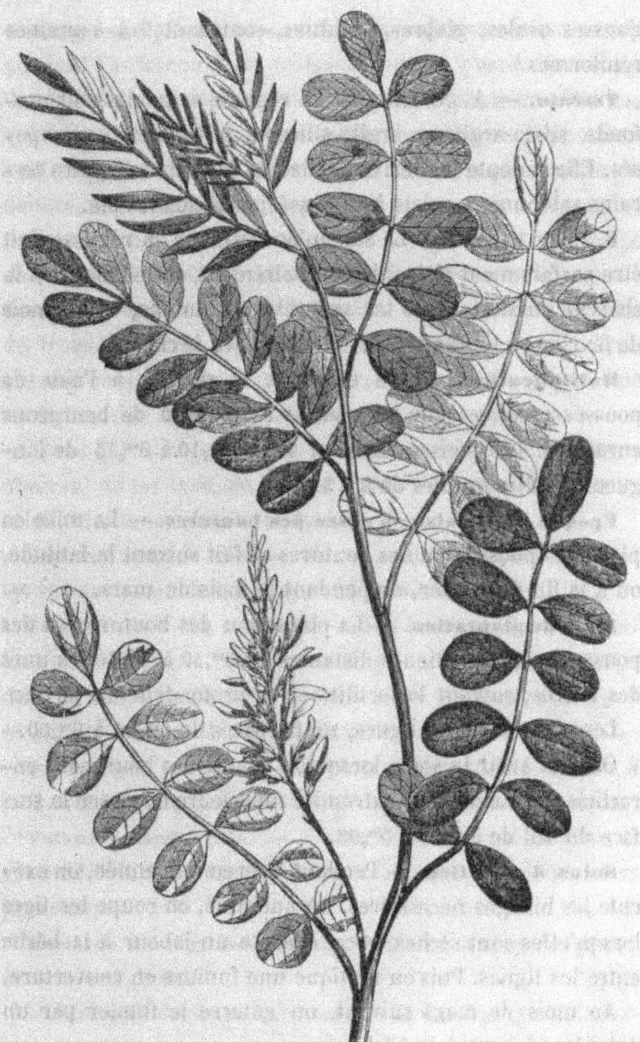

Fig. 37. Réglisse.

gousses ovales, glabres, pointues, contenant 2 à 4 graines réniformes.

Terrain. — A. NATURE. — La réglisse exige des sols profonds, silico-argileux, argilo-siliceux, fertiles et bien exposés. Elle redoute les terres argileuses et humides, et les terrains sablonneux sujets à se dessécher pendant l'été.

B. PRÉPARATION. — Le sol qu'on destine à la réglisse doit être parfaitement préparé. Ordinairement, on le laboure à la charrue aussitôt après les semailles d'automne, et au mois de février ou de mars on l'ameublit à la bêche.

Multiplication. — On multiplie la réglisse à l'aide de pousses récoltées sur les vieilles racines ou de bourgeons enracinés. Les pousses doivent avoir $0^m,10$ à $0^m,15$ de longueur, et être munies de 2 à 3 yeux.

Époque de la mise en place des boutures. — La mise en place des pousses ou des boutures se fait suivant la latitude, ou à la fin de février, ou pendant le mois de mars.

Mode de plantation. — La plantation des boutures ou des pousses se fait en lignes distantes de $0^m,50$ à $0^m,80$ les unes des autres, suivant la fertilité et la profondeur du terrain.

Les plants, sur les lignes, sont espacés de $0^m,25$ à $0^m,50$.

On doit avoir le soin, lorsqu'on plante des bourgeons enracinés, de laisser leur extrémité supérieure dépasser la surface du sol de $0^m,02$ à $0^m,03$.

Soins d'entretien. — Pendant la première année, on exécute les binages nécessaires. En automne, on coupe les tiges lorsqu'elles sont sèches, et on exécute un labour à la bêche entre les lignes. Puis on applique une fumure en couverture.

Au mois de mars suivant, on enterre le fumier par un deuxième labour à la bêche.

En mai ou en juin, on exécute un binage qu'on répète au printemps de la troisième année, si l'état du sol l'exige.

Arrachage des racines. — L'arrachage des racines se fait pendant l'automne de la troisième année, c'est-à-dire après deux hivers et trois étés, aussitôt après la chute des feuilles, qui a lieu ordinairement en novembre. Alors, les racines sont remplies de suc, elles sont fermes, rouge sombre en dehors, et jaune foncé à l'intérieur.

On a proposé de n'exécuter l'arrachage qu'au printemps de la quatrième année. L'expérience ne permet pas de considérer cette époque comme favorable. Ordinairement, à la fin du troisième hiver, les racines de la réglisse sont molles, ont une couleur pâle à l'extérieur, et une teinte jaune sale en dedans; en outre, leur saveur est moins agréable.

Après l'arrachage, on les débarrasse du chevelu qu'on y observe, on les lave, on les fait sécher dans une étuve ou au soleil, et on met ensuite en bottes.

Depuis quelques années, divers cultivateurs décortiquent les racines avant de les livrer au commerce.

Conservation des boutures. — Les bourgeons qu'on destine pour la plantation du printemps suivant, sont stratifiés dans du sable ou de la terre très-douce. Cette stratification se fait dans un jardin, une cave ou un cellier.

Produit par hectare. — Un hectare bien planté fournit, à la troisième année, de 800 à 1000 kilogr. de racines sèches.

Valeur commerciale. — La racine ou *bois de réglisse* se vend de 70 à 90 fr. les 100 kilogr., suivant sa qualité et sa provenance.

Variétés de réglisse. — Le commerce distingue quatre sortes de réglisse :

1° *Racine de Bayonne.* Elle vient de la Galicie; elle est très-longue et développée; son épiderme est grisâtre et un peu grossier, et son intérieur est jaune doré. Sa saveur est un peu âcre.

2° *Racine de Catalogne*. Elle est moins longue et moins grosse.

3° *Racine d'Alicante*. Elle est plus effilée, plus mince que les racines précédentes, et présente beaucoup de chevelu.

4° *Racine de Bourgueil*. Elle est moyenne, un peu ligneuse, bien effilée et assez lisse ; son épiderme est mince et rouge brun, l'intérieur est jaune doré. Sa saveur est peu sucrée.

Emballage. — La *réglisse de Bayonne* est livrée en balles longues de 1^m,50 à 2^m. Ces balles sont aplaties, et rondes aux extrémités. Elles pèsent de 75 à 100 kilogr.

La *réglisse de Catalogne* est ployée en bottes et expédiée en balles carrées contenant 4 bottes, et pèsant 75 à 80 kilogr.

La *réglisse d'Alicante* est enveloppée de spart. Chaque balle pèse 50 kilogr.

La *réglisse de Bourgueil* est expédiée en balles de 100 kilogr.

Usages. — La racine de la réglisse est employée par la pharmacie, les confiseurs et les brasseurs. Elle sert, en outre, à fabriquer la boisson que l'on nomme *coco*.

Cette racine est adoucissante, rafraîchissante et diurétique.

On en extrait une matière noirâtre et sucrée. Pour obtenir ce produit, on réduit la racine en poudre, qu'on fait tremper pendant deux jours, et qu'on fait ensuite bouillir dans des pots de terre. On obtient alors une liqueur qu'on évapore dans un vase en cuivre ; lorsque ce saccharolé liquide est noir, on le moule en bâtons du poids de 60 à 120 grammes. C'est quand ce produit est solidifié, qu'il constitue l'extrait qu'on appelle *suc* ou *jus de réglisse*. Le suc de réglisse de Calabre est le plus estimé.

100 kilogr. de racines sèches donnent 90 kilogr. de poudre.

SECTION III.

Absinthe.

(ἄρτεμις, Diane ; herbe des vierges ; allusion à ses propriétés médicinales.)

ARTEMISIA ABSINTHIUM, L., ABSINTHIUM OFFICINALE. Norb.

Plante dicotylédone de la famille des Composées.

Anglais. — Wormwood.	*Italien.* — Assenzie.
Allemand. — Wermuth.	*Espagnol.* — Axenjo.
Hollandais. — Alsem.	*Portugais.* — Lasna.

Historique. — Localités où elle est cultivée. — Mode de végétation. — Composition. — Terrain. — Culture. — Récolte. — Séchage des tiges. — Produit par hectare. — Valeur commerciale. — Usages.

Historique. — La *grande absinthe* est très-ancienne. Galien a vanté ses vertus; il la regardait comme un puissant tonique.

Localités où elle est cultivée. — Cette plante est indigène en France, mais elle est cultivée comme plante médicinale dans plusieurs contrées du midi et de l'est, notamment aux environs de Pontarlier (Doubs). On en observe aussi de grandes cultures à Couvet (Suisse).

Mode de végétation. — L'absinthe (*fig.* 38) est vivace; elle a des racines ligneuses et pivotantes. Sa tige est droite, haute de 0ᵐ,70 à 0ᵐ,80, dure, cannelée, rameuse, d'un gris rougeâtre, et remplie d'une moelle blanche. Ses feuilles sont alternes, et d'un beau vert en dessus et argenté en dessous; les inférieures sont pétiolées et tripinnatifides, les supérieures sont sessiles et pinnatifides. Ses fleurs sont petites, globuleuses, jaunâtres, et disposées en grappes axillaires; elles s'épanouissent en août et septembre. Les semences sont solitaires et sans aigrettes.

Toutes les parties ont une odeur forte aromatique et une amertume proverbiale.

VII*

27

Composition. — D'après Braconnot, l'absinthe contient une matière azotée très-amère, une substance azotée insipide, une résine très amère, une huile volatile très-verte, de la chlorophylle et des sels de potasse.

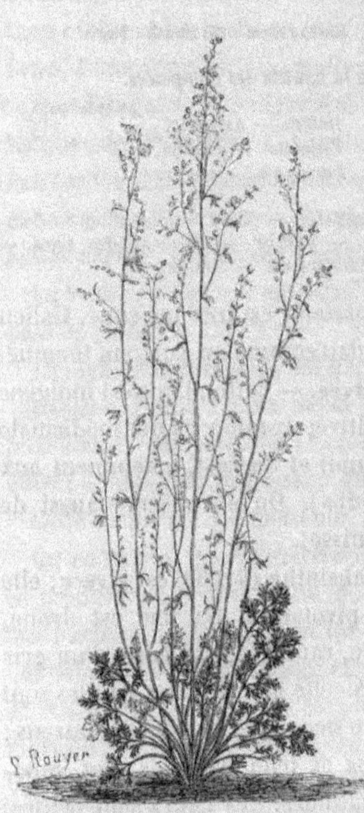

Fig. 38. Absinthe.

L'huile essentielle a une très-forte odeur, mais elle n'est pas amère. Elle se fonce et s'épaissit en vieillissant. Sa densité est de 0,929. On l'obtient incolore en la rectifiant sur de la chaux.

Terrain. — L'absinthe doit être cultivée sur un terrain sec, profond, argilo-calcaire, et exposé à l'est. Elle réussit bien sur les coteaux perméables et pierreux.

Culture. — On la multiplie de graines ou par éclats de vieux pieds.

Les semences se sèment en pépinière sur une terre profonde et substantielle. Lorsque les plants ont séjourné deux années dans la pépinière, on les divise en deux ou trois parties.

Les éclats doivent être plantés en octobre ou novembre, à 0^m,50 ou 0^m,60 de distance en tous sens, sur un terrain bien préparé.

Chaque année, au printemps et pendant l'été, on exécute un ou plusieurs binages. Dans le midi, on l'arrose pendant les fortes chaleurs quand cela est possible.

Après 5 ou 6 années de végétation, les plants forment de larges touffes qui couvrent entièrement le sol. Alors, au mois d'octobre, on les éclate pour planter aussitôt les divisions dans un autre terrain.

Récolte. — On récolte les tiges en juin et juillet, avant l'épanouissement des fleurs. On a constaté que les feuilles contiennent plus de principes actifs que les fleurs.

Souvent on opère deux coupes, l'une en mai, et l'autre en juillet. Le produit de la première est plus recherché que celui de la seconde.

On doit couper les tiges avec une serpette, ou mieux avec une faucille, à 0^m,04 ou 0^m,05 du sol. Les tiges ont alors 0^m,35 à 0^m,50 de hauteur.

Lorsqu'on les livre fraîches aux distillateurs ou au commerce, on les réunit en bottes de 15 à 20 kilogr.

Séchage des tiges. — On vend quelquefois l'absinthe après l'avoir fait sécher. Cette opération oblige à prendre toutes les précautions nécessaires pour éviter la chute des feuilles et des fleurs. Les fortes tiges sont difficiles à sécher.

Quand l'absinthe est sèche, on la met en bottes de 5 kilogr.

100 kilogr. de tiges donnent de 30 à 35 kilogr. d'absinthe sèche.

L'absinthe desséchée a moins de propriétés que l'absinthe fraîche.

Produit par hectare. — Une culture d'absinthe bien réussie donne par hectare

Tiges et feuilles fraîches...............	8000 à 10 000 kilogr.
Tiges et feuilles sèches..	2500 à 3000 —

Valeur commerciale. — A. Tiges. Les tiges vertes valent

de 18 à 20 fr. les 100 kilogr. Le prix de l'absinthe sèche varie entre 50 et 60 fr.

B. Essence. — L'essence d'absinthe se vend en moyenne 60 fr. le kilogr.

Usages. — L'absinthe sert à fabriquer la liqueur dite *absinthe verte;* la teinte de cette liqueur n'est pas naturelle.

La teinture alcoolique que l'on a appelée *absinthe suisse,* est d'un très-beau vert.

L'*extrait d'absinthe* donne lieu, à Pontarlier, à Lyon et à Montpellier, à un commerce considérable; il est de bonne qualité quand il pèse 27°, et lorsque sa teinte verte tire sur le jaune ou sur la couleur de l'opale.

On emploie l'absinthe en médecine comme vermifuge, tonique et fébrifuge. Elle sert aussi à préparer le vin, le sirop, la tisane et l'eau d'absinthe, le baume tranquille, la poudre vermifuge.

Les brasseurs substituent parfois l'absinthe au houblon; la bière qui en résulte est très-enivrante.

On remplace quelquefois la grande absinthe par deux autres espèces :

1° La *petite absinthe* ou *absinthe pontique* (ARTEMISIA PONTICA, L), plante commune dans les Alpes.

2° Le *génépi* ou *armoise en épi* (ARTEMISIA SPICATA, Jacq.), espèce très-rustique et très-commune dans les Pyrénées, les Alpes, la Suisse et la Savoie. Cette dernière espèce possède toutes les propriétés médicales de la grande absinthe.

SECTION IV.

Iris de Florence.

(De ἶρις, arc-en-ciel; allusion aux couleurs des fleurs.)

IRIS FLORENTINA, L.

Plante monocotylédone de la famille des Iridées.

Anglais. — Florentine iris.   *Italien.* — Iride de firenze.
Allemand. — Florentinische iris.   *Espagnol.* — Lirio de Florencia.
Hollandais. — Florentynse iris.   *Portugais.* — Iris de Florença.

Habitat. — Mode de végétation. — Composition. — Terrain. — Culture. —
Récolte. — Rapport entre les racines fraîches et les racines sèches. —
Produit par hectare. — Falsification. — Emballage. — Valeur commer-
ciale. — Prix de revient des 100 kilogr. — Usages.

Habitat. — L'iris de Florence croît naturellement dans la
Provence, le Languedoc, et dans les contrées méridionales
de l'Europe.

On le cultive dans les départements de l'Ain, des Bouches-
du-Rhône et du Var, en Italie et en Allemagne.

Mode de végétation. — Cette plante (*fig.* 39) a une racine
épaisse, grosse comme le pouce, irrégulière, aplatie, con-
tournée et genouillée; sa pellicule, qu'on enlève aisément
lorsqu'elle est fraîche, est grisâtre; son tissu est compacte
et blanchâtre; sa cassure est nette et marquée de points
jaunes on rougeâtres. Sa tige est droite, glabre, cylindrique,
haute de 0^m,35 à 0^m,65. Ses feuilles sont droites, ensiformes,
plus courtes que les tiges, et d'un vert glauque. Ses fleurs
sont au nombre de deux ou de trois, et sont placées à l'extrémité des tiges; elles sont grandes, d'une blancheur uniforme, avec des veines bleuâtres et des barbes jaunes, et répandent une odeur douce très-agréable.

Le rhizome ou la racine de cette espèce exhale une odeur

agréable qui se rapproche du parfum que répandent les fleurs des violettes odorantes.

Composition. — Suivant Vogel, la racine de cette iridée contient une huile très-âcre et très-amère, une huile volatile,

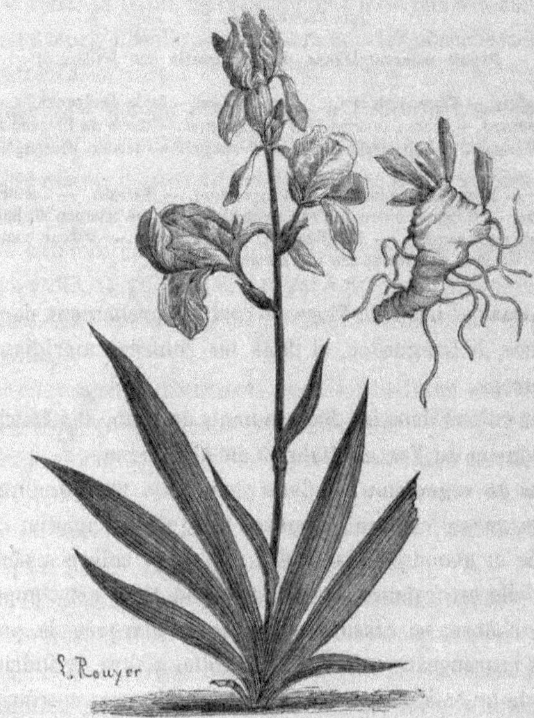

Fig. 39. Iris de Florence.

une matière âcre, jaune, soluble dans l'eau, de la gomme et de l'amidon.

L'huile essentielle est solide, nacrée et lamelleuse; elle a une odeur de violette.

Terrain. — Cette plante demande une terre fraîche pendant l'été, et pas trop humide pendant l'hiver.

Elle végète très-mal sur les sols secs, calcaires et pauvres.

On doit la cultiver de préférence sur des alluvions de bonne qualité ou dans des jardins.

Les terres grasses ne lui conviennent pas.

Culture. — On multiplie l'iris de Florence de graines ou de portions de racines. Ce dernier mode de propagation est celui qu'on suit le plus ordinairement, parce qu'il permet à l'iris d'être plus promptement productif.

On sépare les rhizomes en automne. Les divisions sont ensuite plantées en pépinière, où elles séjournent durant une ou deux années.

La plantation des portions de rhizomes tubéreux enracinées, se fait à la fin de l'été ou au commencement de l'automne.

Chaque plante reste en terre pendant deux années.

Récolte. — L'arrachage des racines se fait pendant l'été, après la complète dessiccation des feuilles.

Aussitôt qu'elles ont été arrachées, on les nettoie et on les débarrasse de leur épiderme. Ce travail est ordinairement le partage des femmes.

On les fait ensuite sécher en les exposant pendant plusieurs jours à l'action du soleil, dans des corbeilles plates et rectangulaires.

Lorsque l'arrachage et le nettoyage sont faits à la tâche, on donne ordinairement 0f20 par kilogr.

Rapport entre les racines fraiches et les racines sèches. — Les racines d'iris de Florence perdent 50 pour 100 de leur poids par la dessiccation.

Produit par hectare. — L'iris de Florence fournit par hectare un produit assez élevé. M. Cazeaux a constaté qu'il donnait à Anglefort (Ain) de 3000 à 3500 kilogr. de racines.

100 kilogr. de racines séchées à l'étuve, et ensuite bien pulvérisées, donnent environ 80 kilogr. de poudre.

Falsification. — On substitue parfois à la racine de l'iris de Florence la racine de l'*iris d'Allemagne* (IRIS GERMANICA, L), espèce commune dans le midi de la France et en Allemagne. La racine de cette espèce est peu odorante, mais on la laisse en contact pendant plusieurs semaines avec de la poudre d'iris de Florence, dans le but de lui communiquer une odeur de violette plus pénétrante.

Emballage. — On emballe les racines dans des balles de 500 à 600 kilogr.

Valeur commerciale. — Cette racine se vend de 50 à 60 fr. les 100 kilogr.

Prix de revient des 100 kilogr. — On a calculé que 100 kilogr. de racines desséchées revenaient, à Anglefort, à 40 fr.

Usages. — La racine de cette iridée est employée en médecine, et sert à faire les pois sphériques destinés à faciliter la suppuration des cautères, et ceux avec lesquels on fabrique des colliers et des bracelets d'enfants.

On l'emploie aussi pour donner au tabac l'odeur de la rose, et aux vins le bouquet des vins de Saint-Perray, de Nuits, etc.

Enfin, elle entre, à cause de son odeur de violette, dans plusieurs compositions préparées par les parfumeurs

SECTION V.

Rhubarbe.

(De 'Pa, nom du Volga, près duquel les anciens récoltaient la rhubarbe.)

RHEUM AUSTRALE, Don.; RHEUM EMODI, Wall.

Plante dicotylédone de la famille des Polygonées.

Anglais. — Rhubarb.
Allemand. — Rhabarber.
Hollandais. — Rhabarber.
Suédois. — Rabarber.
Polonais. — Rabarbarum.

Italien. — Rabarbaro.
Espagnol. — Ruibarbo.
Portugais. — Ruibarbo.
Chinois. — Tay-huam.
Russe. — Raven.

Historique. — Mode de végétation. — Espèces. — Composition. — Terrain. — Préparation du sol. — Mode de multiplication. — Soins d'entretien. — Récolte : époque, exécution, dessiccation. — Produit par hectare. — Variétés commerciales. — Emballage. — Valeur commerciale. — Usages.

Historique. — La rhubarbe est connue depuis les temps les plus reculés; mais, pendant longtemps, on a ignoré à quelle espèce on devait rapporter la vraie *rhubarbe médicinale*, la véritable *rhubarbe officinale*. On sait aujourd'hui que cette racine est fournie par l'espèce que l'on nomme *Rhubarbe australe* (RHEUM AUSTRALE), qui croît spontanément en Tartarie.

Mode de végétation. — Cette plante est vivace comme toutes les autres espèces. Sa tige est sillonnée, rougeâtre, rameuse supérieurement, et haute de 2 à 3 mètres. Ses feuilles sont radicales, à gros pétioles, à nervures rougeâtres, à limbe tantôt arrondi plus ou moins en cœur, tantôt ovale, entier, à peine ondulé, couvert de poils courts. Ses fleurs sont très-petites, rougeâtres, et disposées en grappes allongées et étroites. Ses fruits ont une couleur rouge sombre.

Cette espèce a été introduite en Europe en 1828, par M. Wallich. Elle croît dans toute la Tartarie, jusqu'au

37ᵉ degré de latitude boréale. On assure qu'elle s'élève jusqu'à 5300 mètres sur les montagnes de l'Himalaya.

Espèces. — On emploie aussi comme médicament les racines des espèces suivantes :

1° La *Rhubarbe rhapontic* (RHEUM RHAPONTICUM, L.). Cette espèce, vulgairement nommée *rhubarbe anglaise*, *rhubarbe des moines*, *rhubarbe pontique*, croît spontanément sur les bords du Volga, le long du Bosphore, sur le mont Rhodope, les monts Ourals, etc. Elle a été introduite en Europe en 1573. On la cultive très en grand en Allemagne.

Sa racine est grosse, charnue, spongieuse et rameuse. Sa tige s'élève de 1 à 2 mètres; elle est fistuleuse, et d'un vert jaune ou rougeâtre. Ses feuilles, radicales, sont pétiolées, ovales-obtuses, presque planes, très-amples, et couvertes en dessous de poils assez roides; les feuilles caulinaires sont petites, presque sessiles ou amplexicaules. Ses fleurs sont d'un blanc un peu verdâtre, et ses graines ont la grosseur d'un pois et sont triangulaires.

2° La *Rhubarbe ondulée* (RHEUM UNDULATUM, L.). Cette espèce (*fig.* 40), que l'on a appelée *rhubarbe de Moscovie*, a été introduite en 1734; elle croît dans la Tartarie chinoise et les lieux arides de la Sibérie.

Sa racine est pivotante, très-grosse, et longue de 2 mètres. Sa tige est haute de 1ᵐ,60 à 2ᵐ,50, anguleuse, striée, fistuleuse et d'un brun pâle ou jaunâtre. Ses feuilles, radicales, sont larges, ovales, entières, longuement pétiolées, ondulées, échancrées en cœur à la base, et étendues sur la terre. Ses fleurs sont petites et d'un blanc jaunâtre. Ses graines sont triangulaires et noirâtres.

3° La *Rhubarbe compacte* (RHEUM COMPACTUM, L.). Cette espèce a été introduite en 1758; elle est originaire de la Tartarie chinoise.

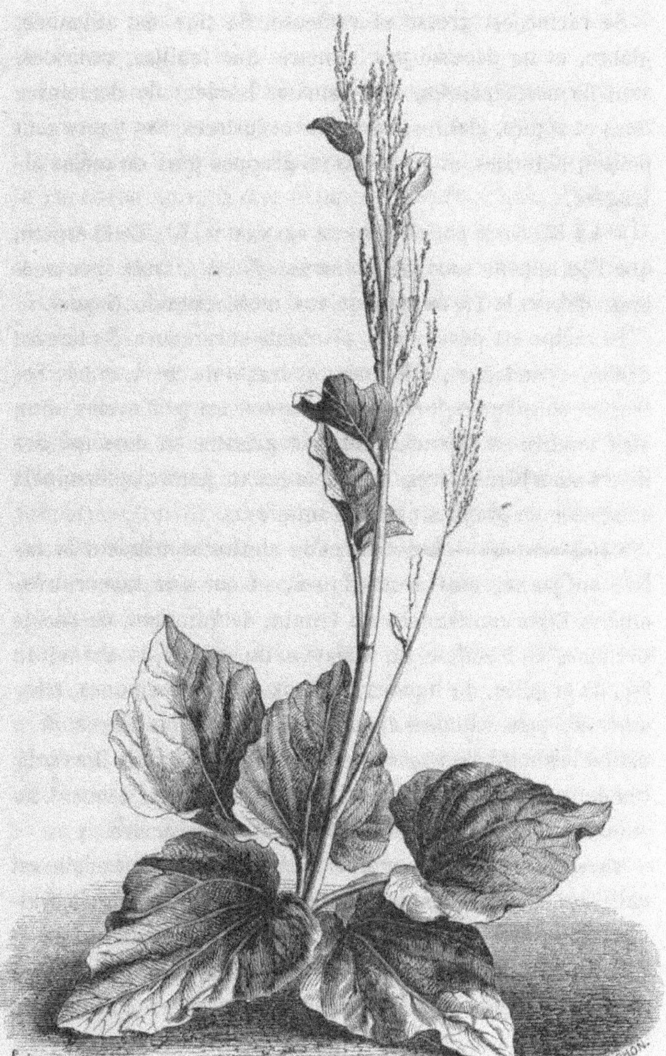

Sa racine est grosse et rameuse. Sa tige est sillonnée, glabre, et ne dépasse pas 1 mètre. Ses feuilles, radicales, sont fermes, épaisses, très-obtuses, bordées de dentelures fines et aiguës, glabres, vert clair et lustrées. Ses fleurs sont petites, blanches, et disposées en grappes plus ou moins allongées.

4° La *Rhubarbe palmée* (RHEUM PALMATUM, L.). Cette espèce, que l'on appelle souvent *rhubarbe officinale*, croît spontanément depuis la Tartarie jusqu'aux montagnes du Népaul.

Sa racine est développée, pivotante et rameuse. Sa tige est droite, cylindrique, sillonnée, et haute de 2^m à $2^m,50$. Ses feuilles sont larges, pétiolées, palmées, un peu roides, d'un vert sombre en dessus, d'un vert grisâtre en dessous. Ses fleurs sont blanchâtres, et disposées en panicule terminale composée de grappes presque simples.

Composition. — Les racines de rhubarbe teignent la salive en jaune, sont aromatiques, et ont une saveur très-amère. Elles contiennent du tannin, de l'amidon, de l'acide pectique, de l'oxalate, du malate et du gallate de chaux, du fer, de la silice, du ligneux, et deux substances jaunes, très-amères, peu solubles dans l'eau, auxquelles Caventou a donné les noms de *rhubarin* et *rhubarine*. D'après Dorvault, ces deux produits jaunes, traités par les alcalis, donnent un solutum rouge qu'on peut précipiter par les acides.

Terrain. — La rhubarbe ne végète bien que lorsqu'elle est cultivée sur des terres argilo-siliceuses, silico-argileuses, fraîches sans être humides, très-profondes, substantielles et plus froides que chaudes. Les terres des environs de Londres présentent chaque année de très-belles cultures de rhubarbe.

On la cultive en France sur des sols de même nature, situés dans les localités plutôt septentrionales que très-tempérées. En général, elle réussit mieux sur les parties élevées et aérées que dans les plaines et les vallées.

Les terres humides ne lui conviennent pas, parce que ses racines y pourrissent très-facilement.

Préparation du sol. — Les terrains sur lesquels on cultive la rhubarbe doivent être défoncés jusqu'à $0^m,50$, $0^m,70$, et même $0^m,80$, si la nature du sous-sol le permet. Plus la terre est meuble profondément, plus les racines, qui sont pivotantes, longues et volumineuses, peuvent aisément se ramifier dans tous les sens.

On complète la préparation du sol en y ajoutant des engrais très-actifs, des fumiers un peu décomposés. On ne doit pas fertiliser la couche arable à l'aide de fumiers nouveaux très-pailleux, très-ammoniacaux, et appliqués dans une forte proportion, car ils ont l'inconvénient de favoriser la multiplication des insectes qui attaquent les racines de rhubarbe, et de communiquer à celles-ci une odeur qui nuit à leur qualité thérapeutique.

Mode de multiplication. — La rhubarbe se propage par graines ou par drageons.

A. Semis. — On sème les graines au printemps dans des jardins, sur des planches bien ameublies. On les répand dans des rayons espacés de $0^m,25$ à $0^m,35$.

Au printemps suivant, on arrache les pieds qui proviennent des semis, et on les met en place, comme s'il était question de planter des éclats de pied.

Un hectolitre de graines de rhubarbe pèse de 10 à 12 kilogr.

B. Drageons. — Quand on multiplie la rhubarbe par drageons, on détache du collet des pieds de 4 à 5 ans des portions de racines ayant quelques bourgeons. Un vieux pied de rhubarbe peut fournir de 25 à 30 bourgeons de $0^m,03$ à $0^m,04$ de longueur. Cette séparation doit être faite pendant le mois de mars, ou au plus tard dans la première quinzaine d'avril.

Quand les drageons ont été détachés, on les abandonne pendant une journée à l'air et à l'ombre. Alors, on les met en place en les plantant en quinconce à 1^m,30 les uns des autres. Cette grande distance est nécessaire, afin que les feuilles puissent se développer librement. On plante les drageons à 0^m,08, 0^m,10 ou 0^m,12 de profondeur.

Lorsque la plantation est faite par un temps sec, on arrose modérément de temps à autre jusqu'à l'apparition des premières feuilles.

Soins d'entretien. — Chaque année, pendant le printemps et au commencement de l'été, on exécute les sarclages et binages nécessaires.

Pendant les trois années qui suivent la mise en place des plants ou des drageons, on cultive entre les lignes des carottes, des betteraves ou des pommes de terre. Ces plantes, par les binages qu'elles exigent, maintiennent la terre dans un parfait état de propreté, et en soldant la valeur locative du terrain, elles diminuent d'une manière notable les frais de culture de la rhubarbe.

Récolte. — A. Époque. — On arrache les racines des rhubarbes à la cinquième année, époque où elles ont toute leur consistance et leur qualité. Si on les récolte plus tôt, elles perdent 10/12 de leur poids par la dessiccation. Quand on les arrache plus tard, c'est-à-dire à la sixième année, elles sont filandreuses et souvent altérées.

On ne peut les récolter à la quatrième année, que lorsque la rhubarbe végète sur un sol très-sec.

Cette opération se pratique à la fin de l'automne ou pendant l'hiver.

B. Exécution. — L'arrachage s'exécute comme s'il était

question d'arracher une plante ligneuse ayant de fortes racines.

Quand les racines ont été extraites, on les débarrasse de la terre qui y adhère, on les écorce ou on les monde, et on les coupe par morceaux de la grosseur du poing.

C. DESSICCATION. — Lorsque les racines sont divisées, on les fait sécher pendant 5 à 6 jours, en ayant soin de les retourner de temps à autre. Quand elles ont perdu une partie de leur eau de végétation, et qu'elles ont pris une certaine consistance, on les enfile et on les suspend à l'air libre, mais à l'ombre. Le mieux est de placer les guirlandes sous des hangars. Celles-ci restent ainsi exposées pendant 40 à 60 jours, suivant la température et le degré de siccité de l'air ou du local.

Il faut éviter de précipiter la dessiccation des racines. Quand on dessèche celles-ci très-rapidement, elles deviennent légères, et perdent beaucoup de leur qualité.

Enfin, il est utile de les garantir de l'humidité qui les altère et les fait moisir.

100 kilogr. de racines fraîches donnent environ 25 kilogr. de racines sèches.

Produit par hectare. — Un pied de rhubarbe donne ordinairement de 3 à 4 kilogr. de racines sèches. Un hectare contenant environ 6000 pieds peut donc en produire de 18 000 à 25 000 kilogr.

Variétés commerciales. — Les racines de rhubarbe ont des teintes différentes, suivant les espèces auxquelles elles appartiennent.

1° La racine de la rhubarbe rhapontic est marbrée de rouge et de blanc; elle laisse dans la bouche une viscosité douce et gluante; elle est légère, et moins odorante que les racines des autres espèces.

2° La racine de la rhubarbe ondulée est jaune foncé, légère et non fibreuse.

3° La racine de la rhubarbe compacte est aussi d'un très-beau jaune en dedans.

4° Enfin, la racine de la rhubarbe palmée est marbrée de brun et de jaune pâle, comme la noix muscade; elle est plus compacte que les précédentes.

Le commerce distingue trois sortes de rhubarbe :

1° La *rhubarbe de la Chine* ou *de l'Inde*.

2° La *rhubarbe moscovite, de Tartarie* ou *de Bucharie*.

3° La *rhubarbe de Perse* dite *rhubarbe plate* ou *rhubarbe mondée au vif*.

Les rhubarbes du commerce, suivant Hornemann, ont la composition suivante :

	R. rhapontic.	R. d'Angleterre.	R. de Chine.
Principe amer...................	14,256	24,475	27,042
Matière colorante jaune.........	2,187	9,166	9,582
Extrait avec tannin.............	10,416	16,854	14,687
Apothème de tannin.............	0,033	1,249	1,458
Matière extraite par la potasse...	40,290	28,416	26,333
Acide oxalique.................	» »	0,833	1,042
Fitre..........................	8,542	15,416	15,583
Raponticine....................	1,043	» »	» »
Amidon........................	14,583	» »	» »
Eau...........................	6,043	3,125	3,333
Perte.........................	1,807	0,466	0,940
	100,000	100,000	100,000

Emballage. — La *rhubarbe de la Chine* est emballée dans des caisses de bois blanc du poids de 70 à 75 kilogr., doublées intérieurement d'une feuille de plomb ou d'étain. Cette rhubarbe est demi-mondée ou entièrement mondée.

La *rhubarbe de Russie* nous arrive dans des caisses de même nature, et entourées d'un fort cuir de bœuf.

La *rhubarbe du Midi* est expédiée en balles de 100 kilogr.;

la *rhubarbe de Bretagne* est emballée dans des barriques pesant de 200 à 250 kilogr.

Valeur commerciale. — La rhubarbe sèche se vend de 10 à 25 fr. les 100 kilogr.

La rhubarbe indigène a moins de valeur que celle qu'on importe de la Russie et de la Chine. On croit que cette différence n'existerait pas si on cultivait en France la rhubarbe dans des contrées plus froides et des situations plus élevées que celles qu'on lui consacre ordinairement.

Usages. — Les racines de rhubarbe sont astringentes, toniques et purgatives. On les emploie dans diverses maladies, en poudre, en infusion ou sous forme de sirop.

La rhubarbe perd par sa torréfaction les propriétés purgatives qu'elle possède et acquiert une grande tonicité.

La racine de la rhubarbe rhapontic jouit des mêmes propriétés que les racines des rhubarbes exotiques, mais à un plus faible degré.

On réduit la rhubarbe en poudre dans un mortier. 100 kilogr. de racines bien sèches donnent 90 kilogr. de poudre très-blanche.

En Angleterre, on fait, avec les pétioles des feuilles, des confitures ou des tartes (voir *Plantes alimentaires*).

ALTÉRATIONS. — La rhubarbe est très-sujette à s'altérer dans les magasins, quand ces derniers sont humides. En outre, certains insectes la piquent lorsqu'elle est ancienne. On déguise souvent les piqûres faites par les vers, en les bouchant avec une pâte faite avec de l'eau gommée et de la poudre de rhubarbe. On reconnaît aisément cette fraude en soumettant les racines à un lavage.

<hr>

 PLANTES INDUSTRIELLES.

SECTION VI.

Camomille romaine.

(Ἄνθεμίς, nom grec de l'espèce.)

ANTHEMIS NOBILIS, L.; ORMENIS NOBILIS, Gay.

Plante dicotylédone de la famille des Composées.

Anglais. — Roman chamomille.   *Italien.* — Camomilla romana.
Allemand. — Rœmische kamille.   *Espagnol.* — Manzanilla.

Historique. — Habitat. — Mode de végétation. — Composition. — Terrain. — Culture. — Récolte. — Fraude. — Valeur commerciale : fleurs, essence. — Usages.

Historique. — La camomille romaine est connue depuis les temps les plus reculés. Les Égyptiens et les Grecs connaissaient ses propriétés thérapeutiques.

Habitat. — Cette plante, que l'on nomme souvent *camomille odorante*, est commune dans les lieux secs, chauds et sablonneux du centre et du midi de la France.

On la cultive en plein champ. La variété à fleurs doubles a des propriétés thérapeutiques moins prononcées que l'espèce à fleurs simples.

Mode de végétation. — La camomille romaine (*fig.* 41) a des racines fibreuses. Ses tiges, hautes de 0^m,30 à 0^m,40, sont un peu rameuses, velues, faibles et rarement dressées. Ses feuilles sont pétiolées, glabres, composées de nombreuses lanières, courtes et bordées de dents aiguës. Ses fleurs sont blanches, solitaires et longuement pédonculées ; elles s'épanouissent de juillet à septembre.

Composition. — Les fleurs de la camomille romaine ont une odeur aromatique très-agréable, et une saveur amère, chaude et balsamique.

On en extrait une huile essentielle très-fluide, d'une couleur verte peu foncée, qui disparaît avec le temps. Sa densité est de 0,924.

Terrain. — Cette plante ne peut être cultivée que sur des terres légères, perméables et substantielles. Elle redoute les sols froids, humides et compactes.

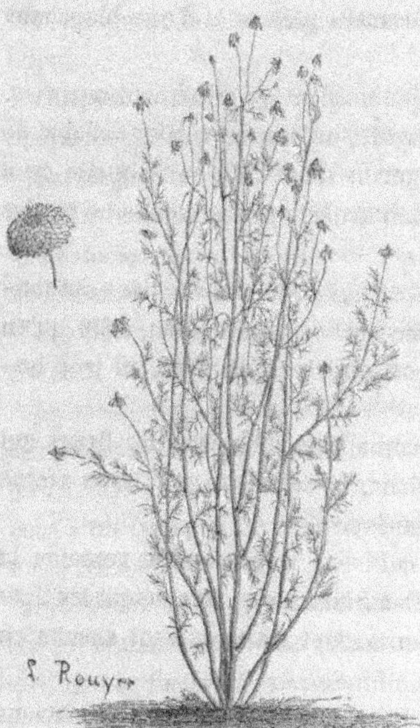

FIG. 41. Camomille romaine.

Culture. — On la multiplie par éclats de vieux pieds qu'on sépare en automne. Ces divisions sont mises aussitôt en pépinière.

Au printemps suivant, au mois de mars ou d'avril, et lorsque les éclats sont enracinés, on les met en place sur un terrain préparé. On les plante en lignes. Ils doivent être espacés en tous sens de 0^m,35 à 0^m,40.

Pendant l'été, on opère les binages nécessaires, et on arrose pendant les fortes chaleurs, si les circonstances l'exigent et le permettent.

L'année suivante, on répète les mêmes soins d'entretien.

Tous les 3 ou 4 ans on arrache les pieds, on les divise, et on exécute une nouvelle plantation sur un autre champ de même nature.

Récolte. — La camomille romaine fleurit abondamment à partir de la deuxième année.

La récolte des fleurs commence au mois de juin et se continue jusqu'en septembre.

Les premières fleurs sont demi-doubles, mais celles qui leur succèdent sont entièrement pleines et d'une blancheur remarquable.

On les cueille avant qu'elles soient complétement ouvertes.

A mesure qu'on les récolte, on les fait sécher à l'abri de la pluie, sur des châssis garnis d'une toile sur laquelle on a collé du papier gris. On doit avoir la précaution de ne pas les exposer à la poussière.

Quand les fleurs sont sèches, on les emballe dans des tonneaux revêtus intérieurement de papier bien collé qu'on place ensuite dans un local obscur, ni trop sec, ni trop humide.

On a soin, pendant l'emballage, de rejeter les fleurs qui ne sont pas d'un beau blanc, et celles qui sont sans arome ou qui ont été mal desséchées.

Les agriculteurs qui cultivent la camomille romaine la vendent quelquefois à l'état frais. Alors, ils coupent les tiges avant l'apparition des boutons, et les réunissent ensuite en petites bottes.

Les plantes ainsi récoltées sont livrées aux pharmaciens et aux herboristes.

100 kilogr. de fleurs fraîches donnent 33 à 34 kilogr. de fleurs sèches.

100 kilogr. de fleurs nouvellement récoltées produisent 130 à 180 grammes d'huile essentielle.

Fraude. — On fraude souvent les fleurs sèches de la camomille romaine en y mêlant des fleurs de *matricaire*, de *maroute*, de *fausse camomille*. Cette sophistication est facile à constater, si on se rappelle que les fleurs de la camomille romaine n'ont pas d'appendice jaune à la base des demi-fleurons.

Valeur commerciale. — A. Fleurs. — Le prix des fleurs séchées varie entre 2 et 2 fr. 50 c. le kilogr.

B. Essence. — L'essence de camomille se vend 200 fr. le kilogr.

Usages. — Les fleurs de camomille romaine sont toniques, stimulantes, fébrifuges et antispasmodiques.

La *matricaire officinale* (Pyrethrum parthenium, L.) est vivace et commune dans les champs. On la cultive quelquefois dans les jardins ; alors ses fleurs apparaissent de juillet à septembre et doublent très-facilement.

Les fleurs doubles sont plus thérapeutiques que les fleurs simples.

La *matricaire camomille* ou *fausse camomille* (Matricaria chamomilla, L.) est bisannuelle et abonde dans les moissons, les champs cultivés et les lieux pierreux. Ses fleurs possèdent à un faible degré les propriétés des fleurs de la camomille romaine.

Les fleurs de la *matricaire des champs* (Anthemis arvensis, L.) ont une amertume très-prononcée. On les mêle quelquefois aux fleurs de la camomille romaine.

SECTION VII.

Mélisse officinale.

(Μέλισσα, abeille, c'est-à-dire plante où les abeilles viennent butiner.)

MELISSA OFFICINALIS, L.; MELISSA CITRINA, Off.

Plante dicotylédone de la famille des Labiées.

Anglais. — Common balm.
Allemand. — Citronen melisse.
Suédois. — Méliss.
Russe. — Melissa.

Italien. — Cedronella.
Espagnol. — Cidronela.
Portugais. — Melissa.
Hollandais. — Citroenkruid.

Habitat. — Mode de végétation. — Composition. — Terrain. — Culture.
Récolte. — Valeur commerciale de l'essence.

Habitat. — La mélisse, appelée vulgairement *citronnelle* ou *mélisse citronnelle*, croît spontanément en Italie, sur les Alpes et dans quelques parties des Pyrénées. On la cultive comme plante médicinale dans la Provence et le Languedoc.

Mode de végétation. — Cette labiée est vivace. Sa racine est cylindrique, fibreuse et un peu rameuse. Sa tige est rameuse, haute de 0^m,70 à 0^m,80, glabre et tétragone. Ses feuilles sont pétiolées, ovales ou cordiformes, opposées et dentées sur leurs bords. Ses fleurs sont petites, blanches ou légèrement violacées, disposées en faux verticilles axillaires, lâches, unilatéraux, et formant des cimes presque séparées; elles s'épanouissent de juin à octobre.

Composition. — Les feuilles et les sommités ont une saveur chaude, balsamique et un peu amère. Cueillies avant l'épanouissement des fleurs, elles exhalent, lorsqu'on les froisse entre les doigts, une odeur aromatique qui rappelle celle du citron. Cette odeur se change en celle de punaise lorsque les plantes sont très-avancées dans leur végétation.

On en extrait une huile essentielle blanche ayant une odeur très-suave.

Terrain. — On doit cultiver la mélisse dans des terres douces, légères, perméables, chaudes et substantielles. Elle végète mal dans les terrains froids et humides et les sols pauvres.

Culture. — Cette plante se propage de deux manières : à l'aide de semis et d'éclats de pieds.

On sème les graines en avril, en ligne ou à la volée, sur une planche de jardin bien préparée. Les pieds qui proviennent de semis sont arrachés au printemps suivant, et plantés à une distance les uns des autres de $0^m,50$ à $0^m,60$ en tous sens.

Un litre de graines pèse environ 650 grammes.

Quand on adopte la propagation par pied, on éclate les touffes au mois de février ou de mars. Chaque division doit présenter 3 ou 4 yeux.

Pendant la végétation des plantes, on exécute les binages nécessaires.

Chaque année, au mois d'octobre ou de novembre, on enlève toutes les tiges mortes.

La mélisse étant vivace occupe le même terrain pendant plusieurs années.

Récolte. — On récolte les nouvelles pousses de la mélisse lorsqu'elles sont en pleine fleur.

On les monde ensuite, et on les dispose en guirlandes qu'on suspend dans un local aéré ou au soleil.

Les feuilles qui ont été cueillies un peu avant l'épanouissement des premières fleurs conservent leur couleur et leur odeur. Celles qu'on a récoltées pendant la floraison perdent leur odeur par la dessiccation, mais elles conservent leur saveur citronnée.

Les feuilles qui ont été desséchées doivent être conservées dans un local sec. L'humidité les ramollit et les force à prendre une teinte noirâtre.

Valeur commerciale de l'essence. — L'huile essentielle de citronnelle se vend 40 fr. le kilogr.

Usages. — Les feuilles et les sommités sont employées en médecine. Elles sont stimulantes et antispasmodiques ; elles raniment les forces vitales et dissipent la mélancolie.

On les emploie aussi dans la fabrication de l'eau de mélisse composée, connue sous le nom d'*eau des Carmes*, et de l'eau de Cologne.

Les feuilles vertes ou récoltées avant la floraison et ensuite séchées sont quelquefois employées dans les provinces du nord en infusion théiforme.

On emploie quelquefois la *mélisse sauvage* (MELITTIS MELISSOPHYLLUM, L.), espèce commune dans les bois montueux. Cette labiée a une odeur citronnée, mais moins prononcée et moins agréable que la mélisse officinale. Ses propriétés thérapeutiques sont aussi moins actives.

SECTION VIII.

Moutarde blanche. — Moutarde noire.

(Σίναπι, nom grec du sénevé.)

Sinapis alba, L. — Sinapis nigra, L.

Plantes dicotylédones de la famille des Crucifères.

Mode de végétation. — Composition. — Culture. — Produit par hectare. — Poids de l'hectolitre. — Valeur commerciale. — Pulvérisation de la moutarde noire. — Huile essentielle. — Huile fine. — Usages.

Ces deux plantes sont annuelles et connues depuis fort longtemps. On les cultive principalement dans les contrées septentrionales de l'Europe.

Mode de végétation. — La *moutarde blanche* ou *moutardon*, ou *moutarde anglaise* ou *sénevé blanc*, a des tiges aussi élevées que celles de la *moutarde noire*, mais ses feuilles sont moins lobées. Ses siliques, au lieu d'être glabres et tétragones comme celles de la *moutarde noire*, sont hérissées de poils, étalées et terminées par un style long et ensiforme à la maturité. Enfin, les graines de la *moutarde blanche* sont sphériques, jaunâtres, lisses, luisantes et grosses ; les semences de la *moutarde noire* sont globuleuses, comprimées, brunes ou noirâtres, et plus petites d'un tiers ou de moitié que celles de la *moutarde blanche*.

Composition. — Les graines sont d'une odeur nulle quand elles sont entières, mais très-piquantes, très-âcres quand on les écrase.

Ces deux semences ont à peu près la même composition. Toutefois, les semences de la *moutarde blanche* renferment une substance amère, inodore, insoluble dans l'eau, l'alcool et l'éther qu'on n'observe pas dans les graines de la *moutarde noire*. Enfin, cette dernière semence contient une huile essentielle qui n'existe pas dans la *moutarde blanche*.

Culture. — Ces deux espèces de moutarde se cultivent de la même manière. Ayant décrit la *culture de la moutarde noire*, Ire Partie, p. 315, je me bornerai à indiquer les produits que donne l'espèce à graine blanche.

Produits par hectare. — Cette moutarde produit de 13 à 15 hectolitres par hectare. Il faut qu'elle végète sur des sols d'alluvion ou des terres calcaires-argileuses ou calcaires-siliceuses fertiles, pour qu'on puisse compter sur un produit moyen de 18 à 20 hectolitres.

Poids de l'hectolitre. — La semence de la moutarde blanche est plus lourde que la graine de la moutarde noire; elle pèse de 68 à 70 kilogr. l'hectolitre, soit 3 à 5 kilogr. de plus que l'espèce à graine noire.

Valeur commerciale. — A. Moutarde noire. — La moutarde noire est plus ou moins chère, selon les années. Ordinairement son prix varie entre 40 et 50 fr. les 100 kilogr.

B. Moutarde blanche. — Le prix de la moutarde blanche varie suivant sa qualité et sa provenance. Les graines les plus belles et les plus grosses viennent de la Hollande ou sont récoltées dans la vallée du Rhin. Après ces semences, on recherche celles que l'on récolte en Flandre et dans la Picardie.

En général, la moutarde blanche de belle qualité se vend de 30 à 40 fr. les 100 kilogr.

Pulvérisation de la moutarde noire. — La moutarde blanche est la seule espèce qu'on réduit en farine. Cette pulvérisation se fait après avoir fait sécher les graines, à l'aide d'un pilon et d'un mortier, ou au moyen d'une meule. En agissant ainsi, on obtient une farine ayant une action plus prompte et plus certaine.

100 kilogr. de graines produisent 90 à 95 kilogr. de farine.

On doit conserver la farine dans un endroit sec et à l'abri de l'air, afin de l'empêcher de rancir et de perdre sa propriété rubéfiante.

Huile essentielle. — L'huile essentielle qu'on extrait de la moutarde noire est citrine ou incolore, très-âcre, très-irritante, très-odorante, peu soluble dans l'eau, mais se dissolvant dans l'alcool et l'éther.

Huile fine. — La graine de moutarde noire contient de 25 à 28 d'huile grasse et verdâtre. Cette huile est employée dans la médecine et les arts; elle est aussi douce que l'huile d'olive, ce qui forme un contraste avec la saveur âcre de la la graine, mais elle a une saveur désagréable.

Usages. — A. GRAINES. — La *graine de moutarde noire* est excitante et antiscorbutique, rubéfiante et vésicante. On l'emploie seule ou mêlée à d'autres substances.

La *graine de moutarde blanche* jouit des mêmes propriétés, mais ordinairement on l'utilise entière intérieurement.

B. FARINE. — La farine sert à faire des cataplasmes, des sinapismes, etc.

C. HUILE ESSENTIELLE. — L'essence de moutarde entre dans la composition des pommades rubéfiantes, des lotions irritantes, des potions excitantes, etc.

SECTION IX.

Guimauve.

(Ἀλθαύω, guérir; allusion aux propriétés de la plante.)

ALTHEA OFFICINALIS, L.

Plante dicotylédone de la famille des Malvacées.

Anglais. — Marsh-mallow.	*Italien.* — Malvavisco.
Allemand. — Libisch.	*Espagnol.* — Malvavisco.
Danois. — Icisk.	*Portugais.* — Malvavisco.
Russe. — Podswonok.	*Hollandais.* — Heemst.

Historique. — Mode de végétation. — Composition. — Terrain. — Multiplication. — Soins d'entretien. — Récolte : feuilles, fleurs, racines. — Valeur commerciale. — Falsification. — Usages.

Historique. — Cette plante est très-ancienne. Dioscoride et Théophraste ont signalé ses propriétés émollientes.

On la rencontre à l'état indigène dans diverses parties de l'Europe, et on la cultive presque partout comme plante médicinale.

Mode de végétation. — La guimauve officinale est vivace. Sa racine a la grosseur du doigt; elle est longue, pivotante, cylindrique, grisâtre au dehors et blanche intérieurement. Ses tiges sont droites, hautes de 1ᵐ à 1ᵐ,40, un peu rameuses et légèrement cotonneuses. Ses feuilles sont alternes, pétiolées, ovales, cordiformes, dentées, à 3 ou 5 lobes inégaux, duveteuses. Ses fleurs sont presque sessiles, réunies dans les aisselles des feuilles supérieures; leur calice est à 5 divisions et contient 5 pétales en cœur, blanc rosé et réunis par leur base. Leurs fruits sont composés de plusieurs capsules monospermes.

Cette plante est très-rustique.

Composition. — La racine de la guimauve contient de la

gomme, de l'amidon, de l'albumine, du sucre de canne, de l'asparagine, une huile fine et une matière colorante jaune.

Terrain. — On ne peut cultiver en grand la guimauve que lorsqu'on est à même de la planter sur des terres profondes, fraîches et de consistance moyenne. Ordinairement les racines se développent mal quand elles végètent sur des terres fortes ou sur des sols secs et légers manquant de profondeur.

Les terres de jardin lui conviennent très-bien.

Multiplication. — On la multiplie par éclats de pieds et même par tronçons de racines qu'on arrache et qu'on transplante en octobre ou novembre sur un terrain bien ameubli.

Les éclats de pieds ou les boutures de racines doivent être plantés en lignes, à 0^m,40 ou 0^m,50 les uns des autres.

Soins d'entretien. — Chaque année, pendant le printemps et l'été, on exécute des binages. Le sol doit toujours être meuble et propre.

La guimauve occupe une, deux ou trois années le même terrain, selon la volonté de l'agriculteur qui la cultive, et selon aussi les produits qu'on lui demande.

Quand elle doit persister sur le même champ pendant plusieurs années, au mois de novembre on coupe les tiges et on laboure le sol en évitant d'endommager les racines.

Récolte. — La guimauve fournit trois produits : 1° des feuilles ; 2° des fleurs ; 3° des racines.

A. FEUILLES. — On récolte les feuilles au mois de juin, avant l'épanouissement des fleurs, et on les fait sécher sur des claies d'osier placées à mi-ombre et dans un courant d'air, ou on les étend en couche mince sur le plancher d'un grenier aéré.

Ces feuilles sont sèches quand elles sont pour ainsi dire cassantes.

100 kilogr. de feuilles fraîches donnent, par la dessiccation, de 12 à 14 kilogr. de feuilles sèches.

B. Fleurs. — Les fleurs se cueillent en juillet et août, à mesure qu'elles s'épanouissent.

On les fait sécher à l'abri de la pluie, c'est-à-dire dans une chambre ou un grenier ou dans une étuve.

Quand elles sont sèches, on les renferme dans des caisses ou des tonneaux ou des sacs, afin qu'elles ne restent pas exposées à la poussière et à l'action de l'air.

100 kilogr. de fleurs fraîches donnent de 16 à 18 kilogr. de fleurs sèches.

C. Racines. — On arrache les racines de guimauve pendant l'automne ou l'hiver.

On les vend à l'état frais ou après les avoir desséchées.

Quand on doit les faire sécher, après l'arrachage on les lave avec soin, on les racle avec un couteau ou on les pèle, et on divise les plus grosses en morceaux ayant environ $0^m,01$ de diamètre. Alors, on coupe ces morceaux et les petites et moyennes racines en fragments ayant $0^m,09$ à $0^m,12$ de longueur, puis on les enfile en longs chapelets qu'on suspend dans un local sec ou dans une étuve.

La dessiccation des racines de la guimauve est longue à cause du mucilage qu'elles contiennent. Dans le midi, on précipite quelquefois cette dessiccation en exposant les racines à l'action de la chaleur d'un four. Cette opération exige qu'on s'assure de temps à autre de l'état des racines. Lorsque celles-ci restent longtemps exposées à une forte chaleur, elles roussissent et n'ont plus autant de valeur vénale.

On peut opérer leur dessiccation en les étendant en couche mince sur des claies placées dans une étuve.

100 kilogr. de racines fraîches donnent de 33 à 36 kilogr. de racines sèches.

On doit conserver la racine sèche de guimauve à l'abri de
l'humidité, soit dans des sacs, soit dans des vases fermés.

Valeur commerciale. — La racine sèche non mondée se
vend de 70 à 80 fr. les 100 kilogr. Le prix de la racine blanchie varie entre 120 et 140 fr.

La racine de guimauve que l'on a préparée est désignée
sous le nom de *guimauve ratissée*.

B. FLEURS. — La fleur sèche vaut de 220 à 250 fr. les
100 kilogr.

C. FEUILLES. — Le prix des feuilles varie entre 90 et 100 fr.
les 100 kilogr.

Falsification. — On fraude les racines qui n'ont pas une
belle teinte blanche en les traitant par la chaux. Quelquefois
on leur mêle des racines de rose trémière ou passe-rose,
dans le but d'augmenter la quantité qu'on peut livrer à la
vente.

Usages. — La racine, les feuilles et les fleurs de la guimauve sont employées en médecine. Toutes ses parties sont
émollientes et adoucissantes au plus haut degré.

La racine sert à préparer les pâtes et les sirops de guimauve. On l'emploie en poudre dans la préparation de divers médicaments. 100 kilogr. de racines sèches en produisent environ 90 kilogr.

CHAPITRE II.

PLANTES INDIGÈNES.

Aconit Napel. — ACONITUM NAPELLUS, L.

Habitat. — L'aconit napel ou *fève de loup*, *capuce* ou *napel*, est vivace et commune dans les lieux frais ou humides des montagnes.

Parties usitées. — Les racines et les feuilles.

Récolte. — On récolte l'aconit napel au mois de juin. On dispose les feuilles en guirlandes ou chapelets qu'on suspend dans un séchoir. Il est nécessaire qu'elles conservent une belle couleur verte.

Propriétés. — Les feuilles de l'aconit napel sont narcotiques et vénéneuses.

Aigremoine. — AGRIMONIA EUPATORIA, L.

Habitat. — Cette plante est vivace et commune dans les bois, les prairies, et le long des haies et des chemins.

Parties usitées — Les feuilles et les sommités.

Récolte. — On récolte l'aigremoine pendant l'été, au fur et à mesure des besoins.

Propriétés. — Les feuilles et les sommités ont, à l'état frais, une odeur aromatique très-agréable et une saveur un peu amère et astringente. Ces parties perdent leur odeur et leur saveur par la dessiccation.

Dans le nord, on les emploie souvent en guise de thé.

Alleluia. — OXALIS ACETOSELLA, L.

Habitat. — Cette plante, que l'on nomme *surelle*, *pain de coucou*, *oseille à trois feuilles*, *trèfle aigre*, *oseille de bûcheron*, est vivace et commune dans les bois et les lieux ombragés.

Parties usitées. — Toute la plante.

Récolte. — On la récolte au moment de l'épanouissement des fleurs, et on l'emploie à l'état frais.

Propriétés. — L'alleluia a une saveur acide très-agréable; elle est rafraîchissante, antiscorbutique et diurétique.

Ancolie. — AQUILEGIA VULGARIS, L.

Habitat. — L'ancolie croît naturellement dans les bois et le long des haies; elle est vivace.

Parties usitées. — La racine, les feuilles et les fleurs.

Récolte. — On arrache les plantes quand elles sont en fleur, et on les dessèche avec soin. Les fleurs perdent facilement leur couleur quand on les conserve dans des lieux humides.

Propriétés. — L'ancolie est apéritive, diurétique et anti-scorbutique.

Armoise. — ARTEMISIA VULGARIS, L.

Habitat. — Cette plante est vivace et très-commune dans les lieux incultes. On la désigne souvent sous les noms de *couronne de saint Jean, herbe de la Saint Jean.*

Parties usitées. — La racine, les feuilles et les sommités.

Récolte. — On récolte l'armoise au mois de juin ou dans la première quinzaine de juillet. On détache les feuilles, on en fait des guirlandes qu'on suspend dans un séchoir. Les sommités doivent être réunies en petits paquets.

Propriétés. — L'armoise est aromatique; ses feuilles et ses sommités ont une saveur un peu amère. Sa racine a une saveur douce.

Les parties vertes sont toniques, stimulantes et antispasmodiques.

Arnica. — ARNICA MONTANA, L.

Habitat. — Cette plante est connue sous les noms de *bétoine des Vosges, plantain des Alpes, tabac des Savoyards;* on la rencontre sur les parties élevées et ombragées des lieux montagneux; elle est vivace.

Parties usitées. — Les racines, les feuilles et les fleurs.

Récolte. — On récolte les racines en septembre, et les fleurs pendant le mois de juillet. On monde les unes et les autres, et on les fait sécher au soleil ou dans une étuve.

Propriétés. — L'arnica est tonique, apéritive, émétique, purgative et sudorifique, suivant la dose qu'on administre.

Arrête-Bœuf. — ONONIS ARVENSIS, Lam.

Habitat. — L'arrête-bœuf ou *bugrame* croît communément dans les lieux incultes; elle est vivace.

Parties usitées. — La racine.

Récolte. — On l'arrache à toutes les époques, et on la fait ensuite sécher. Elle est bien préparée quand elle est grise extérieurement et blanche en dedans.

Propriétés. — La racine est apéritive et diurétique.

Arum. — ARUM VULGARE, L.

Habitat. — Cette plante est vivace et commune dans les lieux humides et ombragés.

Parties usitées. — La racine et les feuilles.

Récolte. — On récolte les feuilles à la fin de l'été, avant la fructification; les racines doivent être arrachées au printemps ou à l'automne. On les vend à l'état frais.

Propriétés. — Les feuilles sont très-vénéneuses. La racine est résolutive, expectorante et purgative.

Aurone. — ARTEMISIA ABROTANUM, L.

Habitat. — Ce sous-arbrisseau est souvent désigné sous les noms de *citronnelle, armoise citronnelle;* il végète sur le bord des vignes dans le midi, et exhale une odeur de citron.

Parties usitées. — Les feuilles, les sommités et les graines.

Récolte. — On les récolte pendant l'été, et on les fait ensuite sécher.

Propriétés. — Ces parties sont stimulantes, sudorifiques et vermifuges.

Ballote noire. — BALLOTA NIGRA, L.

Habitat. — Cette plante est aussi connue sous le nom de *marrube noir;* elle est vivace et commune le long des haies, des murs et dans les lieux incultes.

Parties usitées. — Les feuilles et les sommités fleuries.

Récolte. — On les récolte pendant les mois de juillet et août. On la dessèche très-aisément.

Propriétés. — Elle est tonique, antispasmodique et vermifuge.

Barbarée. — Erysimum barbarea, L.

Habitat. — On trouve cette plante dans les lieux humides; elle est vivace. On la nomme vulgairement *herbe aux charpentiers, herbe de sainte Barbe.*

Parties usitées. — Les feuilles.

Récolte. — On coupe la plante avant la floraison; on l'emploie à l'état frais.

Propriétés. — Les feuilles sont antiscorbutiques, diurétiques et détersives.

Bardane. — Arctium lappa, L.

Habitat. — Cette plante est très-connue sous le nom d'*herbe aux teigneux*; elle est vivace et commune dans le voisinage des habitations.

Parties usitées. — La racine et les feuilles.

Récolte. — On arrache les racines en octobre, on les monde, on les coupe par rouelles, et on les fait sécher au soleil ou dans une étuve. On doit choisir les moins ligneuses.

Propriétés. — Les racines sont sudorifiques, diurétiques et dépuratives. Les feuilles sont résolutives et détersives; on les emploie à l'état frais.

Beccabunga. — Veronica beccabunga, L.

Habitat. — Cette véronique est vivace; elle croît sur les bords des ruisseaux.

Parties usitées. — La plante verte.

Récolte. — On la coupe quand elle est prête à fleurir. Il est nécessaire de choisir les pieds exposés au soleil.

Propriétés. — Elle est excitante, antiscorbutique et diurétique.

Belladone. — Atropa belladona, L.

Habitat. — Cette plante est vivace, et croît dans un grand nombre de situations. Elle est commune dans le Midi.

Parties usitées. — Toute la plante.

Récolte. — On récolte les feuilles au mois de juin, les fruits en août, et les racines en septembre.

On fait sécher les feuilles en les disposant en guirlandes, les racines en les coupant en rouelles. Cette dessiccation se fait dans une étuve ou au soleil.

Propriétés. — La belladone est un poison violent. Elle entre dans diverses préparations pharmaceutiques.

Benoîte. — GEUM URBANUM, L.

Habitat. — Cette plante croît dans les lieux ombragés et sur les terrains frais. Elle est vivace, et connue sous les noms d'*herbe de saint Benoît, herbe bénite, racine de giroflée.*

Parties usitées. — La racine.

Récolte. — Quand on doit l'employer fraîche, on la récolte aux mois de juin et de juillet, et lorsqu'on veut la dessécher, on l'arrache en octobre. On la fait sécher à l'ombre et à une chaleur douce, afin qu'elle conserve une partie de son arome.

Propriétés. — Elle est astringente, tonique, fébrifuge et excitante.

Bétoine. — BETONICA OFFICINALIS, L.

Habitat. — Cette plante vivace croît dans les bois et les lieux ombragés.

Parties usitées. — Les racines, les feuilles et les fleurs.

Récolte. — On la récolte en juillet et août, au moment de l'épanouissement des fleurs.

Propriétés. — Elle entre dans diverses préparations pharmaceutiques.

Bistorte. — POLYGONUM BISTORTA, L.

Habitat. — Cette plante, nommée *renouée bistorte*, est commune dans les prairies et les pâturages; elle est vivace.

Parties usitées. — La racine.

Récolte. — On l'arrache en décembre, et on la dessèche dans un local couvert.

Propriétés. — Elle est astringente.

Bouillon blanc. — VERBASCUM THAPSUS, L.

Habitat. — Cette plante, que l'on appelle *molène, herbe de saint Fiacre, cierge de Notre-Dame*, est bisannuelle, elle est commune dans les endroits pierreux et incultes.

Parties usitées. — Les feuilles et les fleurs.

Récolte. — On récolte les fleurs au fur et à mesure qu'elles s'épanouissent. On doit les dessécher rapidement.

Propriétés. — Les feuilles et les fleurs sont pectorales, adoucissantes, émollientes et antispasmodiques.

Bourrache. — BORRAGO OFFICINALIS, L.

Habitat. — Cette plante est annuelle; on la rencontre dans les lieux cultivés.

Parties usitées. — Les feuilles et les fleurs.

Récolte. — On cueille les fleurs en juillet, on les monde et on les fait sécher avec précaution. La plante entière se récolte en pleine fleur. On la dessèche au soleil.

Propriétés. — La bourrache est émolliente, sudorifique et diurétique.

Bourse à pasteur. — THLASPI BURSA PASTORIS, L.

Habitat. — Cette plante est annuelle; on la rencontre partout. On l'appelle aussi *boursette, tabouret* et *bourse à berger.*

Parties usitées. — La plante à l'état frais.

Récolte. — On la récolte avant la floraison.

Propriétés. — Elle est astringente.

Brunelle. — BRUNELLA VULGARIS, L.

Habitat. — La brunelle est commune dans les prés, et aux bords des chemins et des bois.

Parties usitées. — La plante à l'état frais.

Récolte. — On l'arrache quand elle est en fleur.

Propriétés. — Elle est astringente, vulnéraire et détersive.

Bryone. — BRYONIA ALBA, L.

Habitat. — Cette plante, que l'on nomme *navet du diable, racine vierge, ipécacuanha indigène, couleuvrée, vigne blanche,* est très-commune dans les haies.

Parties usitées. — Sa racine sèche ou fraîche.

Récolte. — Quand on veut la faire sécher, on l'arrache en automne ou pendant l'hiver, on la nettoie et on la divise en rondelles que l'on enfile en guirlandes.

Propriétés. — Cette racine est très-vénéneuse, vomitive, purgative, vermifuge, résolutive, etc.

Caille-lait. — Gallium verum, L.

Habitat. — Cette plante vivace est commune dans les prés secs et le long des bois.

Parties usitées. — Les feuilles et les sommités fleuries.

Récolte. — On récolte le caillé-lait lorsqu'il est en fleur. On le fait sécher aussi promptement que possible après l'avoir disposé en guirlandes. On le conserve à l'abri de l'air.

Propriétés. — Cette plante est sudorifique, antispasmodique et un peu astringente.

Cardamine. — Cardamine pratensis, L.

Habitat. —Cette crucifère, appelée souvent *cresson des prés*, est vivace et très-abondante dans les prairies humides.

Parties usitées. — La plante à l'état frais.

Propriétés. — Elle est antiscorbutique.

Carline. — Carlina acaulis, L.

Habitat. — Cette plante vivace végète sur les montagnes du midi. On l'appelle souvent *chardonnette*.

Parties usitées. — La racine.

Récolte. — On la récolte en automne, et on la livre de suite au commerce. Il faut éviter qu'elle moisisse.

Propriétés. — Elle est sudorifique, tonique et diurétique.

Cataire. — Nepeta cataria, L.

Habitat. — Cette labiée est désignée sous les noms de *menthe de chat, herbe aux chats ;* elle est vivace et végète dans les lieux arides et pierreux.

Parties usitées. — Les sommités fleuries qu'on récolte pendant tout l'été.

Propriétés. — La cataire est tonique, excitante et stomachique.

Centaurée. — Chironia centaurium, Sm.

Habitat. — Cette gentianée est commune dans les bois et les terres sablonneuses. Elle est annuelle et connue sous les noms de *centaurelle, herbe à la fièvre, gentiane centaurée, petite centaurée.*

Parties usitées. — Les sommités fleuries.

Récolte. — On les récolte en juillet et en août et on les dessèche très-promptement à l'abri du soleil.

Propriétés. — Cette plante est tonique, vermifuge, stomachique et fébrifuge.

Chardon béni. — CENTAUREA BENEDICTA, L.

Habitat. — Cette carduacée croît naturellement dans le midi.

Parties usitées. — Les feuilles et les fleurs.

Récolte. — On les récolte en juin et on les dessèche très-rapidement au soleil.

Propriétés. — Les unes et les autres sont toniques, fébrifuges, diurétiques et sudorifiques.

Chausse-trappe. — CENTAUREA CALCITRAPA, L.

Habitat. — Cette plante est vivace et indigène ; on la nomme aussi *centaurée étoilée, chardon étoilé*.

Parties usitées. — Toute la plante.

Récolte. — On la récolte avant l'épanouissement des fleurs.

Propriétés. — Les racines sont diurétiques ; les feuilles sont toniques et fébrifuges.

Chélidoine. — CHELIDONIUM MAJUS, L.

Habitat. — Cette papavéracée est vivace et croît sur les vieux murs, dans les haies et les lieux incultes. On l'appelle *grande éclaire* et *éclaire*.

Parties usitées. — Toute la plante.

Récolte. — On la récolte avant l'épanouissement des fleurs et on la fait sécher. Les plantes de hauteur moyenne sont celles qu'il faut préférer.

Propriétés. — Elle est excitante, diurétique et purgative. Elle est vénéneuse si on l'administre à haute dose.

Chiendent. — TRITICUM REPENS, L.

Habitat. — Cette graminée est vivace et très-connue.

Parties usitées. — Les tiges souterraines ou jets traçants.

Récolte. — On les récolte à la fin de l'été, on les bat pour les débarrasser de leur enveloppe et on les fait sécher.

Propriétés. — Les racines sont rafraîchissantes, émollientes et diurétiques.

Ciguë. — CONIUM MACULATUM, L.

Habitat. — Cette ombellifère est bisannuelle et commune dans les lieux frais et les bois. On l'appelle *grande ciguë, ciguë officinale.*
Parties usitées. — Les feuilles et les fruits.
Récolte. — On récolte les feuilles avant ou pendant la floraison et on les dessèche dans un local obscur. On les emploie souvent à l'état vert.
Propriétés. — La grande ciguë est très-vénéneuse.

Clématite des haies. — CLEMATIS VITALBA, L.

Habitat. — On rencontre cette renonculacée dans les haies. On l'appelle *herbe aux gueux, viorme, vigne blanche.*
Parties usitées. — Les feuilles et les fleurs.
Récolte. — On récolte les feuilles avant la floraison et on les fait sécher.
Propriétés. — Les feuilles et les fleurs sont irritantes, rubéfiantes et vésicantes.

Cochléaria. — COCHLEARIA OFFICINALIS, L.

Habitat. — Cette crucifère est commune sur les bords de la mer et sur les plus hautes montagnes.
Parties usitées. — Toute la plante.
Récolte. — On la récolte pendant sa floraison et on la livre aussitôt aux pharmacies.
Propriétés. — Le cochléaria est diurétique, excitant et antiscorbutique.

Colchique d'automne. — COLCHICUM AUTOMNALE, L.

Habitat. — Cette plante bulbeuse croît dans les prairies. On la nomme *tue-chien, safran bâtard, safran des prés.*
Parties usitées. — Les bulbes, les fleurs et les graines.
Récolte. — On récolte les fleurs en septembre et les bulbes en juillet. On fait sécher ces derniers et on les conserve dans un lieu sec.
Propriétés. — Cette plante est très-vénéneuse.

Consoude. — SYMPHYTUM OFFICINALE, L.

Habitat. — Cette borraginée, désignée souvent sous le nom de *consoude officinale*, est commune dans les prairies.

Parties usitées. — La racine.

Récolte. — On arrache la racine en tout temps, on la divise longitudinalement en diverses parties et on la fait ensuite sécher.

Propriétés. — Cette racine est émolliente, mucilagineuse et adoucissante.

Coquelicot. — PAPAVER RHEAS, L.

Habitat. — Cette papavéracée croît dans les céréales cultivées sur les sols calcaires.

Parties usitées. — Les pétales.

Récolte. — On récolte les pétales pendant la floraison et on les fait sécher en les étendant sur du papier. On les conserve dans des boîtes déposées dans un local sec.

Propriétés. — Ces fleurs sont sudorifiques, calmantes et un peu narcotiques.

Cyclamen. — CYCLAMEN EUROPÆUM, L.

Habitat. — Cette primulacée est aussi connue sous le nom de *pain de pourceau;* on la rencontre dans les bois et les lieux ombragés.

Parties usitées. — La racine.

Récolte. — On la récolte en automne, on la livre verte aux pharmacies.

Propriétés. Cette racine est purgative, vermifuge et résolutive.

Dentelaire. — PLUMBAGO EUROPÆA, L.

Habitat. — Cette plante est commune dans les lieux arides du midi ; on l'appelle *herbe aux cancers.*

Parties usitées. — La racine fraîche.

Propriétés. — Elle est vésicante et rubéfiante.

Digitale. — DIGITALIS PURPUREA, L.

Habitat. — Cette scrophularinée est commune dans les terrains schisteux et les bois sablonneux. On l'appelle quelquefois *gant de Notre-Dame.*

Parties usitées. — Les feuilles.

Récolte. — On récolte les feuilles en juin avant l'épanouissement des fleurs, on les dispose en guirlandes et on les fait sécher le plus promptement possible. On les conserve dans une boîte fermée.

Propriétés. — La digitale est sédative, narcotique et vénéneuse.

Douce-amère. — SOLANUM DULCAMARA, L.

Habitat. — Cette solanée est commune dans les lieux humides.

Parties usitées. — Les feuilles et les rameaux de l'année.

Récolte. — On récolte ces parties pendant l'été.

Propriétés. — La douce-amère est sudorifique, dépurative et légèrement narcotique.

Eupatoire à feuilles de chanvre. — EUPATORIUM CANNABINUM, L.

Habitat. — Cette plante se rencontre sur le bord des eaux et dans les prairies humides.

Parties usitées. — Les feuilles.

Récolte. — On les récolte avant l'épanouissement des fleurs.

Propriétés. — L'eupatoire est purgative, stimulante et apéritive.

Euphorbe épurge. — EUPHORBIA LATHYRIS, L.

Habitat. — Cette plante est commune dans les terrains sablonneux et boisés.

Parties usitées. — La racine, les feuilles et les graines.

Récolte. — On récolte la racine en automne ou au printemps et les feuilles pendant l'été. On dessèche l'une et l'autre.

Propriétés. — Cette euphorbe est très-purgative et rubéfiante.

Fougère mâle. — POLYPODIUM FILIX MAS, L.

Habitat. — Cette fougère est très-commune dans les bois et dans les lieux montueux.

Parties usitées. — La souche souterraine.

Récolte. — On l'arrache pendant l'hiver si on doit la dessécher et durant l'été quand on doit l'employer à l'état frais. On la monde avant de la faire sécher.

Propriétés. — Cette racine est ténifuge.

Fumeterre officinale. — FUMARIA OFFICINALIS, L.

Habitat. — Cette plante est annuelle et très-commune dans les champs et dans les jardins.

Parties usitées. — Toute la plante.

Récolte. — On la récolte à la fin du printemps quand elle commence à fleurir et on la fait sécher très-rapidement.

Propriétés. — Elle est tonique, dépurative et vermifuge.

Gentiane jaune. — GENTIANA LUTEA, L.

Habitat. — Cette plante croît dans les Alpes, les Pyrénées et l'Auvergne.

Parties usitées. — La racine.

Récolte. — On la récolte à la deuxième année après la chute des feuilles, on la monde, on la coupe par rouelles et on la fait sécher.

Propriétés. — Cette racine est amère, antiseptique, fébrifuge et vermifuge.

Germandrée. — TEUCRIUM CHAMÆDRYS, L.

Habitat. — Cette labiée abonde dans les lieux montueux ou boisés, secs, sablonneux ou calcaires. On la désigne souvent sous les noms de *petit chêne, sauge amère.*

Parties usitées. — Les feuilles et les sommités fleuries.

Récolte. — On récolte la germandrée en juin et on la fait sécher à mi-soleil après l'avoir mise en petites bottes.

Propriétés. — Elle est amère et tonique.

Gratiole. — GRATIOLA OFFICINALIS, L.

Habitat. — Cette scrofularinée est vivace et commune dans les lieux humides. On l'appelle *grâce de Dieu, petite digitale, herbe à pauvre homme.*

Parties usitées. — La racine et les parties herbacées.

Récolte. — On l'exécute pendant la floraison. On fait ensuite sécher et les racines et les tiges.

Propriétés. — Cette plante est irritante et éménocatarthique.

Hièble. — SAMBUSCUS EDULIS, L.

Habitat. — Cette plante est commune dans les champs humides et le long des chemins. On la nomme aussi *sureau yèble.*

Parties usitées. — Toute la plante.

Récolte. — On récolte les fleurs en juin, les feuilles en juillet et les racines en automne. Les fleurs doivent être séchées avec beaucoup de soin.

Propriétés. — Cette plante est purgative, diurétique et sudorifique.

Iris commun. — IRIS GERMANICA, L.

Habitat. — Cette plante est vivace et végète sur les vieux murs et les lieux incultes.

Parties usitées. — La souche souterraine.

Récolte. — On la récolte en été et on la prépare comme la racine de l'*Iris de Florence.*

Propriétés. — Elle est excitante, expectorante et diurétique.

Joubarbe des toits. — SEMPERVIVUM TECTORUM, L.

Habitat. — Cette plante, appelée *grande joubarbe*, est commune sur les toiles de chaumes et les vieux murs.

Parties usitées. — Les feuilles employées fraîches et récoltées avant le développement de la tige.

Propriétés. — La joubarbe est astringente, détersive et antispasmodique.

Joubarbe brûlante. — SEDUM ACRE, L.

Habitat. — Cette plante est connue sous les noms de *vermiculaire, sedon âcre, orpin brûlant, pain d'oiseau;* elle croît sur les terrains secs et pierreux et les anciens murs.

Parties usitées. — Toute la plante.

Récolte. — On la récolte en automne et on la fait sécher dans un four.

Propriétés. — Elle est vénéneuse, diurétique et résolutive.

Jusquiame noire. — HYOCIAMUS NIGER, L.

Habitat. — Cette plante est commune dans les lieux incultes et près des habitations.

Parties usitées. — La racine, les feuilles et les graines.

Récolte. — On la récolte avant la floraison, et on la fait sécher très-promptement dans une étuve.

Propriétés. — Cette plante est narcotique, sédative et antispasmodique. Elle est très-vénéneuse.

Lierre terrestre. — GLECOMA HERDERACEA, L.

Habitat. — Cette labiée est vivace et abonde dans les lieux frais et ombragés. On l'appelle souvent *herbe de Saint-Jean, couronne de terre.*

Parties usitées. — Les feuilles et les sommités.

Récolte. — On les récolte à la fin du printemps, on les monde et on les fait sécher au soleil. On doit les conserver dans un lieu sec.

Propriétés. — Cette plante est tonique, détersive et résolutive.

Marrube blanc. — MARRUBIUM VULGARE, L.

Habitat. — Cette labiée appelée aussi *herbe vierge*, croît sur le bord des chemins et les lieux incultes.

Parties usitées. — Les feuilles et les sommités.

Récolte. — On l'exécute avant l'épanouissement des fleurs. On les fait sécher au soleil.

Propriétés. — La marrube est expectorante, tonique et emménagogue.

Mauve. — MALVA SYLVESTRIS, L.

Habitat. — Cette malvacée est commune dans les lieux incultes.

Parties usitées. — Les fleurs et les feuilles.

Récolte. — On cueille les feuilles en juin et juillet et les fleurs pendant l'été. On doit les sécher avec soin.

Propriétés. — Cette plante est très-émolliente.

Mélilot. — MELILOTUS OFFICINALIS, L.

Habitat. — Cette légumineuse est commune dans les champs et le long des chemins.

Parties usitées. — Les sommités fleuries.

Récolte. — On les récolte pendant l'été et on les met en petites bottes qu'on fait sécher au soleil.

Propriétés. — Le mélilot est émollient, carminatif et résolutif.

Mercuriale officinale. — MERCURIALIS ANNUA, L.

Habitat. — Cette euphorbiacée est connue sous les noms de *rimberge*, *foirole* et *ortie bâtarde*; elle abonde dans les lieux cultivés et surtout dans les jardins.

Parties usitées. — La plante entière.

Récolte. — On l'arrache avant la floraison et on la vend à l'état frais.

Propriétés. — Cette plante est purgative et laxative.

Millefeuille. — ACHILLEA MILLEFOLIUM, L.

Habitat. — Cette plante est désignée ordinairement sous les noms de *sourcils de Vénus*, *herbe aux coupures*, *herbe aux charpentiers*; elle abonde dans les lieux incultes.

Parties usitées. — Les feuilles et les sommités fleuries.

Récolte. — On les récolte pendant la floraison.

Propriétés. — Cette plante est tonique, stimulante, antispasmodique et fébrifuge.

Millepertuis. — HYPERICUM PERFORATUM, L.

Habitat. — Cette plante appelée *chasse-diable* est vivace et se rencontre dans les clairières des bois.

Parties usitées. — Les sommités fleuries.

Récolte. — Elle se fait quand les fleurs s'épanouissent. Les fleurs sèches les plus recherchées sont celles qui ont conservé leur couleur jaune.

Propriétés. — Cette plante est diurétique et fébrifuge.

Morelle noire. — SOLANUM NIGRUM, L.

Habitat. — Cette solanée est annuelle et commune dans les lieux cultivés et incultes. On la nomme *herbe aux magiciens*.

Parties usitées. — La plante entière.

Récolte. — On l'opère quand les baies sont mûres. On dessèche les plantes dans une étuve.

Propriétés. — Cette plante est narcotique et ses fruits sont vénéneux.

Narcisse des prés. — NARCISSUS SPEUDO NARCISSUS, L.

Habitat. — Cette amaryllidée ou *narcisse jaune*, *faux narcisse*, se rencontre dans les prés et les bois.

Parties usitées. — Les bulbes, les feuilles et les fleurs.

Récolte. — Ces parties doivent être desséchées; on récolte les bulbes au mois de juillet.

Propriétés. — Ce narcisse est vomitif et antispasmodique.

Nénufar. — NYMPHEA ALBA, L.

Habitat. — Cette plante végète à la surface des étangs. On l'appelle *lis d'eau, lis des étangs, baratte, volet blanc*.

Parties usitées. — Les racines et les fleurs.

Récolte. — On divise les racines en lanières et on les fait sécher très-rapidement.

Propriétés. — Le nénufar est émollient et rafraîchissant.

Origan. — ORIGANUM VULGARE, L.

Habitat. — Cette labiée est commune dans les lieux secs et montueux.

Parties usitées. — Les sommités fleuries.

Récolte. — On les cueille quand les fleurs sont épanouies et on les fait sécher.

Propriétés. — Cette plante est stimulante, sudorifique et emménagogue.

Patience. — RUMEX PATIENTIA, L.

Habitat. — Cette plante, appelée *parelle*, croît dans les pâturages des montagnes.

Parties usitées. — La racine.

Récolte. — On l'arrache en tout temps, on la nettoie, on la divise et on la fait sécher au soleil.

Propriétés. — Elle est tonique, laxative et dépurative.

Pensée sauvage. — VIOLA TRICOLOR, L.

Habitat. — Cette violacée est commune dans les lieux sablonneux. On la nomme aussi *fleur de la Trinité, violette tricolore*.

Parties usitées. — Toute la plante en fleur.

Récolte. — On l'opère pendant le printemps et l'été et on dessèche les plantes très-rapidement afin qu'elles restent verdâtres.

Propriétés. — La pensée sauvage est diurétique, laxative et dépurative.

Pissenlit. — LEONTODON TARAXACUM, L.

Habitat. — Cette plante se rencontre partout.

Parties usitées. — Toute la plante, qu'on emploie toujours fraîche.

Propriétés. — Le pissenlit est tonique, diurétique et dépuratif.

Pulmonaire officinale. — PULMONARIA OFFICINALIS, L.

Habitat. — La pulmonaire ou *herbe aux poumons* végète dans les bois ombragés.

Parties usitées. — Les feuilles et les fleurs, qu'on emploie fraîches ou sèches.

Récolte. — On l'opère à l'époque de la floraison.

Propriétés. — Cette plante est émolliente, adoucissante et pectorale.

Pulsatille. — ANEMONE PULSATILLA, L.

Habitat. — La pulsatille ou *fleur de Pâques* se rencontre dans les lieux et les bois secs et sablonneux.

Parties usitées. — Toute la plante.

Récolte. — On récolte la pulsatille avant qu'elle épanouisse ses fleurs.

Propriétés. — Cette plante est vésicante et rubéfiante.

Reine des prés. — SPIRÆA ULMARIA, L.

Habitat. — Cette rosacée est commune dans les prés et les bois humides.

Parties usitées. — Toutes les parties de la plante.

Récolte. — On arrache la reine des prés quand elle est en fleur et on la sèche au soleil.

Propriétés. — Elle est astringente et tonique.

Rue officinale. — RUTA GRAVEOLENS, L.

Habitat. — Cette plante est commune dans la région méridionale.

Parties usitées. — Les feuilles.

Récolte. — On coupe les tiges avant l'épanouissement des fleurs et on les dessèche avec soin.

Propriétés. — La rue est stimulante, antispasmodique et anthelmintique.

Saponaire officinale. — SAPONARIA OFFICINALIS, L.

Habitat. — La saponaire, ou *savonnière*, *herbe à foulon*, est vivace et commune sur les bords des eaux vives, des haies et des bois.

Parties usitées. — Toute la plante.

Récolte. — On l'opère en juin, quand les plantes commencent à fleurir. La saponaire ne conserve pas facilement sa couleur verte. On sèche les racines dans une étuve, après les avoir mondées et divisées.

Propriétés. — Cette plante est tonique, apéritive et laxative

Sauge officinale. — SALVIA OFFICINALIS, L.

Habitat. — Cette labiée, appelée *herbe sacrée*, *grande sauge*, est commune dans les prairies existantes sur des sols calcaires.

Parties usitées. — Les feuilles et les fleurs.

Récolte. — On récolte les feuilles avant la floraison et les fleurs quand elles sont épanouies. On les fait sécher au soleil.

Propriétés. — La sauge est tonique et excitante.

Stramoine. — DATURA STRAMONIUM, L.

Habitat. — Cette solanée croît dans les champs sablonneux et sur le bord des chemins.

Parties usitées. — Les feuilles, les fleurs et les graines.

Récolte. — On récolte les feuilles avant la floraison.

Propriétés. — La stramoine est très-vénéneuse. On fume les feuilles.

Tanoisie. — TANACETUM VULGARE, L.

Habitat. — Cette plante vivace est appelée *herbe aux vers*, *herbe Saint-Marc*; on la rencontre partout.

Parties usitées. — Les feuilles, les fleurs et les semences.

Récolte. — On récolte les fleurs en été et les semences en septembre. On fait sécher les fleurs.

Propriétés. — Cette plante est excitante, tonique et emménagogue.

Tussilage. — TUSSILAGO FARFARA, L.

Habitat. — Cette plante est connue sous le nom de *pas d'âne ;* elle croît dans les sols argileux humides.

Parties usitées. — Les feuilles et les fleurs.

Récolte. — On récolte les fleurs à la fin de l'hiver et les feuilles en été. On fait sécher les fleurs dans une étuve.

Propriétés. — Les feuilles sont résolutives et les fleurs sont pectorales.

Valériane officinale. — VALERIANA OFFICINALIS, L.

Habitat. — La valériane, ou *herbe aux chats,* est commune dans les prairies humides et les bois.

Parties usitées. — La racine.

Récolte. — On la récolte au printemps avant que les plantes ne commencent à pousser, on la monde et on la dessèche à l'étuve.

Propriétés. — Elle est excitante, antispasmodique, vermifuge et fébrifuge.

Violette odorante, — VIOLA ODORATA, L.

Habitat. — Cette plante croît dans les lieux un peu couverts et le long des haies.

Parties usitées. — Les fleurs.

Récolte. — On les récolte en mars ou avril, on les monde et on les fait sécher très-rapidement. On les conserve dans un lieu sec à l'abri de la lumière.

Propriétés. — Elles sont émollientes, béchiques et légèrement laxatives.

VALEUR COMMERCIALE

DES PLANTES MÉDICINALES INDIGÈNES.

Les plantes médicinales indigènes, indiquées ci-après, se vendent à Paris sur le carreau de la halle.

Chaque kilogramme a la valeur suivante :

		fr.	c.	fr.	c.
Mars.	Fleurs de violette..................	3	»	à 4	»
	— de pas d'âne.............	2	»	à 2	20
Avril.	Fleurs d'ortie blanche...........	»	»	à 6	50
	— de narcisse des prés.......	»	90	à 1	»
Juin.	Feuilles de germandrée...........	1	25	à 1	50
	— de sauge officinale.......	1	»	à 1	20
	Sommités fleuries de mélilot......	1	»	à 1	20
	Fleurs de bourrache............	3	»	à 3	50
	— de buglosse.............	1	20	à 1	40
	— de coquelicot...........	3	»	à 3	50
	— de bouillon blanc........	2	25	à 2	50
Juillet.	Feuilles de mauve...............	»	80	à 1	»
	Fleurs de mauve...............	5	»	à 6	»
	Sommités fleuries de caille-lait...	1	20	à 1	40
Août.	Feuilles de morelle.............	1	20	à 1	40
	— de belladone............	1	60	à 1	80
	Racines de belladone............	1	80	à 2	»
	Fleurs de nénuphar.............	2	50	à 3	»
Septembre.	Racines de chiendent............	1	»	à 1	20
	— de patience.............	»	60	à »	80
	— de gentiane.............	»	40	à »	50
	— de valériane............	2	20	à 2	50
	Bulbes de colchique............	2	»	à 2	20

CALENDRIER AIDE-MÉMOIRE

OU

TABLEAU SYNTHÉTIQUE DES TRAVAUX A EXÉCUTER
MENSUELLEMENT.

—

*(Le nombre qui précède chaque article indique la page qu'il faut
consulter.)*

JANVIER.

Soins d'entretien.

207. Éclaircir le pavot à opium (Algérie).
278. Préparer les terres pour le houblon.

Récoltes.

43. Broyer et teiller le lin.
87.   —   le chanvre.
225. Récolter la canne à sucre.
192. Livrer le tabac à la régie (région du Sud-Ouest).

FÉVRIER.

Semailles.

157. Semer le tabac.
206.   — le pavot à opium.
404.   — le basilic.
409.   — le pavot médicinal.

Plantations.

131. Planter le stipe très-tenace.
261.   —   le topinambour.
282.   —   le houblon.
414.   —   la réglisse.
429. Transplanter la rhubarbe.
366. Marcotter les rosiers.
403. Bouturer le romarin.

Soins d'entretien.

 11. Labourer les terres pour le lin de mars.
 64.   —   pour le chanvre.
104.   —   pour le coton.
409.   —   le pavot blanc.
414.   —   la réglisse.
278.   —   le houblon.
287. Conduire du fumier dans les houblonnières.
367. Tailler les rosiers.
373.   —   le jasmin.

Récoltes.

 33. Rosage du lin.
 42. Blanchir le lin.
 43. Broyer et teiller le lin.
225. Récolter la canne à sucre.
325.   —   l'anis (Égypte).
352.   —   le fenouil (Égypte).
192. Livrer les tabacs à la régie (région du Nord).

MARS.

Semailles.

 14. Semer le lin de printemps.
 46.   —   le chanvre (Italie et Algérie).
105.   —   le cotonnier (Égypte).
157.   —   le tabac.
206.   —   le pavot à opium.

235. Semer le sorgho sucré (Algérie).
249.   —   la betterave à sucre.
334.   —   l'anis.
340.   —   la coriandre.
345.   —   l'angélique.
351.   —   le fenouil (région du Midi).
354.   —   le cumin.
357.   —   le carvi.
360.   —   la nigelle de Damas.
398.   —   la lavande.
401.   —   le thym.
403.   —   le romarin.
404.   —   le basilic.
405.   —   la marjolaine.
409.   —   le pavot médicinal.
418.   —   l'absinthe.
429.   —   la rhubarbe.

Plantations.

137. Planter l'asclépias de Syrie.
282.   —   le houblon.
390.   —   les oignons de tubéreuse (région du Midi).
414.   —   la réglisse.
430.   —   les drageons de la rhubarbe.
346. Transplanter l'angélique.
351.   —   le fenouil (région du Midi).
377.   —   la cassie.
429.   —   la rhubarbe.
435.   —   la camomille.
366. Marcotter les rosiers.
384. Bouturer le géranium rosat.
403.   —   le romarin.
405.   —   la marjolaine.

Soins d'entretien.

11. Labourer les terres pour le lin de mars.
65.   —   —   le chanvre.

163. Labourer les terres pour le tabac.
377. Labourer la cassie.
289. Tailler le houblon.
367.   —   les rosiers.
373.   —   le jasmin.
414. Fumer la réglisse.
390. Biner la tubéreuse.
445.   —   la guimauve.
 18. Pailler le lin de mars.
 19. Ramer le lin de mars.

Récoltes.

225. Récolter la canne à sucre.
380.   —   la violette.
391.   —   la jonquille.
 33. Rosage du lin.
 42. Blanchir le lin.
192. Livrer les tabacs à la régie (région du Nord).

AVRIL.

Semailles.

 14. Semer le lin de printemps.
 46.   —   le chanvre (région du Midi).
105.   —   le cotonnier (Malte et Alger).
157.   —   le tabac.
235.   —   le sorgho sucré (région du Midi).
249.   —   la betterave à sucre. -
334.   —   l'anis.
345.   —   l'angélique.
351.   —   le fenouil (région du Nord).
357.   —   le carvi.
377.   —   la cassie.
398.   —   la lavande.
401.   —   le thym.
404.   —   le basilic.
405.   —   la marjolaine.

429. Semer la rhubarbe.
439.   —   la mélisse.

Plantations.

282. Planter le houblon.
435.   —   les éclats enracinés de camomille.
430.   —   les drageons de la rhubarbe.
351. Transplanter le fenouil (région du Midi).
439.   —   la mélisse.
405. Bouturer la marjolaine.
401. Éclater les pieds de thym.

Soins d'entretien.

 12. Labourer les terres pour le lin de mai.
 64.   —   —   le chanvre.
163.   —   —   le tabac.
297. Biner les houblonnières.
351. — le fenouil.
384. — le géranium rosat.
409. — le pavot blanc.
377. — la cassie.
207. Éclaircir le pavot à opium.
 21. Sarcler le lin.
 70.   —   le chanvre (Italie et Algérie).
341.   —   la coriandre.
 14. Pailler le lin.
346.   —   l'angélique.
 12. Puriner le lin.
351.   —   le fenouil.
 19. Ramer le lin.
289. Teiller le houblon.
 71. Arroser le chanvre (Italie et Algérie).
293. Poser les perches dans les houblonnières.

Récoltes.

367. Récolter les roses (région du Midi).
380.   —   la violette.

391. Récolter la jonquille.
225.   —   la canne à sucre.
263. Arracher l'asphodèle blanc.
 42. Blanchir le lin.
192. Livrer les tabacs à la régie (région du Nord).

MAI.

Semailles.

 14. Semer le lin de mai.
 46.   —   le chanvre.
105.   —   le cotonnier (Malte et Alger).
182.   —   la corette textile.
236.   —   le sorgho sucré.
249.   —   la betterave à sucre.
334.   —   l'anis.

Plantations.

404. Transplanter le basilic.
372. Greffer le jasmin.

Soins d'entretien.

107. Biner le cotonnier.
341.   —   la coriandre.
378.   —   la cassie.
384.   —   le géranium rosat.
393.   —   la menthe poivrée.
414.   —   la réglisse.
430.   —   la rhubarbe.
435.   —   la camomille.
445.   —   la guimauve.
 21. Sarcler l'anis.
 70.   —   le chanvre (région du Midi).
335.   —   l'anis.
335. Éclaircir l'anis.
409.   —   le pavot médicinal.
161. Transplanter le tabac.

293. Poser les perches dans les houblonnières.
298. Taille en vert des houblons.
299. Provigner le houblon.
298. Accoler les pousses des houblons.
 21. Arroser le lin (région du Midi).
 71.   —   le chanvre (région du Midi).
346.   —   l'angélique.
351.   —   le fenouil.
374.   —   le jasmin.
 19. Ramer le lin de mai.

Récoltes.

 24. Arracher le lin d'hiver.
263.   —   l'asphodèle blanc.
346. Récolter les tiges d'angélique.
367.   —   les roses.
398.   —   la lavande.
419.   —   l'absinthe.
207.   —   l'opium (Algérie).
 35. Rouissage du lin d'un an.
 41. Hallage du lin.
 42. Blanchir le lin.

JUIN.

Semailles.

105. Semer le cotonnier.

Plantations.

357. Transplanter le carvi.
151.   —   le tabac.
372. Greffer le jasmin.

Soins d'entretien.

 21. Sarcler le lin de mai.
 70.   —   le chanvre.

107. Biner le cotonnier.
169.   —   le tabac.
238.   —   le sorgho sucré.
298.   —   les houblonnières.
414.   —   la réglisse.
419.   —   l'absinthe.
430.   —   la rhubarbe.
435.   —   la camomille.
107. Arroser le cotonnier.
238.   —   le sorgho sucré.
335.   —   l'anis.
374.   —   le jasmin.
419.   —   l'absinthe.
238. Éclaircir le sorgho sucré.
298. Accoler les pousses des houblons.
 71. Arracher l'orobanche dans les chenevières.

Récoltes.

367. Récolter les roses (région du Centre).
346.   —   les tiges d'angélique.
352.   —   le fenouil (région du Midi).
354.   —   le cumin.
358.   —   le carvi.
385.   —   le géranium rosat.
388.   —   l'héliotrope.
389.   —   le réséda.
398.   —   la lavande.
401.   —   le thym.
403.   —   le romarin.
419.   —   l'absinthe.
439.   —   la mélisse.
445.   —   les feuilles de guimauve.
207.   —   l'opium (Algérie).
 24. Arracher le lin d'hiver.
 27. Égrener le lin d'hiver.
130. Récolter les graines du stipe très-tenace.
 53. Vente du lin sur pied.

263. Arracher l'asphodèle blanc.
 35. Rouissage du lin d'un an.

JUILLET.

Plantations.

151. Transplanter le tabac.
372. Greffer le jasmin.

Soins d'entretien.

107. Biner le cotonnier.
169.   —   le tabac.
238.   —   le sorgho sucré.
298.   —   les houblonnières.
419.   —   l'absinthe.
430.   —   la rhubarbe.
445.   —   la guimauve.
107. Éclaircir le cotonnier.
238.   —   le sorgho sucré.
107. Arroser le cotonnier.
238.   —   le sorgho sucré.
374.   —   le jasmin.
419.   —   l'absinthe.
435.   —   la camomille.
335. Sarcler l'anis.
169. Butter le tabac.
300. Ébourgeonner le houblon.
174.   —   le tabac.
299. Accoler les tiges des houblons.
173. Épamprement du tabac.
171. Écimer le tabac.
170. Premier inventaire du tabac.
174. Second inventaire du tabac.
 71. Arracher l'orobanche dans les chenevières.
 71. Détruire la cuscute dans les chenevières.

Récoltes.

130. Récolter les graines du stipe très-tenace.
207. — l'opium.
341. — la coriandre.
352. — le fenouil (région du Midi).
358. — le carvi.
360. — la nigelle de Damas.
367. — les roses (région du Centre).
387. — la verveine citronnelle.
388. — l'héliotrope.
389. — le réséda.
393. — la menthe.
401. — le thym.
403. — le romarin.
405. — la marjolaine.
409. — le pavot blanc.
419. — l'absinthe.
423. — l'iris de Florence.
436. — la camomille.
439. — la mélisse.
446. — les fleurs de guimauve.
24. Arrachage du lin de printemps.
33. Rouissage du lin d'hiver.
41. Hallage du lin.
72. Arrachage du chanvre mâle.

AOUT.

Semailles.

13. Semer le lin d'hiver.
340. — la coriandre.
351. — le fenouil (région du Midi).
360. — la nigelle de Damas.

Plantations.

351. Transplanter le fenouil (région du Nord).
372. Greffer le jasmin.

Soins d'entretien.

384. Bouturer le géranium rosat.
169. Biner le tabac.
108. Arroser le cotonnier.
374.   —   le jasmin.
169. Butter le tabac.
238.   —   le sorgho sucré.
173. Épamprer le tabac.
171. Écimer le tabac.
300. Effeuiller le houblon.
300. Ébourgeonner le houblon.
174.   —   le tabac.
174. Second inventaire des pieds de tabac.

Récoltes.

 24. Arracher le lin de printemps.
 72.   —   le chanvre mâle.
 72.   —   —   femelle.
130. Récolter le stipe très-tenace.
178.   —   les feuilles de tabac.
207.   —   l'opium.
303.   —   le houblon.
335.   —   l'anis.
341.   —   la coriandre.
346.   —   les graines d'Angélique.
358.   —   le carvi.
360.   —   la nigelle de Damas.
374.   —   les fleurs dè jasmin.
378.   —   —   de la cassie.
387.   —   la verveine citronnelle.
388.   —   l'héliotrope.
389.   —   le réséda.
390.   —   la tubéreuse.
393.   —   la menthe.
404.   —   le basilic.
405.   —   la marjolaine.

409. Récolter le pavot blanc.
423.   —   l'iris de Florence.
436.   —   la camomille.
439.   —   la mélisse.
446.   —   les fleurs de guimauve.
 27. Égrenage du lin.
 33. Rosage du lin.
 32. Rouissage du lin.
 78.   —   du chanvre.
131.   —   du stipe très-tenace.

SEPTEMBRE.

Semailles.

 13. Semer le lin d'hiver.
334.   —   l'anis (Égypte).
345.   —   l'angélique.
351.   —   le fenouil (région du Midi).

Plantations.

346. Transplanter l'angélique.
351.   —   le fenouil (région du Midi).
423.   —   rhizomes d'iris.
372. Bouturer le jasmin.
372. Marcotter le jasmin.
370. Planter la jonquille.
393. Éclater les vieux pieds de menthe.
435.   —   —   de camomille.

Soins d'entretien.

351. Biner le fenouil.
374. Arroser le jasmin.

Récoltes.

 72. Arracher le chanvre femelle.
110. Récolter le coton.
177.   —   les graines de tabac.

178. Récolter les feuilles de tabac.
239.   —   le sorgho sucré.
303.   —   le houblon.
352.   —   le fenouil (région du Midi).
374.   —   le jasmin.
378.   —   la cassie.
388.   —   l'héliotrope.
389.   —   le réséda.
390.   —   la tubéreuse.
436.   —   la camomille.
439.   —   la mélisse.
 32. Rouissage du lin.
 78.   —   du chanvre.
 33. Rosage du lin.
 41. Hallage du lin.
 75. Égrenage du chanvre.
111.   —   du coton.
183. Dessiccation du tabac.
311.   —   du houblon.
316. Emballage du houblon.

OCTOBRE.

Semailles.

 13. Semer le lin d'hiver.

Plantations.

131. Planter le stipe très-tenace.
137.   —   l'asclepias de Syrie.
373.   —   le jasmin.
380.   —   la violette.
423.   —   les rhizomes d'iris.
445.   —   les racines de guimauve.
393. Éclater les vieux pieds de menthe.
435.   —   —   de camomille.
403. Transplanter les boutures de romarin.
418.   —   l'absinthe.

Soins d'entretien.

341. Biner la coriandre.
391.   —   la tubéreuse.
351. Bêcher les fenouillères.
414.   —   la réglisse.
439. Couper les tiges sèches de la mélisse.
414.   —   —   de la réglisse.

Récoltes.

110. Récolter le coton.
177.   —   les graines de tabac.
239.   —   le sorgho sucré.
352.   —   le fenouil (région du Nord).
374.   —   le jasmin.
378.   —   la cassie.
388.   —   l'héliotrope.
389.   —   le réséda.
430.   —   la rhubarbe.
446.   —   les racines de guimauve.
249. Arracher les betteraves à sucre.
 32. Rouissage du lin.
 33. Rosage du lin.
 41. Hallage du lin.
111. Égrener le coton.
183. Dessécher le tabac.
311.   —   le houblon.
192. Livrer le tabac à la régie (région du Midi).
316. Emballer le houblon.
318. Conservation des perches à houblon.

NOVEMBRE.

Semailles.

157. Semer le tabac (Algérie).
206.   —   le pavot à opium (Algérie).

VII*   31

Plantations.

373. Planter le jasmin.
380. —	la violette.
445. —	les racines de guimauve.
418. Transplanter l'absinthe.
398. Éclater les vieux pieds de lavande.

Soins d'entretien.

 11. Labourer les terres pour le lin de mars.
104. —	—	le coton.
163. —	—	le tabac.
414. —	—	la réglisse.
278. Préparer le sol des houblonnières.
439. Couper les tiges sèches de la mélisse.
445. —	—	de la guimauve.

Récoltes.

374. Récolter le jasmin (Algérie).
378. —	la cassie.
415. —	la réglisse.
430. —	la rhubarbe.
446. —	les racines de guimauve.
249. Arracher les betteraves à sucre.
260. —	les topinambours.
225. Récolter la canne à sucre.
183. Dessiccation du tabac.
192. Livrer le tabac à la régie (région du Midi).
 43. Broyer et teiller le lin.
 87. —	—	le chanvre.

DÉCEMBRE.

Soins d'entretien.

 11. Labourer les terres pour le lin du printemps.
278. Préparer le sol des houblonnières.

Récoltes.

374. Récolter le jasmin (Algérie).
430.   —   la rhubarbe.
446.   —   les racines de guimauve.
260. Arracher les topinambours.
225. Récolter la canne à sucre.
192. Livrer le tabac à la régie (région du Nord).
 43. Broyer et teiller le lin.
 87.   —   —   le chanvre.

BIBLIOGRAPHIE DES PLANTES INDUSTRIELLES

A. — Traités généraux.

Culture des plantes économiques, par Schwerz ; Paris, in-8°, 1847.

Principales cultures industrielles à entreprendre en Algérie, par Hardy ; Alger, 1851, in-8°, 2 broch.

B. — Traités spéciaux.

1° Plantes textiles.

Analyse pratique de la manipulation du chanvre, par Bralle ; Amiens, in-8°, 1790.

Culture du lin en Bretagne, par Homon ; Morlaix, in-8°, 1851.

Conférence sur la culture et la préparation du lin, par Lecat-Butin ; Lille, in-8°, 1856.

Des moyens de développer la culture du lin en France, par Gomart ; Saint-Quentin, in-8°, 1852.

Dissertation sur le lin de Sibérie, par Buchoz ; in-folio, 1789.

Du cotonnier et de sa culture, ou traité sur les diverses espèces de cotonnier, par de Lasteyrie ; Paris, in-8°, 1808.

Essai sur la culture du chanvre dans l'ouest de la France, par C. de Latouche ; Paris, in-8°, 1826.

Essai sur la culture du lin, par Roger ; in-8°, 1830.

Étude sur la culture du lin dans les départements de l'ouest et en Irlande, par Chérot ; Paris, 1844 et 1845, in-8°, 2 broch.

Étude sur le rouissage et le teillage du lin, par Bourrel-Roncière; Saint-Brieuc, in-8°, 1854.

Extrait d'une instruction sur la culture du coton dans la partie méridionale du département du Var, par Flanc-Martin; Toulon, in-8°, 1808.

Instruction sur la préparation du lin sans rouissage, par Christian; Paris, in-4°, 1818.

Lin, culture et rouissage, par Demoor; Bruxelles, in-12, 1857.

Manuel du cultivateur des chanvres et des lins, par Laforest; Paris, in-8°, 1826.

Manuel du cultivateur de coton en Algérie, par Hardy; Alger, grand in-8°, 1855.

Mémoire sur la culture du chanvre, par de la Bergerie; Paris, in-8°, 1800.

Mémoire sur la culture du cotonnier, par Heudelot; Paris, in-8°.

Mémoire sur la culture des divers cotonniers, par Pâris; Paris, in-8°, 1800.

Mémoire sur la culture du cotonnier, par Capputé; Paris, in-8°, 1807.

Mémoire sur la culture du lin, par Vétillart; Paris, in-8°, 1830.

Mémoire sur la culture du lin en Picardie, par de Rheinvillers; Abbeville, 1762.

Mémoire sur la culture et le travail du lin, par André; Paris, in-8°, 1831.

Notice sur la culture du lin, par Doré; in-8°, 1852.

Observations sur la culture du coton, par de Rohr; Paris, in-8°, 1807.

Rapport sur la culture proportionnée du lin, par Moreau; Paris, in-8°, 1851.

Rapport sur le rouissage du lin en Irlande, par Payen; Paris, in-8°, 1852.

Recueil de mémoires sur la culture et le rouissage du chanvre, par l'abbé Rozier, Prazet et de Perthuis; Lyon, in-8°, 1784.

Traité du chanvre, par Marcandier; Paris, in-12, 1795.

Traité du chanvre du Piémont, par Rey; Grenoble, in-12, 1840.

Traité sur la culture et la récolte du lin, par Salviat; 1799, in-8°.

2° Plantes narcotiques.

Avis aux cultivateurs sur la culture du tabac, par Tessier; in-8°, 1791.

Bonne et seule manière de cultiver le tabac, par Louis Kaufmann; Paris, in-8°.

Coup d'œil sur le monopole et la culture du tabac en France et spécialement dans le Pas-de-Calais, par Danvin; Saint-Pol, in-8°, 1845.

Culture du pavot somnifère en Algérie, par Hardy; Alger, in-8°, 1844.

Culture du tabac en Algérie, par Lebeschu; Alger, in-8°, 1848.

Culture du tabac dans le Lot-et-Garonne, par Fabre; in-8°, 1842.

De la culture du tabac en France, par Jansen; Paris, in-8°, 1791.

Dissertation sur la culture du tabac, par Mallet; Paris, in-8°, 1701.

Du tabac, par Demoor; Bruxelles, in-8°, 1858.

Instruction sur la culture du tabac, par Duranton; Alger, in-8°, 1850.

Instruction sur la culture du tabac dans la Gironde, par Petit-Lafitte; Bordeaux, in-18, 1855.

Manuel du cultivateur de tabac, par Lezay-Marnezia, in-8°, 1811.

Manuel tabacal et sternutatoire des plantes, par Buchoz; Paris, in-8°, 1800.

Mémoire sur le tabac, par Heiter; in-8°, 1806.

Mémoire sur un nouveau procédé pour opérer la dessiccation du tabac en feuilles, par Michel Truchet; Paris, in-8°, 1811.

Monographie du tabac, par Fermond; Paris, in-8°, 1857.

Résumé des expériences faites à Amiens sur l'extraction de l'opium, par Benard; Amiens, in-8°, 1857.

Tabac, son histoire et sa culture, par Joubert; Paris, in-18, 1844.

Traité de la culture du tabac, par de Villeneuve; Paris, in-8°, 1791.

Traité de la culture du tabac et de la préparation de sa feuille, par Cadet de Vaux; Paris, in-8°, 1810.

Traité élémentaire de la culture du tabac en France, par Sarrazin; Paris, in-8°, 1811.

3° Plantes saccharines.

Composition et extraction du sucre de sorgho, par Madinier; Paris, in-8°, 1858.

Essai sur l'art de cultiver la canne à sucre, par de Cazeaux; in-8°, 1791.

Guide du distillateur du sorgho à sucre, par Bourdais; Paris, in-8°, 1855.

L'Imphy ou roseau sucré, par Wray; Paris, in-8°, 1854.

Le sorgho sucré, par Hervé; Paris, in-8°, 1858.

Manuel du planteur de cannes à sucre, par Wray; Paris, in-8°, 1853.

Mémoire sur l'olchus de Cafrerie, par Arduino; Paris, in-8°, 1811.

Monographie de la canne à sucre de Chine, par Sicard ; Marseille, 2 vol. in-8°, 1856.

Observations sur la culture de la canne à sucre dans les Antilles et particulièrement dans celle d'Otaïti, par Moreau Saint-Méry ; Paris, in-8°, 1800.

Précis sur la canne à sucre, par Dutrône ; Paris, in-12, 1797.

Traité sur les propriétés et la culture de la canne à sucre, par Le Breton ; Paris, in-12, 1798.

4° Plantes aromatiques.

De la culture du houblon en France, par de Schauenburg ; in-8°, 1836.

Dissertation sur les fleurs, leurs propriétés médicales et économiques, par Buchoz ; Paris, in-fol., 1786.

Houblon, description et culture, par Erath ; Paris, in-12, 1850.

Instruction sur la culture du houblon, par Paillet ; Paris, in-8°, 1791.

La rose, son histoire et sa culture, par Loiseleur de Longchamps ; Paris, in-12, 1844.

Mémoire sur le houblon, par Payen et Chevallier ; Paris, in-8°, 1823.

Monographie de la rose et de la violette, par Buchoz ; Paris, in-8°, 1805.

Notice sur la culture du houblon, par Denis ; in-8°, 1828.

Notice sur la dessiccation et conservation des roses, par Parmentier ; Paris, in-12, 1804.

Recherche sur la découverte de l'essence de rose, par Langlès ; Paris, in-18, 1804.

5° Plantes médicinales.

Flore médicale, par Chaumeton ; Paris, 6 vol. in-8°, 1814.

Flore du pharmacien, du droguiste et de l'herboriste, ou des-

cription des plantes médicinales indigènes ou cultivées en France, par Seringe; Lyon, in-12.

Manuel de l'herboriste, ou manière de récolter, sécher et préparer les plantes médicinales indigènes, par Redarès; Paris, in-18, 1827.

Manuel des plantes médicinales, ou description, usages et culture des végétaux indigènes employés en médecine, par Gautier; Paris, in-12, 1820.

Plantes usuelles, indigènes et exotiques, avec la description de leurs caractères distinctifs et de leurs propriétés médicinales, par Roques; Paris, 2 vol. in-4°, 1807.

Traité des plantes médicinales indigènes, par Bossu; Paris, 1 vol. in-8° avec atlas, 1854.

Traité pratique et raisonné des plantes médicinales, par Cazin; Paris, 2ᵉ édition, grand in-8°, 1858.

FIN DE LA SECONDE PARTIE DES PLANTES INDUSTRIELLES.

APPENDICE.

Page 40. — Lin.

D'après M. Mareau, le rouissage et le teillage du lin coûtent de 0 f. 50 à 0 fr. 60 la botte de filasse de 1 kilog. 420.

Le rouissage du lin dans la Lys revient à M. Dulle, à Bousbèque, à 25 fr. les 1000 kilog. de lin en tiges.

Page 40. — Lin.

M. de Cock, chargé par la société Belge pour le rouissage du lin, a constaté les faits suivants en étudiant le mode de rouissage imaginé par M. Schenck.

Manufacturiers.	Perte par le rouissage.	Rendement en filasse.
M. Kenrenaer (Hollande)	25 pour 100	25 pour 100
M. Malo (Dunkerque)	22 »	23 »
M. Pownall (Irlande)	15 à 22	22 à 23

Page 53. — Lin.

En Flandre, le lin en paille se vend de 10 à 35 fr. les 100 kilog. suivant sa qualité et sa finesse.

Page 99. — Cotonnier.

La consommation des cotons longue soie prend en France des développements importants. On a exporté, depuis 1842, les moyennes triennales suivantes :

1843 à 1845.....................	465 000 kilog.
1846 à 1848....................	783 000 —
1849 à 1851....................	992 000 —
1851 à 1854................	1 119 026 —
1855 à 1857....................	1 681 350 —

Page 110. — **Cotonnier**.

Aux États-Unis, un enfant ramasse par jour environ 55 kilog. de coton brut, et un homme environ 90 kilog.

Page 112. — **Cotonnier**.

Voici quel a été le prix du coton et le rendement en argent d'un hectare de cotonnier aux États-Unis :

Années.	Planteurs.	Prix du kilog.		Produit brut.	Nature du coton.
1790	Elliot	2 fr.	30	460 fr.	Courte soie.
1791	Steven	3	92	784	*Id.*
1792-93	Rose	5	26	1052	Longue soie.
1799	Sinclair	7	90	1903 fr. 90	*Id.*
1800-05	Burden	12	10	2420	*Id.*
1830	Wilson	11	37	2314	toutes qualités.

La valeur en argent a été calculée sur un rendement de 200 kilog. de coton net.

Page 114. — **Cotonnier**.

Les cotons longue soie de la Guadeloupe, vendus publiquement au Havre par ordre du ministère de l'Algérie, le 31 juillet 1858, ont été achetés aux prix ci-après :

Belle qualité........ 4 fr. 10 à 7 fr. 30 le kilog.
Bon courant......... 3 fr. 30 à 5 fr. 70   —
Ordinaire........... 2 fr. » à 2 fr. 70   —

Page 115. — **Cotonnier**.

M. Ch. Héricart de Thury établit de la manière suivante le capital engagé par hectare dans la culture du cotonnier en Algérie :

Frais de culture..................... 531 fr.
Frais de récolte..................... 100
                    Total...................... 631 fr.

Le rendement moyen étant de 800 kilog. de coton, longue soie, et les recettes de 891 fr., il en résulte un bénéfice net par hectare de 259 fr.

Page 124. — **Ortie blanche**.

L'*ortie blanche* donne trois coupes en Algérie. Ses tiges sont enduites d'une gomme très-tenace.

Page 143. — **Tabac.**

J. Neander dit dans sa *tabacologia*, publiée en 1626, que le tabac a été importé en 1519 par Fernand Cortès.

Page 145. — **Tabac.**

De 1811 à 1856, la régie des tabacs a procuré au Trésor un bénéfice de 2 784 355 173 fr., outre la valeur du matériel général, s'élevant à 94 827 551 fr.

Page 148. — **Tabac.**

M. Boussingault constate qu'on trouve généralement, en Europe, les grandes plantations de tabac établies là où il est facile de se procurer des déjections humaines. C'est à l'emploi de cet engrais, dit-il, dont l'action est aussi prompte qu'énergique, qu'il faut attribuer en grande partie la beauté des récoltes de l'Alsace, de la Flandre et du Palatinat.

Page 148. — **Tabac.**

En Provence, dit M. Raibaud-L'Ange, où le tabac est autorisé depuis peu d'années, on obtient de bonnes récoltes sur une fumure d'engrais d'étable, bien décomposé, de 50 000 kilogrammes à l'hectare, enfouie par un labour peu profond, et à laquelle il est profitable d'ajouter de 2000 à 3000 kilog. de tourteau peu de temps avant le repiquage.

Page 192. — **Tabac.**

M. Bohl, cultivateur à Herrlisheim (Bas-Rhin), emploie pour lier les feuilles de tabac en bottes dans les champs, des bandes de grosse toile ayant 1 mètre de longueur et 0 m. 15 de largeur. Chaque bande coûte 0 fr. 25, y compris les anneaux et les ficelles dont elles sont garnies.

50 bandes suffisent pour sa récolte d'un hectare de tabac.

Page 199. — **Tabac.**

La quantité de tabac admise dans les magasins de l'État de l'Algérie, en 1858, s'est élevée à 4 765 692 kilogrammes, qui ont été payés 4 135 501 fr 16. Cette quantité a été récoltée sur 6 715 hectares, appartenant à 3 799 planteurs. Chaque hectare a produit, en moyenne, 1 059 kilog. de tabac, valant 875 fr. 41.

Les tabacs ont été payés comme il suit :

Alger..........	85 fr. 73	en moyenne les 100 kilog.	
Oran..........	93 39	—	—
Mostaganem.	98 89	—	—
Bone..........	97 85	—	—
Philippeville.	84 91	—	—

Soit en moyenne   86 fr. 73 les 100 kilogr.

Page 201. — **Tabac**.

La consommation du tabac en France se répartit par tête et par année, suivant M. Tiedman, de la manière suivante pour les principaux départements :

	En poudre.	A fumer.	Toutes espèces.
Nord....................	130 gram.	1,666 gram.	1 kil. 795
Pas-de-Calais........	168 —	1,398 —	1 — 566
Haut-Rhin............	269 —	909 —	1 — 178
Seine.................	551 —	644 —	4 — 033
Bouches-du-Rhône.	300 —	733 —	1 — 033

Les départements où la consommation est la plus faible sont :

	En poudre	A fumer	Toutes espèces
Lozère...............	106 gram.	38 gram.	144 gram.
Haute-Loire.........	79 —	72 —	151 —
Charente.............	126 —	35 —	161 —
Tarn.................,	128 —	35 —	163 —
Lot..................	142 —	28 —	171 —
Gers.................	166 —	43 —	167 —
Arriège.............	127 —	47 —	174 —

Page 225. — **Canne à sucre**.

La canne à sucre, à Cuba, est coupée avec un instrument nommé *machett*, qui est intermédiaire entre la faux et le sabre.

Page 256. — **Betterave à sucre**.

Voici les prix moyens de l'alcool de betterave sur la place de Paris, depuis 1854 jusqu'en 1858 :

1854	175 fr.	l'hectolitre.
1855	123	—
1856	122	—
1857	109	—
1858	56	—

Page 269. — **Houblon**.

En 1857, le commerce a importé en France les quantités suivantes de houblon :

Association allemande..........	849 024 kilog.
Belgique.....................	373 103 —
États-Unis...................	22 591 —
Autres pays.................	5 977 —
	1 250 695 kilogr.

Les exportations ont atteint 124 391 kilogr.

Les droits sur le houblon sont, à l'entrée, de 40 à 50 fr. par 100 kilog., et à la sortie, de 25 centimes.

Page 311. — **Houblon**.

Les lignes qui suivent sont extraites d'un article de M. Alphonse Esquiros sur les houblonnières d'Angleterre, publié en 1858 dans la *Revue des Deux-Mondes*. J'ai été témoin, à Maidstone, dans le comté de Kent, au mois de septembre, en 1859, de la véracité des faits qu'elles révèlent et des scènes animées dont elles présentent le tableau :

Il est curieux de voir à l'ombre des houblons encore debout des enfants de tout âge, quelques vieillards, deux ou trois cents femmes aux robes de diverses couleurs, rangés sur une même ligne et les mains à l'ouvrage. Toute cette population se distribue par groupes autour des *bins* ou *cribs*; on nomme ainsi une espèce de crèche en bois d'une construction grossière, soutenue par quatre pieds, et avec une toile au milieu pour recevoir la fleur mûre des houblons. Un homme couche horizontalement sur chacune des crèches deux ou trois perches revêtues de longues *vignes*[1], dont les femmes, les enfants et les jeunes filles épluchent les grappes blondes. Quelques-uns de ces groupes, composés de six, sept ou huit personnes, sont formés par les membres d'une même famille. J'ai vu plus d'une mère qui avait près de là, dans un berceau ou une petite voiture, son nouveau-né, et qui, de temps en temps, quittait l'ouvrage pour lui donner le sein. La saison du *hop-picking*[2] est considérée comme une réjouissance. D'abord cette besogne n'a rien de pénible ni de répugnant, et ensuite c'est presque

---

1. Nom qu'on donne aux pousses du houblon.
2. Ce mot doit être traduit par le mot *récolte*.

le seul moyen que trouve la population ouvrière des campagnes, surtout les femmes et les enfants, de gagner quelque argent à la fin de l'été. Une réunion de tant de personnes dans les grands jardins de houblon donne d'ailleurs lieu à des scènes amusantes qui entretiennent la gaieté. Si le maître est de bonne humeur et si le temps est beau, les plaisanteries, les chants, les éclats de rire circulent à la ronde dans ces jardins où régnait hier le silence de la nature. Les Irlandaises se distinguent entre toutes par leur hilarité bruyante et leur babil intarissable. L'étranger qui visite les travaux est plus d'une fois, je l'avoue, l'objet de cette jovialité naïve et de cette raillerie qui, après tout, n'a rien d'offensant. Les joyeux propos n'empêchent point les doigts de courir sur les grappes de fleurs qui tombent effeuillées dans les crèches. Quand ces crèches sont pleines, le maître ou le contre-maître en mesure le contenu, car les *pickers*[1] ne sont pas gagés à la journée, mais à la tâche, et ils ne reçoivent leur rétribution qu'à la fin de la moisson. Le salaire varie d'une année à l'autre, suivant l'abondance et la qualité de la récolte ; le prix ne se fixe que quand les travaux sont commencés et que les propriétaires ont eu le temps de se consulter entre eux. On a donné en 1858 un shilling pour neuf boisseaux de fleurs cueillies. Quelques ouvrières habiles ont gagné jusqu'à une demi-couronne par jour.

La tombée de la nuit suspend les travaux, qui sont repris le lendemain matin, quand les rayons du soleil ont bu le plus fort de la rosée, car une humidité trop abondante déflorerait plus ou moins la qualité du houblon. La nature de ces travaux ne permet point, aux ouvriers ni aux ouvrières, de s'éloigner du jardin où se fait la récolte. Les groupes de *hop-pickers*, pour la plupart étrangers à la localité, dorment donc pendant la nuit dans les granges, les hangars, quelquefois même sous des tentes. Je me suis convaincu que la plupart des personnes qui se rendent aux houblonnières sont attirées sans doute par l'appât du gain, mais aussi par le goût de la vie aventureuse et par le désir de voir du pays. Elles s'accommodent volontiers à toutes les exigences de leur état et supportent bravement la couche dure sur laquelle descend le lourd sommeil....

Quand la fleur des *hops* est cueillie et mesurée, on la transporte vers les fours en toute hâte pour la faire sécher ; car, si on la laissait trop

---

1. Nom qu'on donne aux *cueilleurs de houblon*.

longtemps dans les sacs à l'état vert, elle perdrait de sa couleur et de
son parfum. Il n'y a presque pas de ferme dans les districts houblon-
niers qui n'ait un *oast-house*, bâtiment construit tout exprès pour le
séchage de la récolte. L'étendue de ces bâtiments varie selon l'importance des cultures; mais la forme est toujours à peu près la même, et
ne manque point de caractère. C'est une construction en bois flan-
quée de deux ou trois tourelles en briques, dont le cône allongé et
recouvert de tuiles se termine par une cheminée qui fume. Au rez-de-
chaussée se trouve une large provision de charbon de terre et de charbon de bois qu'on mêle dans les fours, *drying-kilns*. On y ajoute une
certaine proportion de soufre qui communique au houblon une couleur agréable. La chaleur monte et pénètre dans l'étage supérieur à
travers un plafond de lattes à claire-voie et un tissu de crin. Cet
étage supérieur, auquel on monte par un escalier en échelle, contient
d'abord deux ou trois petites chambres qui sont une dépendance des
fours, et où sèche le houblon, puis une grande salle appelée *stowage-
room*, dans laquelle on dépose en deux tas d'un côté les fleurs vertes
qui viennent du jardin, et de l'autre les fleurs qu'on veut faire refroidir après les avoir soumises à l'action du feu. Le sécheur doit être un
ouvrier habile : une grande partie des intérêts de la récolte pèse sur
lui. Après six heures de chauffage, il doit retourner à la pelle le houblon qui sèche et le retirer à la douzième heure. Le four veille jour
et nuit : il doit veiller avec le four. S'il prend çà et là un instant de
sommeil, c'est pour ainsi dire à la dérobée; il ne dort que d'un œil
et d'une oreille, sa pensée même ne dort point. Quand on songe que
les travaux du *hop-drying* continuent durant trois semaines, un mois
et même davantage, selon l'importance des fermes , on s'étonne que
les forces humaines puissent résister à une si rude épreuve. Tous les
ouvriers sécheurs que j'ai vus, quoique jeunes et robustes, avaient
les traits altérés, les yeux rouges et le regard inquiet. A la privation
de sommeil, à la surveillance perpétuelle qu'exige la besogne du sécheur, il faut ajouter, comme influence délétère, la forte odeur de
soufre qu'on respire dans la chambre des fours. L'un de ces ouvriers,
s'étant absenté un instant pour boire un verre d'ale qui lui était offert,
quitta bien vite la table en disant: « Le four m'appelle. C'est un enfant terrible, à peine a-t-on le dos tourné, qu'il fait des sottises. Je
suis ici, mais ma pensée est où est mon devoir. » On devine que des
fonctions si pénibles sont un peu mieux rétribuées que les travaux

ordinaires de l'agriculture. Le *kiln-dryer* gagne 5 shillings par jour, mais pour lui le jour a vingt-quatre heures.

Quand le houblon séché au four a reposé cinq ou six jours dans le *stowage-room*, il passe entre les mains d'autres ouvriers. Sur le plancher de la salle, il y a une trappe ou un trou dont la dimension est égale à celle de l'embouchure des sacs. Un homme entre dans le sac qu'on se propose de remplir. Sa fonction est de distribuer et de fouler avec les pieds le houblon qu'un autre homme jette de l'étage supérieur par petites quantités à la fois.

Page 338. — **Anis.**

L'essence d'anis qu'on fabrique à Albi (Tarn) est livrée dans des flacons de 1 kilogr. Elle se vend de 40 à 50 francs le kilogr.

Page 339. — **Menthe.**

On fabrique aussi à Albi de l'essence de menthe poivrée.

Page. 340. — **Coriandre.**

On vend à Londres des graines de coriandre provenant de Calcutta. Ces semences sont grosses, mais moins rondes que les graines qu'on récolte en Italie.

La coriandre la plus grosse que j'ai vue jusqu'à ce jour, avait été récoltée en Angleterre dans le comté de Sussex.

Page 362. — **Plantes à parfum.**

L'époque de la journée la plus favorable pour apprécier les odeurs des plantes est le soir, après le coucher du soleil.

Les plantes de la *famille des labiées* ont une *odeur aromatique.*

Les plantes de la *famille des rosacées* et de la *famille des jasminées* ont une *odeur suave ou fragrante.*

Les plantes de la *famille des géraniacées* ont une *odeur ambrée ou musquée.*

En général, les odeurs exhalées sont d'autant plus fortes que l'air est plus chaud. C'est pourquoi les plantes cultivées dans les contrées méridionales sont plus aromatiques, plus balsamiques que les mêmes végétaux qui croissent dans les régions septentrionales.

Page 363. — **Rose.**

Suivant le P. Catrou (*Histoire de l'empire du Mogol*), la princesse qui découvrit l'essence de rose se nommait Nur-Iaham.

Page 363. — **Rose.**

Tavernier rapporte, dans la relation du *Voyage en Turquie, en Perse et aux Indes* qu'il fit en 1616, que l'huile de rose de Chyràz se vendait à cette époque 10 tomans l'once. Le *toman* valait 46 livres tournois, ce qui porte l'huile de rose à 15 333 fr. le kilog. A la même époque, suivant Chardin, cette huile essentielle se vendait quelquefois aux Indes 200 écus l'once, environ 1000 fr. les 30 grammes.

Voltaire rapporte que le sultan Admed Ier, en 1611, fit laver le parvis et la surface intérieure des murs de la nouvelle Kaabah avec des flots d'eau de rose.

Page 364. — **Rose.**

L'essence qu'on fabrique à Chyràz, dans le Faristan et dans le Kerman, provient de pétales recueillies sur des rosiers à fleurs blanches.

Page 370. — **Rose.**

On a importé en France, en 1856 et 1857, les quantités suivantes d'essences de roses et de bois de Rhodes :

	1856	1857
De Turquie	361 kilog.	626 kilog.
D'Angleterre	242 —	59 —
D'autres pays	259 —	25 —
Totaux	862 kilog.	709 kilogr.

Page 381. — **Violette.**

On cueille chaque année sur le Mont-Mezin, en Auvergne, les fleurs de la *violette à grandes fleurs* (VIOLA GRANDIFLORA), qui croît en abondance dans les prairies de cette montagne. Chaque année on en vend, à la foire de Beaucaire, environ 30 000 kilogr. Ces violettes, dit De Candolle, sont connues sous le nom de *violettes du Mont-Mezin*, elles sont violettes, plus grandes et mieux colorées que les violettes ordinaires, mais elles sont peu odorantes.

Page 433. — **Rhubarbe.**

La racine que l'on recueille en Auvergne, et à laquelle on a donné les noms de *rhapontie* et *rhapontin*, selon sa grosseur, est produite, selon De Candolle, par la RUMEX ALPINUS.

Page 443. — **Moutarde.**

L'essence de moutarde se vend de 350 à 400 francs le kilogr.

TABLE ALPHABÉTIQUE

DES PLANTES MENTIONNÉES DANS CE VOLUME.

Les *noms latins* ou *scientifiques* sont en *italique ; les genres* formant
des sections ont été imprimés en petites *normandes.*)

Absinthe	p. 417	Anis de Malte	p. 338
Absinthium officinale	417	— du Tarn	338
Acacia Farnesia	376	— de Tours	338
— *odorata*	376	— vert	331
Acacie de Farnèse	376	— des Vosges	359
Achillea millefolium	462	*Anthemis arvensis*	437
Aconit napel	448	— *nobilis*	434
Aconitum napellus	448	*Angelica archangelica*	343
Agave d'Amérique	139	**Angélique**	343
Agave Americana	139	Angélique de Chateaubriant	348
Agrimonia eupatoria	448	— de Niort	348
Aigremoine	448	Apocin à la ouate	136
Althæa cannabina	140	— chanvrin	140
— *narbonensis*	140	*Apocynum cannabinum*	140
— *officinalis*	444	*Aquilegia vulgaris*	449
Alleluia	448	*Archangelica officinalis*	343
Ancolie	449	*Arctium lappa*	451
Anémone pulsatille	464	Armoise	449
Andropogon saccharatus	228	— citronnelle	45
Anethum fœniculum	350	Arnica	449
Anis	331	— *montana*	459
Anis boucage	331	Arrête-bœuf	450
— d'Alby	338	*Artemisia abrotanum*	450
— d'Espagne	338	— *absinthium*	417
— d'Italie	338	— *vulgaris*	449

Arum 450
Arum vulgaris................... 450
Asclépiade de Syrie......... 136
Asclepias cornuti.............. 136
— *Syriaca* 136
Asphodèle blanc........... 263
— rameux 263
Asphodelus albus.............. 263
— *ramosus* 263
Atropa belladona.............. 451
Aurone......................... 450

Ballota nigra.................. 450
Ballote noire.................... 450
Basilic 404*
Barbarée 451
Bardane......................... 451
Baratte 463
Beccabunga...................... 451
Belladone....................... 451
Benoîte......................... 452
Beta vulgaris.................. 243
Bétoine......................... 452
Bétoine des Vosges 449
Betonica officinalis........... 452
Betterave à sucre.......... 243
Betterave de Magdebourg.. ... 245
— blanche de Silésie... 245
— rose de Silésie...... 245
Bistorte 452
Bohœrmeria nivea............. 123
Borrago officinalis............ 453
Bouillon blanc 453
Bourrache....................... 453
Bourse à berger................. 453
— à pasteur............. 453
Boursette....................... 453
Brunelle........................ 453
Brunella vulgaris............. 453
Bryone......................... 453
Bryonia alba 453
Bugrame........................ 450
Bunium carvi.................. 357

Caille-lait...................... 454
Camomille romaine........ 434
Camomille odorante 434

Canabis sativa................ 59
— *Gigantea* 62
— *indica* 62
Canne à sucre............. 214
Canne à sucre de Batavia...... 216
— de Bourbon..... 215
— de la Chine.... 216
— de la Jamaïque. 216
— noire de Java .. 216
— d'Otaïti........ 215
— pourpre 216
— à ruban........ 216
— de Salangane... 216
— de Singapore... 215
— transparente.... 216
— violette......... 216
Capuce.......................... 448
Cardamine....................... 454
Cardamine pratensis........... 454
Carlina acaulis 454
Carline......................... 454
Carum carvi................... 356
Carvi....................... 356
Cassie.......................... 376
Cataire......................... 454
Chamerops humilis 139
Chanvre.................... 59
Chanvre d'Alsace............... 93
— d'Ancône........... 61
— d'Anjou............ 93
— de Bologne 61
— en Bois........... 90
— de Bourgogne...... 94
— brut.............. 90
— de Champagne 94
— de Chine.......... 61
— de Cordonnier..... 95
— cru............... 90
— femelle........... 73
— à filer........... 95
— gigantesque....... 62
— de Loire.......... 93
— mâle............. 73
— en masse 90
— du Nord........... 94
— de Picardie....... 93

Chanvre de Piémont. 61
   —   de Russie. 94
   —   de Touraine. 93
   —   vert de Chine 62
Centaurea benedicta 455
   —   *calcitrapa*. 455
Centaurée 454
   —   étoilée 455
Centaurelle. 454
Chardon béni 455
   —   étoilé 455
Chardonnette 454
Chasse diable 462
Chélidoine. 456
Chelidonium majus. 455
Chiendent 455
Chironia centaurium 454
Ciguë 456
   —   officinale. 456
Cierge de Notre-Dame. 452
Citronnelle. 438, 450
Clematis vitalba 456
Clématite des haies. 456
Cochléaria. 456
Cochlearia officinalis 456
Colchicum automnale. 456
Colchique d'automne. 456
Conium maculatum. 456
Convovulus maialis 406
Consoude. 456
   —   officinale. 456
Coquelicot. 457
Corchorus capsularis 132
   —   *textilis*. 132
Corètes textiles. 132
Corète capsulaire. 732
   —   textile 132
Coriandre. 339
Coriandrum sativum 339
Cotonnier. 97
Cotonnier annuel 101
   —   arbrisseau. 101
   —   en arbre. 101
   —   herbacé 101
   —   d'Ivice. 102
   —   de Géorgie. 101

Cotonnier Jumel. 102
   —   ligneux. 101
   —   de Louisiane. 102
   —   Nankin. 102
   —   de Malte. 102
   —   du Pérou. 102
   —   vivace. 101
Couleuvrée. 453
Couronne de Saint-Jean. 449
   —   de terre. 461
Cresson des prés 454
Cumin. 353
Cuminum cyminum 353
Cyclamen. 457
Cyclamen europæum. 457

Datura stramonium 465
Dentelaire. 457
Digitale 457
Digitalis purpurea 457
Douce amère. 458

Éclaire. 455
Erysimum barbarea 451
Eupatoire à feuilles de Chanvre. 458
Eupatorium cannabinum. 458
Euphorge épurge. 458
Euphorbia lathyris. 458

Faux narcisse. 462
Fenouil. 350
Fenouil de Florence 352
   —   de Malte. 352
Fève de loup. 448
Fleur de la Trinité. 463
   —   de Pâques. 464
Foirole. 462
Fœnum vulgare. 350
Fougère mâle. 458
Fumaria officinalis. 459
Fumeterre officinale. 459

Galium verum. 454
Gant de Notre Dame. 457
Gentiana lutea. 459
Gentiane centaurée. 454
   —   jaune. 459

Géranium rosat 382
Germandrée................. 459
Geum urbanum.............. 452
Glecoma hederacea 461
Glycyrrhiza glabra........... 412
Gossypium herbaceum........ 97
Grâce de Dieu.............. 459
Grande ciguë 456
—   éclaire 451
—   joubarbe............. 460
—   sauge 456
Gratiole 459
Gratiola officinalis........... 459
Guimauve officinale 444
Guimauve à feuilles de chanvre. 140
—   de Narbonne........ 140

Helianthus tuberosus 261
Héliotrope............... 388
Heliotropium peruvianum..... 388
Hièble.................... 459
Herbe à l'ambassadeur....... 143
—   à la fièvre........... 454
—   à la ouate 136
—   à la reine........... 143
—   Angoulmoisine 143
—   aux chats........... 454
—   aux coupures........ 462
—   aux charpentiers.... 451,462
—   aux cancers......... 457
—   aux gueux.......... 456
—   aux magiciens 462
—   aux vers........... 462
—   à pauvre homme 459
—   à foulon........... 459
—   bénite............. 452
—   estrange........... 143
—   de Sainte-Barbe..... 451
—   de Saint-Benoît..... 452
—   de Saint-Fiacre..... 452
—   de Saint-Jean 449,451
—   sacrée............. 451
—   vierge............. 461
Holcus saccharatus.......... 228
Houblon............... 265
Houblon blanc............. 271

Houblon de Bavière.......... 273
—   de Bohème 273
—   flamand 271
—   hâtif 271
—   jaune............. 272
—   rouge............ 271
—   à sarments rouges.... 272
—   —   verts...... 273
—   de spalt.......... 273
—   tardif............ 271
—   vert............. 272
Humulus lupulus........... 265
Hyociamus niger........... 460
Hypericum perforatum 462
Hyssope officinale........... 406
Hyssopus officinalis.......... 406

Imphy.................... 228
Ipécacuanha indigène........ 453
Iris de Florence.......... 421
Iris commune.............. 460
Iris Florentina............. 421
— Germanica............. 460

Jonquille.................. 391
Jonquille grande............ 391
—   moyenne........... 391
—   noire............. 391
Joubarbe brûlante 460
—   des toits 460
Jusquiame naine........... 460
Jasmin d'Espagne........ 371
Jasminun grandiflorum....... 371
Jute..................... 132

Lavande............... 396
Lavande commune........... 396
—   à feuilles étroites 397
—   à larges feuilles 396
—   des îles d'Hyères 397
—   officinale.......... 396
—   spic.............. 397
—   stœchas........... 397
Lavandula angustifolia 397
—   latifolia........... 396
—   officinalis......... 396
—   spica............. 397

Lavandula vera 396
— *vulgaris* 396
Leontodon taraxcum 464
Lierre terrestre 461
Ligée sparte 121
Ligeum spartum 121
Lin 3
Lin à fleurs blanches 8,15
— à graines jaunes 8
— à la minute 54
— après tonne 7
— bâtard 56
— blanc 54,56
— brut 56
— chaud 22
— commun 7
— d'Amérique 8
— d'Anjou 57
— de Brabant 57
— d'été 7
— de Flandre 57
— de Normandie 57
— de Picardie 57
— de fin 7,14
— de gros 7,14
— d'hiver 7
— de première saison 14
— de printemps 7,14
— de Pskoff 8
— de mai 7,14
— de mars 7,14
— de Riga 7
— de seconde saison 14
— de Zélande 8
— de Nouvelle Zélande 116
— en bois 53
— froid 7
— graines de rose 7
— hâtif 14
— jeune 14
— moyen 7
— ramé 7
— Révelear 7
— royal 8
— tardif 14
— têtard 23

Lin Théon 23
— vert 32,54
— vieux 14
— vivace de Sibérie 8
Linum usitatissimum 3
Lis d'eau 463
— des étangs 463
Lupulus scandens 265

Macrochloa tenacissima 131
Malva arborea 140
— *crispa* 140
— *sylvestris* 461
Marjolaine 405
Marjolaine des jardins 405
— d'Orient 405
Marrube blanc 461
Marrubium album 461
Matricaire camomille 437
— des champs 437
— officinale 437
Matricaria chamomilla 437
Mauve en arbre 140
— frisée 140
— sauvage 461
Mélilot blanc 134
Mélilot de Sibérie 134
— officinale 461
Melilotus alba 134
— *vulgaris* 134
— *officinalis* 461
Mélisse officinale 438
Melissa citrina 438
— *officinalis* 438
Mélisse citronnelle 438
Menthe poivrée 392
Menthe anglaise 392
— de chat 454
Mentha piperita 392
Mercuriale officinale 502
Mercurialis officinalis 462
Millefeuille 462
Millepertuis 462
Millet de Cafrerie 228
Molène 452
Morelle noire 462

Moutarde blanche........ 441
Moutarde noire 441
Moutarde anglaise 441
Moutardon 447
Muguet de bois. 406

Napel....................... 448
Narcisse jonquille. 391
— des prés 462
— jaune................ 462
Narcissa jonquilla. 391
— *speudo narcissus* 462
Navette du Diable............ 453
Nénuphar................... 463
Nepeta cataria 454
Nicotiana angustifolia........ 150
— *auriculata* 151
— *lancifolia.* 151
— *lyrata*............. 152
— *repanda.* 152
— *rustica* 151
— *suaveolens* 152
— *tabacum* 142
— *undulata* 152
Nigelle de Damas 368
Nigella Damascena.......... 360
Nymphæa alba.............. 463

Ononis arvensis............. 450
Origan 463
Origan marjolaine 405
Origanum majorana.......... 405
— *vulgare*........ 405,463
Ornemis nobilis 434
Orpin brûlant................ 460
Ortie dioïque............... 120
— **blanche** 123
— **utile**............... 126
Ortie à feuilles de chanvre.... 140
Oscymium basilicum.......... 404
Oseille à trois feuilles........ 448
— de bûcheron.......... 448
— bâtarde.............. 462
Olchus de Cafrerie........... 228

Pain de coucou............... 448

Pain de pourceau............. 457
— d'oiseau................. 460
Palmier main................ 139
Papaver somniferum.......... 203
— — *album*.... 408
— *Rhæas*........... 457
Parelle...................... 463
Pas d'âne................... 463
Patience.................... 463
Pavot à opium............. 203
— **blanc** 408
Pavot blanc à graines noires... 205
— à graines blanches........ 204
— — bleu ciel 205
— — noires......... 204
— à fleur blanche........ 204,408
— — pourpre........ 204
— — noire.......... 204
— médicinal 408
— rose................. 205
— violet................ 205
Pelargonium capitatum........ 382
— *rosa*............ 382
Pensée sauvage.............. 463
Petit chêne................. 459
Petite centaurée............. 454
— digitale.............. 459
Phormier tenace............. 117
Phormier de cook............. 119
Phormium cookianum......... 119
— *tenax*............ 117
Pimpinella anisum........... 331
Pissenlit.................... 464
Plantain des Alpes............ 449
Plumbago europæa........... 457
Polianthes tuberosa........... 390
Polygonum bistorta........... 452
Polypodium filix mas......... 458
Pulmonaire officinale 464
Pulmonaria officinalis........ 464
Pulsatille.................... 464
Pyrethrum parthenium........ 437

Racine de giroflée............. 452
— de Scythie............ 408
— vierge 453

Réglisse................ 402
Reine des prés.............. 464
Renouée bistorte............ 452
Réséda................ 389
Reseda odorata............ 389
Rheum australe............ 425
— *emodi*................ 425
— *palmatum*............ 425
— *rhaponticum*.......... 426
— *undulatum*............ 426
Rhubarbe............ 425
Rhubarbe australe.......... 425
— anglaise............ 426
— compacte........... 426
— de la Chine......... 432
— des moines.......... 426
— de Moscovie......... 426
— de Perse............ 432
— médicinale.......... 425
— moscovite........... 432
— ondulée............ 426
— officinale........... 427
— palmée............. 428
— plate.............. 432
— pontique........... 426
Rimberge................ 462
Romarin.............. 402
Rosmarinus officinalis...... 402
Rosa bifera.............. 365
— *Damascena*.......... 365
— *Rosa gallica*......... 364
— *Kalendarum*......... 365
— *moschata*........... 365
— *semperflorens*....... 365
— *sempervirens*........ 365
Rose................. 362
Rose muscat.............. 365
— de Provins.......... 364
— des quatre saisons..... 365
— rouge............. 364
Rosier de Damas.......... 365
— français........... 364
— musqué........... 368
— de tous les mois....... 365
— toujours vert......... 365

Rue officinale............. 464
Ruta officinalis........... 464
Rumex patientia.......... 463
Saccharum officinale...... 214
Safran bâtard............. 456
— des prés........... 456
Salvia officinalis......... 406
Sambuscus edulis........ 459
Saponaria officinalis...... 406
Saponaire officinale........ 406
Sauge officinale........... 406
Savonnière.............. 406
Sedon âcre.............. 460
Sedum acre............. 460
Sempervivum tectorum..... 460
Sénevé blanc............. 441
Sinapis alba............ 441
— *nigra*........... 441
Solanum dulcamara....... 458
— *nigrum*.......... 462
Soleil vivace............. 260
Sorgho sucré............. 228
— de Chine.......... 228
Sourcils de Vénus......... 462
Sparte jonciforme........ 130
Spartium junceum........ 130
Spiræa ulmaria.......... 464
Stipa tenacissima........ 130
Stramoine............... 130
Stipe très-tenace........ 130
Sureau yèble............. 459
Surelle................ 448
Symphytum officinale...... 456

Tabac................ 142
Tabac d'Amersfort.......... 150
— d'Alsace......... 151,200
— du Bas-Rhin........ 148
— commun........... 149
— Cabessut.......... 150
— de Cuba.......... 149
— femelle........... 151
— gras............. 151
— grand........... 149
— de Havane......... 148
— de Hollande....... 151,200

Tabac d'Ille et Vilaine......... 148
—— à feuilles linéaires...... 151
— à feuilles rondes........ 151
— à feuilles étroites....... 150
— à larges feuilles 149
— du Lot............. 148,200
— du Lot et Garonne... 148,200
— de Maryland 148,151
— marchand............. 193
— maigre............... 201
— non marchand 193
— du Nord............. 148
— de Nykerck.......... 150
— odorant.............. 152
— ondulé.............. 152
— du Pas de Calais.... 148,200
— rustique 151
— de Virginie........ 148,150
— des Savoyards.......... 449
Tabouret................... 453
Tanacetum vulgare........... 453
Tanaisie................... 453
Thlaspi bursa pastoris........ 453
Thym..................... 400
Thym des Alpes............. 400
— commun............. 400
— des jardins........... 400
Thymus vulgaris............ 400
— alpinus 400
Topinambour............. 260
Trèfle aigre............... 448
Triticum repens............ 455
Tubéreuse............... 391

Tue-chien.................. 456
Tussilage................ 456
Tussilago farfara 456

Urtica cannabina............ 140
— dioica.............. 120
— nivea.............. 123
— tenacissima.......... 126
— utilis.............. 126

Valériane officinale 406
Valeriana officinalis.......... 403
Verbascum thapsus.......... 452
Verbena citriodora 387
— triphylla 387
Vermiculaire............... 460
Verveine citronnelle...... 387
Verveine citronnée........... 387
— odorante............. 387
Vigne blanche.......... 453,456
Viola odorata.............. 379
— calcarata 380
— pedata............. 380
— tricolor............. 463
Violette................. 379
Violette éperonnée.......... 380
— pédalée............. 380
— tricolore............. 463
— odorante............. 463
Viorne................... 456
Volet blanc............... 463
Yucca à feuilles d'aloës....... 139
Yucca aloïfolia............. 139

FIN DE LA TABLE ALPHABÉTIQUE.

TABLE DES MATIÈRES.

AVANT-PROPOS.. 1

DEUXIÈME PARTIE.

PLANTES INDUSTRIELLES.

LIVRE IX.

Plantes textiles.

CHAPITRE PREMIER. — *Plantes annuelles*............................... 3

    Section I.   Lin.. 3
    — II.   Chanvre.. 59
    — III.   Cotonnier.. 97

CHAPITRE II. — *Plantes vivaces*... 116

    Section I.   Phormier tenace.................................... 116
    — II.   Ortie dioïque... 120
    — III.   Ortie blanche... 123
    — IV.   Ortie utile ou ramie................................ 126
    — V.   Sparte jonciforme.................................. 128
    — VI.   Stipe très-tenace................................... 130
    — VII.   Corètes textiles.................................... 132
    — VIII. Mélilot blanc.. 134
    — IX.   Asclépiade de Syrie................................ 136
    — X.   Plantes indigènes de l'Europe méridionale.... 139
    — XI.   Plantes textiles non encore acceptées 140

LIVRE X.

Plantes narcotiques.

CHAPITRE PREMIER. — *Tabac ou nicotiane*................................ 142
CHAPITRE II. — *Pavot à opium*... 203

LIVRE XI.

Plantes à sucre et à alcool.

CHAPITRE PREMIER. — *Plantes saccharines*............................... 214

   Section I.   Canne à sucre..................................... 214
   —   II.   Sorgho sucré...................................... 228
   —   III.   Betterave à sucre................................. 243

CHAPITRE II. — *Plantes alcooliques*.................................... 261

   Section I.   Topinambour...................................... 261
   —   II.   Asphodèle blanc.................................. 262

LIVRE XII.

Plantes aromatiques.

CHAPITRE PREMIER. — *Plantes à aromates*................................ 265

   Section I.   Houblon.. 265
   —   II.   Anis... 331
   —   III.   Coriandre.. 339
   —   IV.   Angélique.. 343
   —   V.   Fenouil... 350
   —   VI.   Cumin.. 353
   —   VII.   Carvi.. 356
   —   VIII.   Nigelle de Damas................................. 360

CHAPITRE II. — *Plantes à parfums*..................................... 363

   Section I.   Rose... 363
   —   II.   Jasmin d'Espagne................................. 371
   —   III.   Acacie de Farnèse................................ 376
   —   IV.   Violette... 379
   —   V.   Géranium rosat.................................... 382
   —   VI.   Verveine citronnelle............................. 387
   —   VII.   Héliotrope....................................... 388

Section VIII.　Réséda.. 389
— IX.　Tubéreuse.. 390
— X.　Jonquille.. 391
— XI.　Menthe poivrée.................................. 392
— XII.　Lavande.. 396
— XIII.　Thym.. 400
— XIV.　Romarin.. 402
— XV.　Basilic... 404
— XVI.　Marjolaine..................................... 405
— XVII.　Plantes à parfums non cultivées............... 406

LIVRE XIII

Plantes médicinales.

CHAPITRE PREMIER. — *Plantes cultivées*............................. 408

Section I.　Pavot blanc..................................... 408
— II.　Réglisse.. 412
— III.　Absinthe....................................... 417
— IV.　Iris de Florence................................ 421
— V.　Rhubarbe.. 425
— VI.　Camomille romaine............................... 434
— VII.　Mélisse officinale.............................. 438
— VIII.　Moutardes blanche et noire..................... 441
— IX.　Guimauve....................................... 444

CHAPITRE II. — *Plantes indigènes*................................. 448

CALENDRIER AIDE-MÉMOIRE... 468

BIBLIOGRAPHIE... 484

APPENDICE... 490

TABLE ALPHABÉTIQUE DES PLANTES.................................... 500

TABLE DES MATIÈRES.. 508

FIN DE LA TABLE DES MATIÈRES.

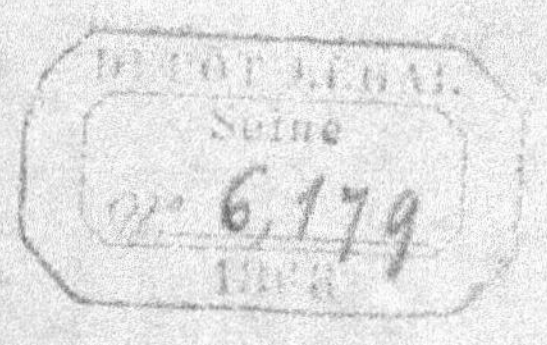

COURS

D'AGRICULTURE PRATIQUE

Paris. — Imprimé par E. Thunot et Cᵉ, rue Racine, 26.

LES PLANTES

INDUSTRIELLES

PAR

GUSTAVE HEUZÉ

Adjoint à l'inspection générale de l'Agriculture
Professeur d'agriculture à l'École impériale de Grignon
Membre de la Société impériale et centrale d'Agriculture de France

---

SECONDE PARTIE

**PLANTES TEXTILES, NARCOTIQUES, A SUCRE ET A ALCOOL,
AROMATIQUES ET MÉDICINALES**

avec 40 vignettes sur bois et 10 planches gravées en taille-douce et coloriées

---

PARIS

LIBRAIRIE AGRICOLE DE LA MAISON RUSTIQUE
26, RUE JACOB, 26